電腦輔助設計與工具機實例

Computer Aided Design — with Examples on Machine Tool Design

王松浩
陳維仁
劉風源 著

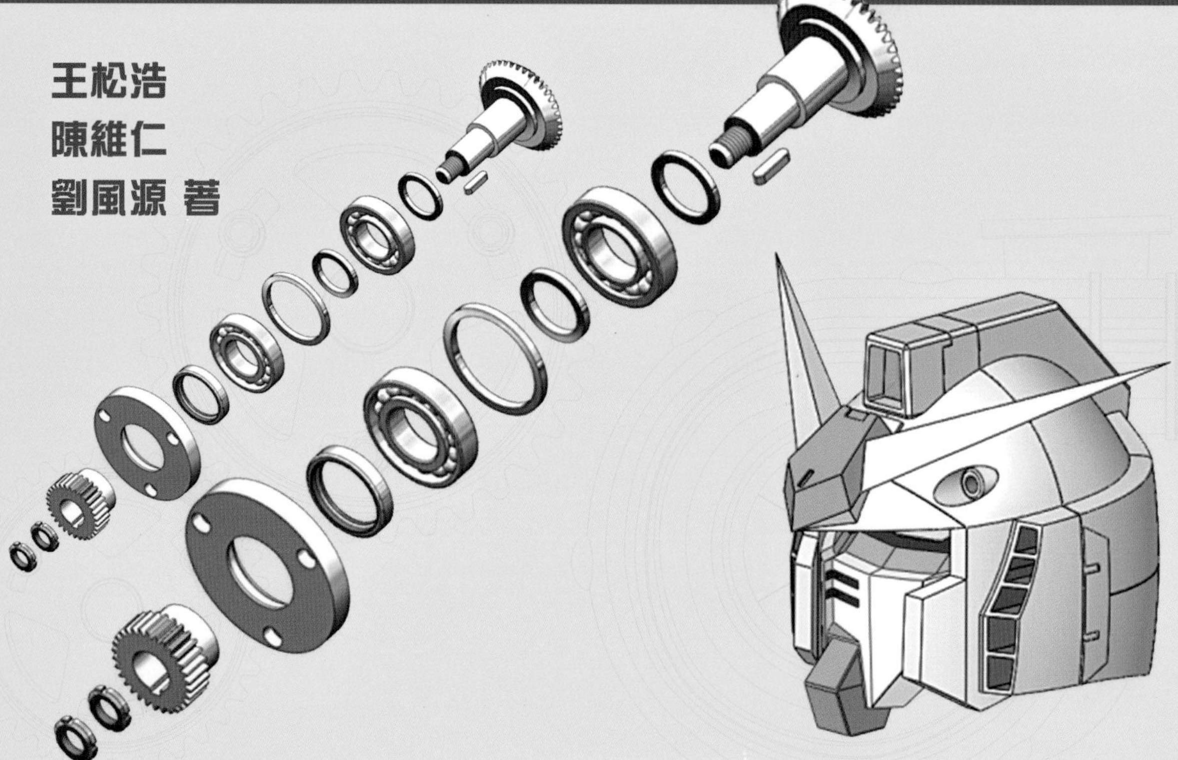

五南圖書出版公司 印行

推薦序

OEM（Original Equipment Manufacturer）代工長久以來都是臺灣企業的主要經營模式；MIT（Made in Taiwan）長久以來更是臺灣企業／產品的主要標誌。雖然無可非議這些都是臺灣經濟的主要支柱，可是在日益競爭的世界已經遠遠不夠了。

為迎接知識經濟新時代，政府在「挑戰 2008 —— 國家發展重點計畫」項目下，已將發展品牌列為臺灣產業升級、企業與國家競爭力提升的重要工作。「品牌臺灣發展計畫」最終目標有二：一是整合資源協助企業建立品牌，營造良好品牌發展環境；二是協助臺灣企業發展國際品牌並提升臺灣國際品牌價值。「品牌臺灣發展計畫」將透過完善品牌發展環境、辦理品牌價值調查、營運品牌創投基金、提升臺灣產品與產業國際形象、建構品牌輔導平台以及擴大品牌人才供給等措施，扶持臺灣企業發展品牌，達到多元品牌、百花齊放的最終目標。

要做什麼樣的品牌，是臺灣企業迎戰國際競爭的當務課題。身處後 ECFA 的新局勢，國貿局與外貿協會連續五年推動「品牌臺灣發展計畫」精準運用一條龍戰略，帶領臺灣中小企業以優質平價的競爭力，前進新興市場。面對全球經貿環境的瞬息萬變，後 ECFA 時代的新局勢，臺灣企業在提升應變力、打造競爭力的當下，研發創新和品牌行銷同等重要。

唯有「Made in Taiwan」這個虛擬品牌還遠遠不夠。而欲求從 OEM 轉型到 OBM（Original Brand Manufacturer），ODM（Original Design Manufacturer）是先決條件，因為必須先有自己設計（Design）的產品，才可能建立自己的品牌（Brand）。因此，我們臺灣的技職院校應該在這方面多花一些功夫、多做一些貢獻。讓我們一起努力為臺灣企業培養更多更強的 ODM 人才，成為 DIT（Design in Taiwan）源頭，甚至 OBM 的源頭，這將是為了使我們立於不敗之地而應該努力的方向。

因應社會的需求，我校機械系王松浩老師、陳維仁老師同臺南高工製圖科劉風源老師密切合作，以他們多年在機械設計／製圖（特別是電腦輔助設計上）的豐富經驗，寫出了這本高品質的教科書，為培養新一代的設計人才提供很好的學習資源。

本教材獲得教育部產業先進人才培育計劃2012年優良教材評選佳作獎，實在是可喜可賀。預祝本書出版成功！

周煥銘　教授
崑山科技大學工學院院長兼機械系教授，臺灣

序

幾乎所有工業產品，機械產品設計都是3D立體的，而以往的設計過程中，設計者將頭腦中抽象的3D立體概念描述到製圖版上2D的透視，然後又由2D的透視翻譯並製成3D的實際產品，這個過程不僅繁複，更需要許多的專業技巧和訓練，如今隨著電腦軟硬體突飛猛進的發展，設計的工具已經不可同日而語。

現在設計者可以非常方便地將頭腦中的3D概念，直接透過3D CAD工具建構3D的虛擬曲面或實體，再由CAM或者RP工具快速的轉變成可觸、可試，甚至可用的實際模型或產品。根據3D模型，人們還可以很方便地運用CAE進行模擬分析以最佳化。如同數位相機的發明和進步，使得現今千千萬萬的攝影家應運而生一樣，要成為全方位的工程師以及產品設計師的門檻也大大的降低。此外網際網路發展所引起的訊息大爆炸，使得任何昨天的老品牌和老產品；今天的新發明和新產品；以及明天的大趨勢和可能性，靠手指輕輕一點就盡攬於眼下。

鑒於以上思考並承蒙教育部「產業先進設備人才培育計畫」之「智慧化工具機產業設備人才培育計畫」所指導，在群策群力的努力之下，促成本教科書的撰寫並完成出版。

本教材在規劃與編排上有異於坊間其他教材，最大的特色是使用之範例皆為關鍵機構：工具機中銑床主軸箱之零組件，在3D零件設計階段所繪之圖為銑床的零件，零件圖做好後便能以這些成品完成整個系統的組合體。本書從零件到組合一氣呵成，完成以後即可見到自己設計的，包括所有的零件，次組立及總組合，讀者對設計更有整體感和成就感。

本書完全遵循教育部顧問室所提供的「電腦輔助設計教學大綱」的要點，包括參數化設計；資料轉換檔；以及CAM/CAE。除此之外，本書還介紹了CAD設計理念（AutoCAD-Parametric同步建模）；再設計及逆向工程的內容，以因應當代科技日新月異的進步和變化。

如此以工具機主軸箱之課程規畫成為本教材之特色，不僅適合想學好電腦輔助設計的大學機械相關領域的學生，同時對於想進一步瞭解工具機內部構造的學生能有更明顯的助益。

本書還盡量以中英文雙語進行論述，以適應全球化和外籍生日益增加的需

求。在此之際，特別要感謝崑山科技大學林冠均、蔡厚輝同學、臺南高工林伯煒同學及南臺科大黃汶晨工程師無數之繪圖協助。

由於編者水準有限，時間倉促，書中難免有錯誤和疏漏，敬請各位先進和讀者給於批評指正，不勝感激！

王松浩　劉風源　陳維仁

2013年春，臺南臺灣

目　錄

1 概　述

1.1 電腦輔助設計 CAD 2
1.2 電腦輔助工程分析 CAE 2
1.3 電腦輔助製造 CAM 3
1.4 CAD/CAE/CAM 及其他工程軟體的整合應用 4
1.5 SolidWorks 簡介 7
1.6 SolidWorks 中文版的系統需求 8
1.7 軟體特色 9
1.8 SolidWorks 畫面介紹 11
1.9 檢視工具 22

2 Sketch

2.1 2D 草圖 28
2.2 進出草圖模式畫面 29
2.3 草圖工具列 30
2.4 繪圖平面與參考幾何 32
2.5 草圖圖元指令 44
2.6 選取物件與刪除物件 46
2.7 草圖的限制條件 48
2.8 草圖圖示簡介 54
2.9 尺寸標註 60

3 Modeling

3.1 實體建構方法 84
3.2 伸長填料 / 伸長除料 86
3.3 旋轉填料 / 旋轉除料 107
3.4 圓角 118
3.5 導角 125
3.6 肋材 127
3.7 薄殼 139
3.8 直線複製排列 / 環狀複製排列 140
3.9 鏡射 150

4 Parts

4.1 本體 162
4.2 旋轉座 173
4.3 主軸 182
4.4 主動齒輪軸 191

5 Assembly

5.1 銑床主軸組合 200
5.2 組裝流程 201
5.3 步驟分析 202

6 爆炸圖

6.1 爆炸圖簡介 238

6.2 爆炸分解（傳動軸部分） 239

6.3 爆炸線草圖 246

7 Engineering Drawing

7.1 工程圖面簡介 252

7.2 工程圖各項設定 252

7.3 零件圖 - 旋轉座 2 262

7.4 零件圖 - 主軸 6 268

7.5 工程圖面 - 組合圖 275

8 Data Exchange

8.1 資料轉換檔案類型 284

8.2 資料名稱，格式和內涵 285

9 CAE Example

9.1 銑床主軸箱體的靜態受力分析（Gear Box CAE Static Analysis） 292

10 產品再設計及逆向工程簡介

10.1 逆向工程的定義（Definition of Reverse Engineering） 300

10.2 逆向工程在產品設計和工程上的應用（Applications of RE in Product Design） 301

10.3 逆向工程的分類和方法（Categories of Reverse Engineering） 302

10.4 產品造型和外部曲面的逆向工程方法（ Methods of RE on External Surfaces） 304

現代 3D 設計方法的一些探討

11.1 參數化設計（Parametric Dimension and Its Applications） 308

11.2 CAD 設計的發展趨勢 311

參考文獻

1

概　述

學習重點

- 1.1　電腦輔助設計 CAD
- 1.2　電腦輔助工程分析 CAE
- 1.3　電腦輔助製造 CAM
- 1.4　CAD/CAE/CAM 及其他工程軟體的整合應用
- 1.5　SolidWorks 簡介
- 1.6　SolidWorks 中文版的系統需求
- 1.7　軟體特色
- 1.8　SolidWorks 畫面介紹
- 1.9　檢視工具

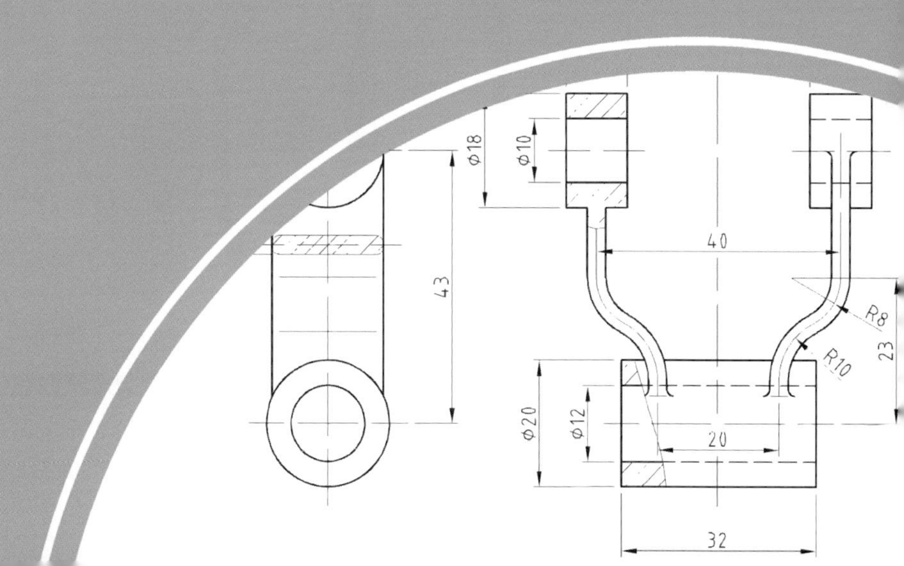

1.1 電腦輔助設計 CAD

由於電腦科技的巨大發展，使得產品的設計與製造發生了革命化的變化，整個過程統稱爲數位輔助產品開發過程（Digital Product Development, DPD）。依縱向（即過程順序）來說，先後順序是 CAD-CAE-CAM，首先的門檻即爲電腦輔助設計，Computer Aided Design（CAD）。當前工業界較常見的軟體爲 CATIA（1981 年起）、AutoCAD（1982 年起）、Unigraphics（1981 年起）、Pro/ENGINEER（1988 年起）、SolidWorks（1995 年起）、Solid Edge（1996 年起）以及 Autodesk Inventor（1999 年起）。

1.2 電腦輔助工程分析 CAE

除了使用電腦輔助設計（CAD）設計產品以外，設計者 / 工程師一般還經常用到電腦輔助工程分析，Computer-aided Engineering（CAE），主要作爲產品設計的輔助工具與產品製造前的驗證，以防設計失敗的發生。其包括：

一、對零件和組立系統所受到的應力進行有限元素分析——Stress analysis on components and assemblies using FEA（Finite Element Analysis）。

二、傳熱和流體狀態的分析——Thermal and fluid flow analysis Computational Fluid Dynamics（CFD），如圖 1-1 所示即為模擬異體的流動。

三、動態分析——Kinematics；目前比較常見的軟體為 ANSYS、COMSOL、COSMOS、NASTRAN、ABAQUS、ALGO 等，塑膠射出成型專用軟體 MOLDEX、MODFLOW 等。除了以上的功能，現在的工程分析軟體朝向多重物理的分析軟體，包括電磁和聲波等物理現象的模擬和分析，如圖 1-2 所示，即模擬機構的運動及其零組件的動態應力模擬。

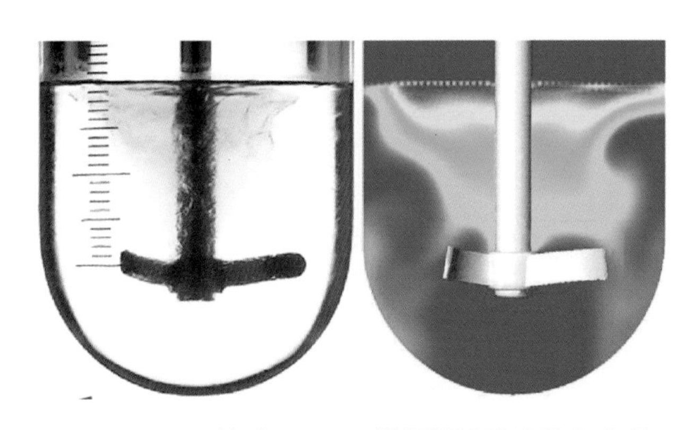

圖 1-1　CAE 軟體 ANSYS 模擬攪拌時液體的流動

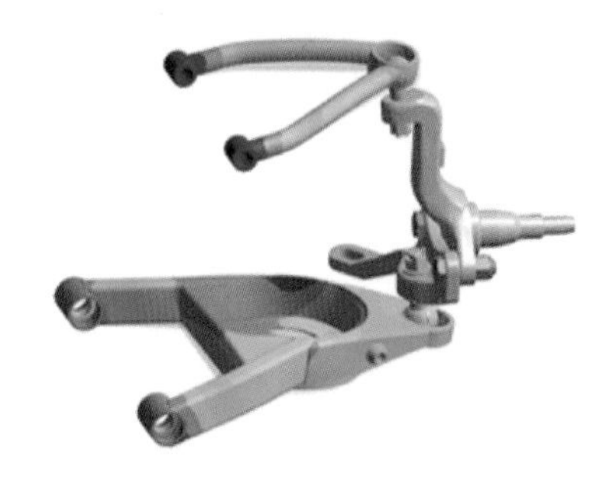

圖 1-2 DaleEarnhard 賽車懸掛系統的動態模擬

1.3 電腦輔助製造 CAM

在數位產品開發過程中，CAD 設計所得到的零件模型，經過 CAE 優化和確認後，就可以進行到下一步的 CAM 製造。由 CAD 零件模型輸入或轉檔至 CAM 軟體中，透過軟體編輯產生刀具路徑並輸出加工程式碼 G code 與 M code，就能利用數控加工機 Computer Numerical Control（CNC）進行加工製作成品。圖 1-3 為刀具路徑產生與模擬加工過程。

目前較大的 CAM 軟體有許多，依英文字母排列如下：BOBCAD-CAM（BobCAD-CAM）、CATIA（Dassault Systemes）、CAM-Tool（C & G Systems）、Cimatron（Cimatron group）、Dynavista（Nihon Unisys）、Edgecam（Planit）、Esprit（DP Technoogy）、HyperMill（Open Mind）、Mastercam（CNC Software）、NX（Siemens PLM Software）、PowerMILL（Delcam）、Pro/E（PTC）、SolidCAM（SolidCAM）、Space E（NTTD）、SurfCAM（Surfware）、TopCAM（Missler）、Tebis（Tebis AG）、VisiCAM（Vero）、VisualMILL（MecSoft）、Vericut（CGtech）、WorkNC（Sescoi）等。

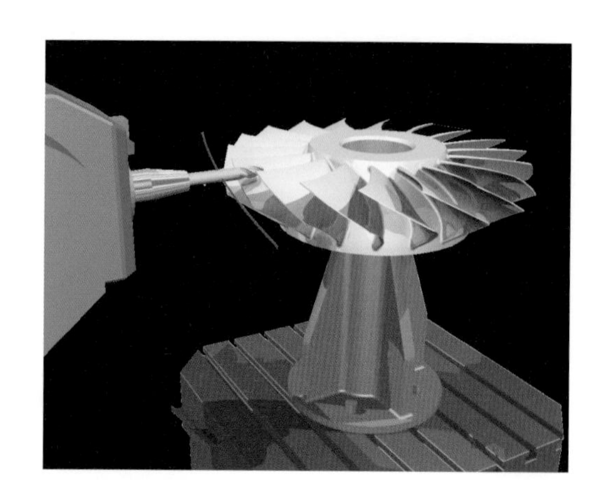

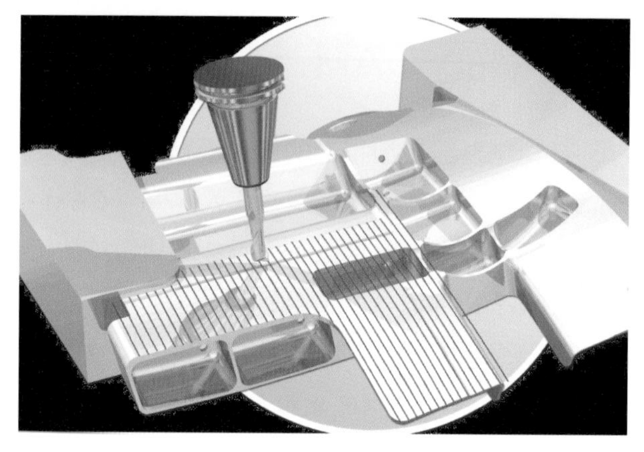

圖 1-3 CAM 軟體 PowerMill 加工道具路徑模擬並輸出 CNC 指令

1.4 CAD/CAE/CAM 及其他工程軟體的整合應用

從橫向來看，圖 1-4 基本上歸納了整個電腦輔助設計 CAD、分析 CAE 和製造 CAM 過程中各個關節的屬性、位置及其功能。

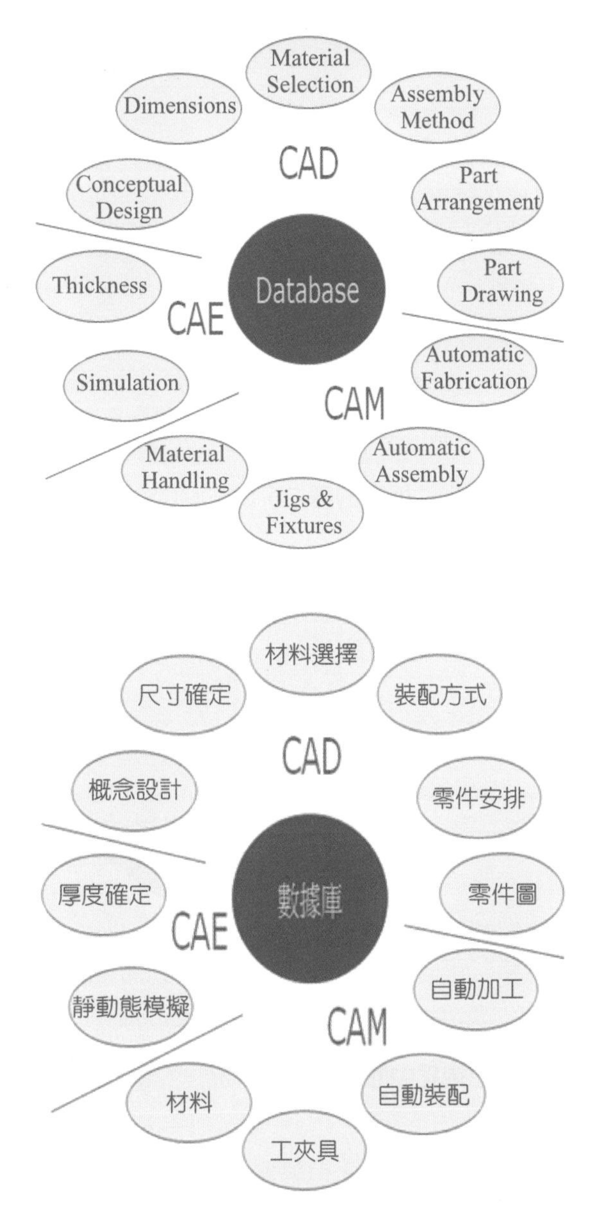

圖 1-4 設計、分析和製造過程中各個關節的屬性、位置及功能

目前電腦軟體業的 CAD/CAE/CAM 趨勢是橫向與縱向同步結合，便利客戶和增加軟體的競爭力。不少有實力的軟體大廠產品已經可以用包羅萬象來形容，同時集 CAD/CAE/CAM 之大成。而對單一 CAD 軟體來說，有的也將比較常用的 CAE 結合在一起。比如說 SolidWorks 中就包括了 COSMOS-Express（如圖 1-5 所示），以及 MoldFlow-Express（如圖 1-6 所示）等工程分析軟體的簡捷版，使得設計工程人員不須忙碌地於軟體之間作檔案格式轉換與切換，就可以方便地初估一下零件所受的應力，或者塑膠射出過程中的塑膠流動狀況。

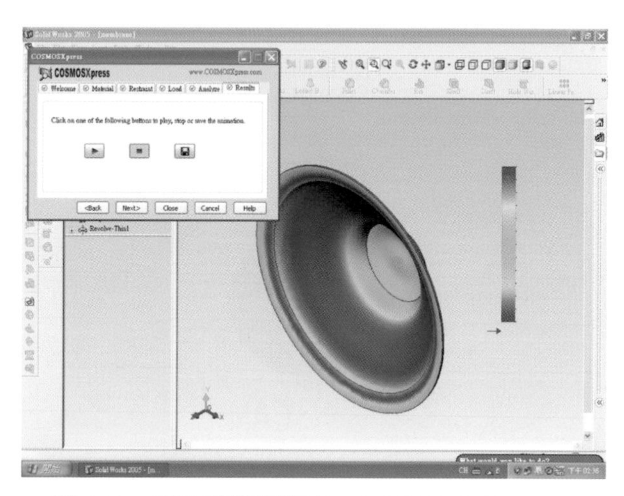

圖 1-5 零件所受的應力，COSMOS-Express

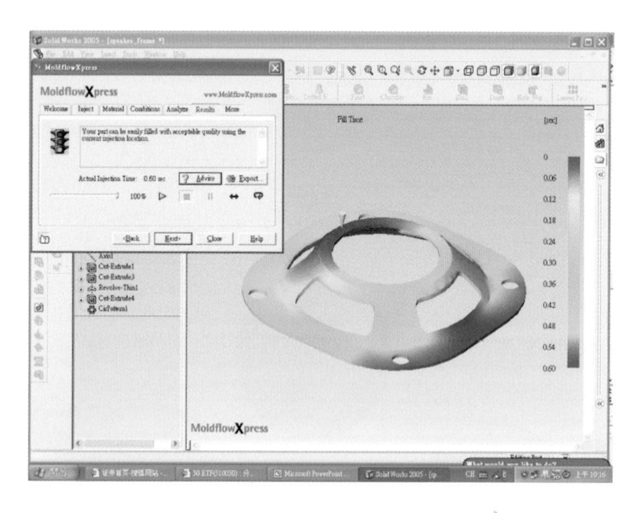

圖 1-6 塑膠射出過程中的塑膠流動狀況——MoldFlow-Express

雖然在 CAD 軟體中可以作這些模擬，但終究是局限於比較簡單的情況，比如靜態應力分佈等。至於比較全面和複雜的情況，比如動態 + 應力 + 傳熱 + 電磁 …… 綜合狀態，就還是要運用專業的 CAE 分析軟體，才能獲致精準的資料。此外零件進行 CAM 加工也是類似的情況。因此，在各類軟體之間進行資料交換就顯得至關重要。本章自下節起開始，以工業界常用的軟體 SolidWorks 進行概念性的通盤介紹，讀者若使用其他軟體，亦建議參考本書概念並活用至其他軟體。

1.5 SolidWorks 簡介

SolidWorks 公司爲達梭系統（Dassault Systemes S.A.【NASDAQ: DASTY】）下的子公司，專門負責研發與行銷機械設計軟體的視窗產品。達梭公司則負責系統性的軟體供應，及爲製造廠商提供具有 Internet 整合能力的支援服務。

達梭集團提供涵蓋整個產品生命週期的系統，包括設計、工程、製造，和產品資料管理等領域中的軟體系統。SolidWorks 成立於 1993 年，當初的任務是希望在每位工程師的桌面上提供一套具有生產力的實體模型設計系統。由於創新的技術與符合潮流的趨勢，於兩年間便成爲 CAD/CAM 產業中獲利最高的公司，因而得到達梭系統的青睞，於 1997 年中購入 SolidWorks，成爲達梭集團中最具競爭力的 CAD 產品。

SolidWorks 公司自從 1995 年底上市以來，該公司所建立的 CAD 操作介面一直是業界爭相學習與競爭的對象，按照年份的遠近，這些軟體包括：

- SolidWorks：純視窗血統的實體模型系統（1995.11）。
- FeatureManager：具有視窗簡學易用特性的 3D 設計樹狀結構（1993 patent）。
- Drag-and-Drop：可以用拖曳置放特徵來操作的實體模型系統（1995.11）。
- Dynamic Assembly Motion：實體模型上具有直覺式手動操作的零組件運動模擬系統（1995.11）。
- Configuration：具有層別特性的 3D 模型組態規劃系統（1995.11）。
- SolidWorks Viewer：免費的 SolidWorks 檔案檢視器（1996.6）。
- FeaturePalette：具有特徵與零件庫的實體系統（1997.9）。
- FeatureWorks：具有特徵辨識工具的系統，可以將靜態的 3D 資料賦予智慧型的特徵參數（1998.7）。
- Pro/ENGINEER Converter：免費的 Pro/ENGINEER 轉檔工具（1998.12）。
- XchangeWorks：外掛於 AutoCAD 與 Mechanical Desktop 上的轉檔工具（1999.2）。
- PropertyManager：具有圖元屬性標籤頁面的編輯系統（1999.2）。
- SolidWorks Animator：提供點按方式的簡學易用動畫製作軟體（1999.7）。
- Collision Detection：具有於實體模型上進行即時運動碰撞模擬檢測功能的系統（1999.7）。
- SmartMates：具有隨取即配的組裝直覺操作系統，完全自動抓住設計意圖的工具（1999.7）。
- AutoCAD 2D Simulator：具有 AutoCAD 指令模擬裝置的實體模型系統（1999.7）。

1.6 SolidWorks 中文版的系統需求

使用 SolidWorks 中文版，其軟、硬體的基本需求如下：

一、作業系統

作業系統爲 Microsoft Windows 7 x86、Windows 7 x64、Vista x86、Vista x64、XP Professional x86 或 XP Professional x64。

作業系統	SolidWorks2008	SolidWorks2009	SolidWorks2010
Windows 7 x86	×	×	✓
Windows 7 x64	×	×	✓
Vista x86	✓	✓	✓
Vista x64	✓	✓	✓
XP Professional x86	✓	✓	✓
XP Professional x64	✓	✓	✓

圖 1-7　Solidworks 支援的 Microsoft (r) Windows (r) 視窗作業系統

二、硬體或軟體需求

RAM	最小：1 GB RAM。 零件（< 200 特徵）和組合件（< 1000 個零件）。 建議：6GB 或更多（Windows 7 x64 建議使用更高容量）。 零件（> 200 特徵）和組合件（> 1000 個零件）。 虛擬內存建議到 2X RAM 的數量。
繪圖卡	通過 SolidWorks 認證的繪圖卡及驅動程式。 http://www.solidworks.com/pages/services/VideoCardTesting.html
CPU	Intel 和 AMD 處理器。 注意：Apple Mac 的機器與作業系統不支援 SolidWorks。 eDrawings 支援以麥金塔為基礎的作業系統與機器。

圖 1-8　SoildWorks 的硬體與搭配軟體需求 -1

其他	滑鼠或其他指向設備。 建議使用 3Dconnexion 3D 移動控制器。 DVD drive。 Microsoft Excel 2002 (12), 2003 或 2007。 Internet Explorer version 6.x 或更高版本。 Adobe Acrobat version 7.0.7 或更高版本。
網路	SolidWorks 僅以 Microsoft's Windows Networking 與 Active Directory network 的環境作測試。

圖 1-8　SoildWorks 的硬體與搭配軟體需求 -2

1.7　軟體特色

SolidWorks 是專為機械設計需求而產生的 3D 實體模型建構系統，提供產品設計師與工程師們一套電腦輔助設計工具，協助各產業提升機械設計自動化，以較少的時間完成創新的產品設計，取得產品上市先機及競爭優勢。其特色如下：

一、參變數合併的設計系統擴展設計彈性

SolidWorks 採參變數合併運用，並以特徵化的方式進行實體模型的建構工作，其中含有零件建構（Part Modeling）、組合件裝配（Assembly），與工程圖（Engineering Drawings）製作等三部分基本模組，所有幾何資料透過單一資料庫可以達到雙向的資料溝通與傳遞更新，完全符合同步工程的設計要求。

二、實體與曲面功能可靈活交互運用

實體建構功能，除提供零件檔的「分離實體」之功能外，還可直接輸入多個外部檔案做「布林運算」（聯、交、差集）。曲面功能提供各項複雜曲面功能，不論曲面的複製、搬移、鏡射、延伸、修剪，設計者均能完整呈現設計意念。實體與曲面採用相同資料結構，可以交替運用，簡化構建的難度並增快速度。

三、由上而下的關聯式組件設計（Top Down Design）

支援實際的機械設計準則，可由組件開始從事單一零組件的設計工作，真實由上而下的設計關聯性，確保各項細部資料維持其正確性。佈局草圖可驅動整體組件的位置與外觀，次組件的重構方式以拖曳置放即可完成，讓您在組合的環境中如同堆積木般地直覺操作。

四、節省產生工程視圖的時間

以標準多視圖範本的設定，加速並且輕易地產生成品所需的工程圖面，更可以即時進行設計變更，無論是在工程圖或是 3D 模型上所進行的每項變更，都會立即反映在整個設計上，如此就可以確保工程視圖的精確與擁有最新的資料。

五、電子視圖讓溝通無障礙

一個節省時間且又強化的溝通工具 e-Drawing 電子視圖，這是一套不論是零件、組合件、工程圖等均可支援 e-Mail 作業的 CAD 工程視圖檔案，它不但可以將圖檔進行極度的壓縮，並且附帶有瀏覽圖面本身的檢視工具。

六、機構運動模擬與照片擬真效果呈現

符合自然定律的機械碰撞運動，及使用動態的組合件運動方式進行設計的快速檢測，這樣減少了錯誤的產生，因而達到改善產品的目的，也因爲此種即時觀測的效果，可以知道運動零組件的交互作用，並且監測出干涉的位置。另外提供模擬功能，可設定機構零件之旋轉、重力、彈簧、直線位移等特性模擬出整組機構之相對運動。

若要展示產品的外觀與功能表現，SolidWorks Animator 的動畫製作會是一項極佳的工具。若是結合 PhotoWorks 的相片擬眞影像處理功能，會使得設計概念的溝通更有效率。

七、支援檔案相容性

爲了能輕易地與其他 CAD 系統或是傳統資料的使用者共享設計工作，SolidWorks 提供了常用的 CAD 資料檔案轉換器，包括 IGES、STEP、SAT（ACIS）、VDAFS（VDA）、VRML、STL（ASCII 與 BINARY 格式）、Parasolid、DXF 與 DWG 等格式。

八、組合件採取隨取即配功能

在省時的考量下，SolidWorks 獨有的拖曳與置放功能強化其生產力，提供隨取即配的智慧型結合方式（SmartMate）搭配預設的結合條件設定，使用者根據設計意圖，可在有限的時間內輕易地建構出組合件。

九、使用現成零組件以節省設計時間

爲了加速設計腳步，可以運用點按的操作來存取標準零件庫中的零組件，如螺栓、螺帽、墊圈、軸承、齒輪等。

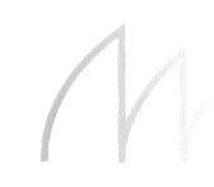

十、完全整合的附加應用程式

SolidWorks 的協力軟體確保附加應用程式系統的單一視窗整合性，藉以形成簡學易用特性於產品的設計、分析、製造、以及資料管理上。

1.8 SolidWorks 畫面介紹

開啓 SolidWorks 時，會出現產品實際繪製案例。

開啓 SolidWorks，首先在螢幕畫面右側，會出現左圖 **SolidWoks 資源**的選單，欄內共有**開始上手**、**線上資源**與**每日小秘訣**三項。

開始上手的選單內有四項功能：新文件、開啓文件、線上學習單元、新增功能。

線上資源的選單內有五項功能：討論區、訂閱服務、合作夥伴解決方案、Manufacturing Network、Print3D。

每日小秘訣則是出現在工作窗格中的底端，並在開啓新的 SolidWorks 作業過程時，提供關於軟體操作的有用提示。按**下一個秘訣**，即可顯示其他祕訣。

右側圖示如下圖所示之意義：

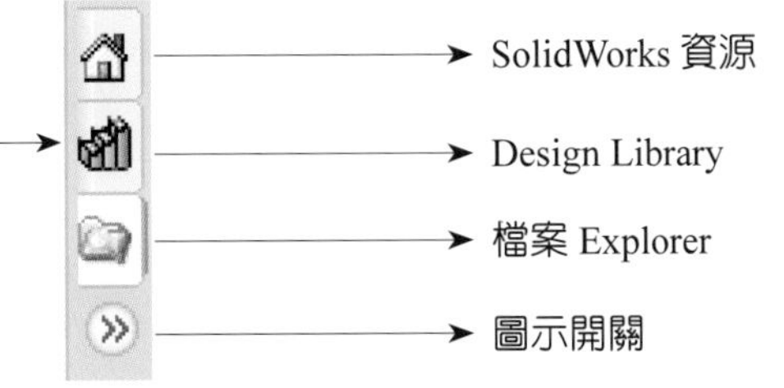

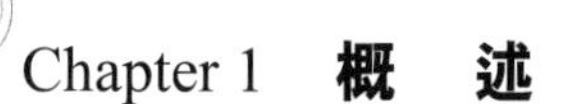

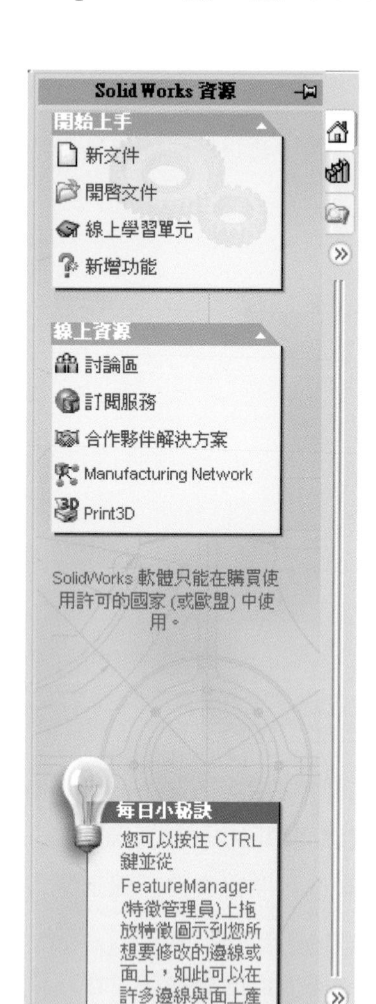

1. SolidWorks 資源

開啓 SolidWorks 之後，第一個出現的對話框，可以選擇所要執行的功能。

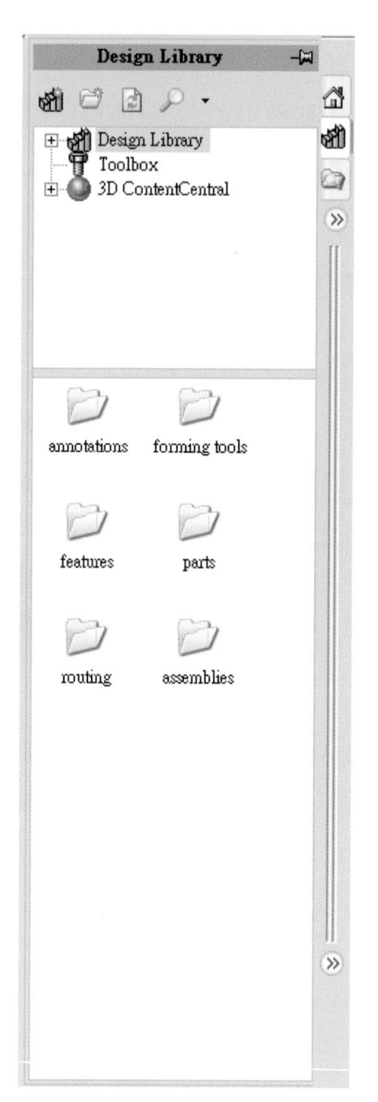

2. Design Library

列出標準零件與使用者設計的相關零組件，方便管理與使用。

3. 檔案 Explorer

檔案管理功能，類似 Windows 的檔案總管。

1.8.1 新檔案視窗與檔案類型介紹

當進入 SolidWorks 時，出現上述的畫面，點選開始上手的新文件或標準工具列的**開啓新檔** ，即可出現下圖的**新 SolidWorks** 文件畫面。

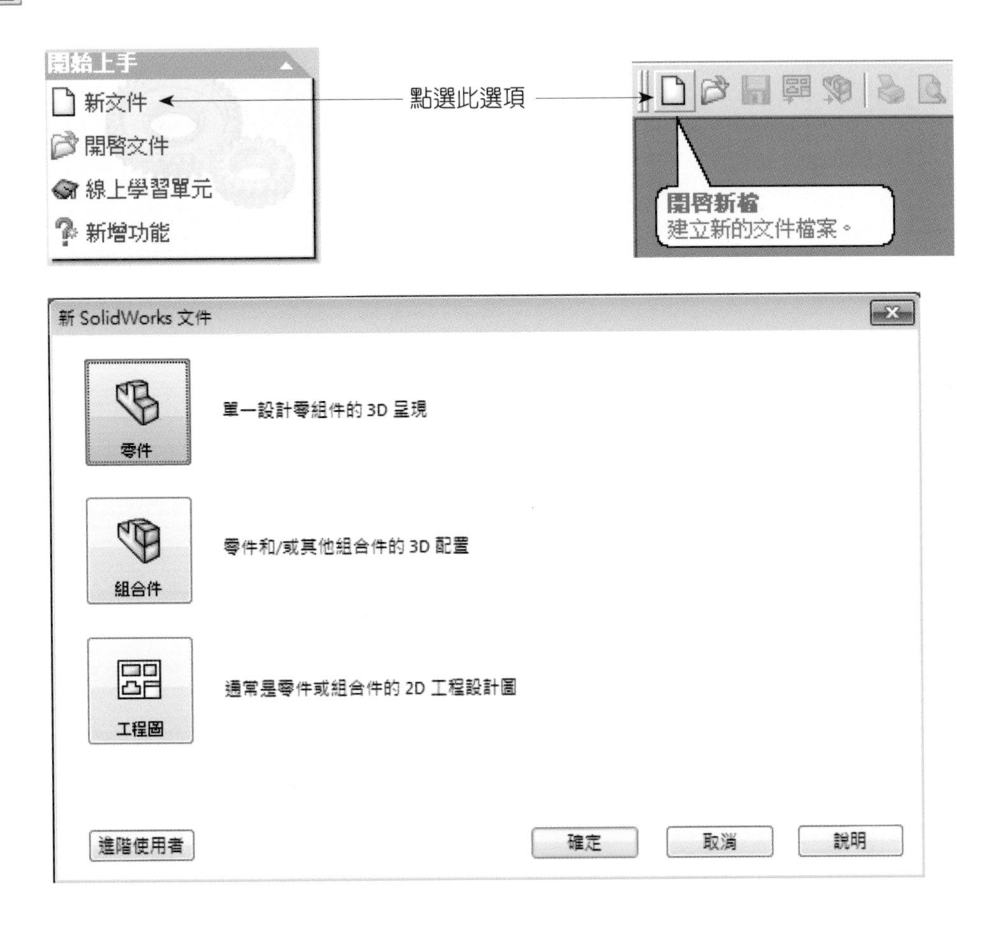

檔案類型如下：

1.  Sldprt： 單一零件的實體檔案。

2.  Sldasm： 3D 實體的組合件檔案，是由單一零件、多個零件或次組合件，依其正確位置組合而成，組合件檔案的零件各自儲存於自己的零件檔中，在組合檔案中建立彼此的關聯性。

3.  Slddrw： 包括零件圖、組合圖與立體系統圖的 2D 圖檔，是分別由零件檔、組立檔投影而來，稱爲工程圖。可以在圖上標示尺度與註解。它與零件檔與組立檔具有關聯性。

1.8.2 圖形視窗及操作介面介紹

零件圖的建立，其操作步驟如下：出現下圖之對話框，才能開始建立零件。

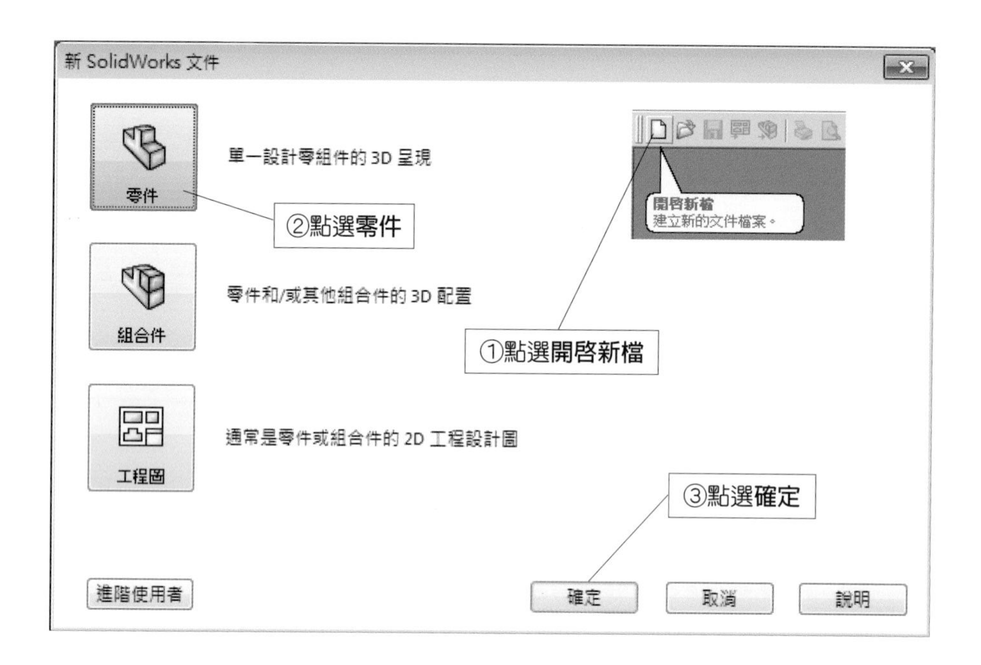

出現下圖零件 1 視窗，首先介紹操作介面：

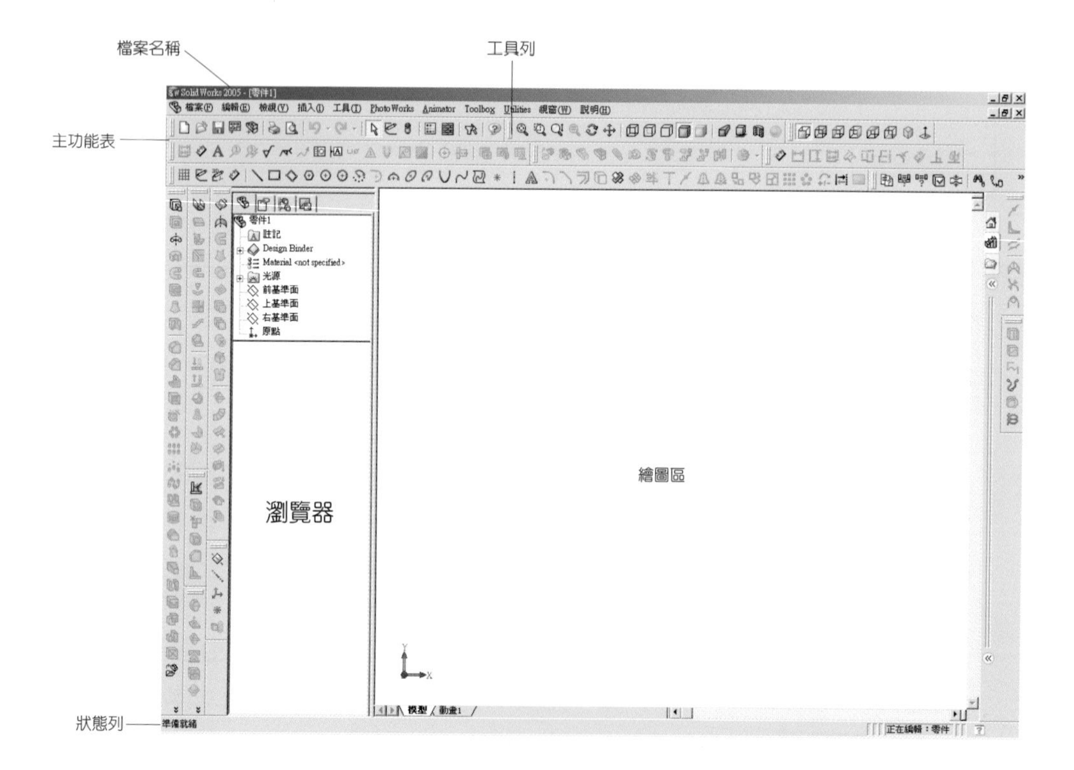

一、主功能表

亦稱下拉式工具列，多為文字敘述式按鈕，包含所有指令操作。

主功能表可依設計需求，自行增加項目，點選**工具→附加**，再從對話框中勾選附加的項目。

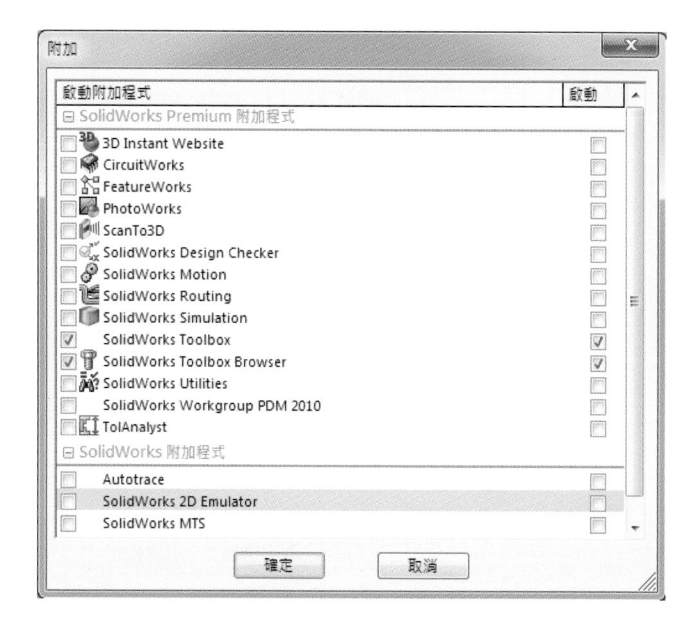

二、工具列

爲圖示式按鈕，每一圖示代表單一功能指令。有一般與「Command Manager」兩種圖示。其中，「Command Manager」是將各種特徵指令圖示統合在一起，優點在於使整個螢幕看起來更加簡潔，且步驟明確；而一般圖示則可以讓所有指令圖示顯示在螢幕上，可以快速點選。

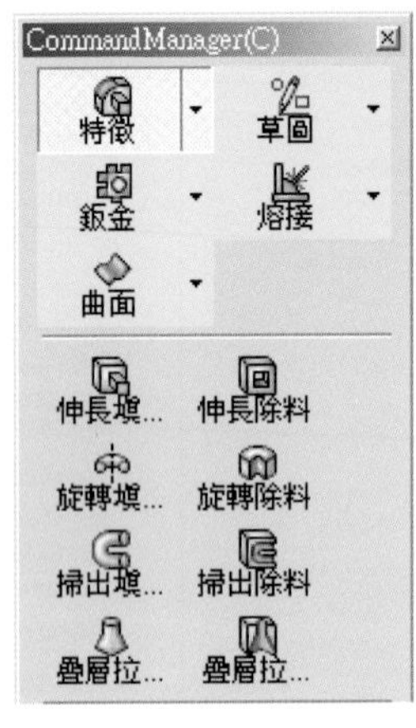

CommandManager 圖示

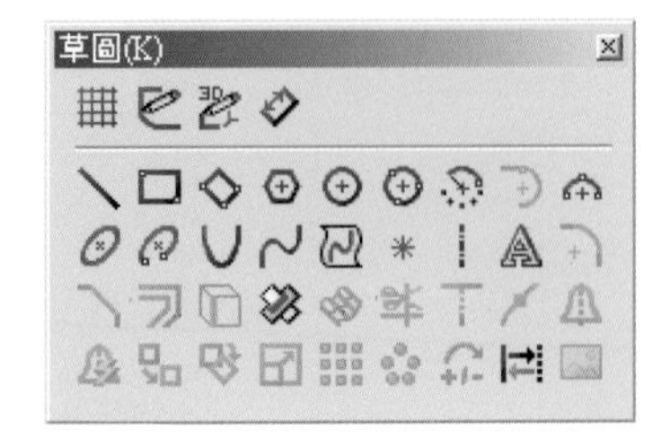

一般圖示

剛使用軟體時，圖示皆爲內建常用的指令，可以在工具列任意處按**滑鼠右鍵**，並選擇**自訂**，此時彈出「自訂」對話框，從「指令」標籤底下選擇類別，再從「Buttons」項直接將圖示拖曳到工具列上適當位置。

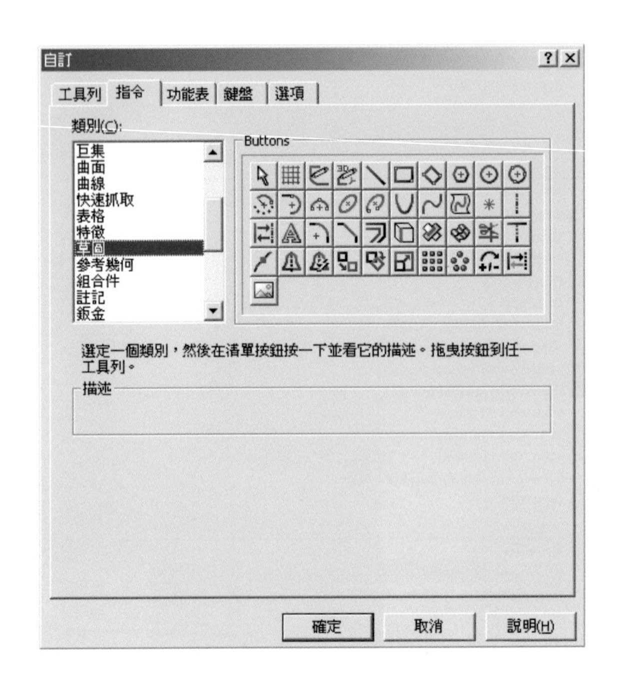

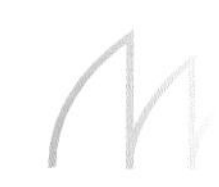

三、繪圖區

執行各種作圖指令與模型顯示的區域。用於繪製草圖、零件成型、建立組合件、動畫製作與編輯工程圖面等。下圖所示是在該區域內繪製草圖：

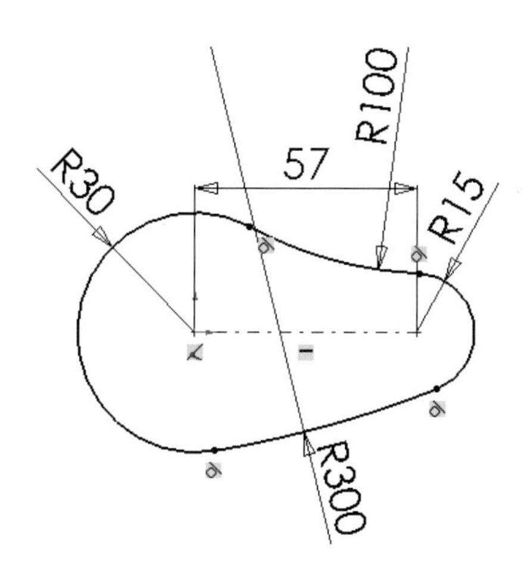

四、瀏覽器

共有FeatureManager(特徵管理員)、PropertyManager（性質管理員）、ConfigurationManager（組態管理員）與RenderManager（彩現管理員）等四種標籤形式，各標籤簡介如下：

（一）FeatureManager(特徵管理員)：爲樹狀結構，用於顯示建立檔案內容的歷程與模型特徵屬性，依其參數，再給予特定的圖示與名稱，並在特徵底下存有成型的草圖。在圖示上按**滑鼠右鍵**，即可選擇重新編輯幾何。拉動「回溯控制棒」，可將模型回朔到某特徵成型後之貌。

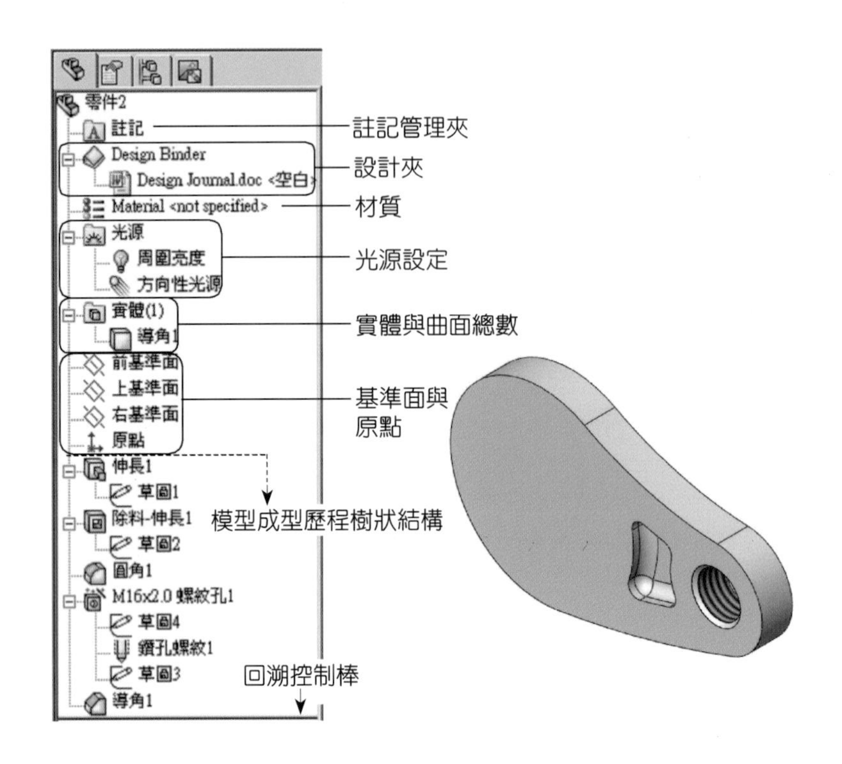

（二）PropertyManager（性質管理員）：為對話框形式，用於設定幾何的有關參數。

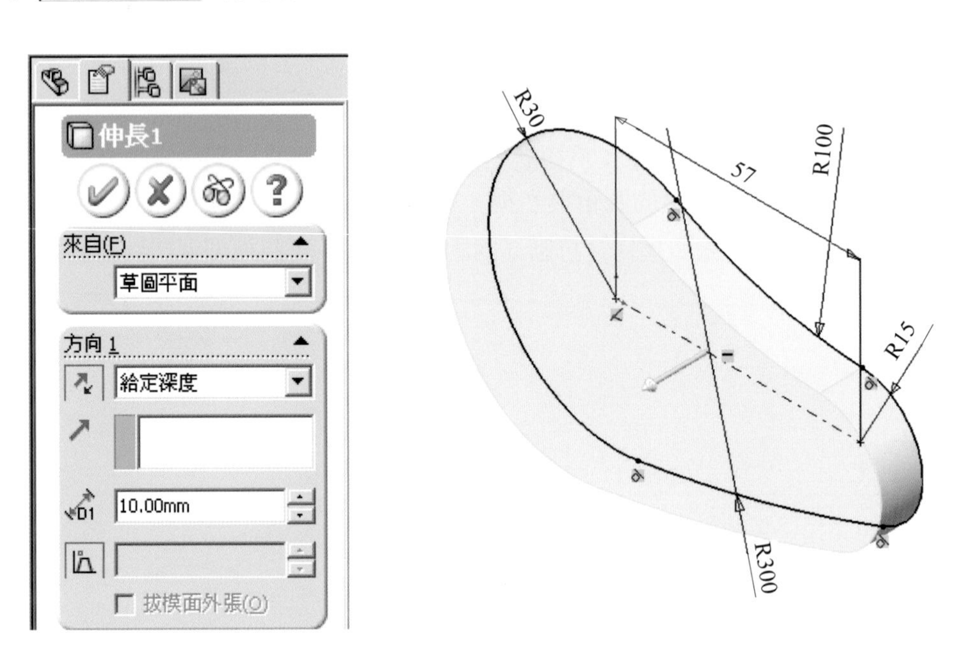

（三）ConfigurationManager（**組態管理員**）：為樹狀結構，由父特徵組態產生相關聯的子特徵組態，可在同一模型上檢視兩個以上不同的特徵組態。在組合件中，爆炸視圖即為該組合

件的子特徵組態。

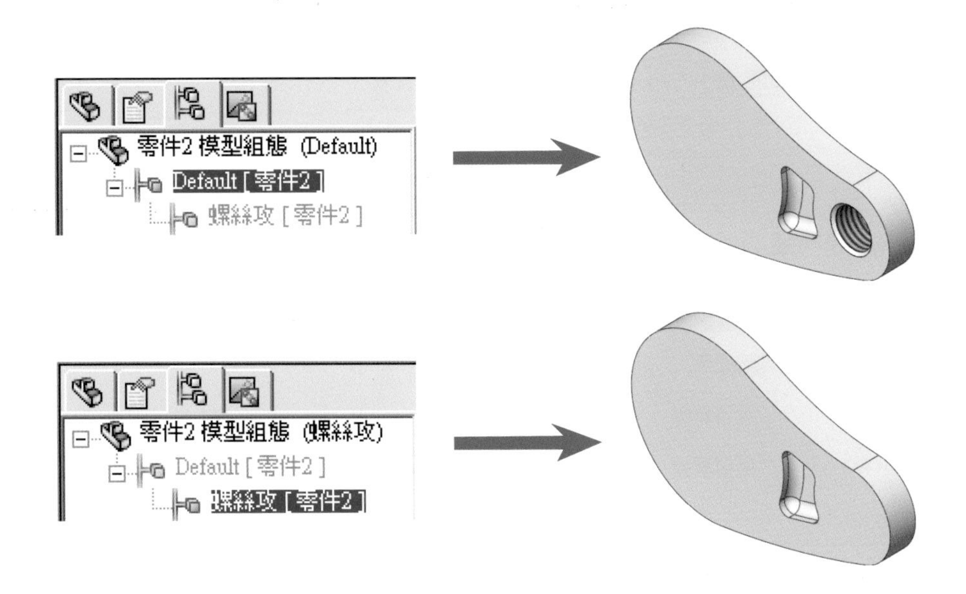

（四）RenderManager（**彩現管理員**）：為樹狀結構，用於設定該模型的彩現參數。這裡所指的彩現，係將模型設定完全景、材質與光源後，點選**計算影像**所呈現在螢幕上的圖像顯示。

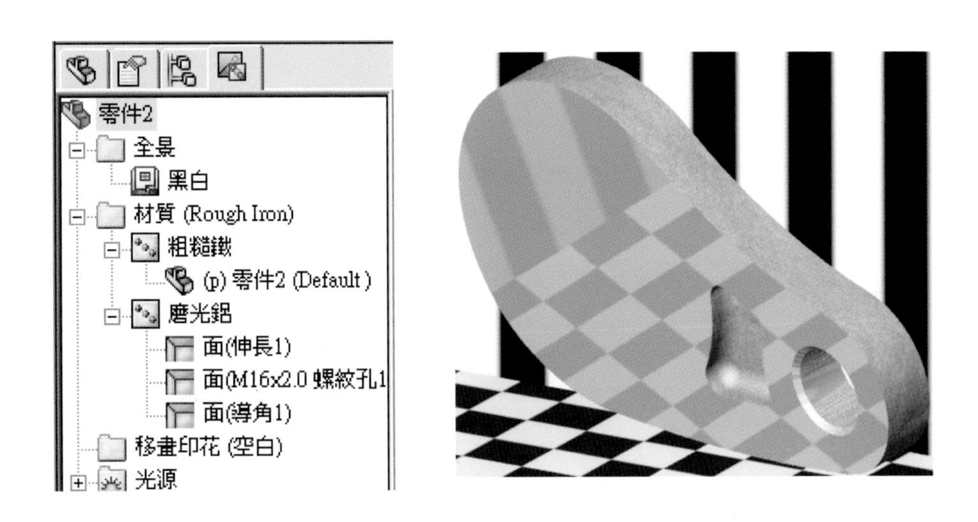

五、狀態列

顯示使用者正在執行的動作，與即時訊息。以繪製草圖為例，狀態列將顯示游標在繪圖區相對於原點的座標值，與草圖的限制情形。

62.15mm -40.37mm 0mm 不足的定義 正在編輯：草圖1

六、快顯功能表

當使用者按滑鼠右鍵時，彈出的功能表。程式會根據在繪圖區、工具列、草圖或特徵，而彈出不同的「快顯功能表」，可取得相關工作的選項或工具指令。

七、基本操作

（一）Windows 捷徑鍵：以下指令同樣適用於 SolidWorks 中。

指令	說明
Ctrl+C	複製
Ctrl+N	開啟新檔
Ctrl+O	開啟舊檔
Ctrl+P	列印

指令	說明
Ctrl+S	儲存
Ctrl+V	貼上
Ctrl+R	重做
Ctrl+Z	復原

（二）SolidWorks 快速鍵：

指令	說明
空白鍵	視角方位功能表。
Delete	刪除圖元。
方向鍵	水平或垂直旋轉。
Alt+ 左、右方向鍵	順時針或逆時之旋轉。
Ctrl+ 方向鍵	水平或垂直移動。
Shift+ 方向鍵	水平或垂直旋轉 90°。
F3	快速抓取(Q)
F5	選擇濾器(I)
A	草圖直線與弧切換。
C	於繪圖區內顯示 FeatureManager(特徵管理員)。
F	最適當大小 。
L	直線 。
Z	縮小。

指令	說明
Shift+Z	放大。
Ctrl+B	**重新計算模型** 。
Ctrl+Q	強制**重新計算模型**。
滑鼠滾輪 - 按住	**旋轉**。
滑鼠滾輪 - 滾動	**拉近 / 拉遠**。
Ctrl+ 滑鼠滾輪 - 按住	**移動**。
Shiht+ 滑鼠滾輪 - 按住	**拉近 / 拉遠**。較滾動滑鼠滾輪為平順。

以上所有有關鍵盤操作，必須在英打的狀態下才可執行。

(╳)　　　　　　　　(○)

使用者可以依下列所述自行設定快速鍵：

1. 點選**工具→自訂**。
2. 在「鍵盤」標籤底下自訂快速鍵，但不得重複。

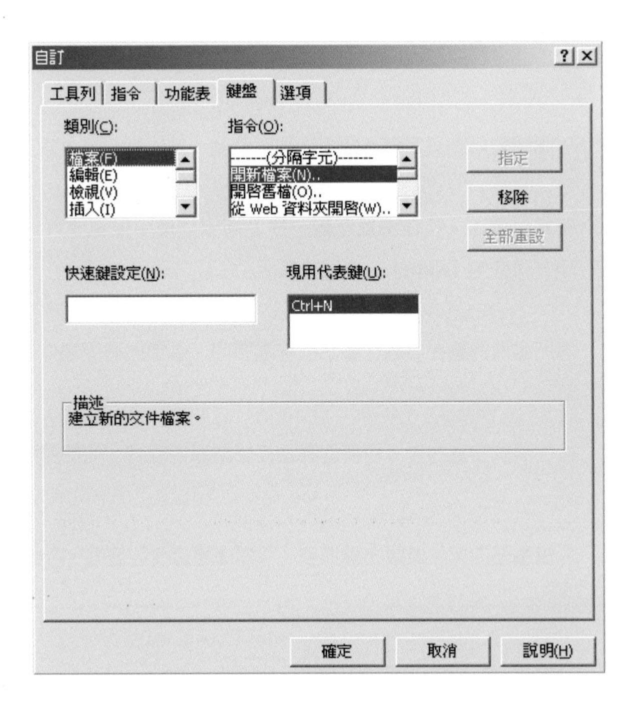

1.9 檢視工具

檢視工具是用以控制畫面大小與觀察 3D 模型的重要工具，功能有**縮放**、**平移**、**旋轉**、**視角切換**、**顯示模式**等。檢視工具列的圖示，如下圖所示：

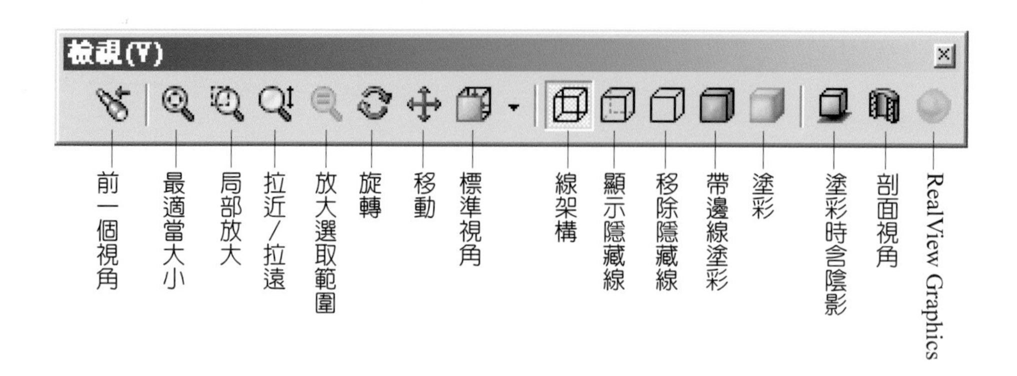

1.9.1 檢視工具介紹

項次	圖示	說明
1	前一個視角	將模型回復到上一個視角。
2	最適當大小	將模型以最佳顯示於繪圖區內。可直接輸入快速鍵「F」。
3	局部放大	以兩個對角點決定模型放大的視窗範圍，用以細部放大觀測模型。
4	拉近／拉遠	在繪圖區中，按住**滑鼠左鍵**，往上拖曳使模型畫面放大，往下拖曳使模型畫面縮小。可使用「Shift」+ 滑鼠滾輪。
5	放大選取範圍	將所選取的圖元以最佳顯示於繪圖區內。必須先選取物件，功能方有作用。
6	旋轉	按住**滑鼠左鍵**拖曳，使模型畫面在繪圖區內旋轉。可使用滑鼠滾輪拖曳。
7	移動	在繪圖區內按住**滑鼠左鍵**拖曳，平移繪圖區模型畫面。可按住「Ctrl」+ 滑鼠滾輪。

檢視工具的介紹，請參閱光碟資料的動畫說明（CH1\1-5-1.avi）。

1.9.2 視角切換

視角切換的目的在於選擇適當的觀測點，正確且有效的執行草圖繪製或特徵製作。一般觀測的視角有六個基本視角，包含：**前視** 、**後視** 、**左視** 、**右視** 、**上視** 與**下視** ，另外三個常用的立體圖觀測視角為**等角視** 、**不等角視** 與**二等角視** 。

對於草圖繪製工作，大多以正視的角度來完成繪圖，採用**正視於** ，會是一個最佳的選擇。另外，除了上述的內定視角，對於特殊視角的設定，如下所述：

一、視角旋轉控制

Step 1. 點選**工具→選項**。

Step 2. 於「系統選項」標籤底下，點選**視角旋轉控制**。

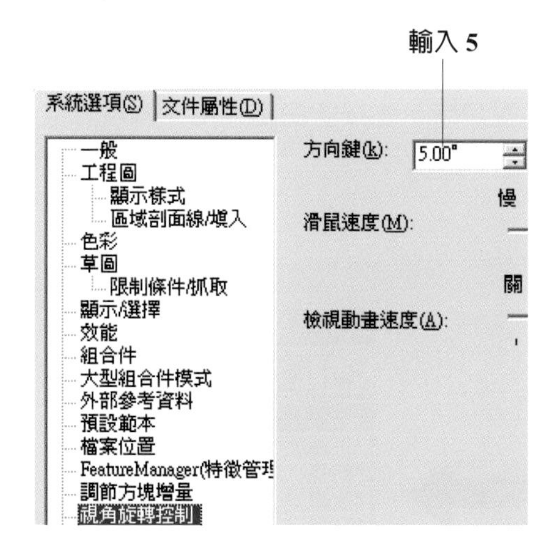

二、旋轉模型

等角視的座標軸投影互為夾角 120°，成型的方式是先將物體正視於某一面，然後水平旋轉 45°，再垂直旋轉 35°16'，即可得到等角影物體的視角。操作方式如下：

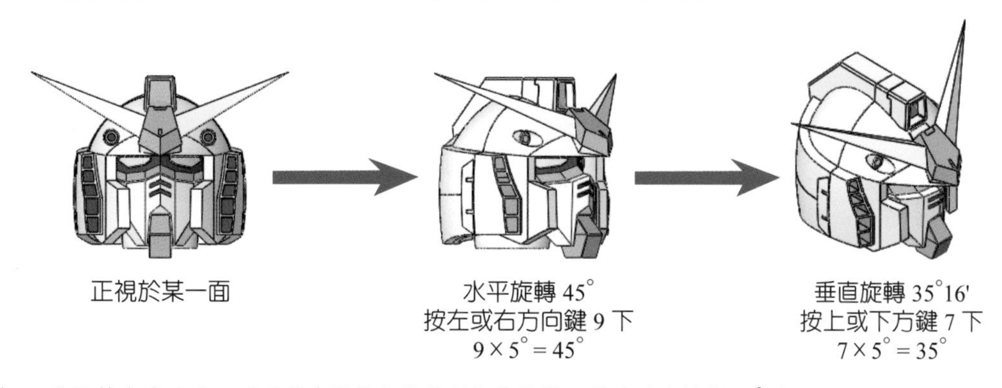

※由於 16' 的旋轉角度太小，以至於在視覺上很難判斷其差異，所以垂直旋轉 35° 即可。

按下 標準視角旁的箭頭，畫面會出現不同視角的選單。使用者可以自設視角，按下**新增視角**，步驟如下圖所示。按下**空白鍵**視角方位對話框即可出現；若要讓視角方位對話框固定在畫面不消失，可以按下 視窗固定紐，當圖示變成 ，即可將對話框固定。

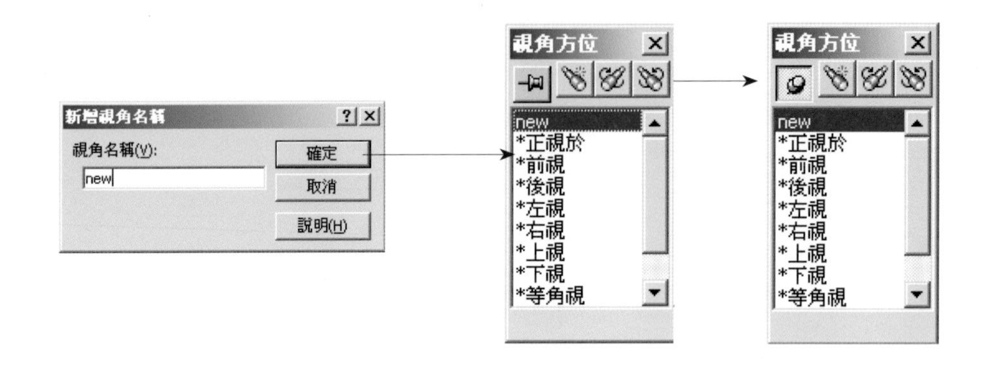

當使用者欲取回新增的視角時，先按**空白鍵**彈出「視角方位」**對話框**，在新增的視角方位名稱上快按**滑鼠左鍵**兩下即可取回。

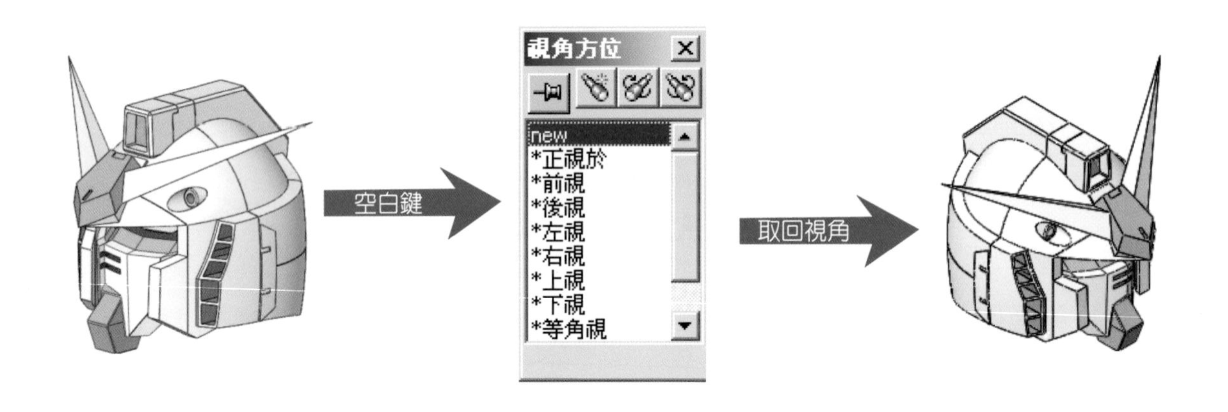

1.9.3　模型顯示

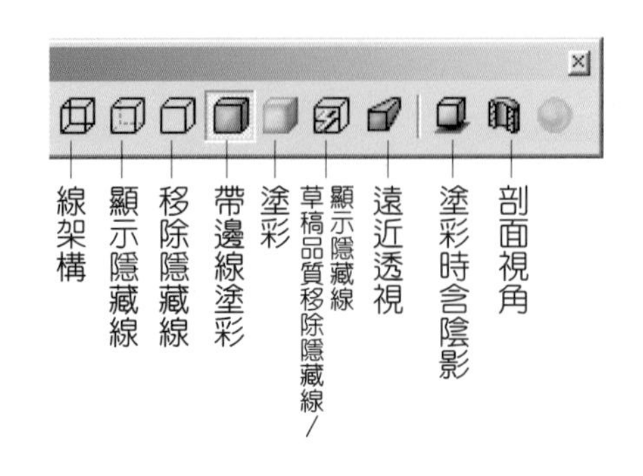

表 1-1 檢視工具介紹

圖示	圖例	說明
線架構		將可見邊線、隱藏邊線與弧相切邊線皆以實線呈現的顯示方式。可加速系統的圖形顯示。
顯示隱藏線		將隱藏線以虛線呈現，隱藏弧相切邊線的顯示方式。
移除隱藏線		移除隱藏邊線與弧相切邊線，只保留可見邊線的顯示方式。
帶邊線塗彩		將模型塗上設定的色彩，並顯示可見邊線與弧相切邊線的顯示方式。
塗彩		僅將模型塗上設定的色彩，而移除所有邊線的顯示方式。可加速系統的圖形顯示。
草稿品質移除隱藏線／顯示隱藏線		模型在移除隱藏線或顯示隱藏線模式時，草稿品質移除隱藏線／顯示隱藏線顯示複雜的零件、組合件、及工程圖的速度較快。
遠近透視	非透視 遠近透視	將模型以透視法顯示，為最接近實體的顯示法，顯示的尺寸小於等角立體圖，通常使用在大型機械與建築的立體示意圖。
塗彩時含陰影		將**塗彩**或**帶邊線塗彩**顯示的模型，加上落於 X-Z 基準面的陰影，不管視角如何旋轉，陰影依然落在 X-Z 基準面上。
剖面視角		以一個以上的平面為切割面，切割模型的顯示方式。

2

Sketch

學習重點

- 2.1 2D 草圖
- 2.2 進出草圖模式畫面
- 2.3 草圖工具列
- 2.4 繪圖平面與參考幾何
- 2.5 草圖圖元指令
- 2.6 選取物件與刪除物件
- 2.7 草圖的限制條件
- 2.8 草圖圖示簡介
- 2.9 尺寸標註

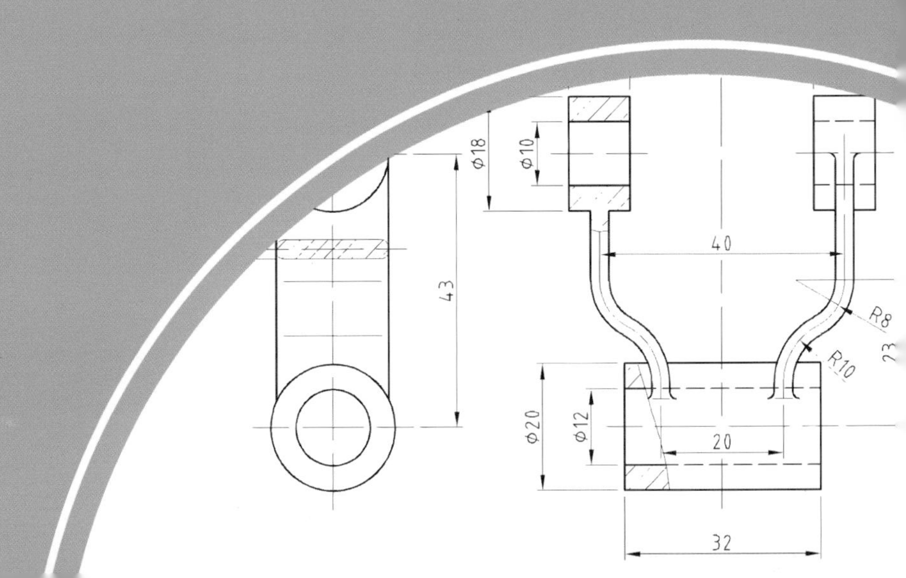

2.1 2D 草圖

2.1.1 何謂草圖

以 SolidWorks 所繪製的 2D 圖形或輪廓，稱爲草圖。繪製草圖是 SolidWorks 建立 3D 零件零件特徵的第一步。

2.1.2 草圖的建立

建立草圖須在草圖模式下使用，繪製零件的形狀或特徵。SolidWorks 建立草圖的特點是先繪製近似的形狀，再設定限制條件與標註尺度，調整成正確形狀的草圖。

2.1.3 草圖與 3D 模型的關聯性

建立正確形狀的草圖後，可以使用「伸長填料」、「旋轉填料」、「疊層拉伸填料」、「掃出填料」與「肋材」等工具建構 3D 模型。3D 模型建立完成，若再修改之前的草圖， 3D 模型特徵會隨著自動更新；但是若只是修改 3D 模型特徵，草圖則不會更動。

2.1.4 建立 3D 模型的程序

Step 1. 選擇草圖平面（等角視圖方位）。

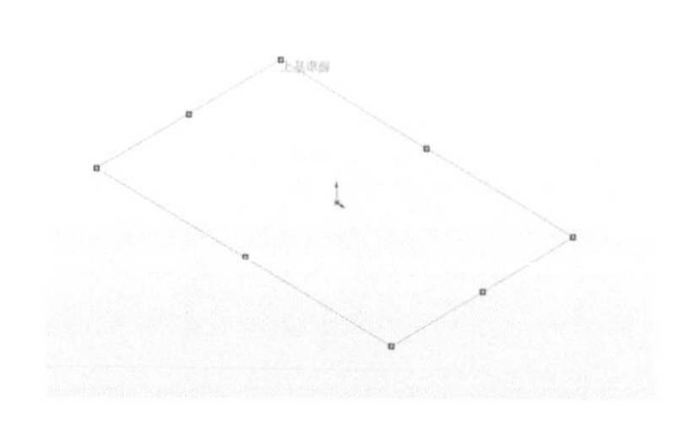

Step 2. 繪製近似形狀的草圖。

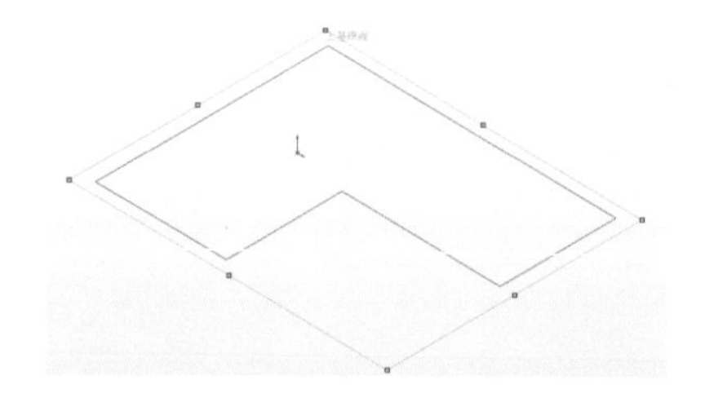

Step 3. 加入限制條件、標註尺度，調整成正確形狀的草圖。

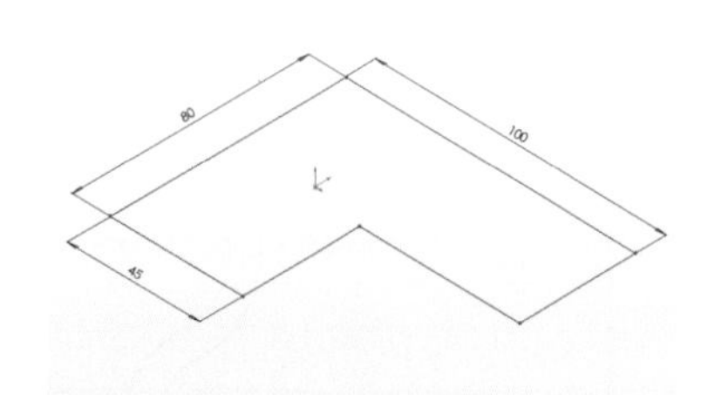

Step 4. 以「伸長填料」建立 3D 零件特徵。

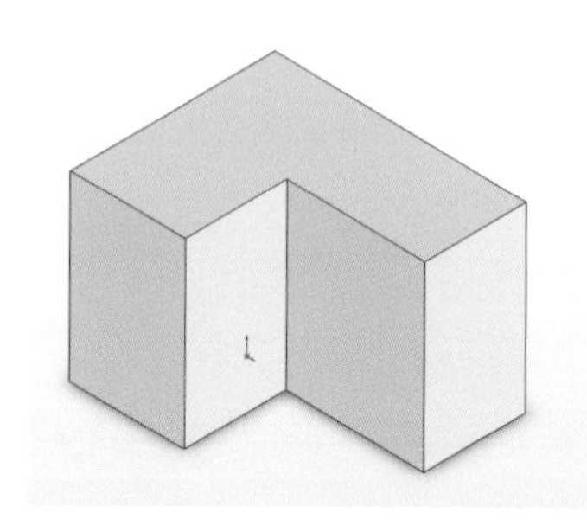

2.2 進出草圖模式畫面

一、開啓新檔

要進入草圖模式之前，必須先**開啓新檔**，開啓新檔有下列幾種方法：

1. **工具列進入**：(1) 點選 。
   (2) 以滑鼠左鍵選取 。
2. **從功能表進入**：(1) 點選「檔案」。
   (2) 點選「開新檔案」。
   (3) 以滑鼠左鍵選取 。
3. **使用快速鍵**：(1) 同時按下 Ctrl + N 。
   (2) 以滑鼠左鍵選取 。

二、選取作圖平面

接著選取**作圖平面**，SolidWorks 內定有三個作圖平面，分別是前基準面、上基準面與右基準面。爲了方便視角觀察，請先切換到**等角視圖** ，在特徵管理區中，使用滑鼠左鍵點選進『前基準面』、『上基準面』或『右基準面』，如圖 2-1 所示。

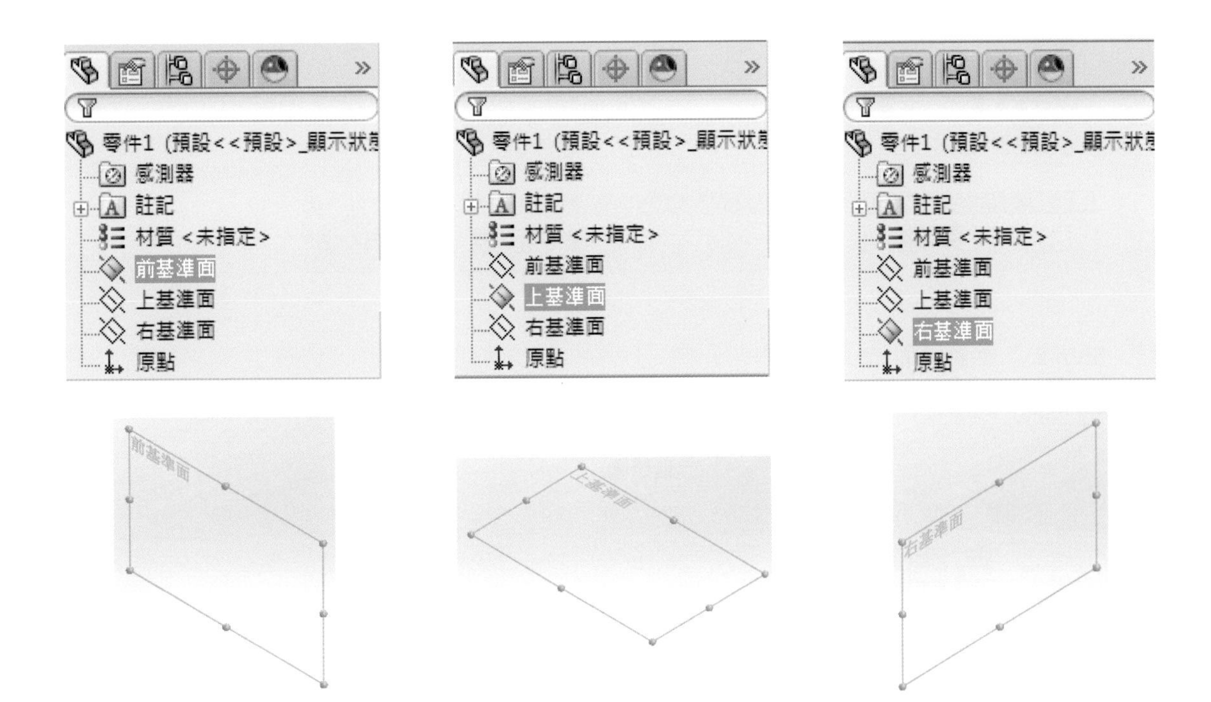

圖 2-1 『前基準面』、『上基準面』與『右基準面』的選擇

三、進入草圖模式

作圖平面選取好之後，有幾種方法進入草圖模式：

Step 1. Command Manager 工具列　　　　Step 2. 草圖工具列

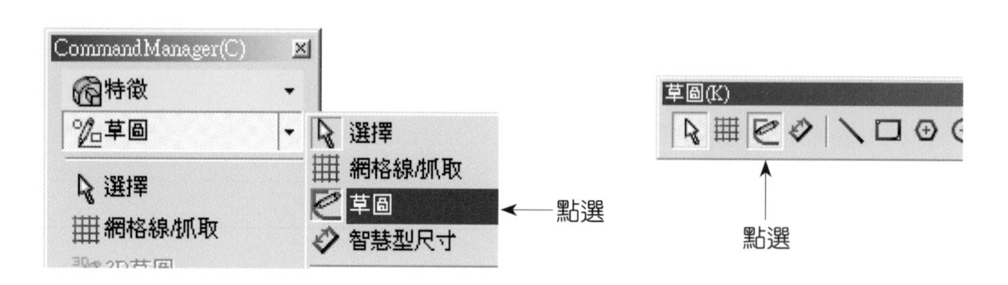

四、離開草圖模式

草圖完成後或放棄草圖，需要離開草圖模式，有下列幾種方法：

Step 1. 工具列

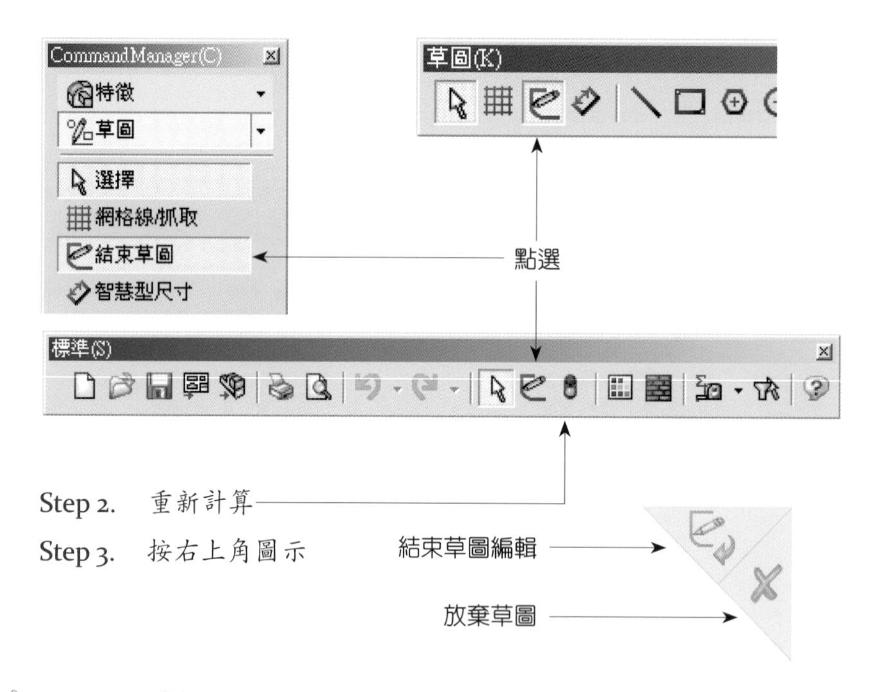

Step 2. 重新計算

Step 3. 按右上角圖示

2.3 草圖工具列

草圖工具列的功能有：選擇、網格線 / 抓取、草圖、智慧型尺寸、直線、矩型、多邊形、圓、圓心 / 起點 / 終點畫弧、切線弧、三點定弧、草圖圓角、中心線、橢圓、不規則曲線、點、文字、鏡射圓元、參考圓元、延伸圓元、修剪圖元、幾何建構線、環狀草圖排列及複製、

直線草圖排列及複製、草圖圖片、移動及複製圖元。

選擇：

網格線／抓取：

草圖：

智慧型尺寸：

直線：

矩形：

多邊形：

圓：

圓心／起點／終點畫弧：

切線弧：

三點定弧：

草圖圓角：

中心線：

橢圓：

不規則曲線：

點：

文字：

鏡射圓元：

參考圖元：

延伸圓元：

偏移圖元：

修剪圖元：

幾何建構線：

環狀草圖排列及複製：

直線草圖排列及複製：

草圖圖片：

移動或複製圖元：

直線(L)
矩形(R)
平行四邊形(M)
多邊形(O)
路徑線(U)

圓(C)
三點定圓(M)
圓心/起/終點畫弧(A)
切線弧(G)
三點定弧(3)

橢圓(長短軸之半)(E)
部分橢圓(I)
拋物線(B)
不規則曲線(S)
曲面上的不規則曲線(F)
點(P)
中心線(N)
文字(T)...

2.4 繪圖平面與參考幾何

繪製草圖的平面稱爲繪圖平面或工作平面，繪圖平面預設有前基準面、上基準面與右基準面。內定的繪圖平面爲前基準面，也就是一般繪圖定義的 XY 平面，上基準面爲 XZ 平面，右基準面爲 YZ 平面。

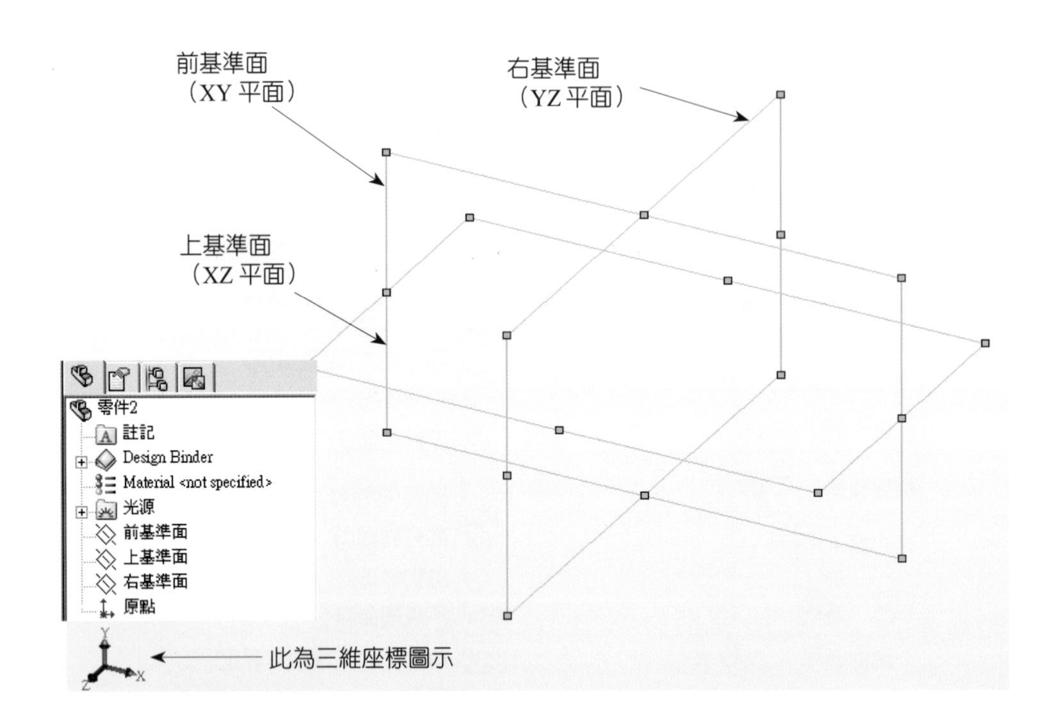

參考幾何包含：**基準面**、**基準軸**、**座標系統**與**點**。

一、基準面：基準面用以提供繪製草圖的工作平面，尤其在偏移面或角度面的草圖繪製，或者掃出與疊層拉伸的特徵製作，特別常用。

二、基準軸：基準軸用以產生環狀複製或旋轉特徵的中心軸。

三、座標系統：使用者可以在零件或組合圖中定義座標系統。主要用以做爲量測 與計算物理特性的參考基準。

四、點：用以做爲草圖繪製的的輔助參考。

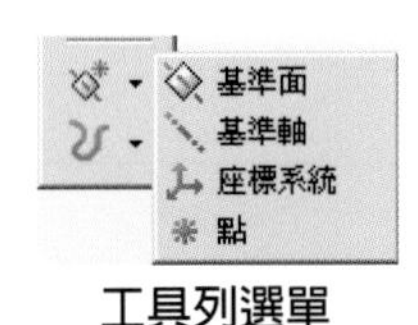

工具列選單

下拉式選單

2.4.1 切換內定的繪圖平面

若要切換內定的三個繪圖平面，只要在特徵管理員，點選前基準面、上基準面或右基準面的其中之一即可。

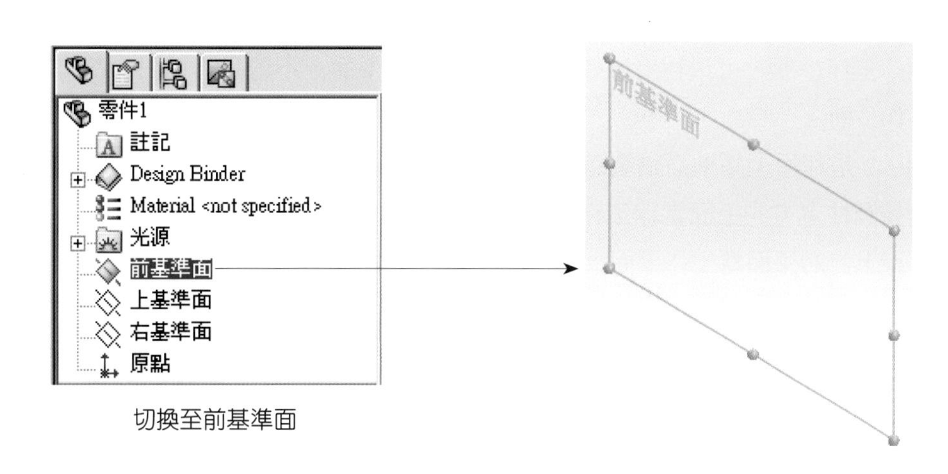

切換至前基準面

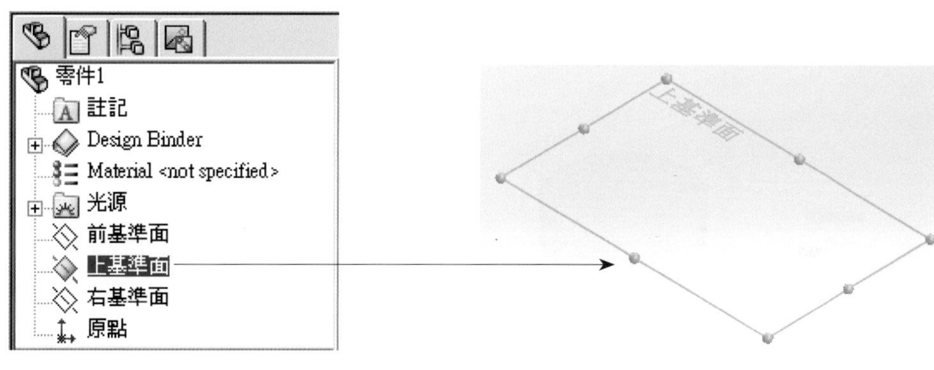

切換至上基準面

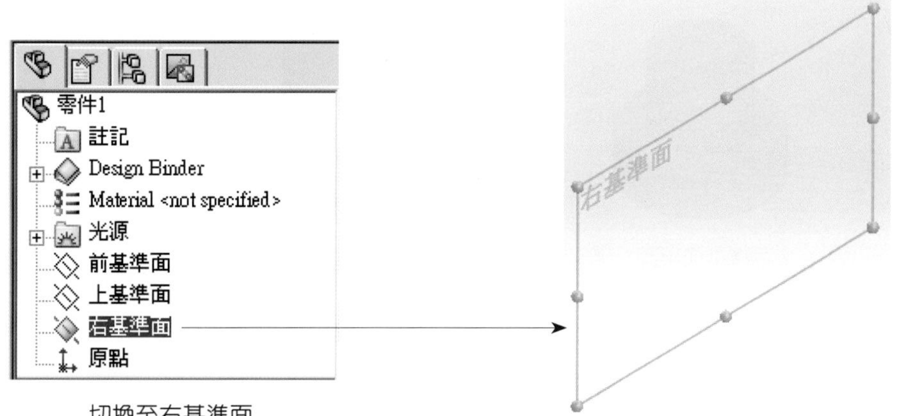

切換至右基準面

2.4.2 切換既有的工作平面

在繪圖的過程中，剛開始使用三個內定基準面，但隨著模型複雜程度增加，所需使用的工作平面也越來越多變，在建構模型時，選擇一個好的工作平面，不僅降低繪製草圖的難度，也可減少模型建構的步驟。

選擇工作平面，可以利用現成的模型，只要是平面，不管是否傾斜，都可以當作繪製草圖的工作平面。

圖 2-2 是利用上基準面繪製草圖，再往上擠出圓柱的模型，如果要再往上疊一層圓柱，可以選擇圓柱上方的平面當作工作平面，繪製草圖後再擠出圓柱。在圓柱中心鑽一通孔，則可選擇最上方的平面當工作平面，再繪製草圖，將圓孔從模型中移除。

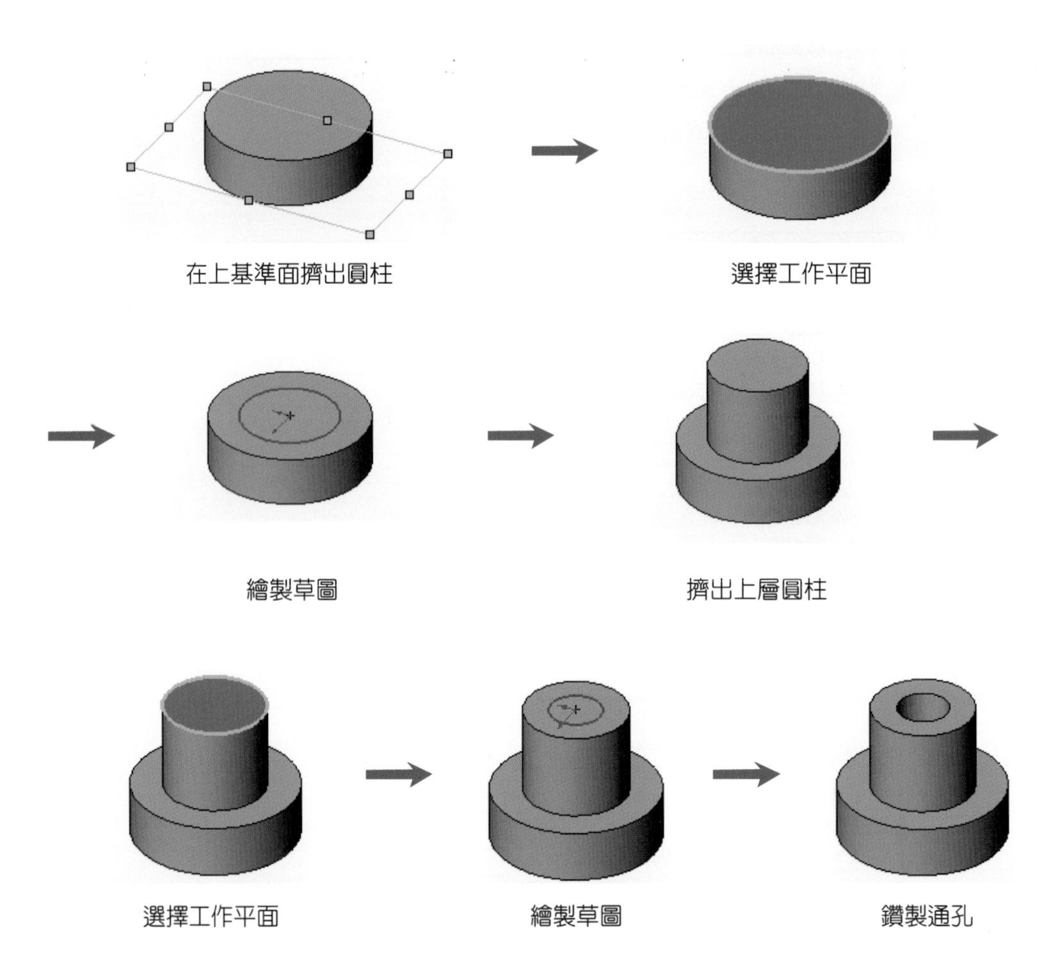

圖 2-2　利用不同基準面繪製草圖擠出模型

2.4.3 參考幾何

參考幾何包含：**基準面、基準軸、座標系統**與**點**。

一、建立基準面

除了利用內定的三個基準面來繪製草圖之外，愈複雜的模型，所需要的基準面除了模型的平面外，建立額外的基準面，對於草圖的繪製與模型的建構，會有很大的助益，以下是建立工作平面的方法：

1. 偏移距離：

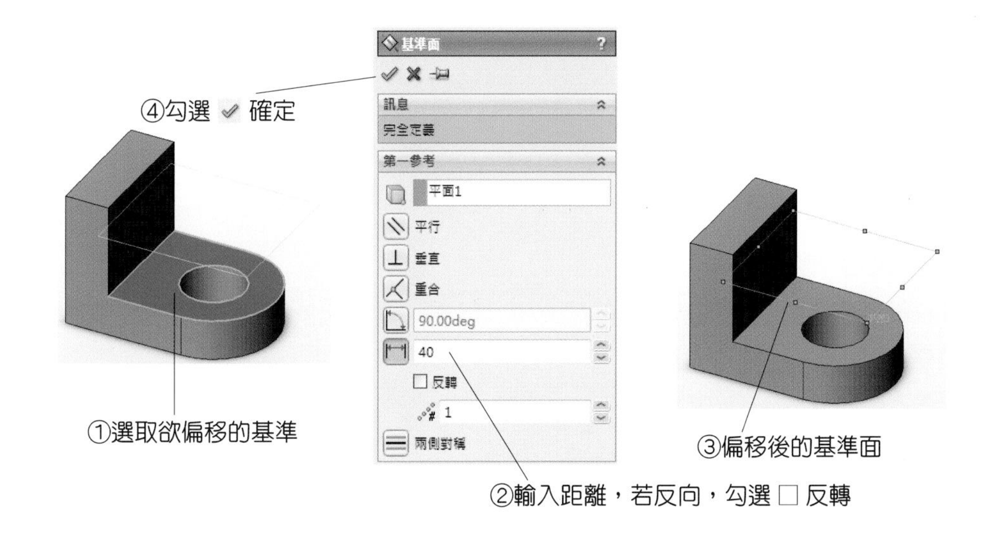

2. 夾角：

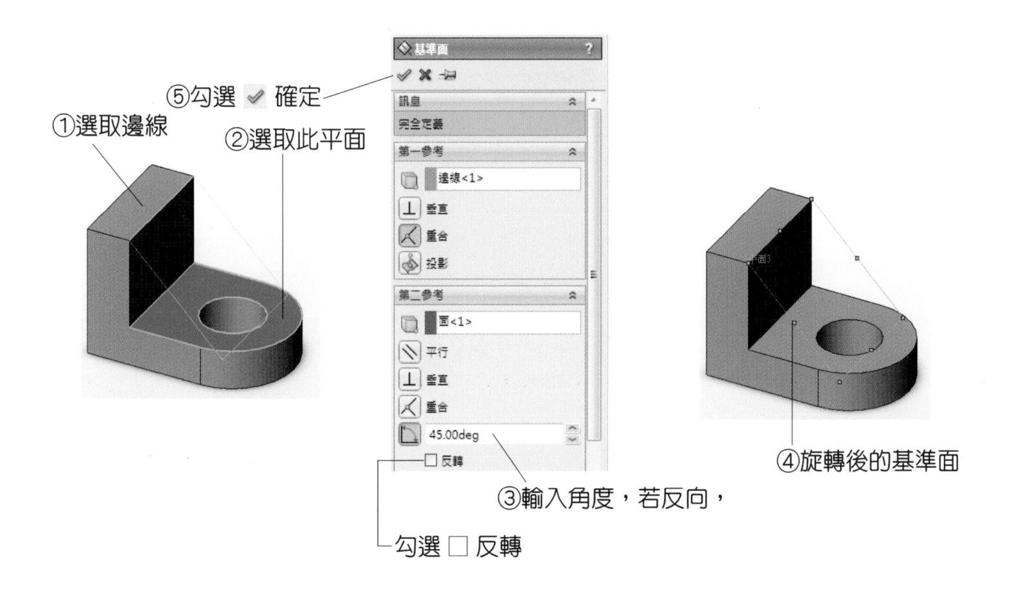

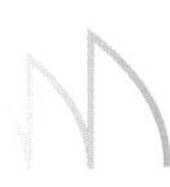

3. 通過點且平行面：

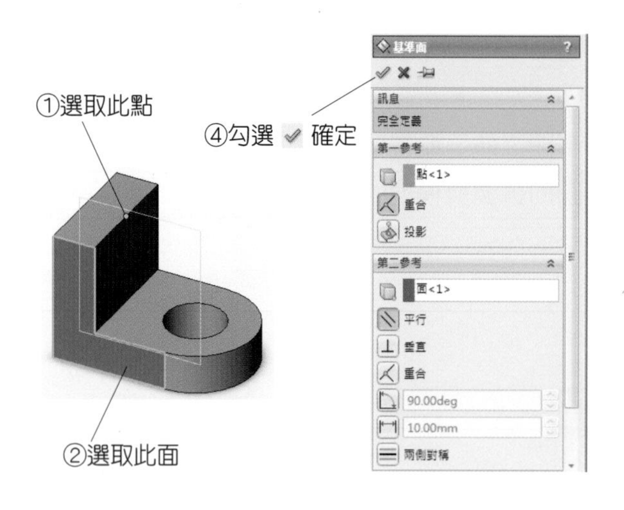

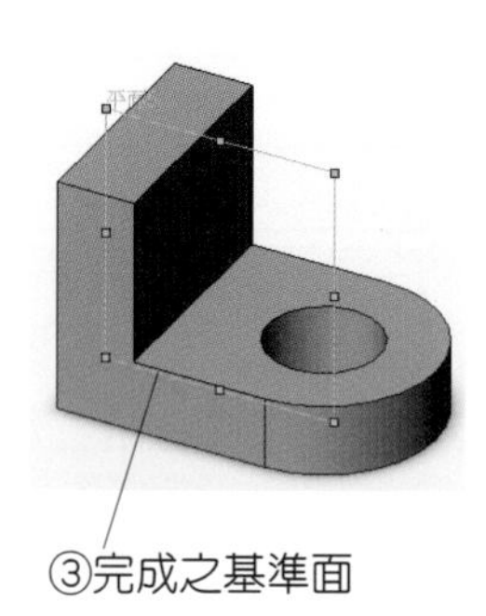

4. 通過直線與點：

使用於單斜基準面或複斜基準面的建立。

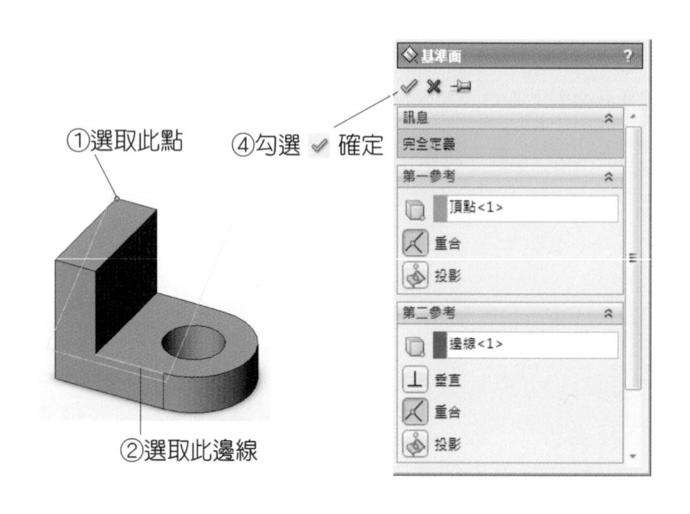

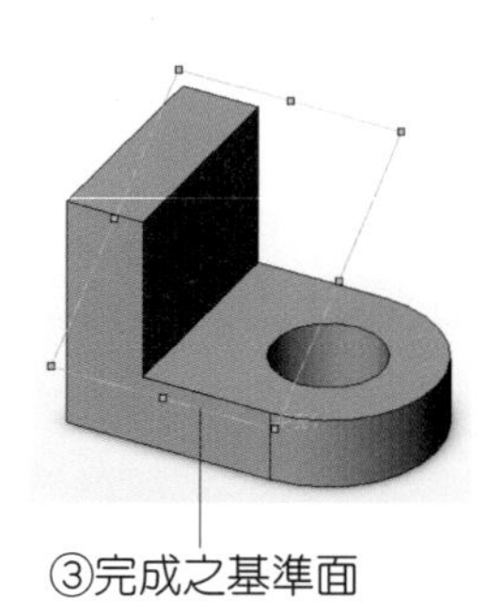

5. **垂直某線：**

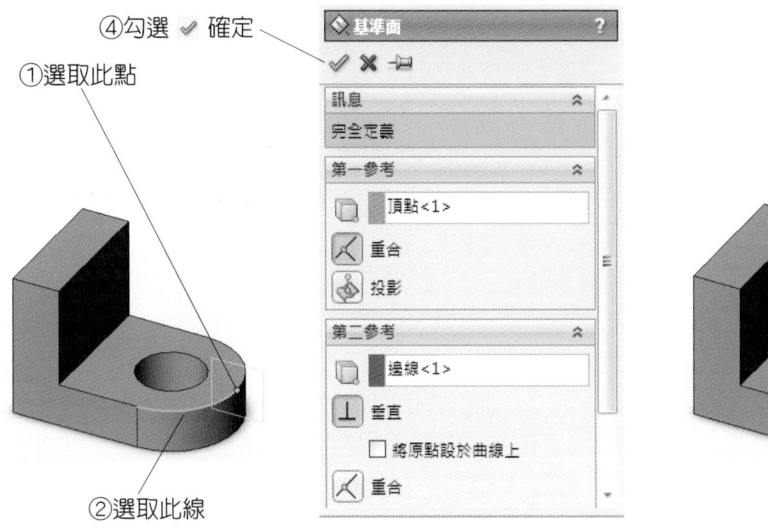

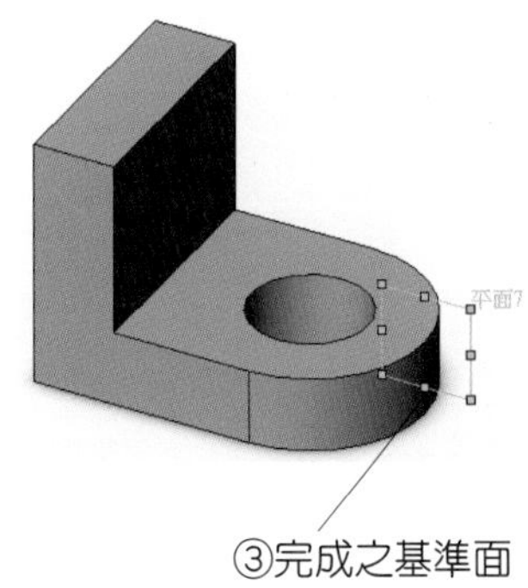

6. **貼於曲面：**

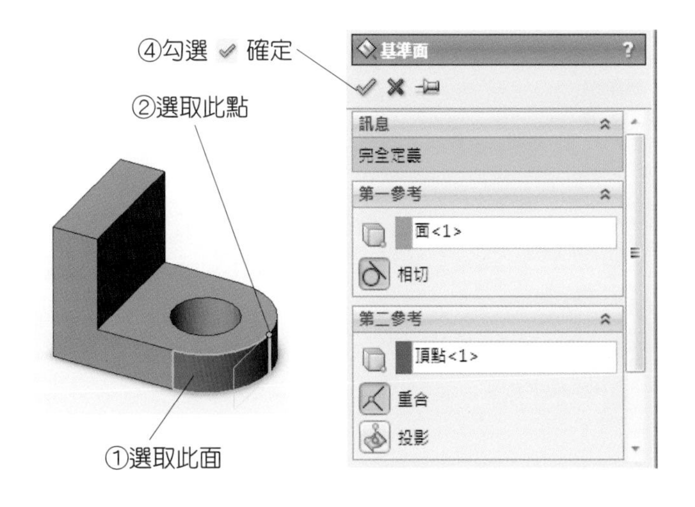

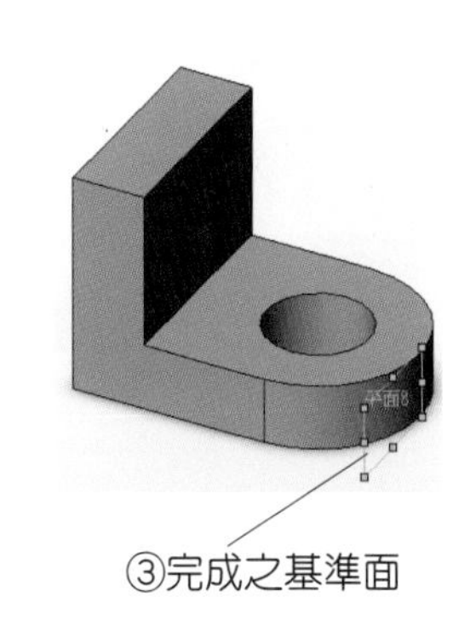

二、建立基準軸

基準軸用於環型陣列的中心軸或基準面的邊線使用，它的長度通常延伸至零件外。基準軸和零件是相互關聯的，若零件更改時，亦維持與關聯的邊或點的關係。要建立基準軸時，可以點選 基準軸 。基準軸的建立方法如下：

1. 一直線 / 邊線 / 軸：

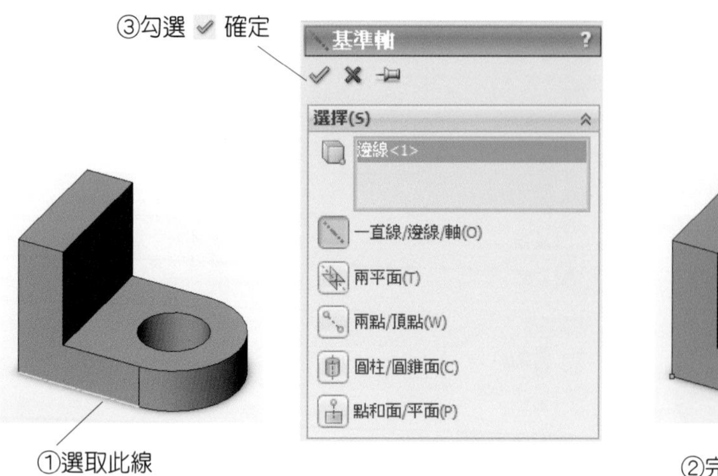

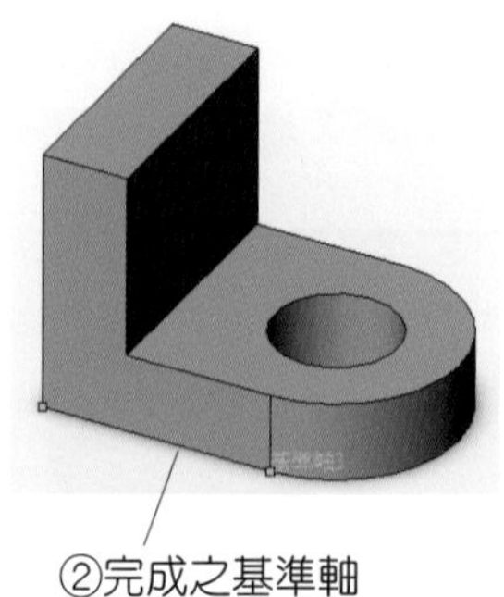

2. 兩平面：

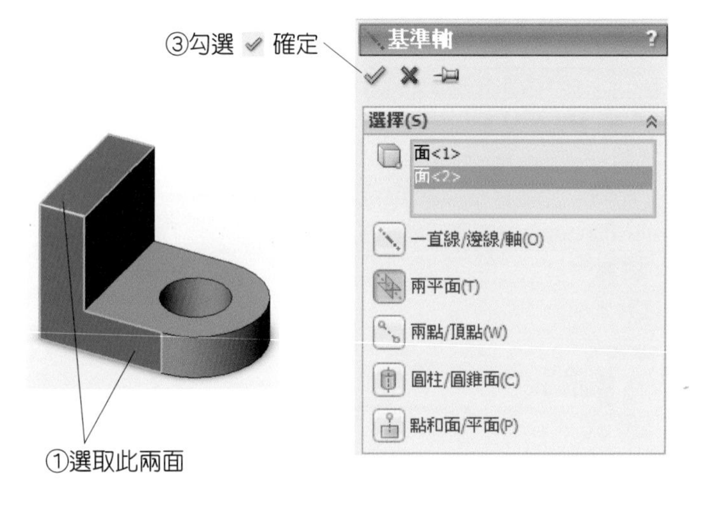

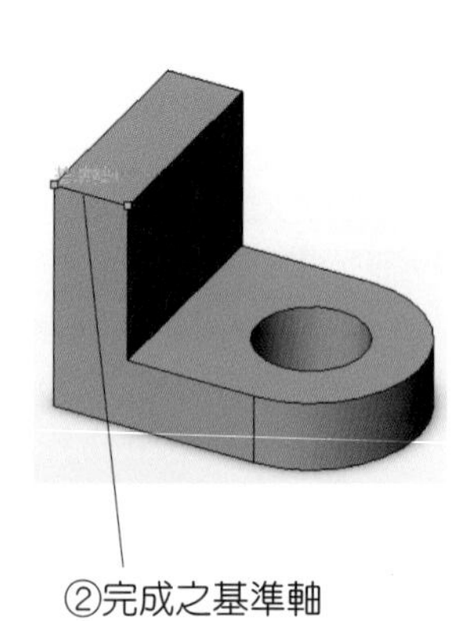

3. 兩點 / 頂點：

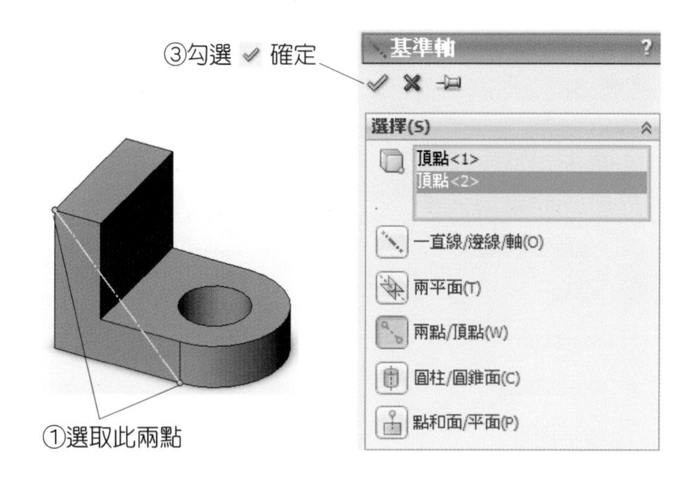

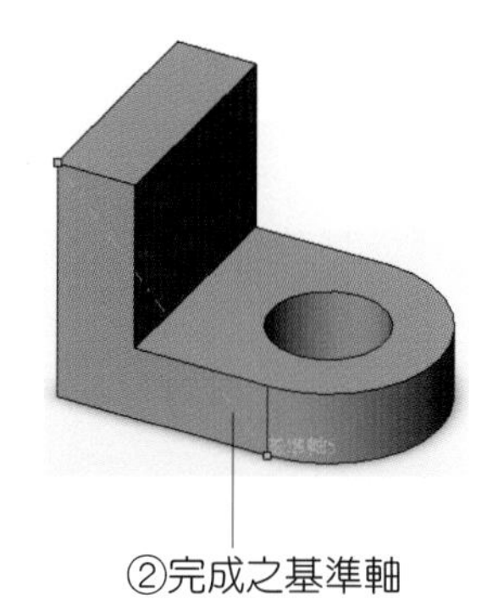

4. 圓柱 / 圓錐面：

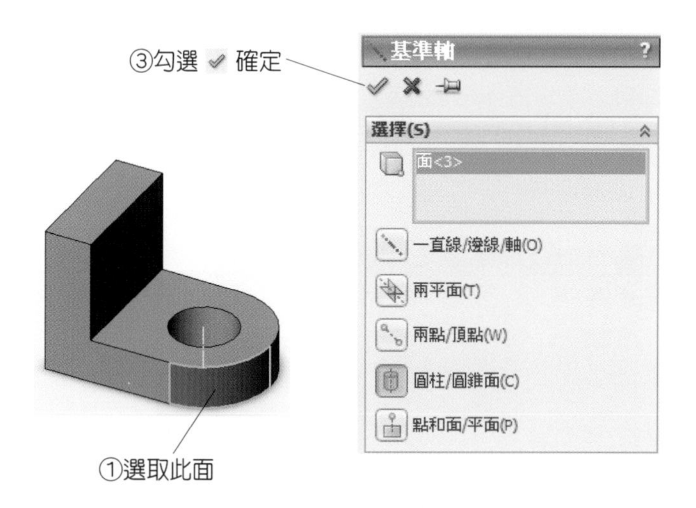

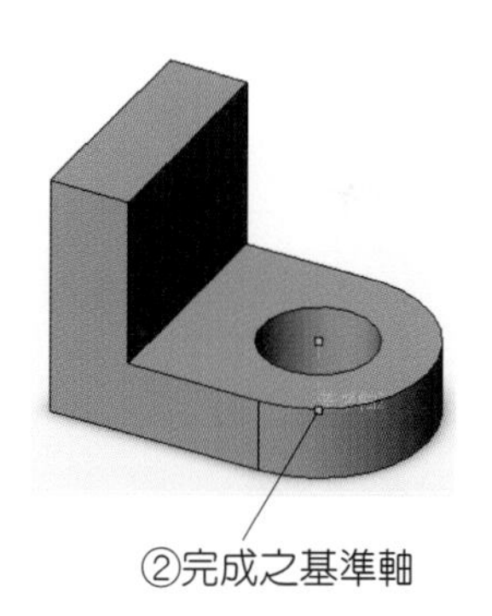

5. **點和面／平面：**

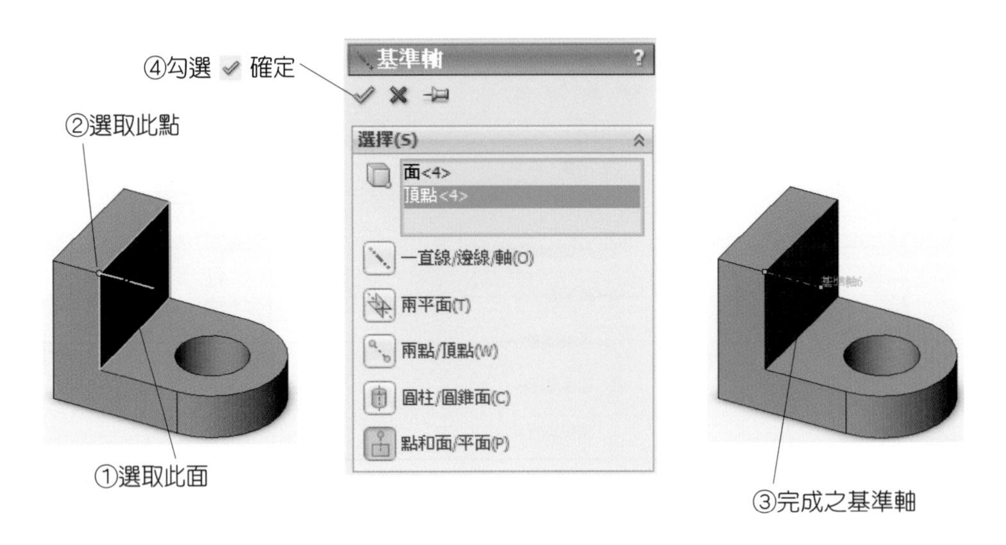

三、建立基準點

基準點用於協助建立基準軸與基準面，要建立基準點時，可以點選 點 。基準點的建立方法如下：

1. **弧心：**

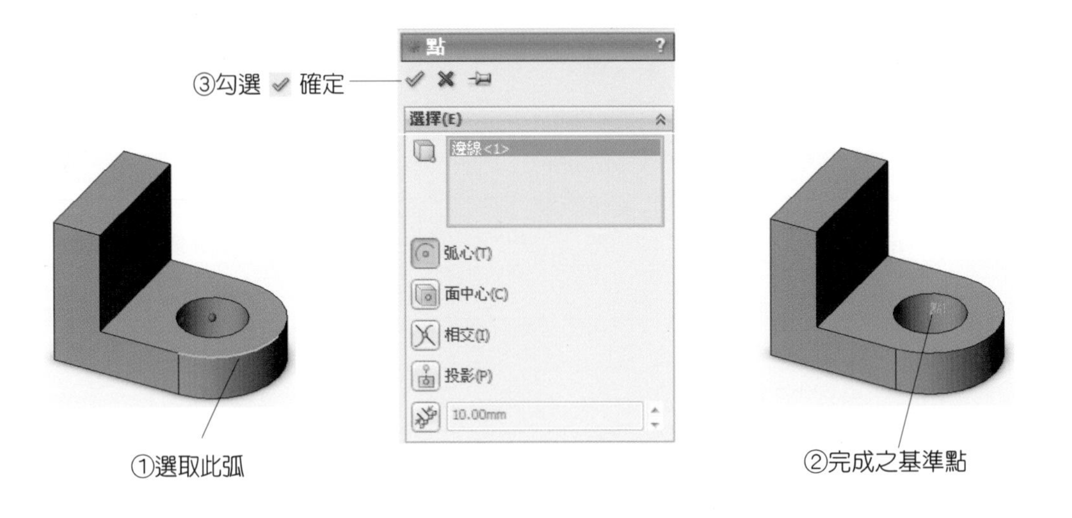

2. 面中心：

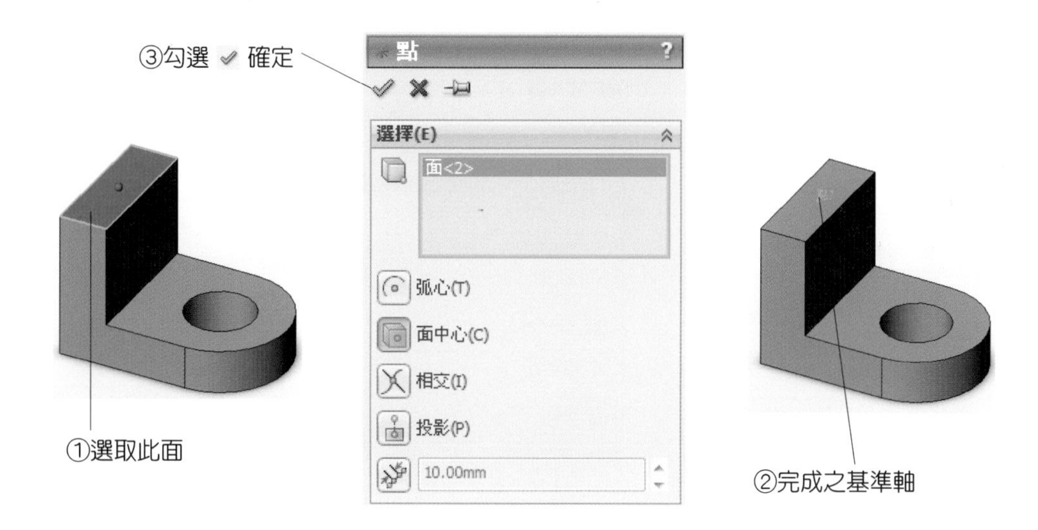
③勾選 ✓ 確定
點
選擇(E)
面<2>
弧心(T)
面中心(C)
相交(I)
投影(P)
10.00mm
①選取此面
②完成之基準軸

3. 相交：

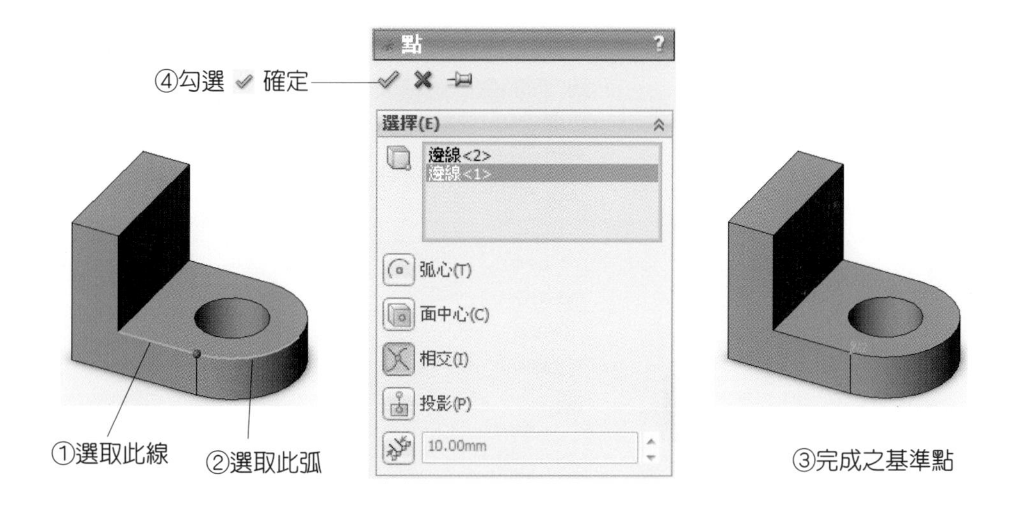
④勾選 ✓ 確定
點
選擇(E)
邊線<2>
邊線<1>
弧心(T)
面中心(C)
相交(I)
投影(P)
10.00mm
①選取此線
②選取此弧
③完成之基準點

4. **投影：**

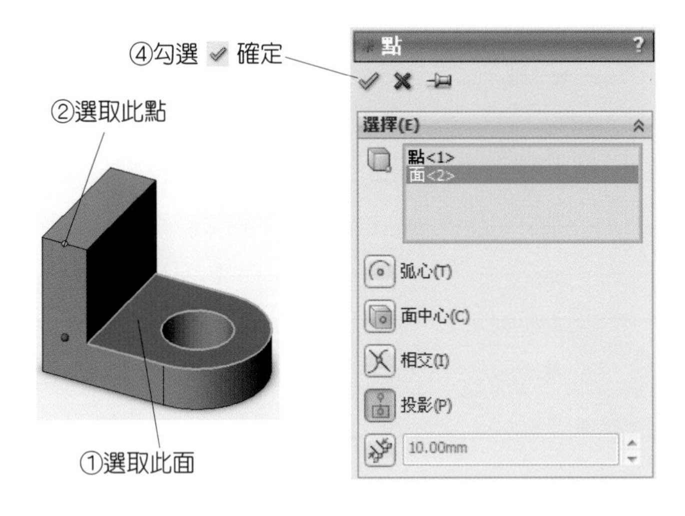

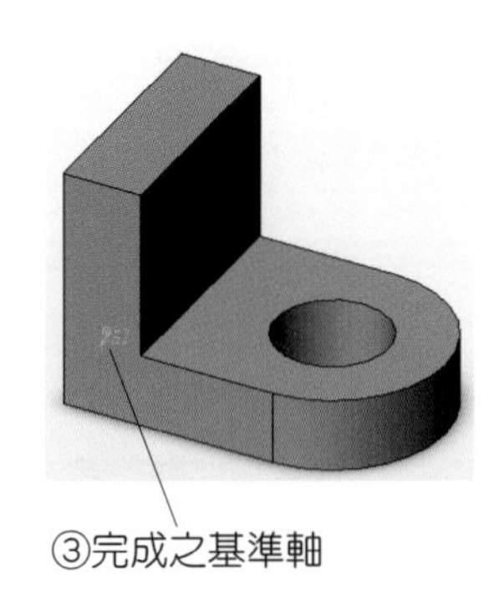

5. **距離 / 百分比 / 平均分布：**

(1) 距離

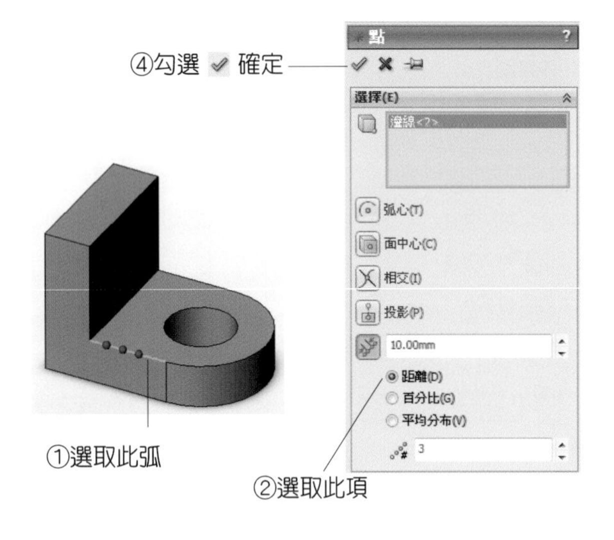

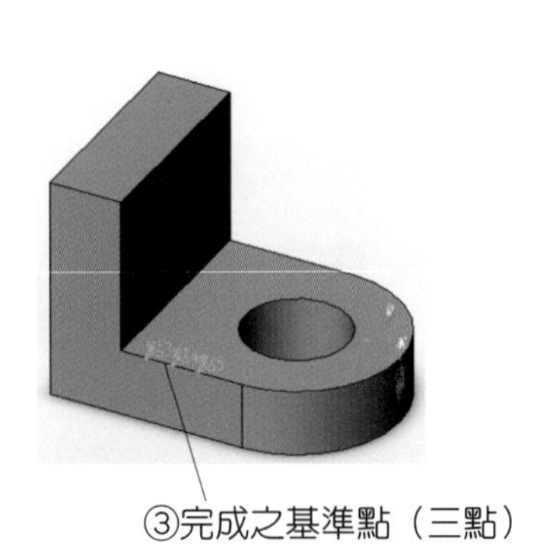

(2) 百分比

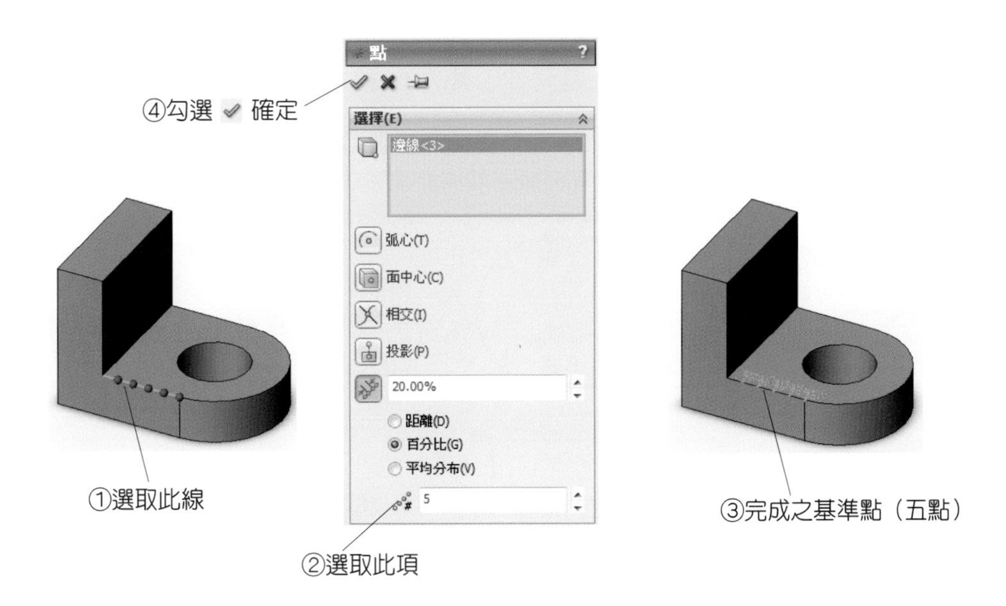
點
④勾選 ✓ 確定
選擇(E)
邊線<3>
弧心(T)
面中心(C)
相交(I)
投影(P)
20.00%
距離(D)
百分比(G)
平均分布(V)
5
①選取此線
②選取此項
③完成之基準點（五點）

(3) 平均分布

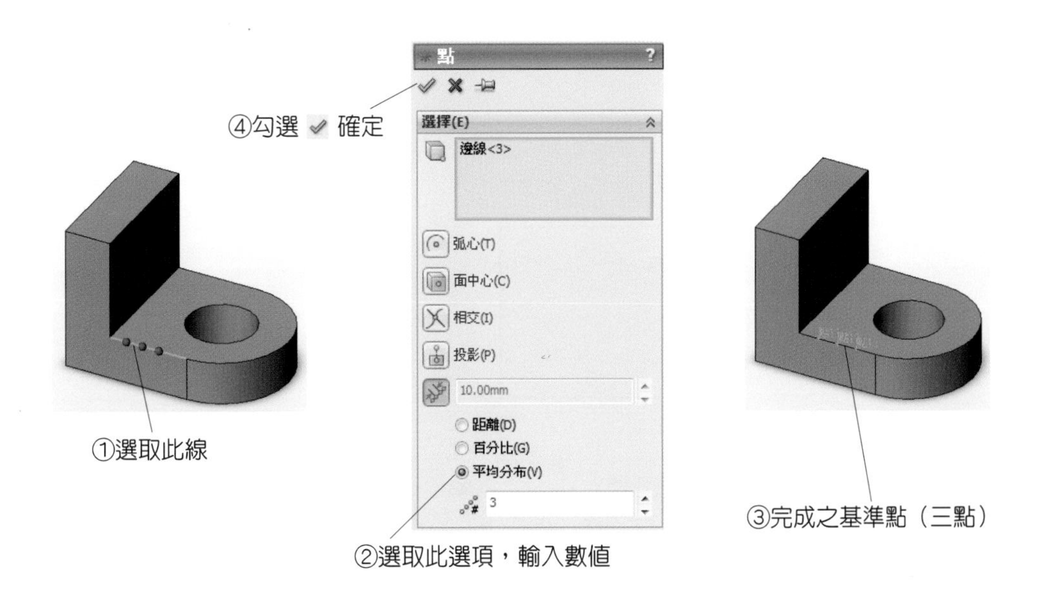
點
④勾選 ✓ 確定
選擇(E)
邊線<3>
弧心(T)
面中心(C)
相交(I)
投影(P)
10.00mm
距離(D)
百分比(G)
平均分布(V)
3
①選取此線
②選取此選項，輸入數值
③完成之基準點（三點）

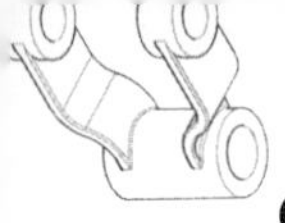

2.5 草圖圖元指令

「草圖圖元」的繪製工具包括**直線**、**矩形**、**平行四邊形**、**多邊形**、**圓**、**弧**、**橢圓**、**拋物線**、**不規則曲線**、**點**、**中心線**、**文字**等及其延伸工具計 16 種，其用法介紹如下：

表 2-1　草圖圖元繪製工具

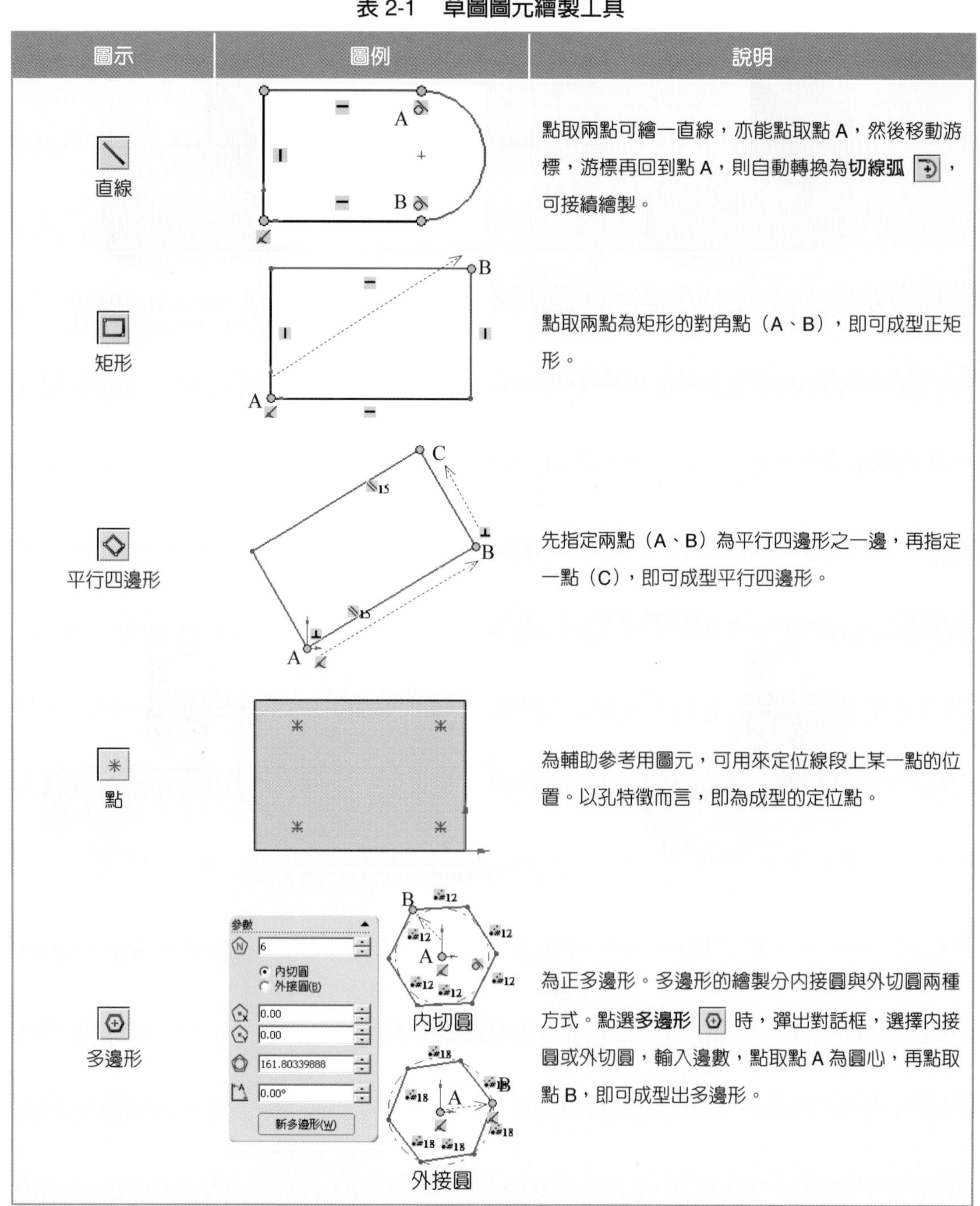

圖示	圖例	說明
直線		點取兩點可繪一直線，亦能點取點 A，然後移動游標，游標再回到點 A，則自動轉換為**切線弧**，可接續繪製。
矩形		點取兩點為矩形的對角點（A、B），即可成型正矩形。
平行四邊形		先指定兩點（A、B）為平行四邊形之一邊，再指定一點（C），即可成型平行四邊形。
點		為輔助參考用圖元，可用來定位線段上某一點的位置。以孔特徵而言，即為成型的定位點。
多邊形	內切圓 外接圓	為正多邊形。多邊形的繪製分內接圓與外切圓兩種方式。點選**多邊形**時，彈出對話框，選擇內接圓或外切圓，輸入邊數，點取點 A 為圓心，再點取點 B，即可成型出多邊形。

表 2-2 草圖圖元指令

圖示	圖例	說明
圓	A B	點取點A為圓心，點B為圓上的一點（AB為半徑），即可成型圓。
三點定圓	A B C	點選三點定圓 後，依序分別在三條線段上指定切點（A→C）。
圓心／起／終點畫弧	B A C	點取點 A 為中心點，再點取點 B 為起點，移動滑鼠後，點取點 C 為終點，即可成型以 A 為圓心的圓弧 BC。
切線弧	A B A'	點取圓元的端點為起點A，移動滑鼠，再點取點B，則可成型相切於某線段的相切弧。
三點定弧	A B C	依序點取點A至點C，則可成型一通過三點之圓弧。
橢圓	B C A	點取橢圓中心點 A，指定長軸（點 B）及短軸（點 C），即可成型。
部分橢圓	A B	與繪製**橢圓**相同，在指定長軸及短軸後，再指定起始點 A 至終點 B，即可成型。

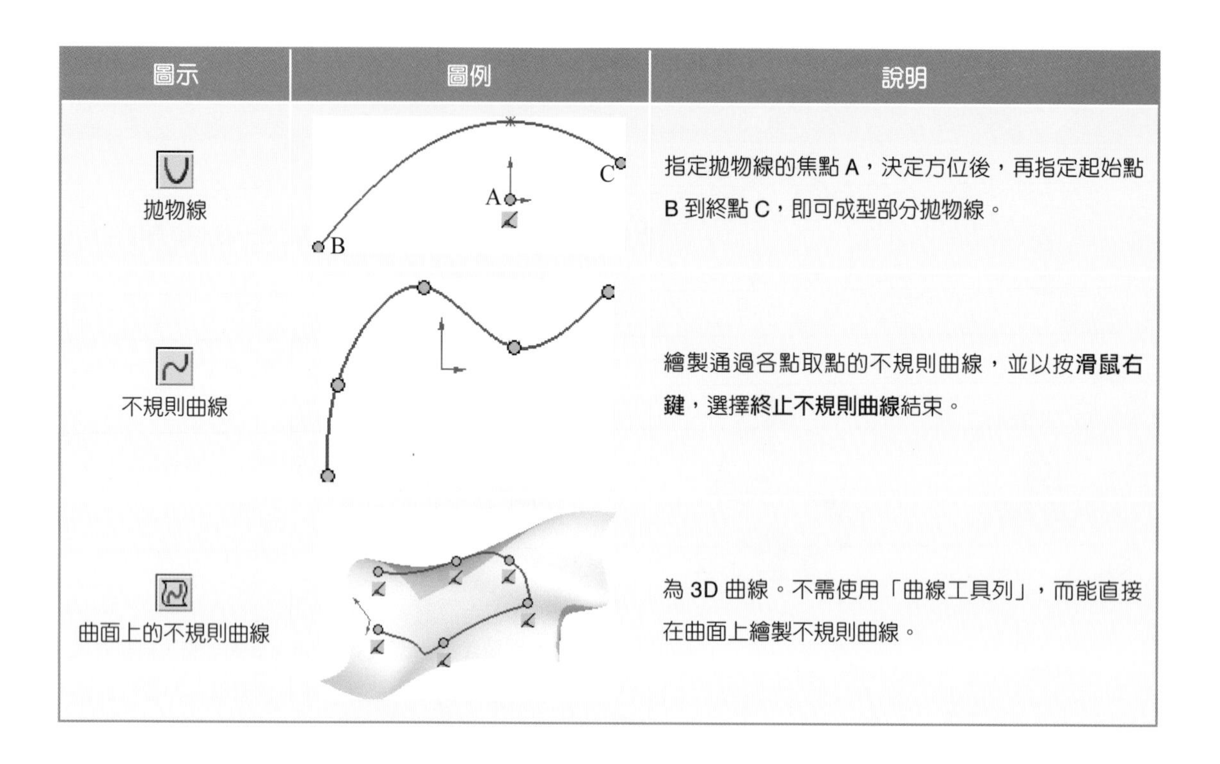

圖示	圖例	說明
拋物線		指定拋物線的焦點 A，決定方位後，再指定起始點 B 到終點 C，即可成型部分拋物線。
不規則曲線		繪製通過各點取點的不規則曲線，並以按**滑鼠右鍵**，選擇**終止不規則曲線**結束。
曲面上的不規則曲線		為 3D 曲線。不需使用「曲線工具列」，而能直接在曲面上繪製不規則曲線。

2.6 選取物件與刪除物件

草圖在繪製過程中，可能需要做物件的移動、旋轉時，則需要選取物件。先在「標準工具列」按下 ，再以下述四種選取物件的方法之一來選取物件。

2.6.1 選取物件

選取物件有四種方法：

一、個別選取：以游標放在物件上，按**左鍵**直接選取。

二、複選：按住 Ctrl 鍵，再以游標按滑鼠左鍵一一選取。

三、窗選：由左往右拖曳視窗（選取順序點 1、點 2），如左下圖所示，僅完全被包括在窗選框內的物件才會被選取，如右下圖所示：

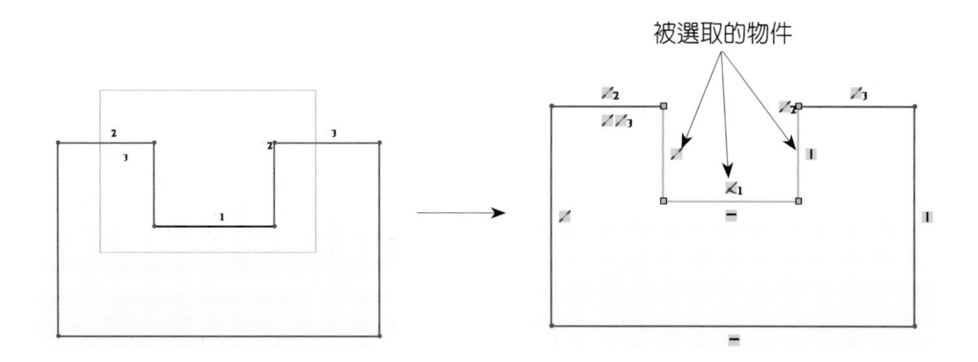

四、框選：由右往左拖曳視窗（選取順序點 1、點 2），如左下圖所示，全部與部分在窗選框內的物件均被選取，如右下圖所示。

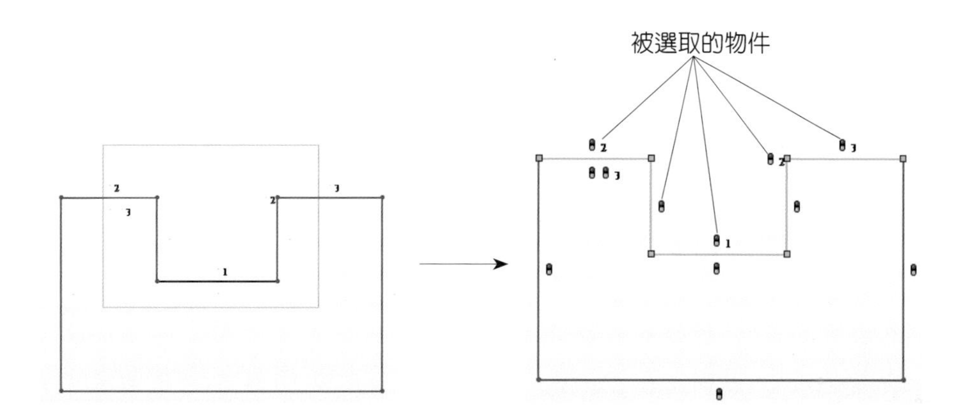

※ 取消選取：選取物件後，若要取消選取，把游標放在草圖繪圖區空白處，按一下滑鼠左鍵，即取消全部選取；若要取消個別物件，則先按住 Ctrl 鍵不放，在點選物件即可。

2.6.2 刪除物件

刪除物件有兩種方法：

1. 按 Esc 鍵切換至選取模式，先選取物件後，再按 Delete 鍵；或按滑鼠右鍵，彈出如下圖的功能表，選取「刪除」，即可刪除物件。
2. 在「標準工具列」中點選 [游標圖示]，切換至選取模式，先選取物件後，再按 Delete 鍵；或按滑鼠右鍵，彈出如下圖的功能表，選取「刪除」，即可刪除物件。

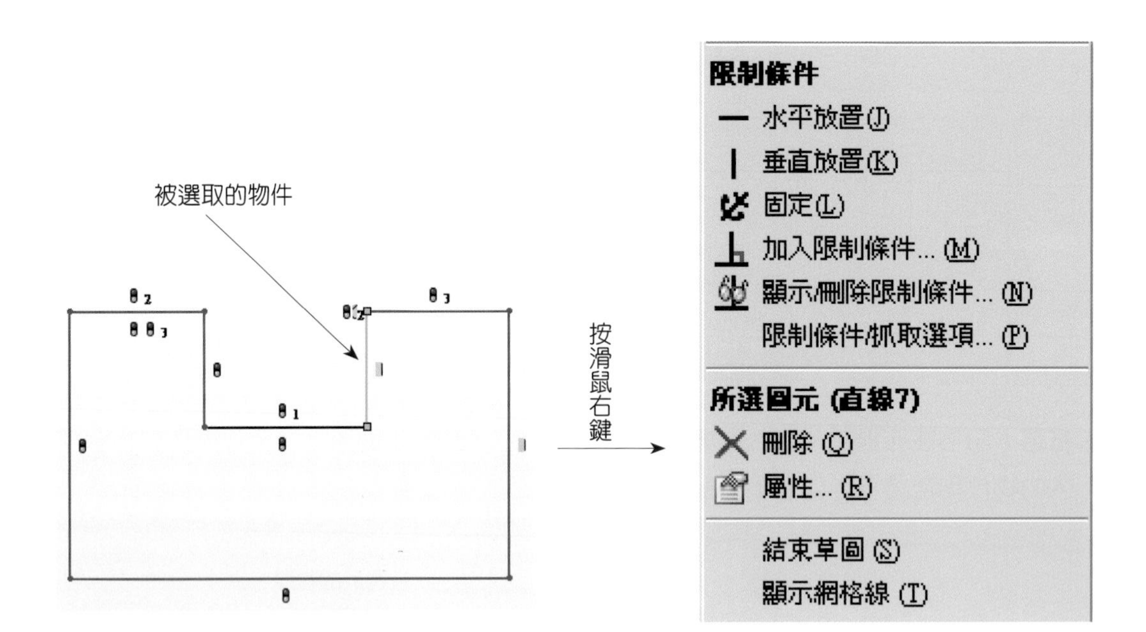

2.7 草圖的限制條件

草圖的限制條件，用於建立兩個物件之間的相互關係，當一草圖加入限制條件，直到整個形狀不能再變動時，就稱爲完全定義。草圖限制條件愈多，標註尺度的數量就會愈少。

啓用限制條件在**尺度 / 限制條件**工具列，或下拉式功能表**工具 / 限制條件**選單內，其選項如下圖所示。限制條件的選項有：加入限制條件與顯示兩種。

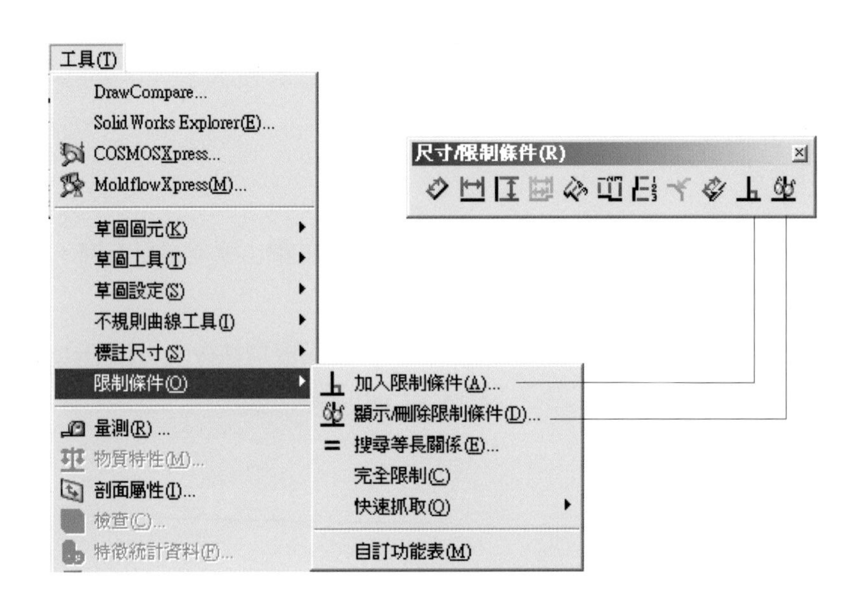

2.7.1 草圖的幾何限制條件介紹

草圖的幾何限制條件計有：**水平放置、垂直放置、共線／對齊、同心共徑、相互垂直、相互平行、相切、同軸心、置於線段中點、置於交錯點、重合／共線／共點、等長等徑、相互對稱、固定、貫穿、合併點**等 16 種。其用法介紹如下：

表 2-3 草圖的幾何限制條件

限制條件種類	圖例	說明
水平放置	L1 垂直	用於限制線段成水平線。如左圖，先點選 L1，再點選，則 L1 即成水平線。
垂直放置	垂直 L1	用於限制線段成垂直線。如左圖，先點選 L1，再點選，則 L1 即成垂直線。
共線／對齊	L1 L2 共線	用於限制兩線段在同一直線上。如左圖，先點選 L1、L2，再點選，則 L1 共線於 L2。
同心共徑	同心共徑前 同心共徑後	同心共徑前 同心共徑後用於將兩圓或圓弧重合在一起。如左圖，先點選兩圓，再點選，則兩圓會重疊在一起。
相互垂直	L1 L2 相互垂直	用於限制兩線段相互垂直。如左圖，先點選 L1、L2，再點選，則 L1 垂直於 L2。
相互平行	L1 L2 150° 150° 相互平等	用於限制兩線段相互平行。如左圖，先點選 L1、L2，再點選，則 L1 平行於 L2。
相切	L1 C1	用於限制線與圓、圓弧，曲線與圓、圓弧、曲線保持相切。如左圖，先點選 L1、C1 時，再點選，則 L1 相切於 C1。

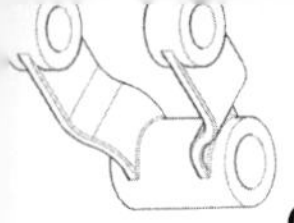

限制條件種類	圖例	說明
同軸心	C1 C2 同軸心	用於限制圓或弧為同軸心。如左圖，先點選 C1、C2，再點選 [同軸心圖示]，則 C1 即與 C2 成同心圓。
置於線段中點	置於線段中點前 置於線段中點後	用於限制點置於線段中點。如左圖，先點選線段與原點，再點選 [置於線段中點圖示]，則線段中點將會移動至原點，與原點重合。
置於交錯點	置於交錯點前 置於交錯點後	用於限制圖元置於兩圖元的交會點上。如左圖，先個別點選兩交會線段與另一獨立線段的端點，再點選 [置於交錯點圖示]，則獨立線段端點將與兩交會線段的交會點重合。
重合／共線／共點	共點前 共點後	用於限制點或線段形成共點或共線。如左圖，先點選圓心與原點，再點選 [重合圖示]，則圓心與原點形成共點重合。
等長等徑	C1 C2 相等	用於限制兩線、圓、圓弧的大小相等。如左圖，先點選 C1、C2，再點選 [等長等徑圖示]，則 C1 圓弧與 C2 圓弧相等。
相互對稱	C2 L1 C1 對稱	用於設定兩圖元成對稱。如左圖，先點選 C2、L1、C1，再點選 [相互對稱圖示]，則 C1 與 C2 就對稱於 L1。

限制條件種類	圖例	說明
固定	固定 C2 同心圓 C1 同圓心	用於固定圖元，使其無法移動，如左圖，先點選 C1，再點選 使 C1 固定，若 C1 與 C2 設為同心圓，則 C2 會往 C1 移動。
貫穿	貫穿前 貫穿後	用於設定兩圖元的點貫穿重合，如左圖，先點選弧線端點與橢圓四分點，再點選 ，則兩點會貫穿重合。(此功能常使用於掃出與疊層拉伸的草圖繪製)
合併點	合併前 合併後	用於設定兩圖元的點合併。如左圖，先點選左端點，再點選右端點，選取 ，兩點即重合。

2.7.2 限制條件應用實例

本節以繪製下圖爲例，說明限制條件的使用，由於使用者可以在繪製時，就預先抓取限制條件，所以本例純粹是以修改限制條件爲主，眞正在繪圖時，可以使用最簡便的方式來繪圖，本節以下圖的例子，用兩種繪圖方式來呈現限制條件的使用。

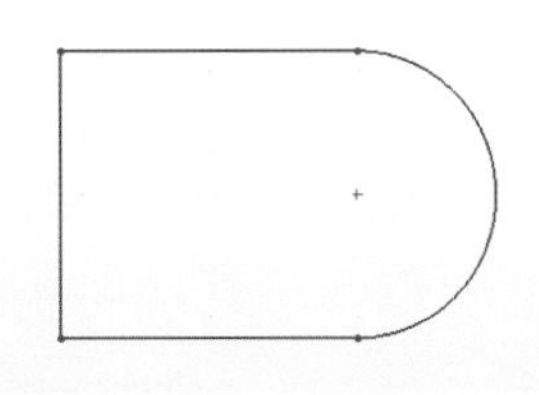

一、繪圖方式 I

1. 繪製概略草圖：

Step 1. 選 直線工具。

Step 2. 繪製右圖概略的草圖形狀。

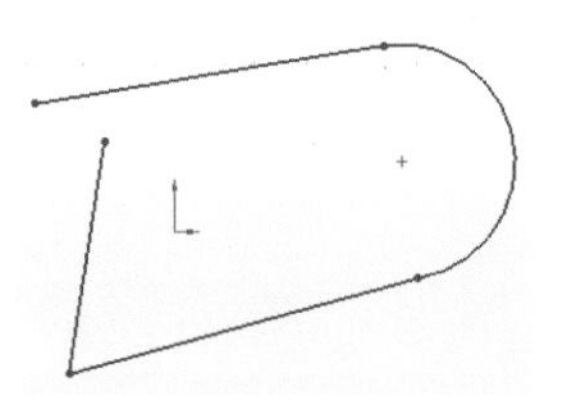

2. 限制水平：

Step 1. 選取欲水平放置的線段。

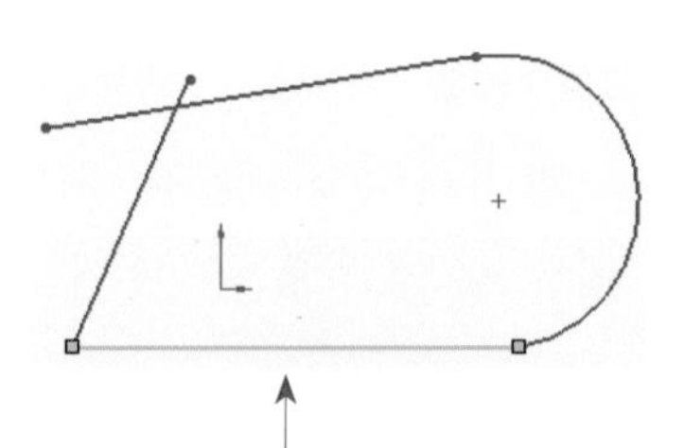

水平放置的線段

Step 2. 選 ━ 水平放置。

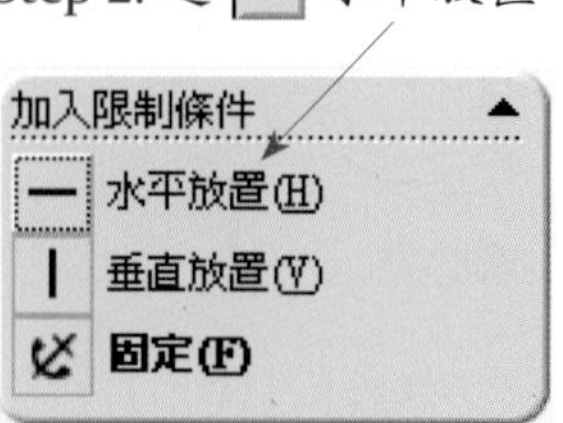

3. 限制相切：

Step 1. 選取欲相切的圓弧與線段。

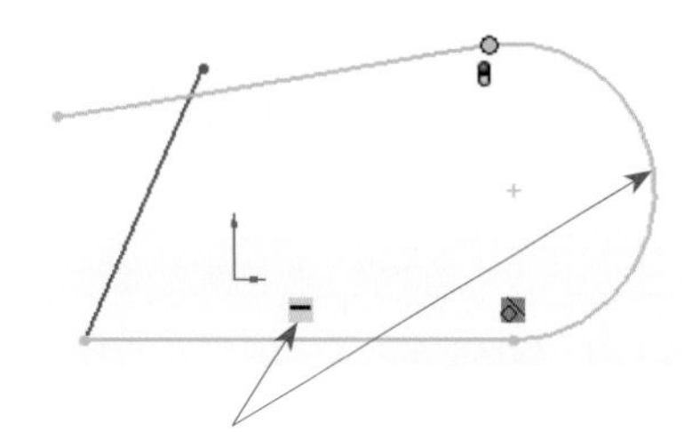

選取此線段與圓弧

Step 2. 選 互為相切。

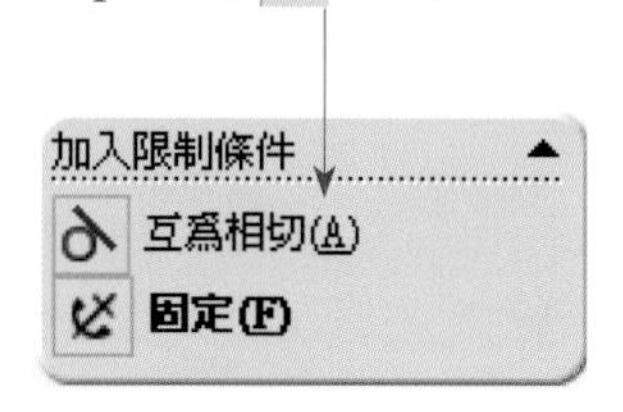

4. 限制水平：

Step 1. 選取欲水平放置的線段。

選取此線段

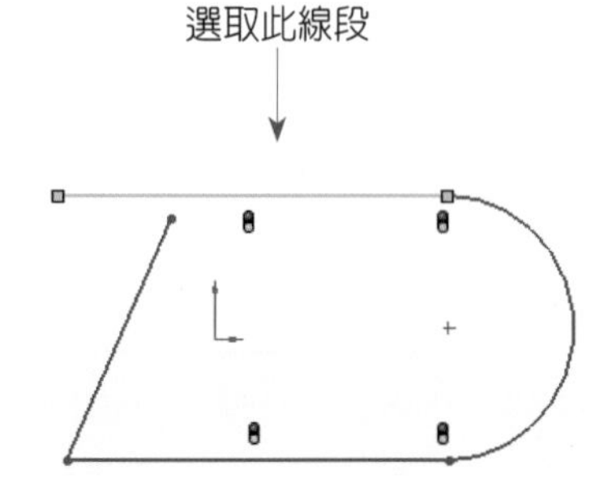

Step 2. 選 ━ 水平放置。

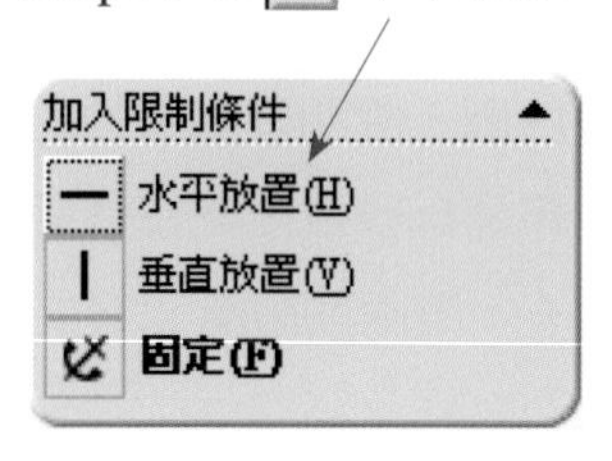

5. 限制相切：

Step 1. 選取欲相切的圓弧與線段。

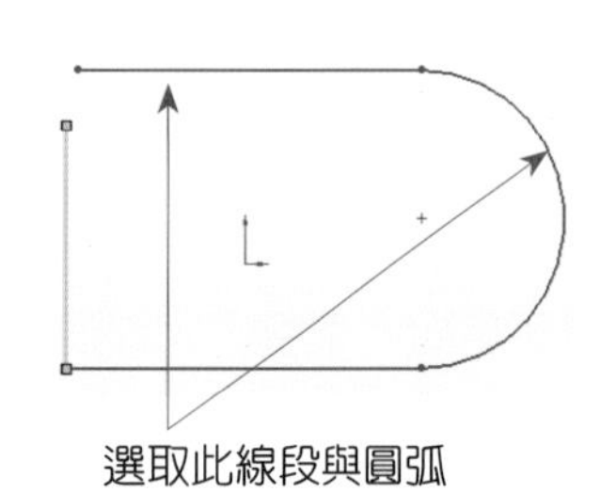

選取此線段與圓弧

Step 2. 選 互為相切。

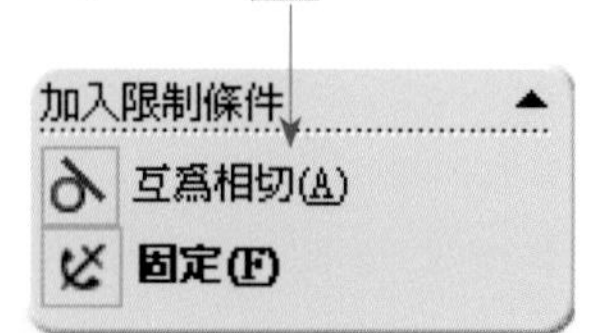

6. **限制垂直：**

Step 1. 選取欲垂直放置的線段。

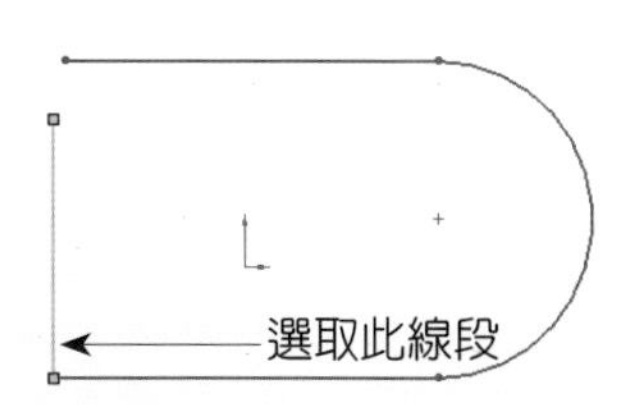

Step 2. 選 [|] 垂直放置。

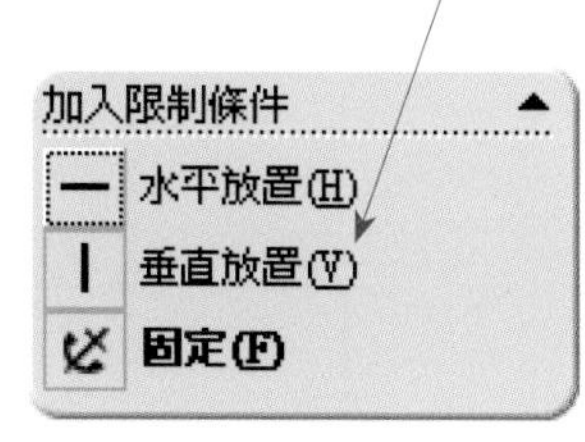

7. **限制兩點合併：**

Step 1. 選取欲重合的兩點。

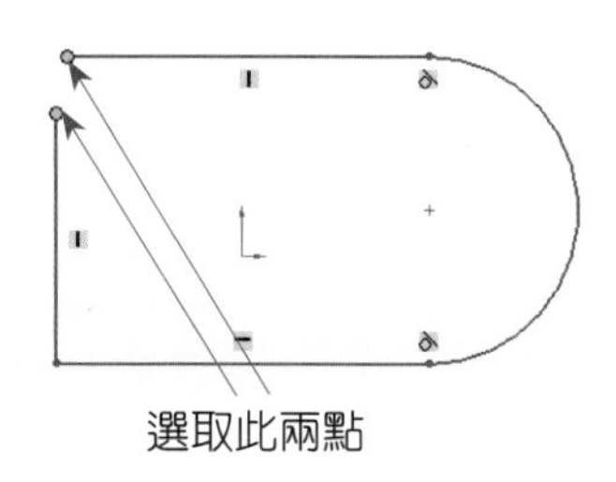

Step 2. 選 合併重合。

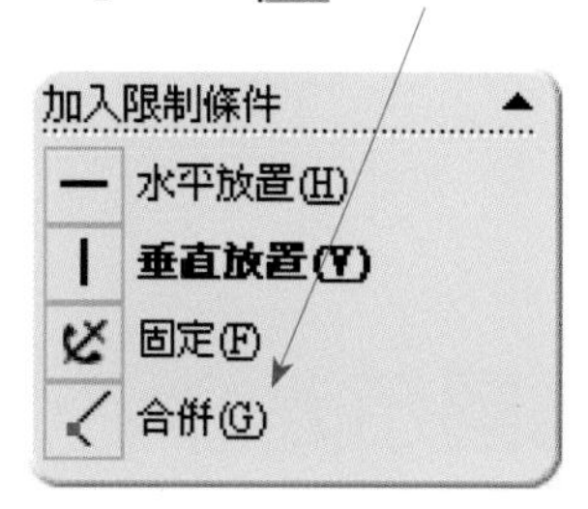

8. **限制兩點重合：**

Step 1. 選取欲重合的兩點（原點與圓心）。

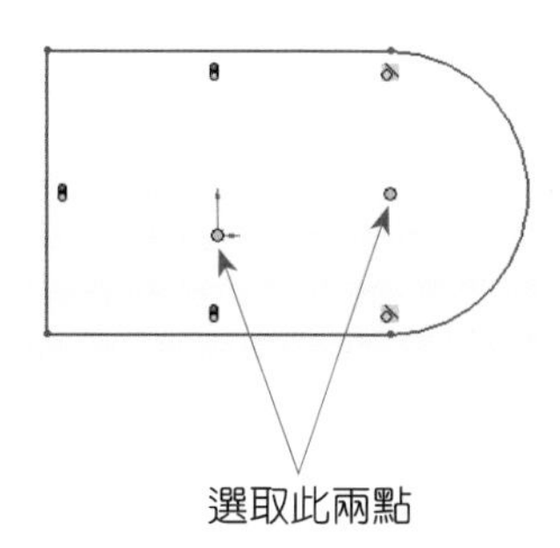

Step 2. 選 重合／共點。

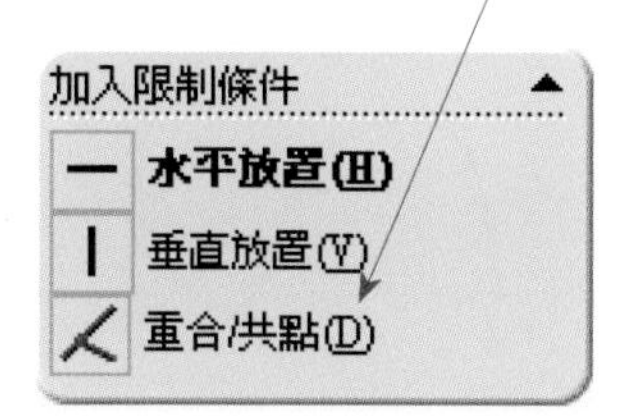

9. **完成：**

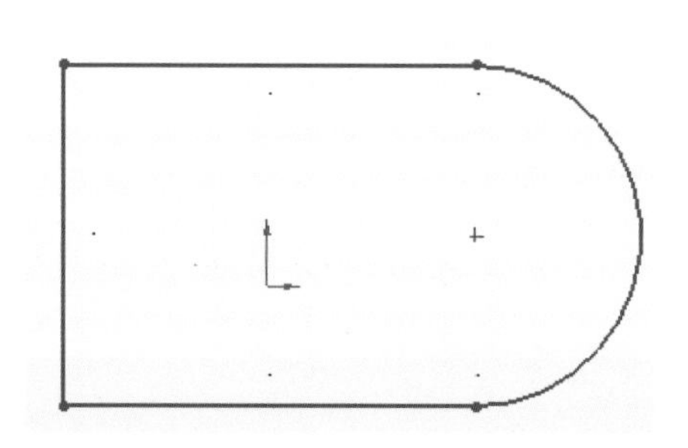

二、繪圖方式 II

利用軟體的限制條件直接繪出下列的圖形，在每一個接點的位置，均會出現相對應的限制條件圖示。

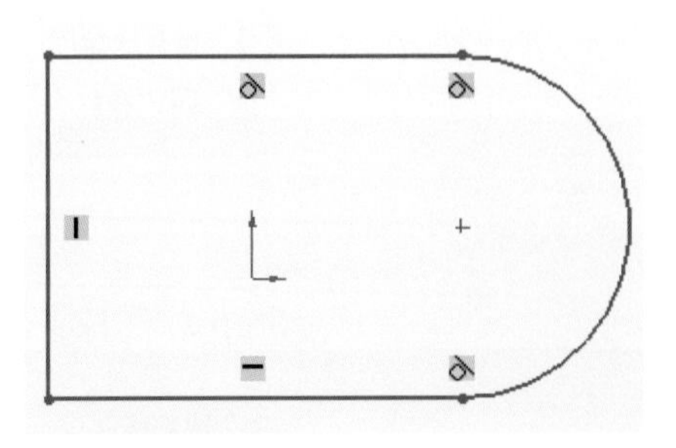

2.8 草圖圖示簡介

表 2-4 草圖圖示簡介

圖示	圖例	說明
幾何建構線		將任何草圖轉換為輔助參考用建構線，性質與**中心線**相同。
草圖圓角	圓角參數(P) 3.00mm 維持轉角處限制(K)	點選圖示後彈出對話框，並輸入參數，點選需草圖圓角處的交點或兩條線段，即可成型。

圖示	圖例	說明
草圖導角		共有**角度 - 距離**、**距離 - 距離**與**同等距離**三種形式，使用方式與**草圖圓角**相同。
偏移圖元		將草圖或實體（面）的邊線產生等距偏移。點選圖示後，再指定欲偏移之圖元，並輸入參數，即可成型。
參考圖元		點選實體（面）的邊線，或前步驟的草圖，再點選圖示，即可投影到目前編輯草圖的基準面上。
相交曲線		點選圖示，再選擇兩相交面，即可投影出其交線。

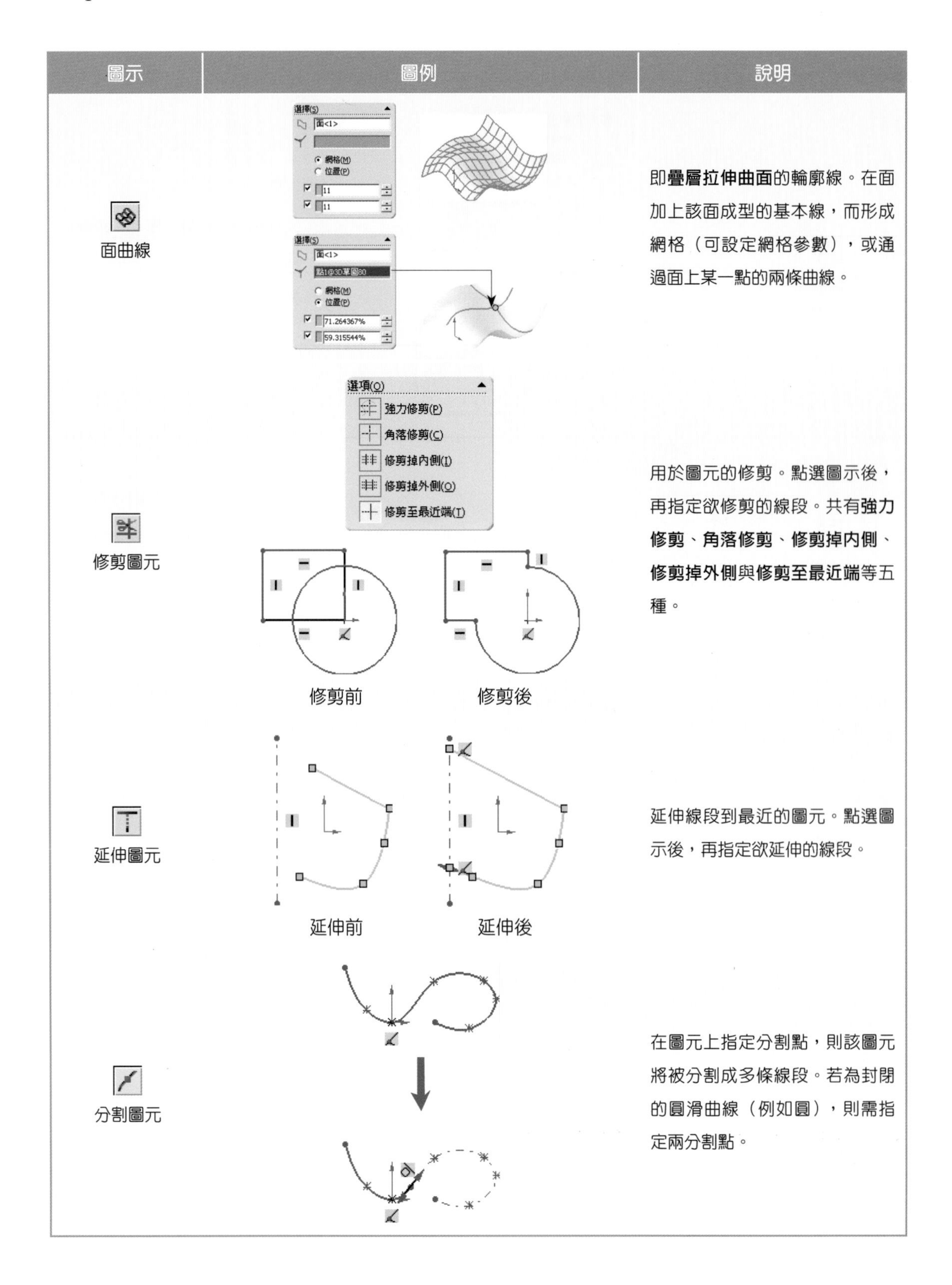

圖示	圖例	說明
面曲線		即**疊層拉伸曲面**的輪廓線。在面加上該面成型的基本線，而形成網格（可設定網格參數），或通過面上某一點的兩條曲線。
修剪圖元	選項(O)：強力修剪(P)、角落修剪(C)、修剪掉內側(I)、修剪掉外側(O)、修剪至最近端(T) 修剪前　修剪後	用於圖元的修剪。點選圖示後，再指定欲修剪的線段。共有**強力修剪**、**角落修剪**、**修剪掉內側**、**修剪掉外側**與**修剪至最近端**等五種。
延伸圖元	延伸前　延伸後	延伸線段到最近的圖元。點選圖示後，再指定欲延伸的線段。
分割圖元		在圖元上指定分割點，則該圖元將被分割成多條線段。若為封閉的圓滑曲線（例如圓），則需指定兩分割點。

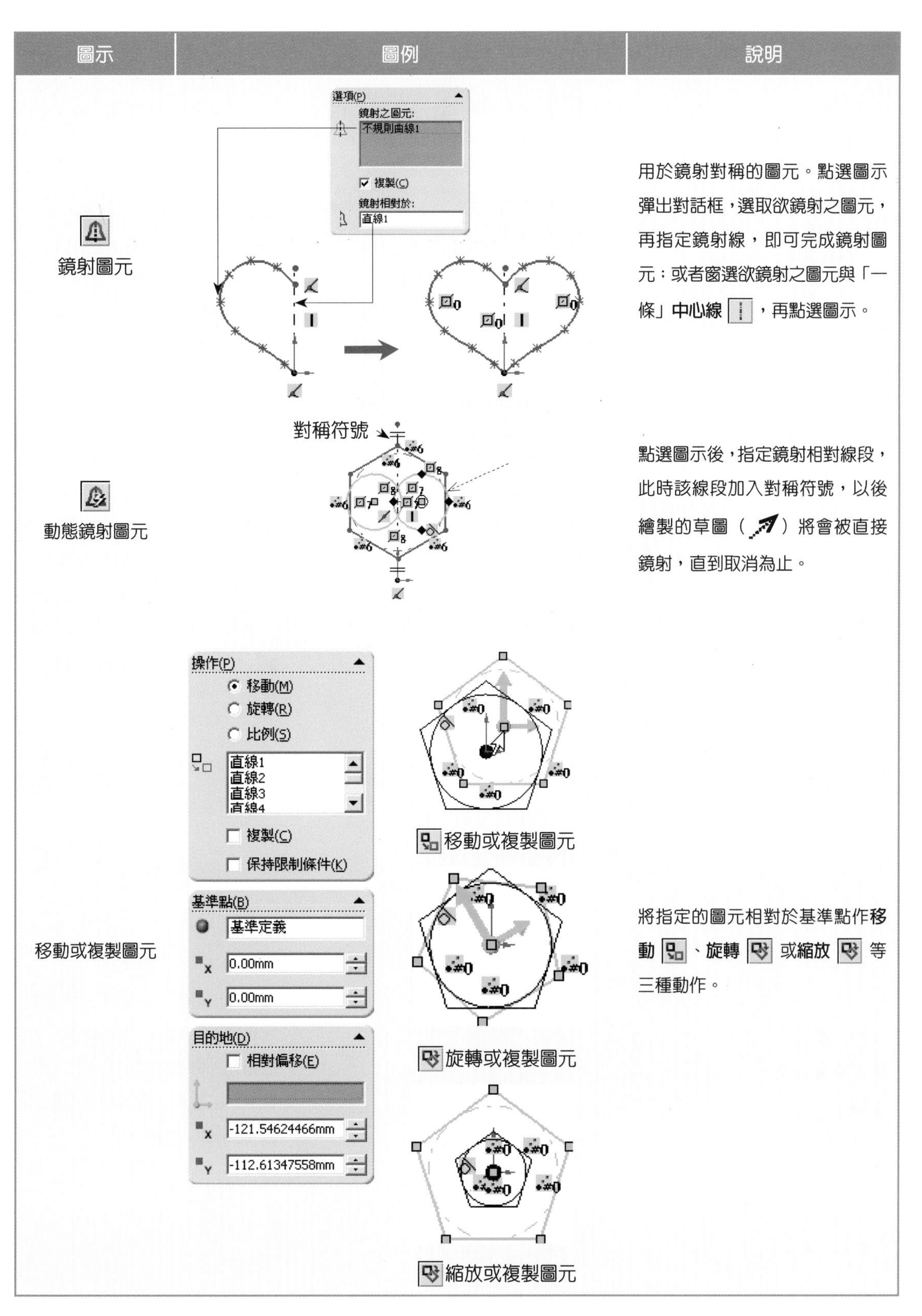

圖示	圖例	說明
鏡射圖元	選項(P) 鏡射之圖元: 不規則曲線1 複製(C) 鏡射相對於: 直線1	用於鏡射對稱的圖元。點選圖示彈出對話框，選取欲鏡射之圖元，再指定鏡射線，即可完成鏡射圖元；或者窗選欲鏡射之圖元與「一條」**中心線**，再點選圖示。
動態鏡射圖元	對稱符號	點選圖示後，指定鏡射相對線段，此時該線段加入對稱符號，以後繪製的草圖（ ）將會被直接鏡射，直到取消為止。
移動或複製圖元	操作(P) 移動(M) 旋轉(R) 比例(S) 直線1 直線2 直線3 直線4 複製(C) 保持限制條件(K) 基準點(B) 基準定義 0.00mm 0.00mm 目的地(D) 相對偏移(E) -121.54624466mm -112.61347558mm 移動或複製圖元 旋轉或複製圖元 縮放或複製圖元	將指定的圖元相對於基準點作**移動**、**旋轉**或**縮放**等三種動作。

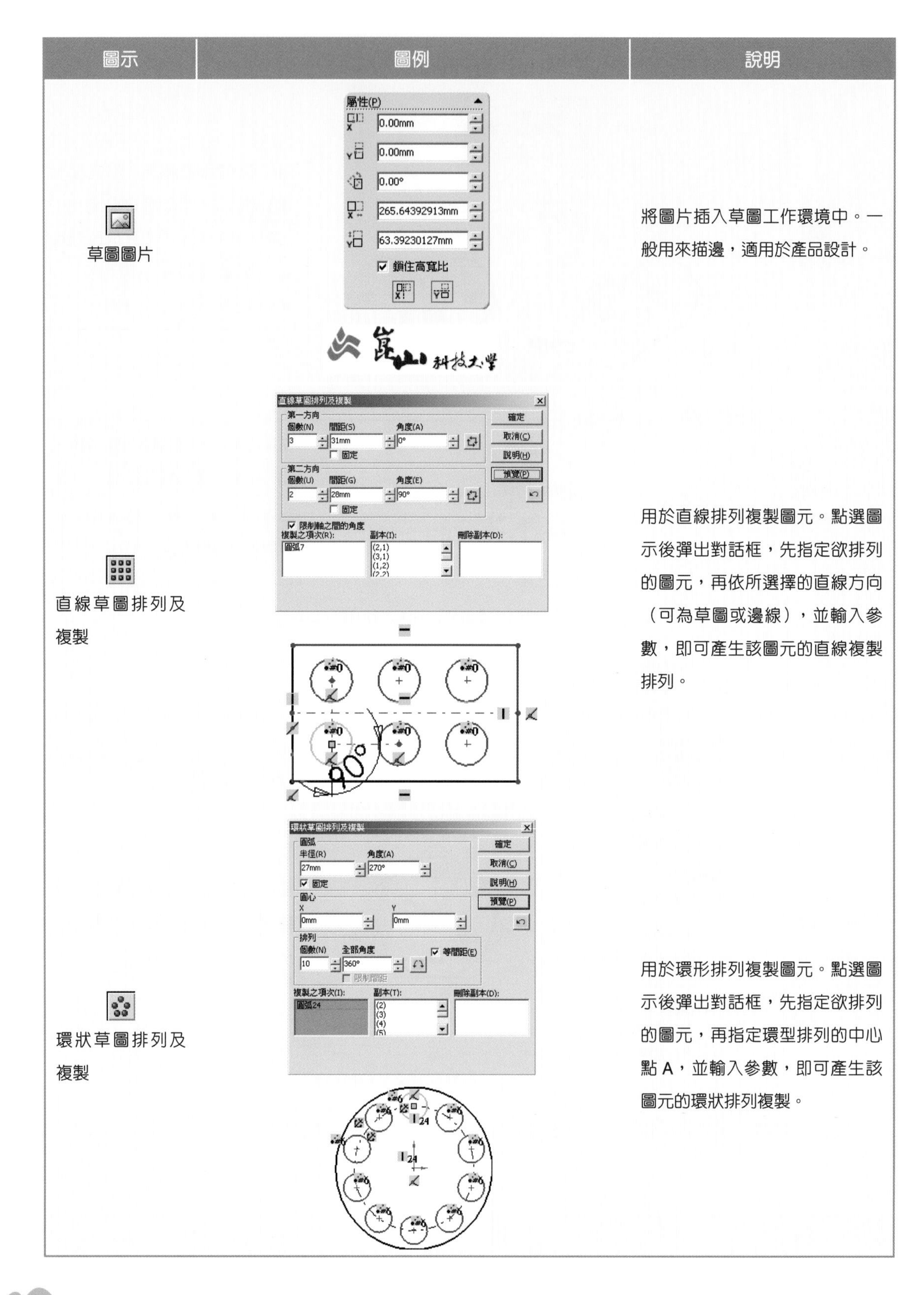

圖示	圖例	說明
草圖圖片		將圖片插入草圖工作環境中。一般用來描邊，適用於產品設計。
直線草圖排列及複製		用於直線排列複製圖元。點選圖示後彈出對話框，先指定欲排列的圖元，再依所選擇的直線方向（可為草圖或邊線），並輸入參數，即可產生該圖元的直線複製排列。
環狀草圖排列及複製		用於環形排列複製圖元。點選圖示後彈出對話框，先指定欲排列的圖元，再指定環型排列的中心點 A，並輸入參數，即可產生該圖元的環狀排列複製。

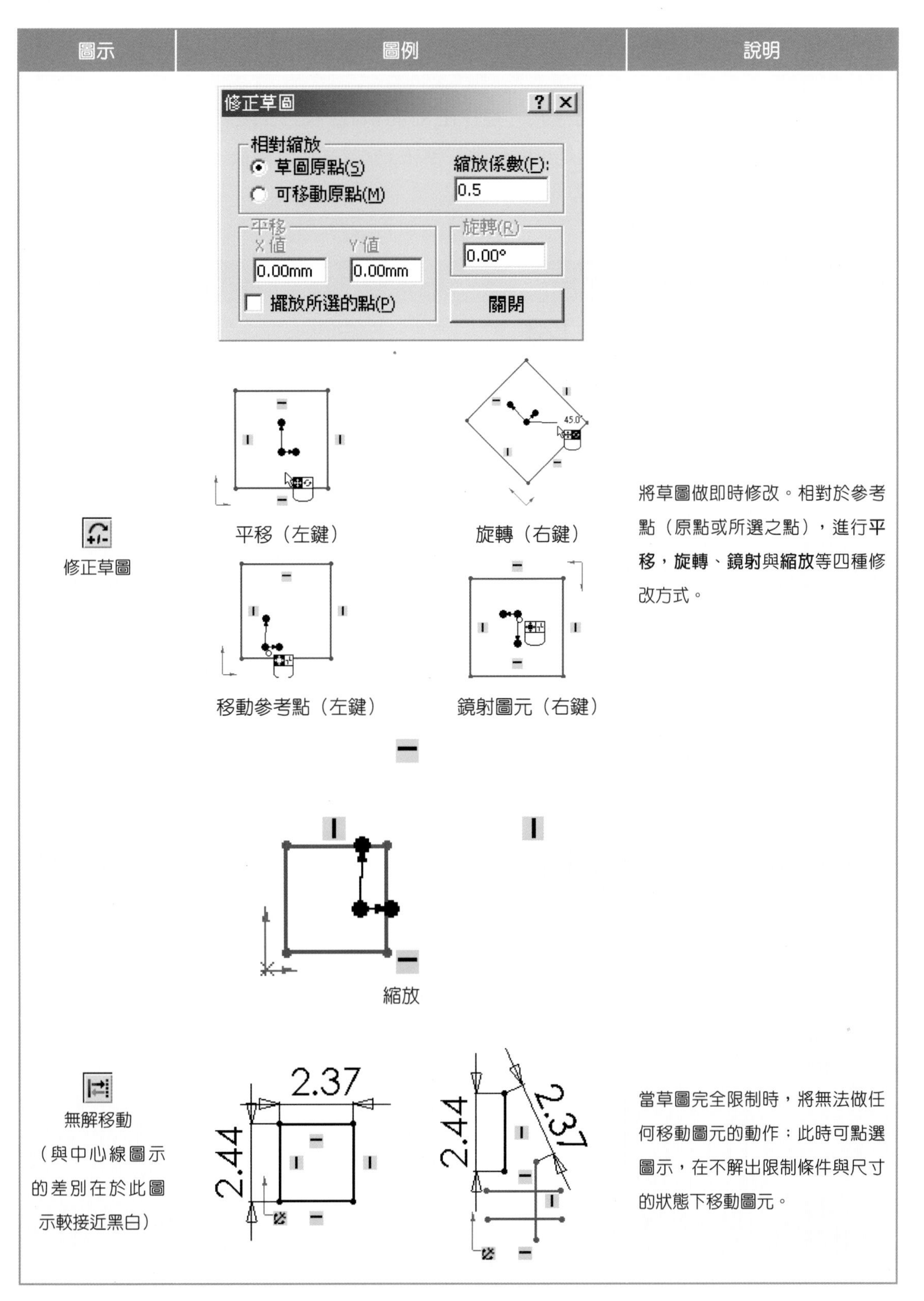

圖示	圖例	說明
修正草圖	平移（左鍵） 旋轉（右鍵） 移動參考點（左鍵） 鏡射圖元（右鍵） 縮放	將草圖做即時修改。相對於參考點（原點或所選之點），進行**平移**，**旋轉**、**鏡射**與**縮放**等四種修改方式。
無解移動 （與中心線圖示的差別在於此圖示較接近黑白）		當草圖完全限制時，將無法做任何移動圖元的動作；此時可點選圖示，在不解出限制條件與尺寸的狀態下移動圖元。

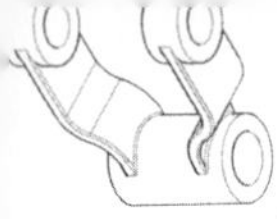

2.9 尺寸標註

零件，最重要的莫過於其尺寸。尺寸標註在 SolidWorks 視為「限制條件」的一種表示方式，為完成草圖的最後步驟。因為是可變參數式標註，當尺寸值改變後，草圖也會隨之改變。

2.9.1 標註工具列簡介

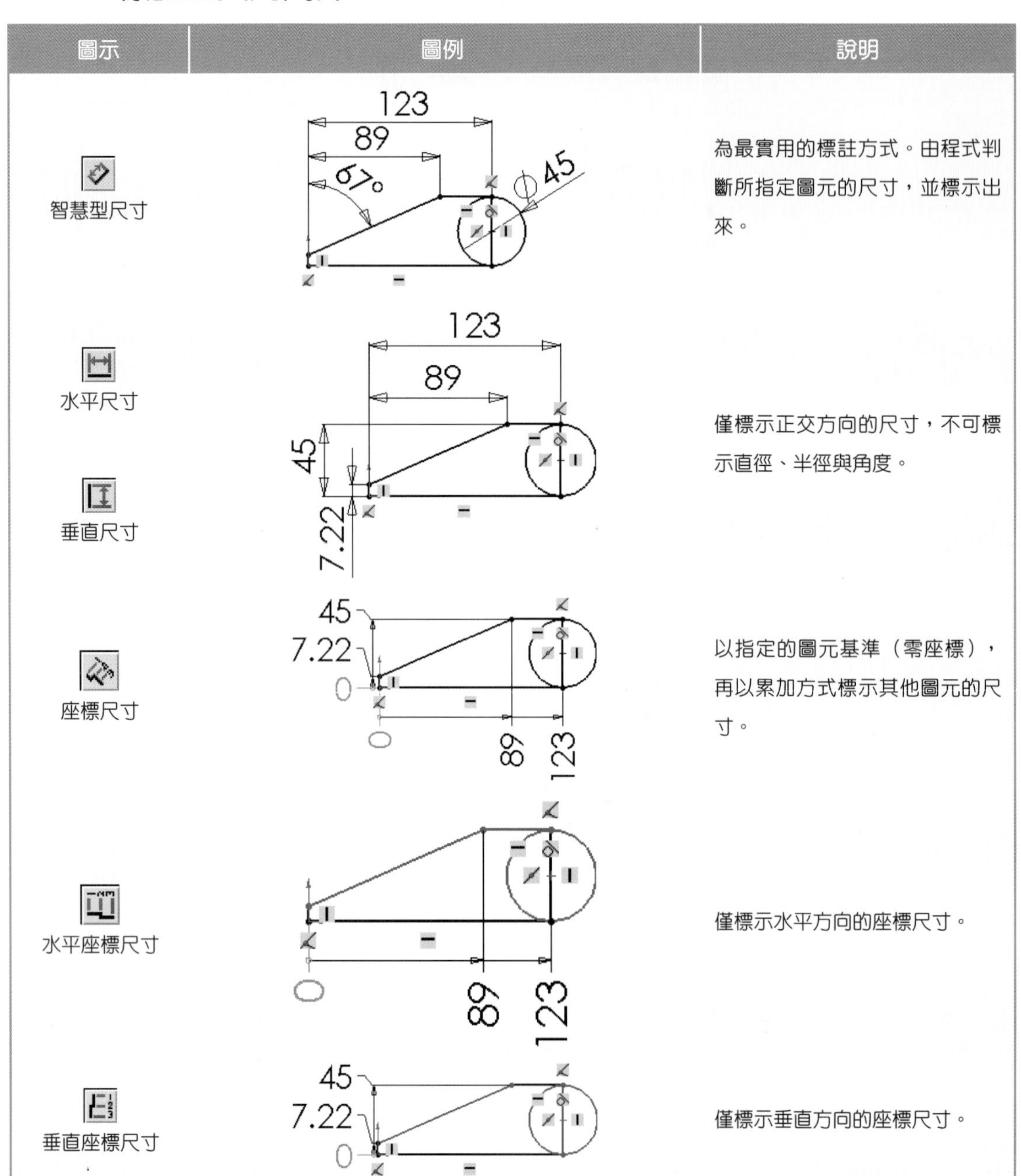

圖示	圖例	說明
智慧型尺寸		為最實用的標註方式。由程式判斷所指定圖元的尺寸，並標示出來。
水平尺寸 垂直尺寸		僅標示正交方向的尺寸，不可標示直徑、半徑與角度。
座標尺寸		以指定的圖元基準（零座標），再以累加方式標示其他圖元的尺寸。
水平座標尺寸		僅標示水平方向的座標尺寸。
垂直座標尺寸		僅標示垂直方向的座標尺寸。

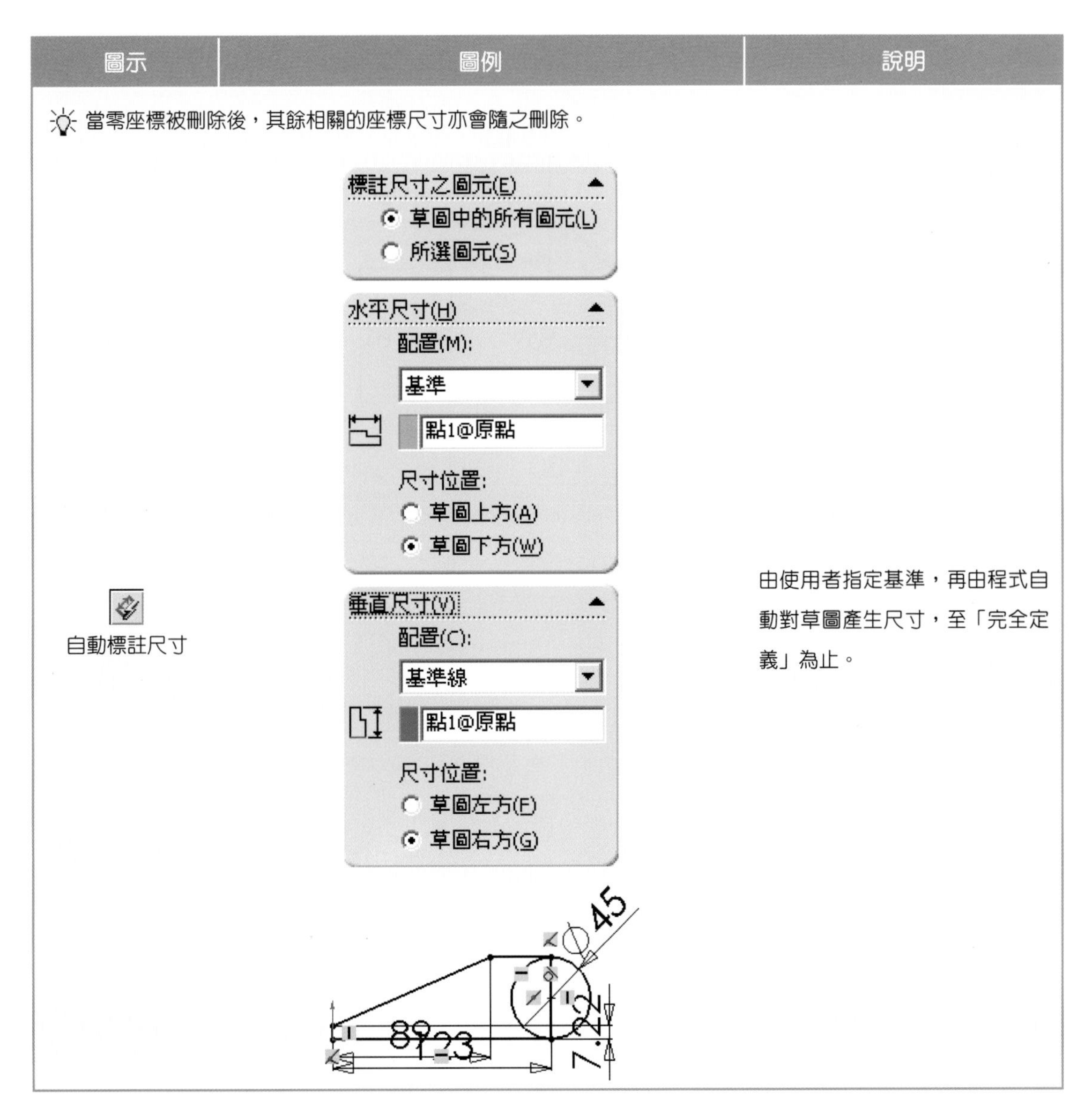

圖示	圖例	說明
當零座標被刪除後，其餘相關的座標尺寸亦會隨之刪除。		
自動標註尺寸		由使用者指定基準，再由程式自動對草圖產生尺寸，至「完全定義」為止。

2.9.2 使用範例：智慧型尺寸

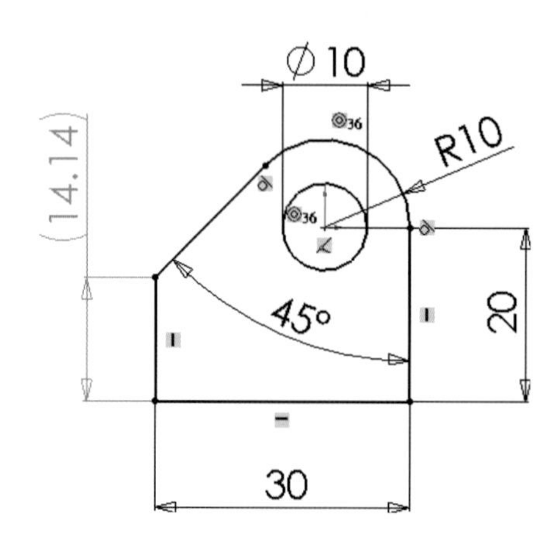

一、繪製草圖

1. 繪製圓

Step 1. 選擇任一基準面爲草圖繪製平面。

Step 2. 點選**草圖**，開始繪製。

Step 3. 點選**圓**。

Step 4. 以「原點」爲圓心，繪製一適當半徑的圓，如下圖：

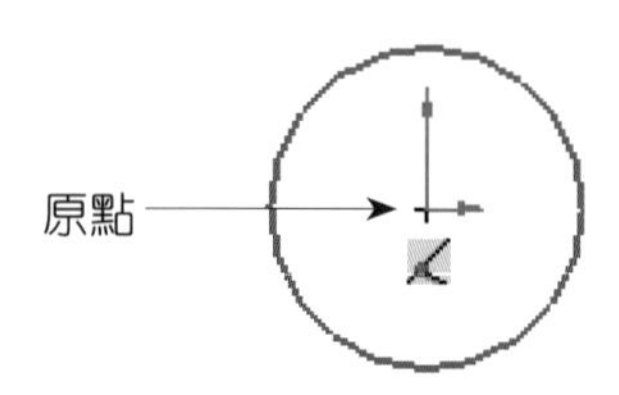

※為了方便繪製草圖與特徵的成型，建議以「原點」為草圖繪製的基準點。

2. 繪製直線

Step 1. 點選**直線**。

Step 2. 以逆時鐘方向，依序繪製所示（）之兩正交直線（L1、L2）。

Step 3. 將游標離開線段 L2 的終點 A。

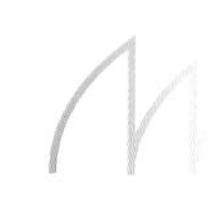

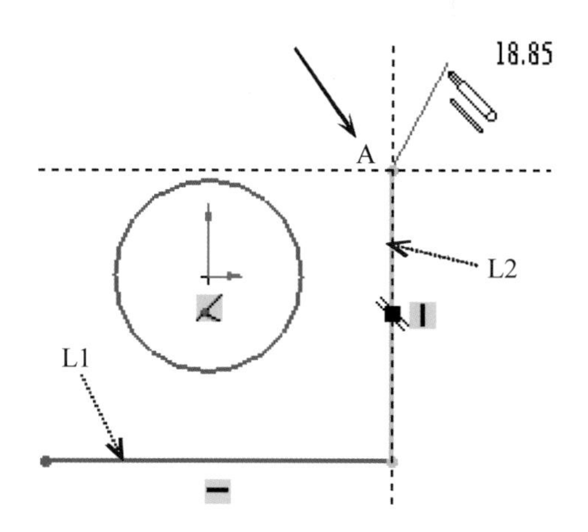

※先別離開直線指令。

3. 繪製相切圖元

Step 1. 將游標移回 L2 的終點 A。

Step 2. 再移動游標離開點 A，此時自動轉換爲**切線弧**。

Step 3. 向左移動游標，在適當處按**滑鼠左鍵**一下。

Step 4.往切線方向向左移動游標，待與點 B 產生對垂直對正虛線（ ）後，按**滑鼠左鍵**一下。

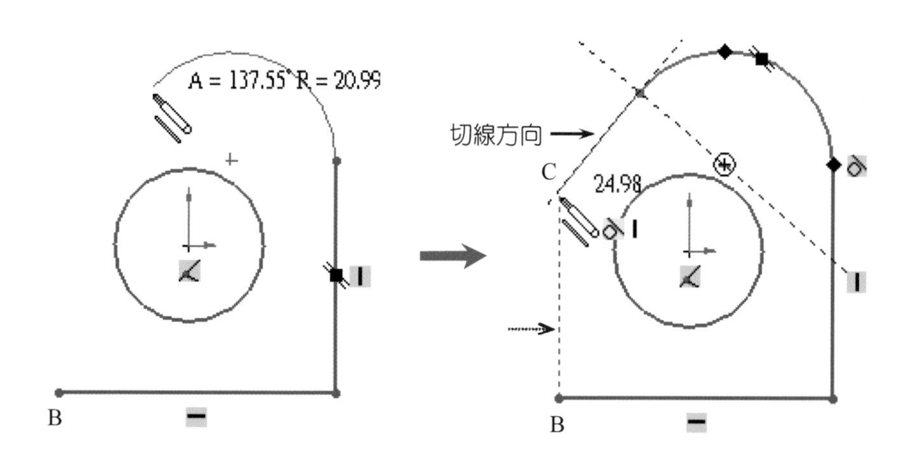

4. 完成草圖繪製

Step 1. 連接點 B 與點 C。

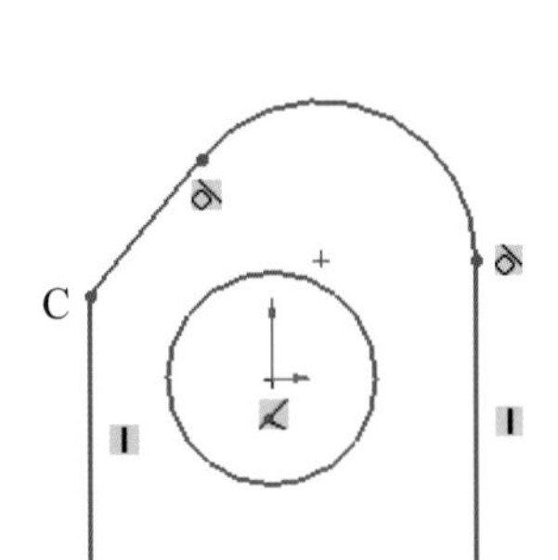

二、限制條件

Step 1. 按住 **Ctrl** 鍵，點選弧 A 與圓 C。

Step 2. 點選限制條件 — **同心圓 / 弧** 。

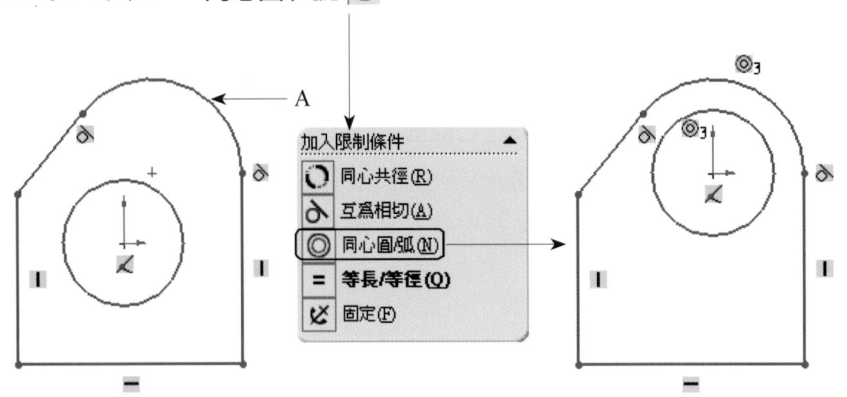

三、標註尺寸

1. 標註圓

Step 1. 點選**智慧型尺寸** 。

Step 2. 點選草圖圓（ ）。

Step 3. 決定尺寸位置後，按**滑鼠左鍵一下**，並彈出「修改」對話框。

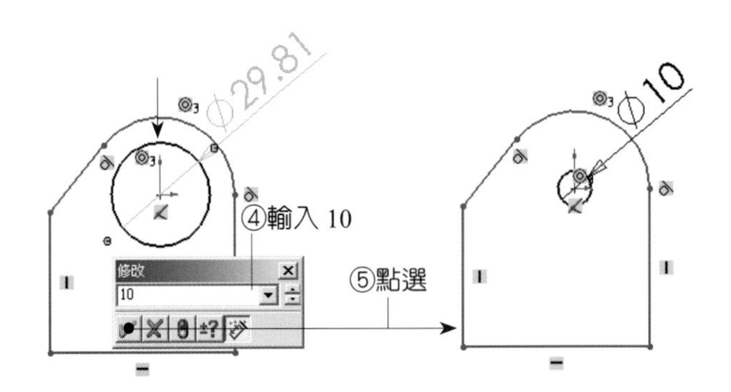

2. 標註弧

Step 1. 點選草圖弧（↗）。

Step 2. 決定尺寸位置後，按**滑鼠左鍵**一下，並彈出「修改」對話框。

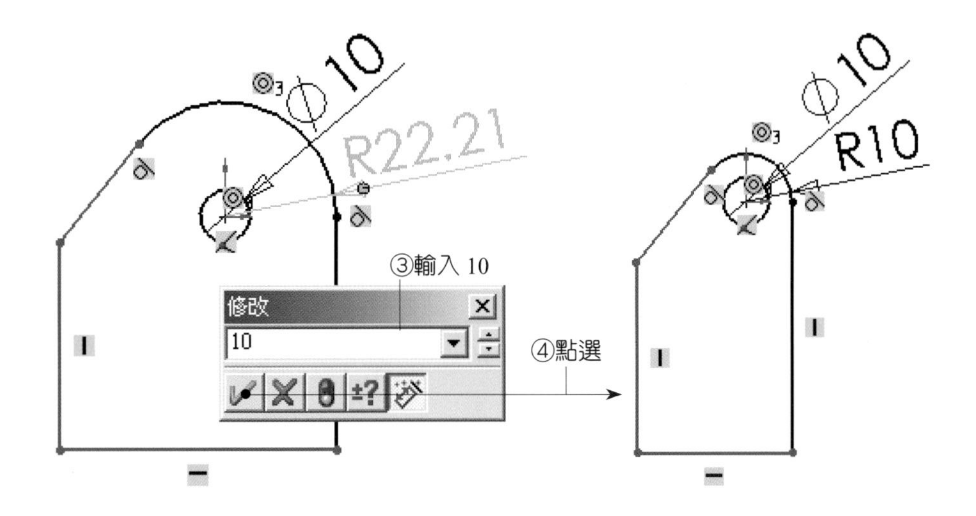

3. 標註圓心定位尺寸

Step 1. 點選直線 L 與「原點」。

Step 2. 決定尺寸位置後，按**滑鼠左鍵**一下，並彈出「修改」對話框。

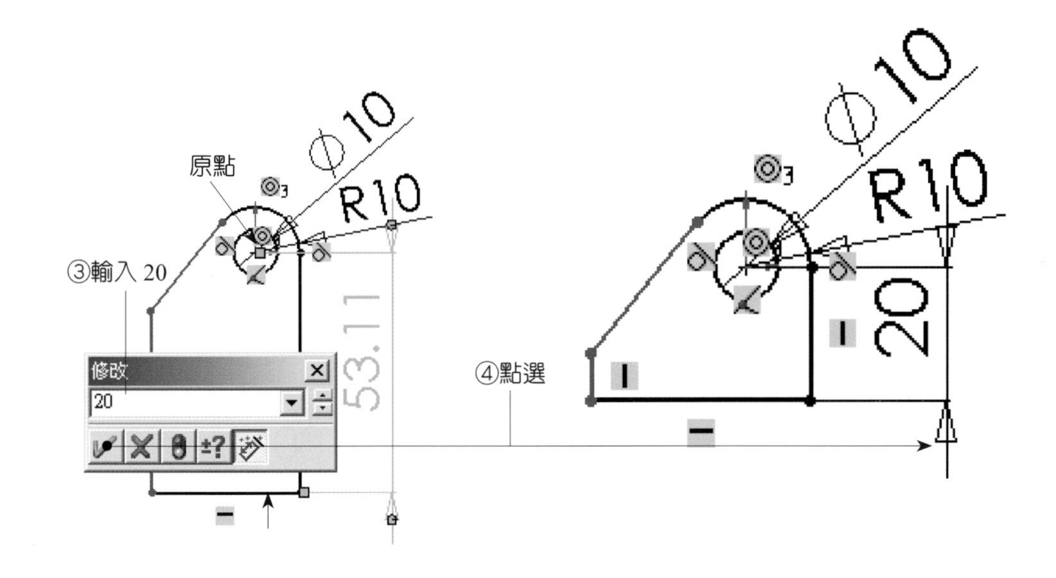

4. 標註角度

Step 1. 點選直線 L1 與斜線 L2。

Step 2. 決定尺寸位置後，按**滑鼠左鍵**一下，並彈出「修改」對話框。

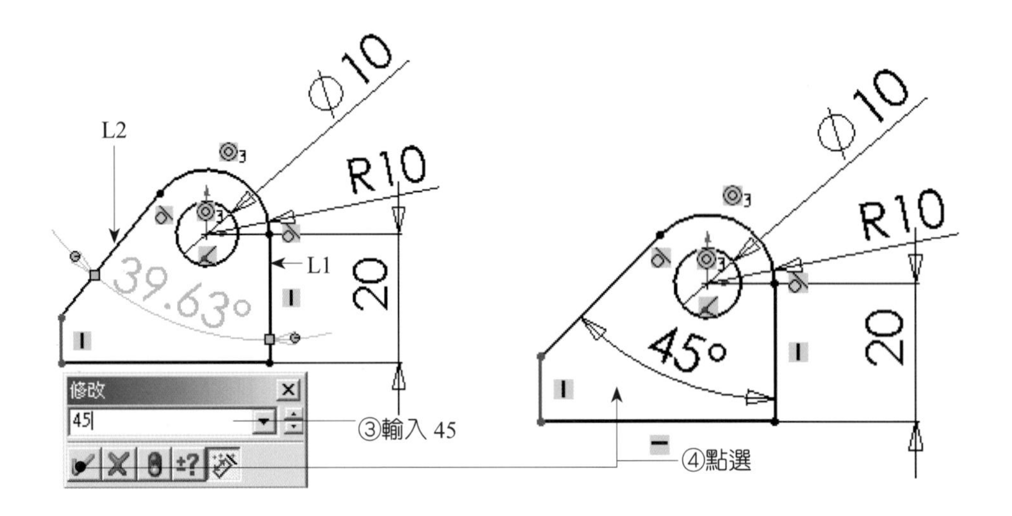

5. 標註長度

Step 1. 點選所指直線（⤢）。

Step 2. 決定尺寸位置後，按**滑鼠左鍵**一下，並彈出「修改」對話框。

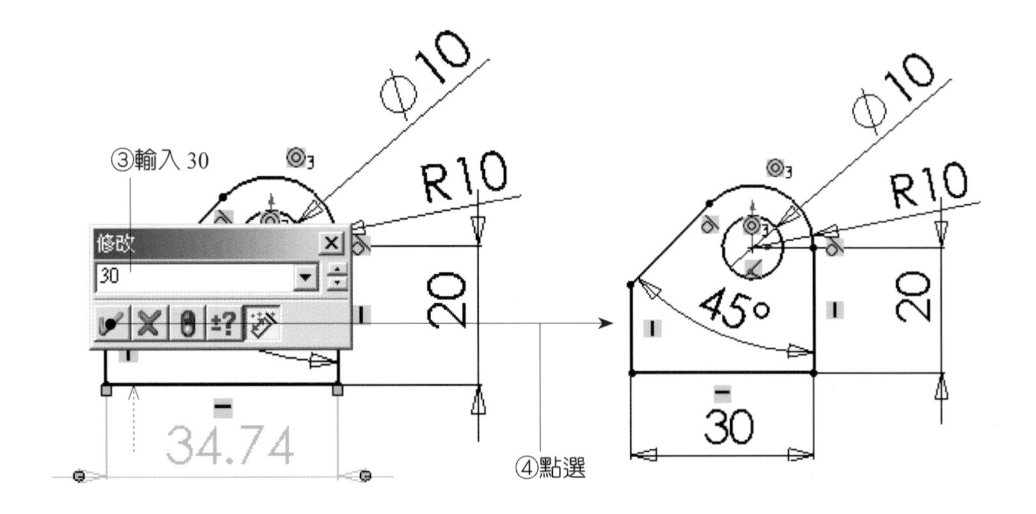

6. 過多定義

標註至上步驟，圖元已經全部呈現黑色，爲「完全定義」；若再加入「限制條件」或尺寸標註，將會出現注意訊息。以尺寸標註爲例：

① 在所指線段（↗）加入尺寸，此時圖元呈現紅色，爲「過多定義」。

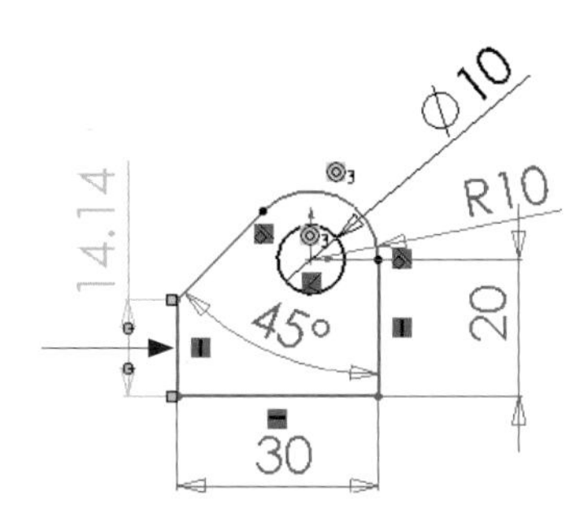

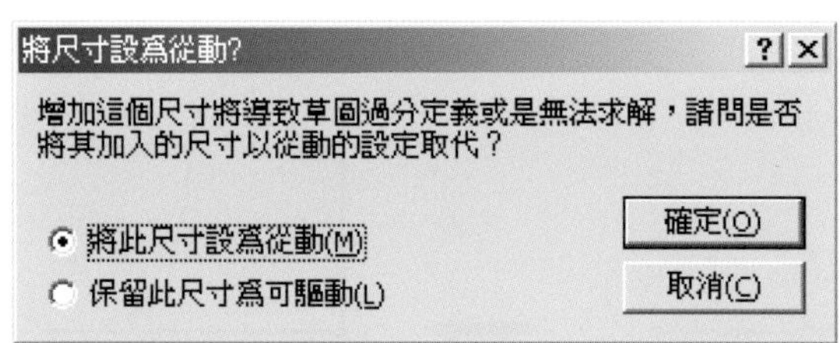

② 選擇將此尺寸設為從動。

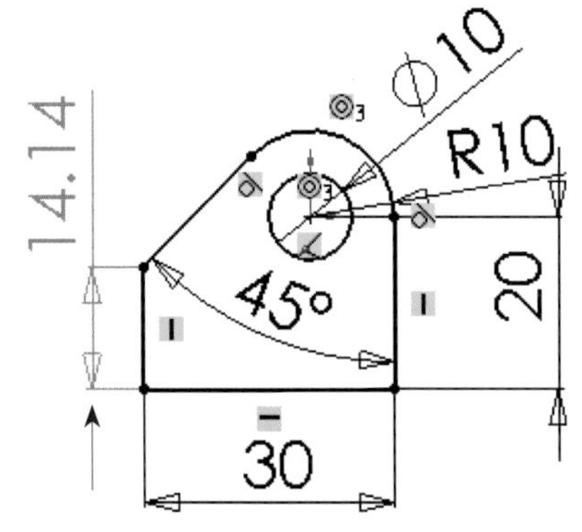

多餘的尺寸變為灰色，當其他與該尺寸有關的參數改變後，其值亦會隨之改變。

② 選擇保留此尺寸為可驅動。

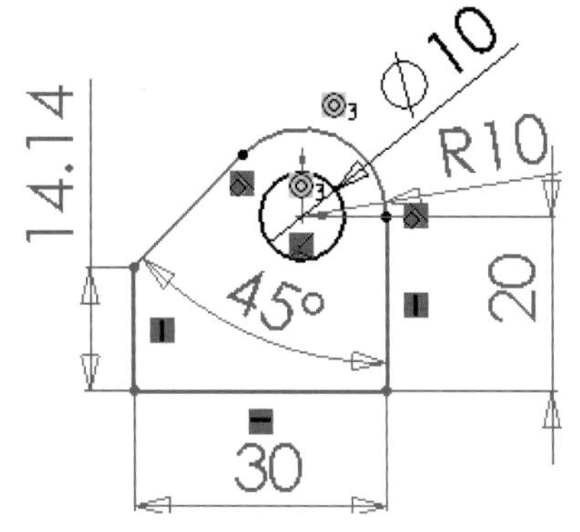

與該尺寸有關的參數與圖元仍保持紅色，且其值無法修改，必須考慮擇一刪除「限制條件」或尺寸。

2.9.3 標註尺寸的重要觀念

一、自動標註並非一定省時省事

自動標註尺寸 ，係經使用者決定好基準後，任由程式對該草圖產生尺寸，適用於草圖較簡單，或是純粹只是練習的場合。若草圖複雜，或是機構設計的場合，則不適用，而且容易造成識圖混淆，需要對尺寸位置做適當調整。

二、修改尺寸值時，需留意草圖變化

一般在繪製草圖時，會先忽略掉尺寸與細部的「限制條件」，以致繪製出來的草圖與實際的外型約略相同。也因爲如此，當尺寸值變更後，往往會因爲「限制條件」，使草圖被修改成四不像，嚴重影響繪圖情緒。如下圖：

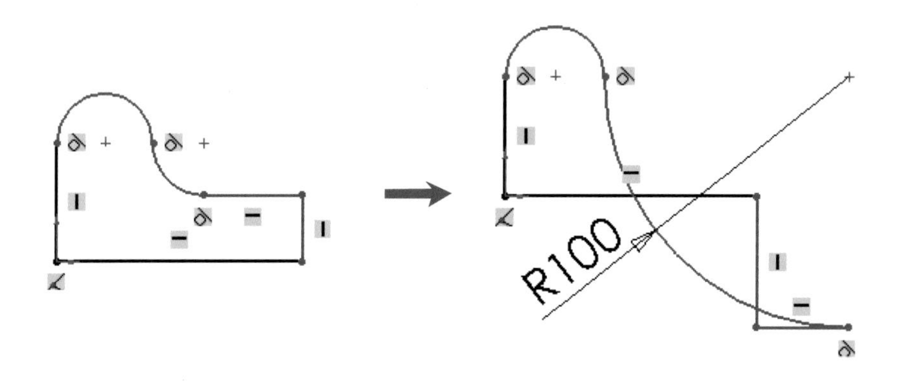

所以，建議標註尺寸時，先查看圖元目前的參數，再決定從大或小尺寸部分下手，當其值改變後，草圖的變化較規則。檢視圖元參數方法如下圖：

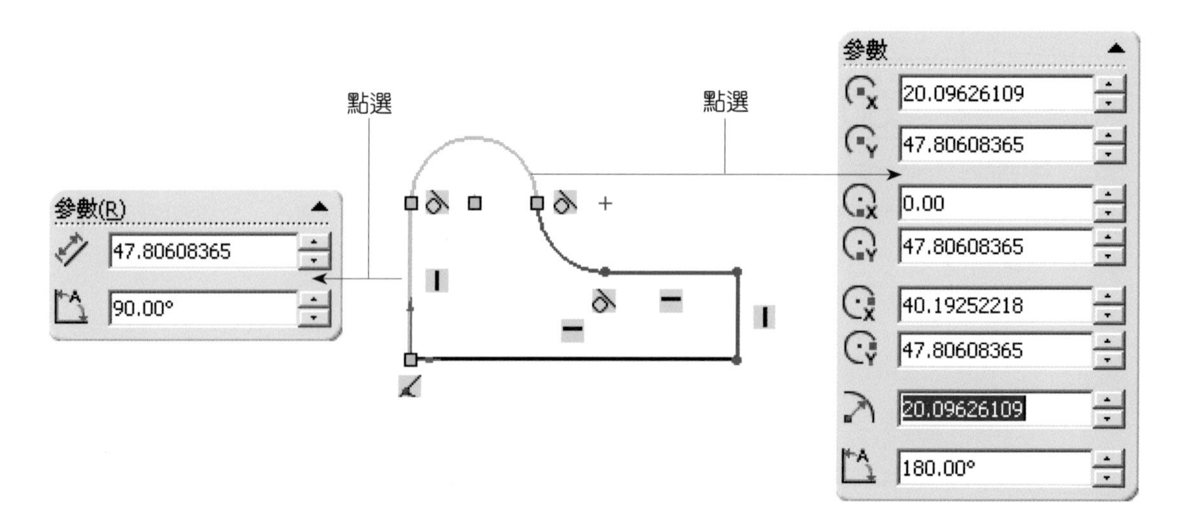

圖元目前的參數（A）與正確的參數（B），有以下兩種關係：

（一）若 A 大於 B 時，建議先從較小的尺寸開始標註。如下圖：

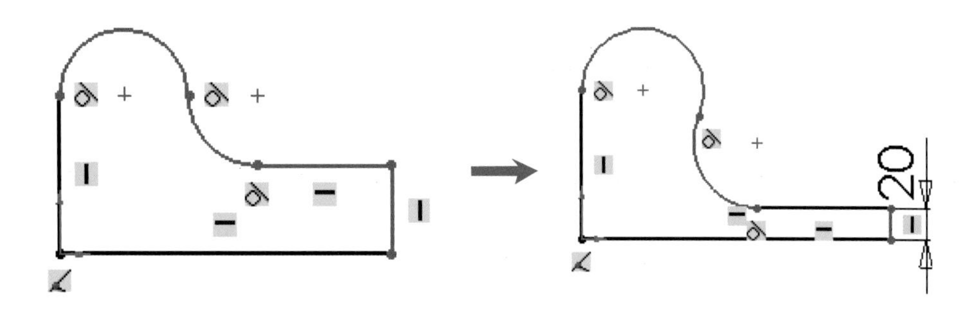

（二）若 B 大於 A 時，建議先從較大的尺寸開始標註。如下圖：

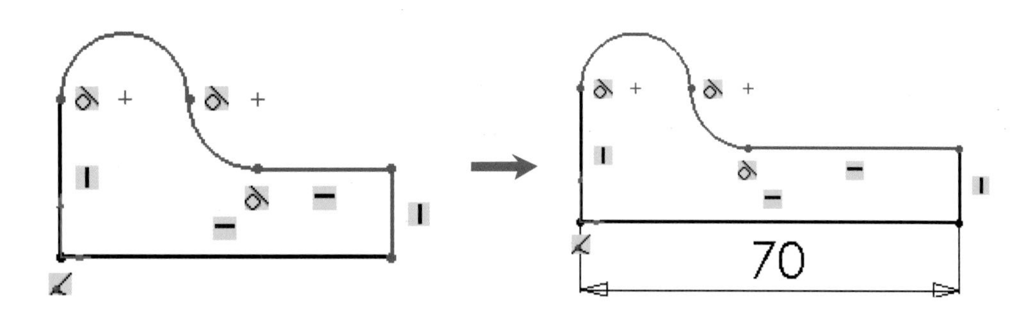

繪製圖元時，在游標附近會顯示該圖元的即時參數，此時可以利用這種方便的功能，使草圖更接近實際的圖形；如此，便不必考慮到尺寸要從何標註起，當尺寸值改變後，圖元的變化也就更小。

三、草圖應為完全定義

當標註尺寸完成後，若草圖中有某些圖元爲藍色，則代表「不足的定義」，這表示該草圖藍色部分的參數尚不正確，這時可藉由拖曳圖元的方式，來檢視可能缺少的定義，以補足尺寸或「限制條件」，至圖元「完全定義」（黑色）爲止。在視窗下面的狀態列，也可檢視該

草圖的定義情形：

完全定義 | 正在編輯：草圖1　不足的定義 | 正在編輯：草圖1　過多的定義 | 正在編輯：草圖1

2.9.4 數學關係式

一、簡介

參數，爲物件的尺寸值，從草圖到組合件，都存在著參數，通常會經過設計。SolidWorks 會給予每個尺寸值一個名稱，例如：D3，即尺寸（Dimension）與第三個新參數的增量，針對這個名稱，再給予一個全名，例如：D3@ 草圖 1，即 D3 尺寸位於（at）草圖 1 中，如此可方便區別每個尺寸的性質。而名稱，可以由使用者來定義，唯不得重複。

數學關係式，簡單來說，就是 1 + 2 = 3，我們可以將兩個尺寸加入「數學關係式」，使這兩個尺寸以數學式產生連帶關係，其中一個尺寸爲主變數，另一則爲從變數。爲了加入「數學關係式」，就必須使用到關聯尺寸的全名，然後再加入數學的運算式。

二、數學關係式使用範例

1. 完成尺寸標註

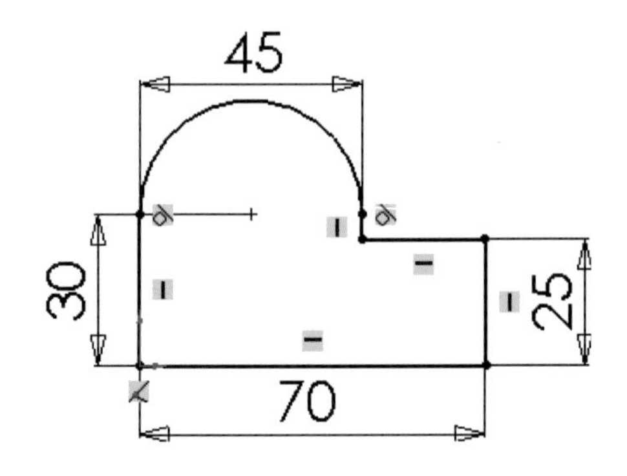

2. 檢視尺寸名稱

Step 1. 在尺寸上按**滑鼠右鍵**。

Step 2. 選擇 屬性... (I) ，彈出「尺寸屬性」對話框。

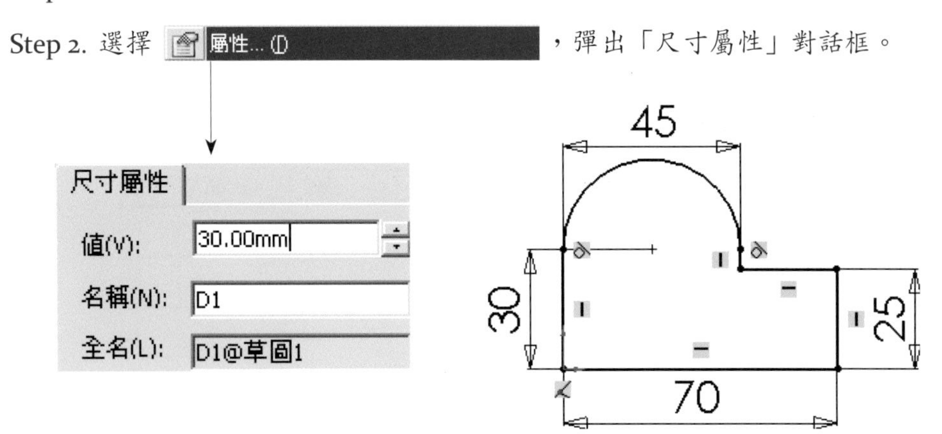

※尺寸名稱的檢視，也可以從**工具**→**選項**的**系統選項**→**一般**中勾選**顯示尺寸名稱**。

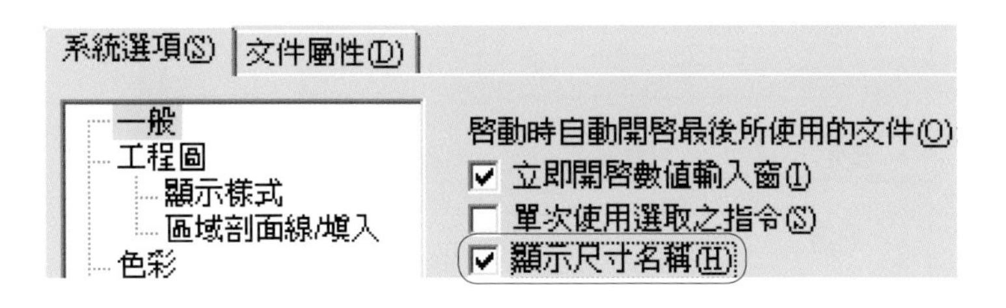

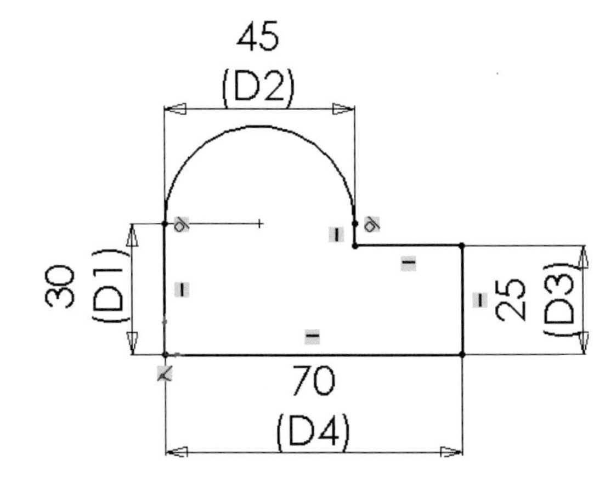

3. 加入數學關係式

Step 1. 點選尺寸值 **45**（D3）。

Step 2. 點選**工具→數學關係式**。

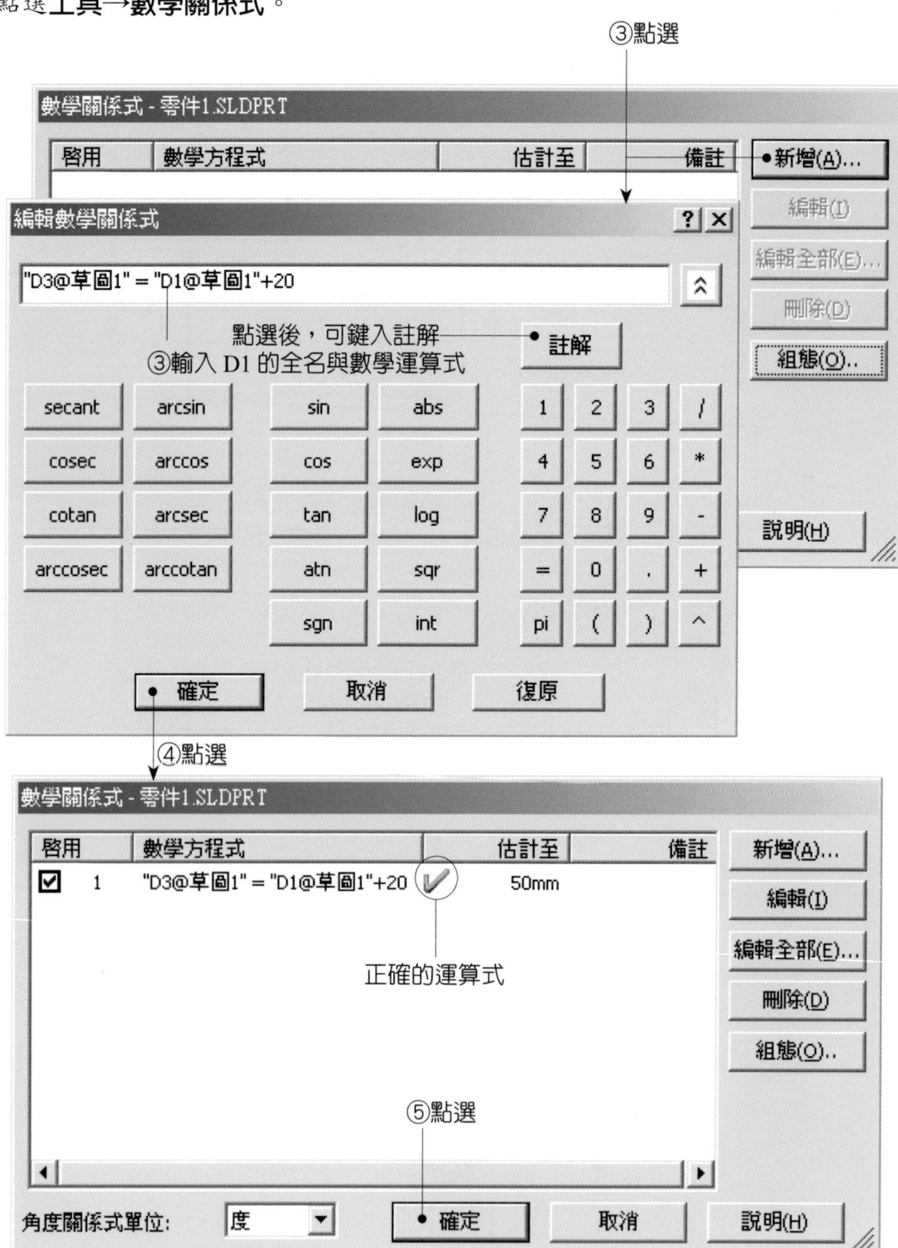

※全名的輸入必須要加入" " 引號。

※以「*」代表乘號；以「/」代表除號。

※一定要遵守數學運演算法則，即**先乘除**，**後加減**，若要先加減，後乘除，則要加上（），例如：1+2*3=7，（1+2）*3=9。

Step 3. 當尺寸 D3 加入「數學關係式」後，該尺寸冠上 Σ 符號。如下圖所示：

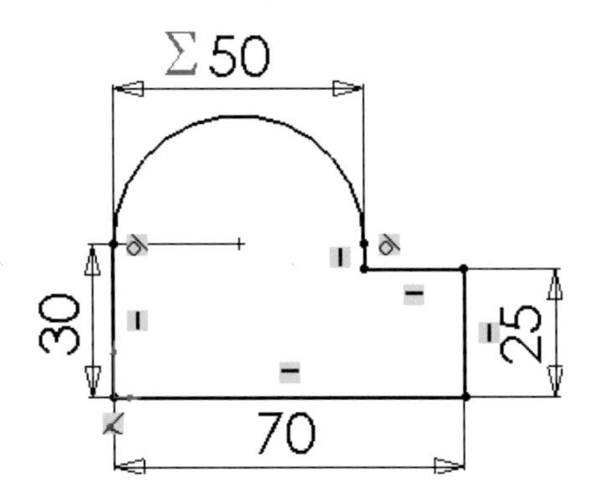

Step 4. 將 D2 與 D4 尺寸加入「數學關係式」，完成後如下圖：

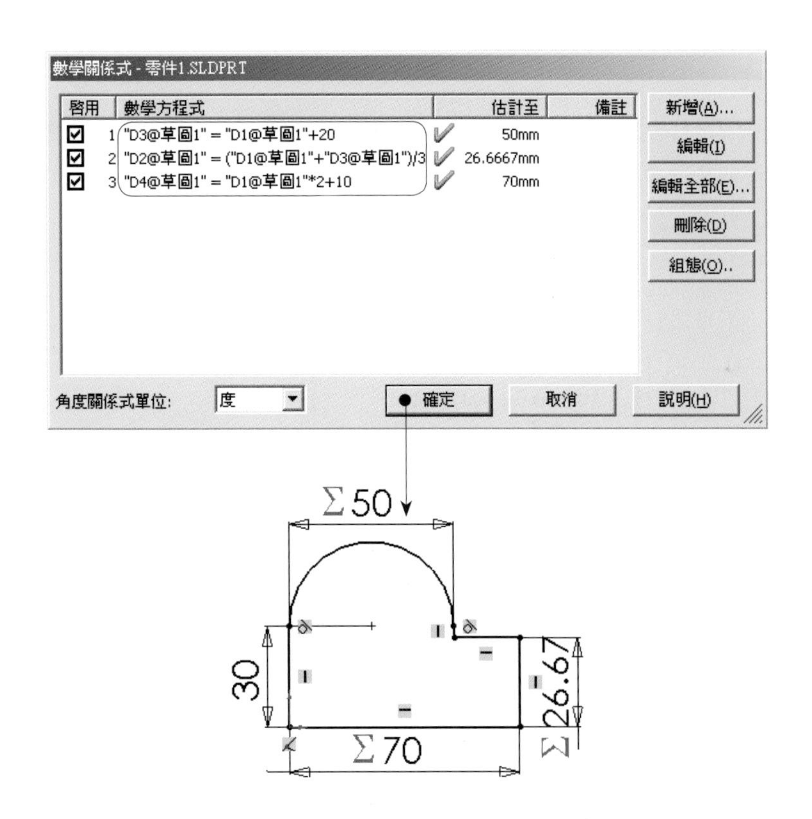

4. 變更數值

當尺寸加入「數學關係式」後，其值不能直接修改，必須藉由修改其基準尺寸才行。

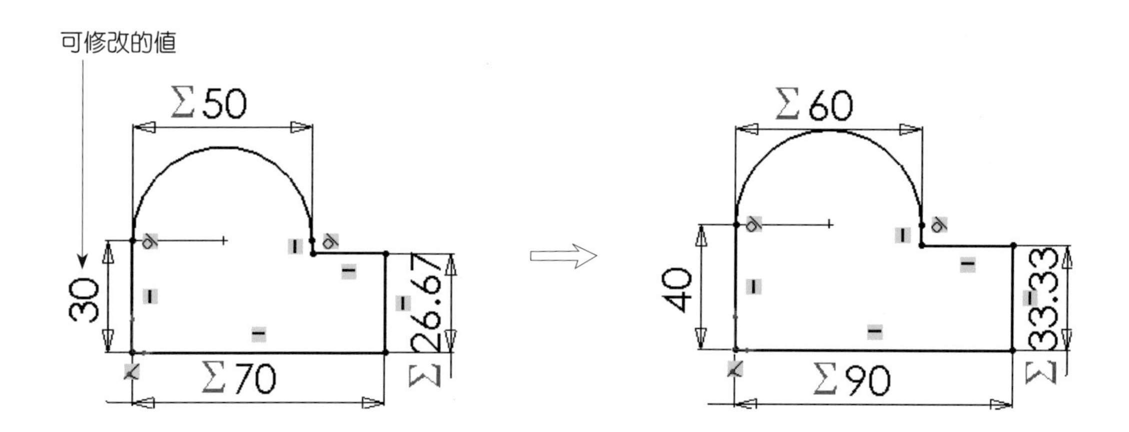

※不得產生循環式運算，例如：D1 = D3 − D2，D2 = −D1 + D3，D3 = D1 + D2。

5. 修改數學關係式

尺寸「加入數學關係式」後，FeatureManager(特徵管理員) 會新增一個「數學關係式」的資料夾，此時可在資料夾上按**滑鼠右鍵**，並選擇要修改的種類。

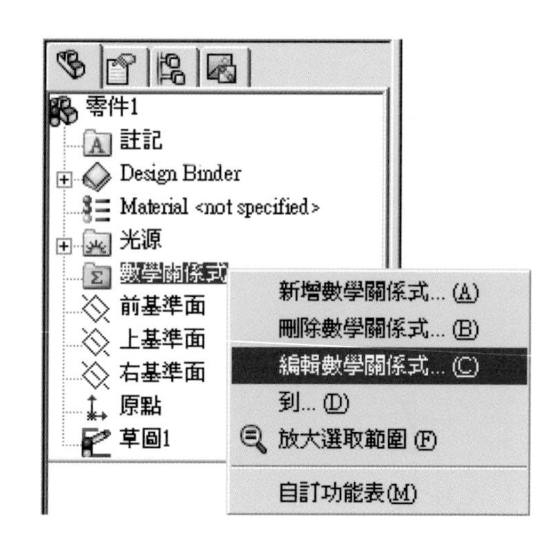

作業名稱	草圖練習		習題二	圖號	EX2-01
作業時間	15 分鐘	學習目標	能正確繪製草圖		

說明：一、依題目所示之圖形及尺度，繪製草圖。

二、評量要點：

1. 草圖的圖形、尺度是否正確。
2. 草圖是否完全限制。

❶

40

12

❷

2×Ø10

20

30

10

50

❸

2

30

16

22

60°

30

66

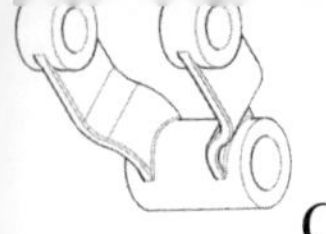

作業名稱	草圖練習		習題二	圖號	EX2-02
作業時間	20 分鐘	學習目標	能正確繪製草圖		

說明：一、依題目所示之圖形及尺度，繪製草圖。

二、評量要點：

1. 草圖的圖形、尺度是否正確。
2. 草圖是否完全限制。

❶

R10 R15 50 60

❷

60 22 10 40 10

❸

R5 ⌀20 60° R20 40

❹

R8 ⌀8 34 64

❺

R30 2-⌀16 R20 40

❻

R20 28 40

作業名稱	草圖練習		習題二	圖號	EX2-03
作業時間	30 分鐘	學習目標	能正確繪製草圖		

說明：一、依題目所示之圖形及尺度，繪製草圖。

二、評量要點：

1. 草圖的圖形、尺度是否正確。

2. 草圖是否完全限制。

❶

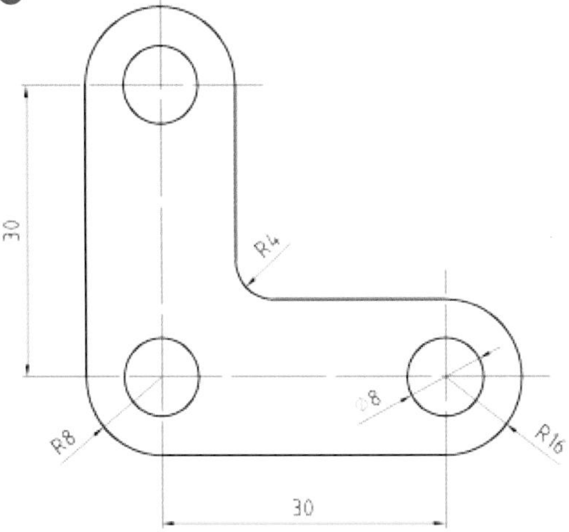

❷

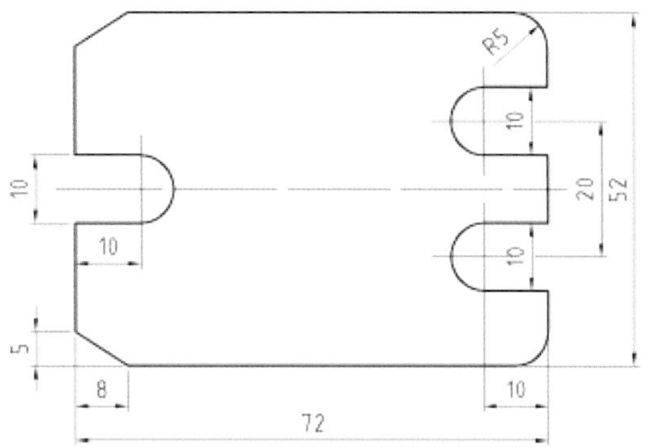

❸

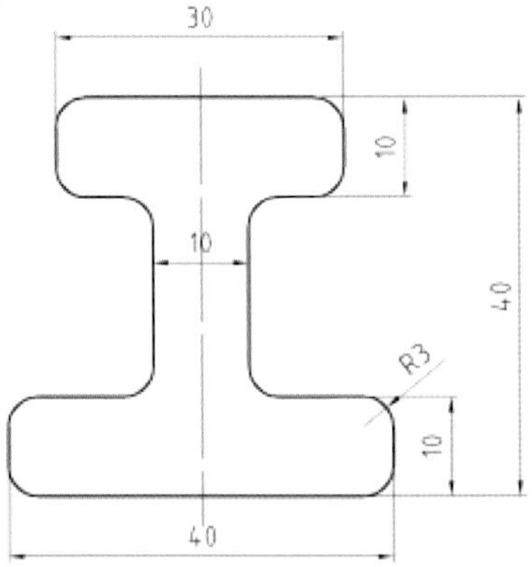

❹

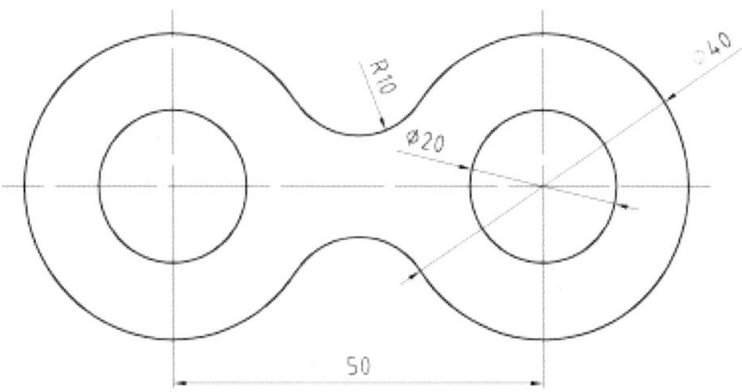

作業名稱	草圖練習		習題二	圖號	EX2-04
作業時間	50 分鐘	學習目標	能正確繪製草圖		

說明：一、依題目所示之圖形及尺度，繪製草圖。

二、評量要點：

1. 草圖的圖形、尺度是否正確。

2. 草圖是否完全限制。

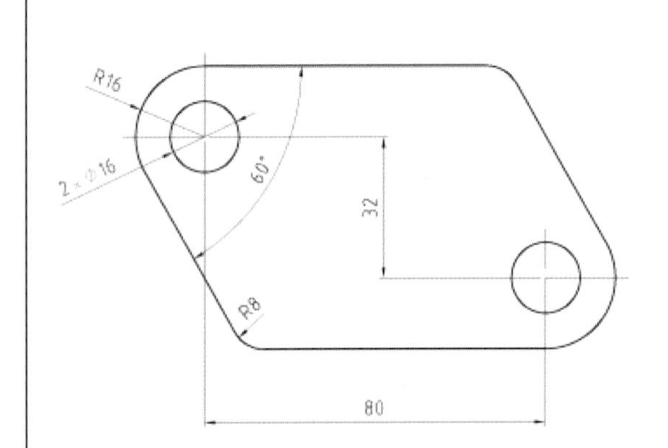

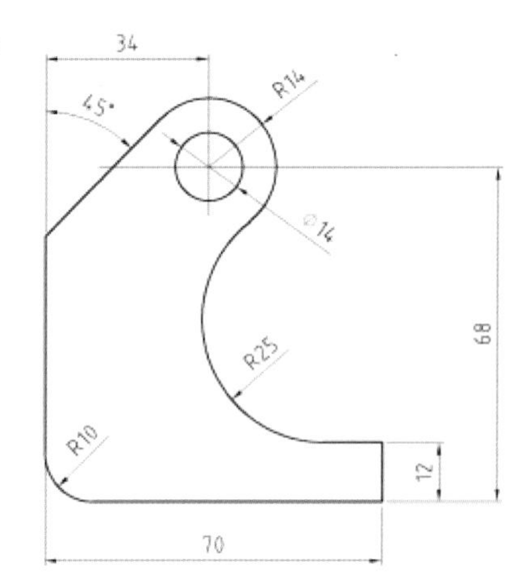

❸

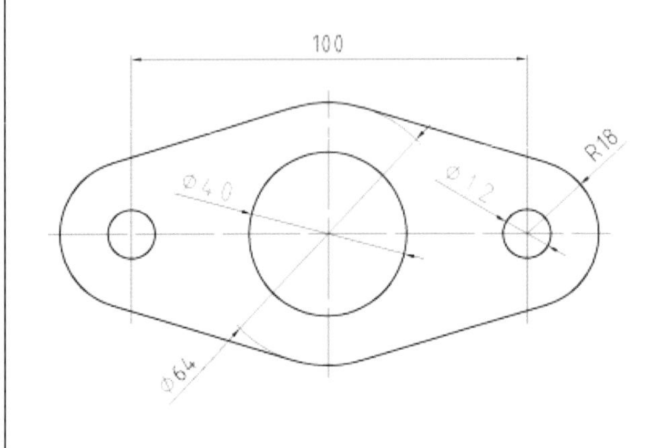

❹

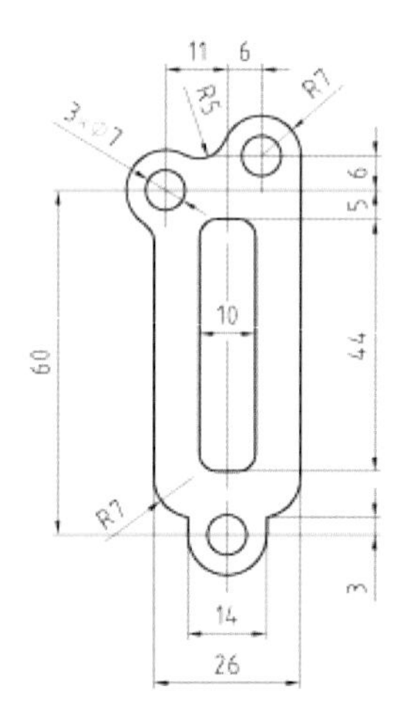

作業名稱	草圖練習		習題二	圖號	EX2-05
作業時間	30 分鐘	學習目標	能正確繪製草圖		

說明：一、依題目所示之圖形及尺度，繪製草圖。

二、評量要點：

1. 草圖的圖形、尺度是否正確。

2. 草圖是否完全限制。

❶

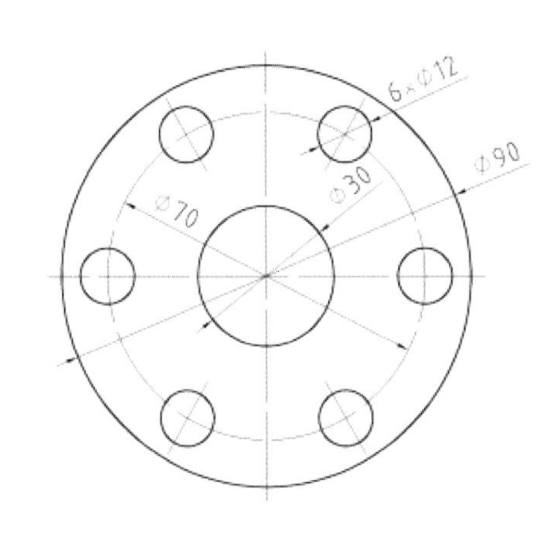

❷

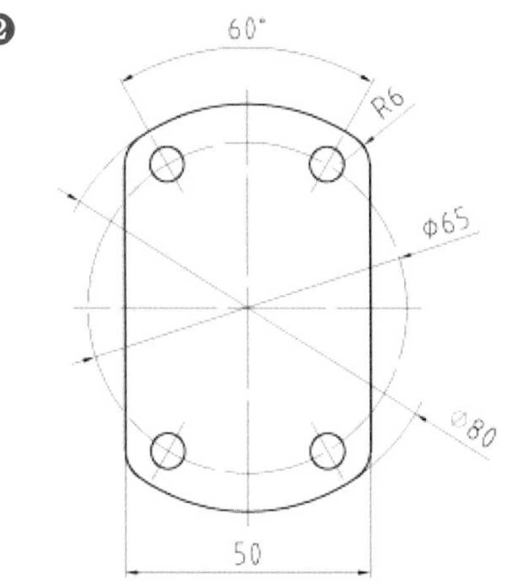

❸

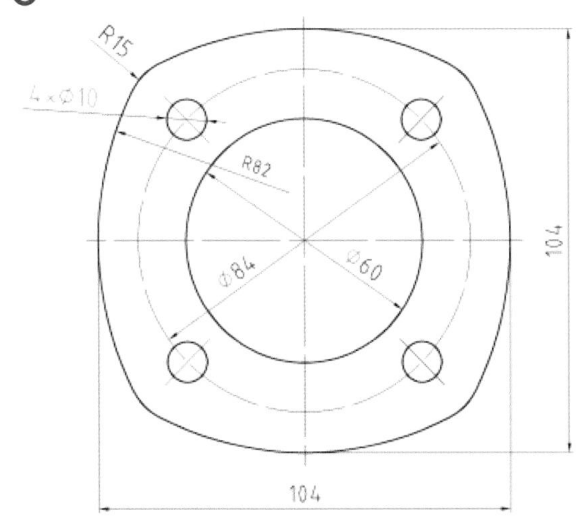

❹

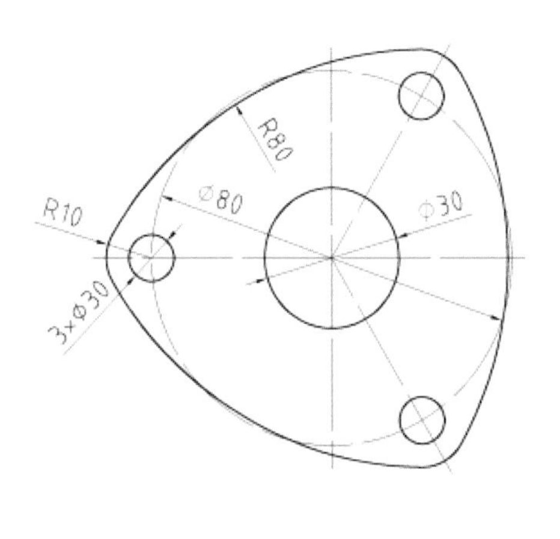

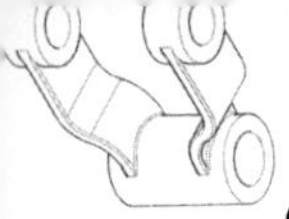

作業名稱	草圖練習		習題二	圖號	EX2-06
作業時間	30 分鐘	學習目標	能正確繪製草圖		

說明：一、依題目所示之圖形及尺度，繪製草圖。

二、評量要點：

1. 草圖的圖形、尺度是否正確。

2. 草圖是否完全限制。

❶

∅30
∅24
∅12
∅4
∅14
∅20
∅39
∅45
25
6
4
38
18
5

❷

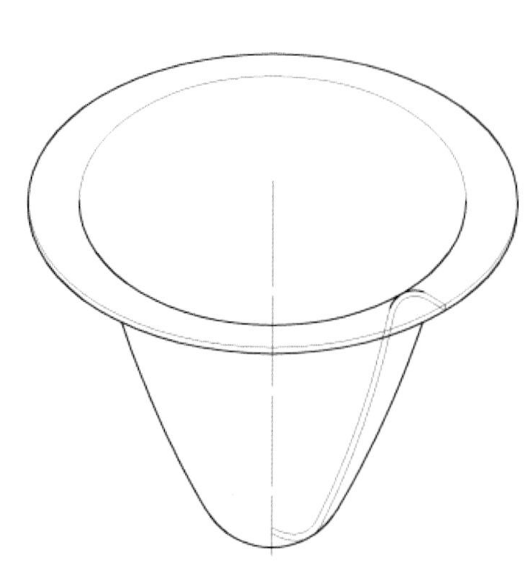

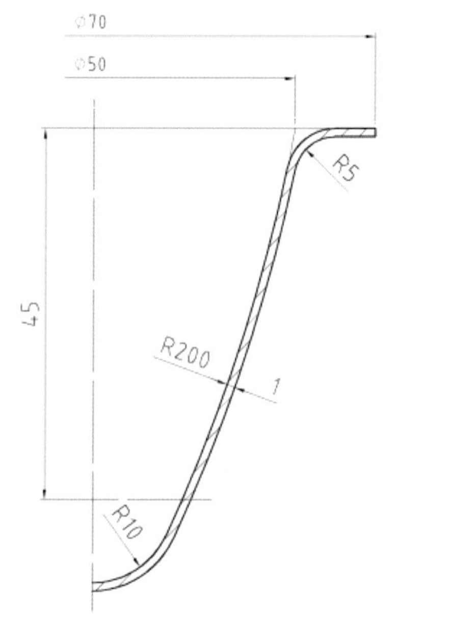

作業名稱	草圖練習		習題二	圖號	EX2-07
作業時間	30 分鐘	學習目標	能正確繪製草圖		

說明：一、依題目所示之圖形及尺度，繪製草圖。

二、評量要點：

1. 草圖的圖形、尺度是否正確。
2. 草圖是否完全限制。

❶

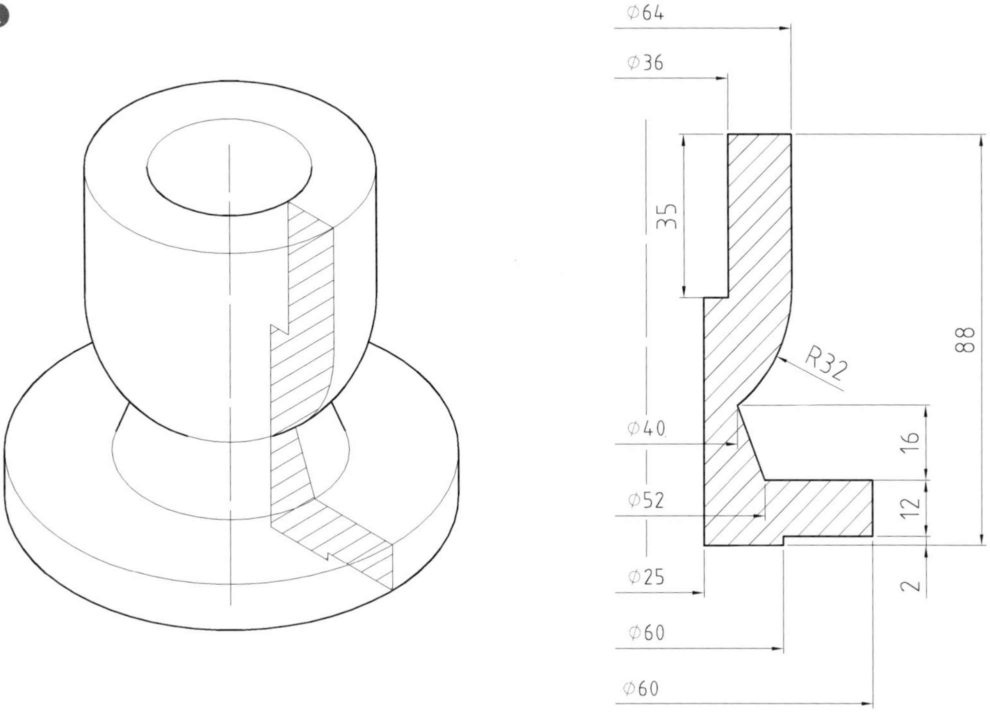

❷

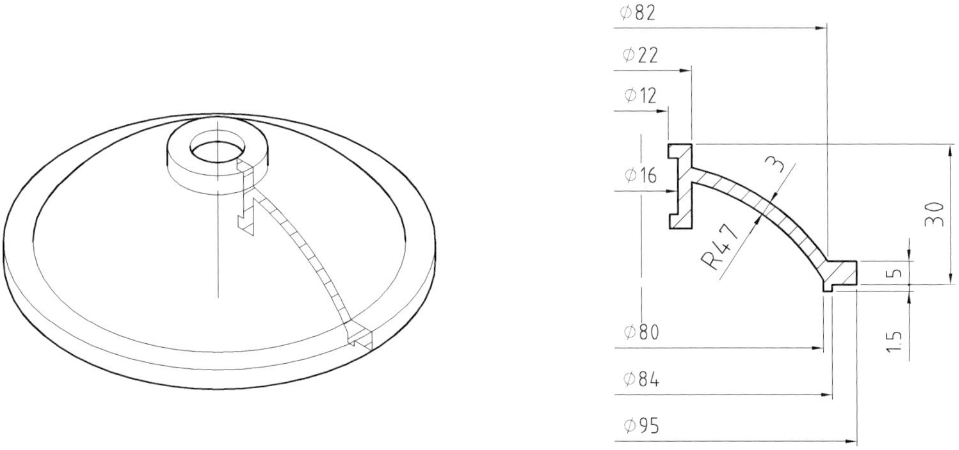

3

Modeling

學習重點

- 3.1 實體建構方法
- 3.2 伸長填料／伸長除料
- 3.3 旋轉填料／旋轉除料
- 3.4 圓角
- 3.5 導角
- 3.6 肋材
- 3.7 薄殼
- 3.8 直線複製排列／環狀複製排列
- 3.9 鏡射

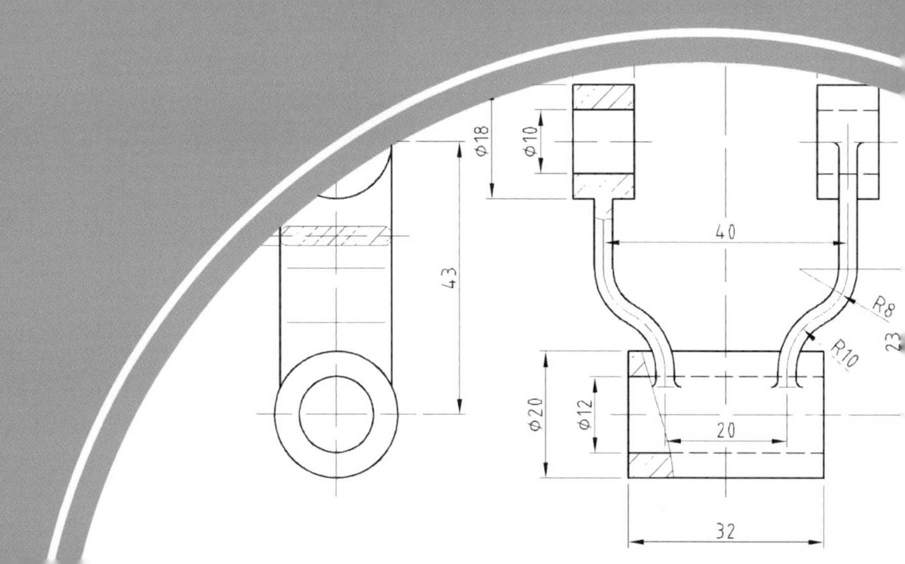

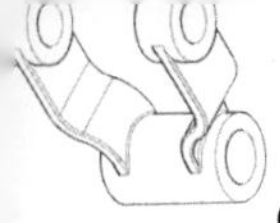

3.1 實體建構方法

3D 軟體在建立零件的實體時，常由數個特徵所組成，如圖 3-1 是由 4 個特徵所組成，而組成的特徵類型爲伸長填料與伸長除料兩種。

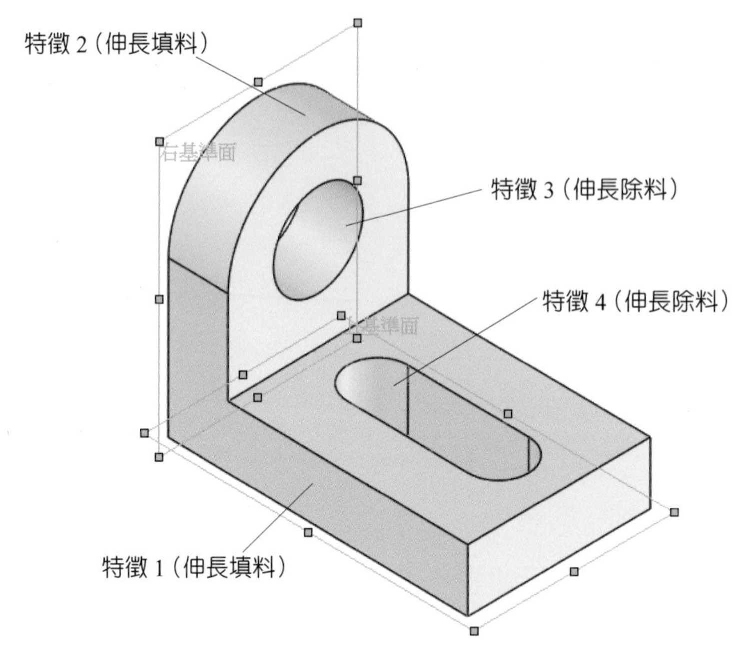

圖 3-1　4 個特徵所組成的零件

3.1.1 零件特徵介紹

SolidWorks 提供建立零件特徵的工具有：**伸長填料**、**伸長除料**、**旋轉填料**、**旋轉除料**、**掃出填料**、**掃出除料**、**疊層拉伸填料**、**疊層拉伸除料**、**圓角**、**導角**、**肋材**、**薄殼**、**異型孔精靈**、**直線複製排列**、**環狀複製排列**、**鏡射**等，其功能如下所示：

表 3-1　零件特徵介紹

執行工具	執行前	執行後
伸長填料		

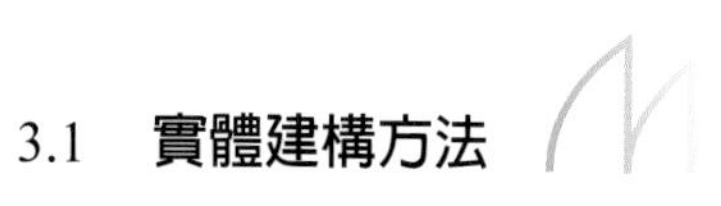

執行工具	執行前	執行後
伸長除料	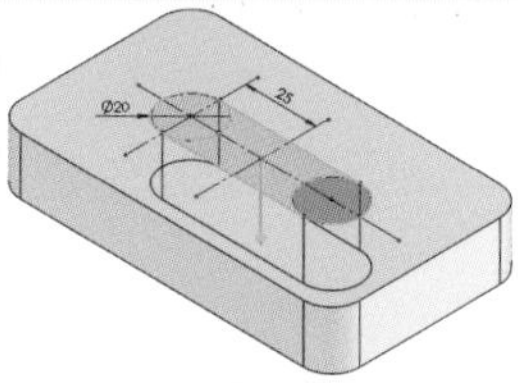	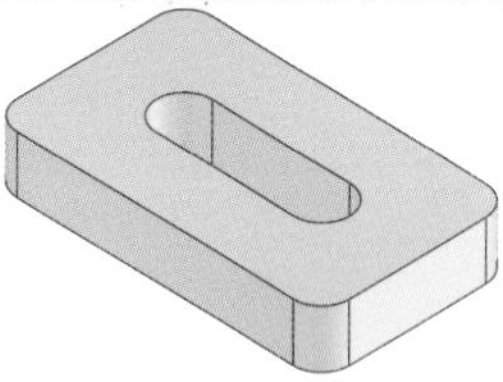
旋轉填料	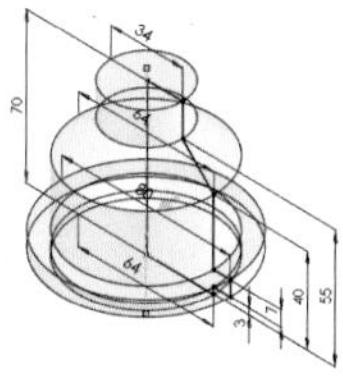	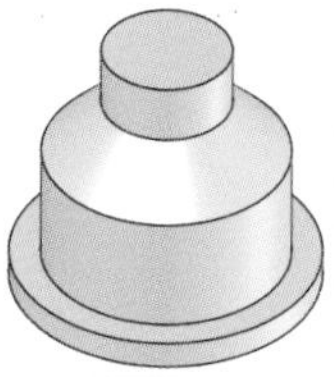
旋轉除料	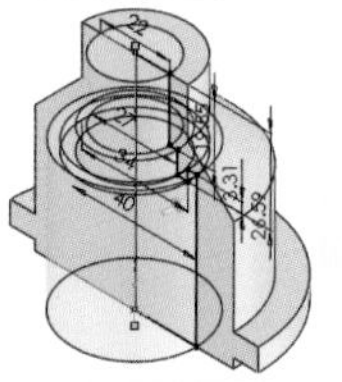	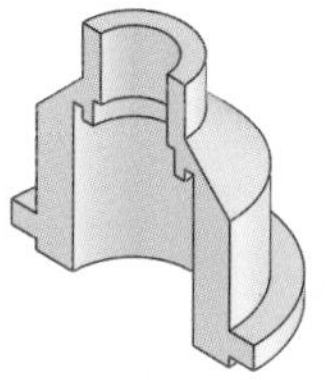
圓角	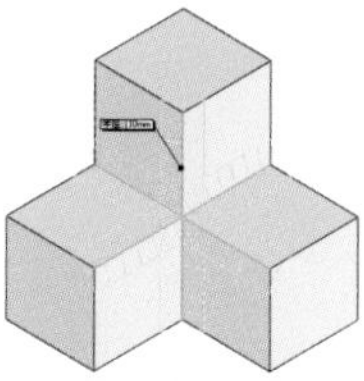	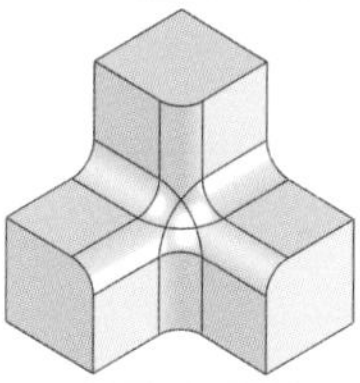
倒角	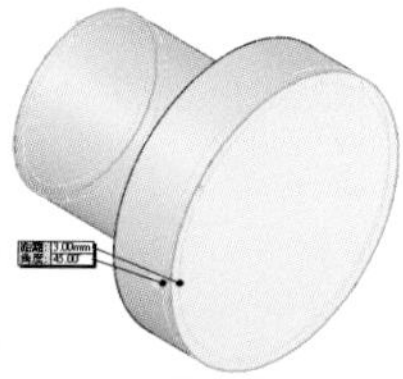	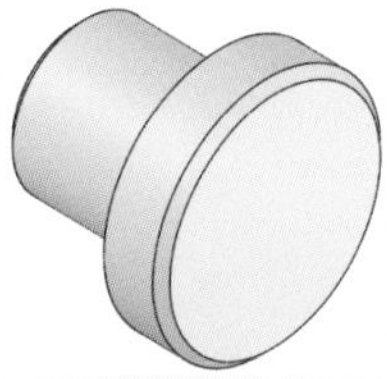
肋材	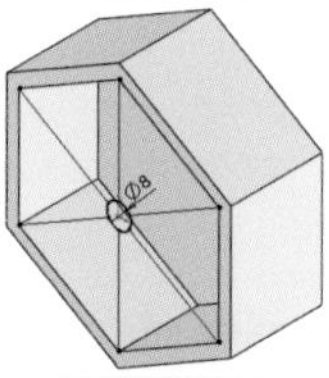	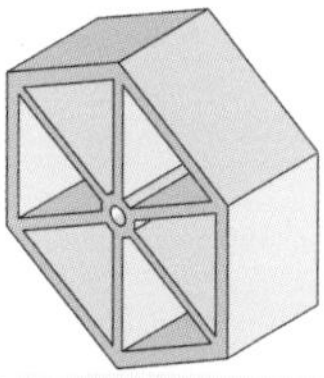
薄殼	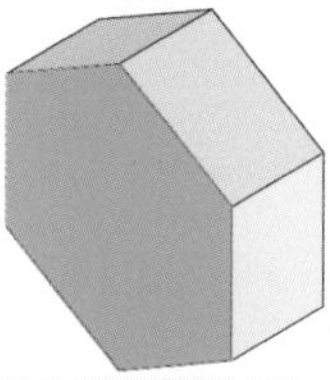	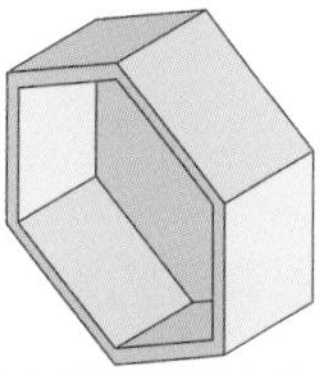

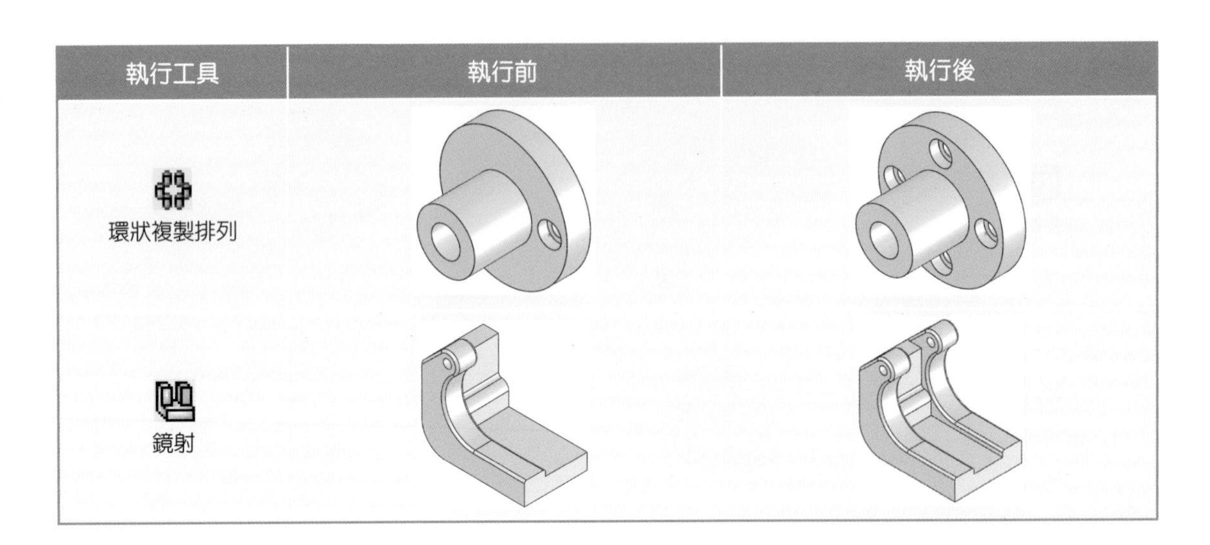

執行工具	執行前	執行後
環狀複製排列		
鏡射		

3.2 伸長填料 / 伸長除料

3.2.1 何謂填料與除料

在建立特徵的各種方法中如伸長、旋轉、掃出、疊層拉伸，皆有填料與除料的動作，所以希望利用這一小節建立學習者填料與除料的概念。

一、填料

所謂填料即爲增加實體，也是布林運算中「聯集」之意，如圖 3-2 所示：

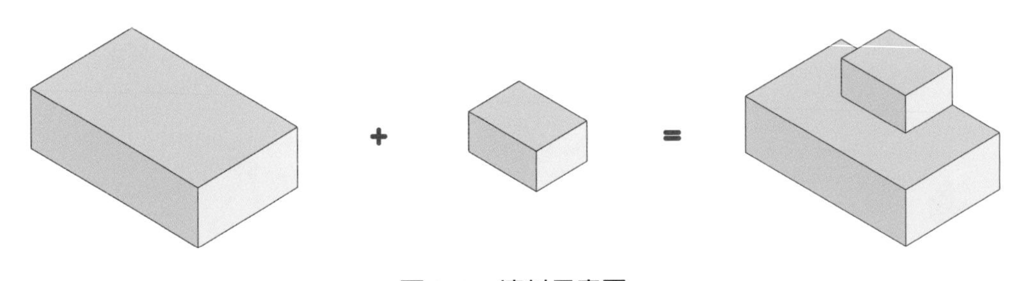

圖 3-2　填料示意圖

二、除料

必須於已存在的實體上，將不要的部分挖除，稱爲除料，也是布林運算中「差集」之意，如圖 3-3 所示：

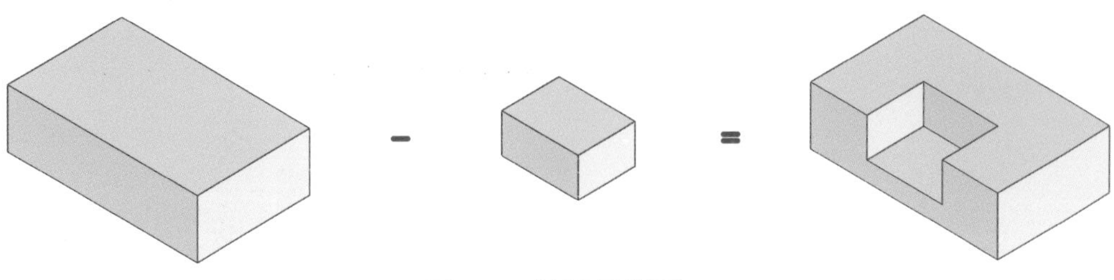

圖 3-3　除料示意圖

有了填料及除料的基礎觀念後，對於接下來的各種模型建構方式將會有所助益。

3.2.2　伸長填料執行方法

草圖完成後，選 用伸長填料工具，有下列所示三種方法：

1. 特徵工具列

2. Command Manager

CommandManager(C)
特徵
草圖
伸長填料/基材
伸長除料
旋轉填料/基材
旋轉除料
掃出填料/基材
掃出除料
疊層拉伸填料/...
疊層拉伸除料
圓角
導角
肋材
薄殼
拔模
異型孔精靈
直線複製排列
環狀複製排列
鏡射

3. 插入→填料 / 基材→伸長

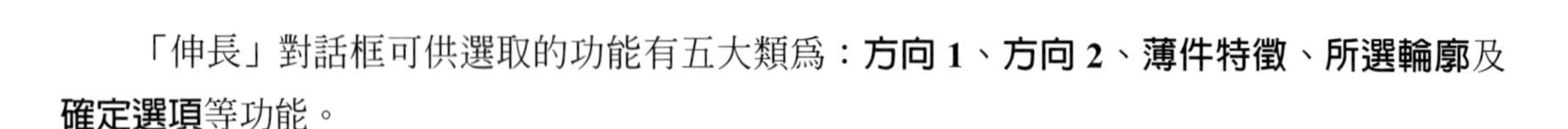

「伸長」對話框可供選取的功能有五大類爲：**方向 1**、**方向 2**、**薄件特徵**、**所選輪廓**及**確定選項**等功能。

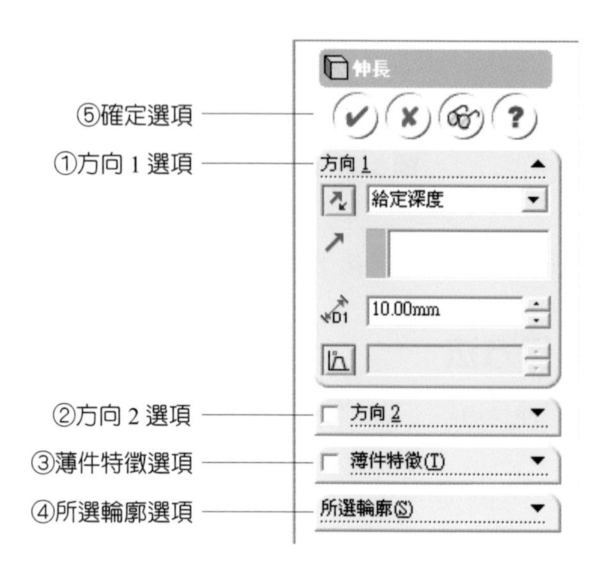

3.2.3 方向的選取

「方向 1」選項中細分**伸長方向切換**、**設定伸長類型**、**設定伸長距離**、及**設定拔模角度**的功能，而內定的伸長方向只有方向 1，若需要方向 2 方向的伸長，請把方向 2 打勾即可。

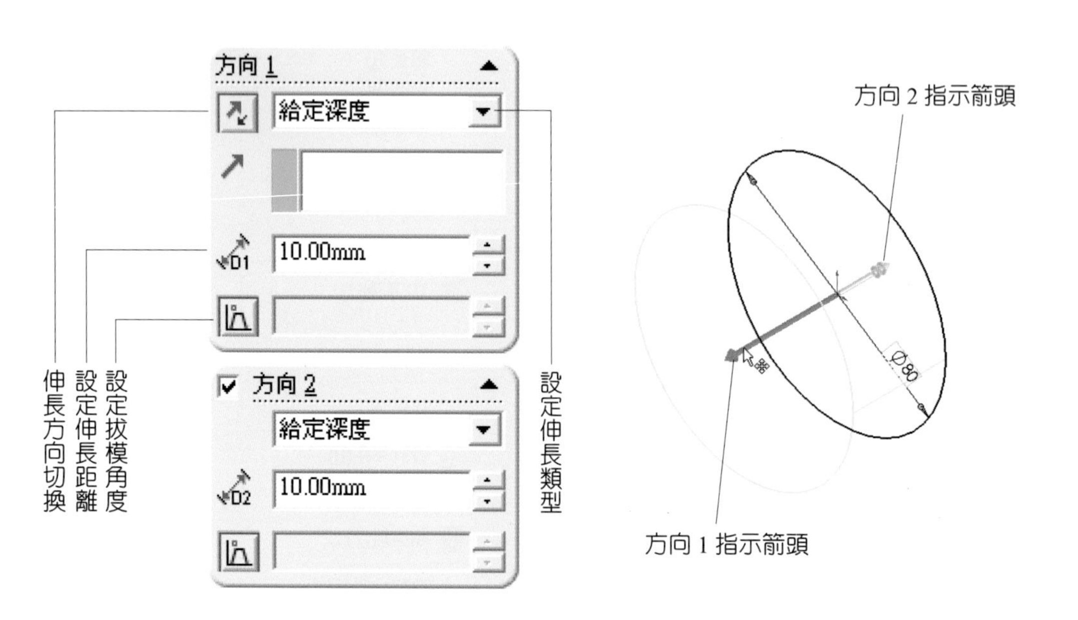

一、方向切換

按一下 鍵，可變更方向 1 的方向，再按一次即可回到原來方向。

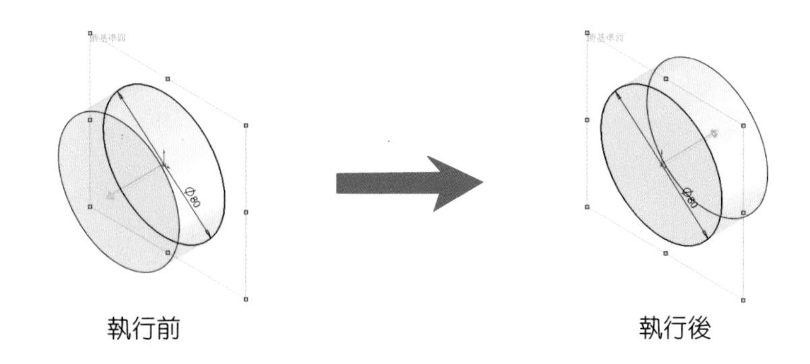

二、設定伸長的類型／設定伸長距離

在伸長的類型中則有**給定深度**、**完全貫穿**、**成形至下一面**、**成形至一頂點**、**成形至某一面**、**至某面平移處**、**成形至本體**、**兩側對稱**共八種，使用方式如下：

1. 給定深度

對草圖做伸長填料時，輸入一伸長距離，則會沿草圖垂直方向生成該距離的實體。

2. 完全貫穿

對草圖做伸長填料時，會沿草圖垂直方向伸長到最終點或最終面。

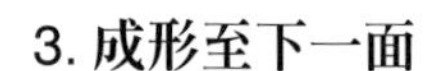

3. 成形至下一面

成形至下一面，必須針對已存在的實體面，且成形方向要跟已存在的實體面同一側，此功能才會有作用。

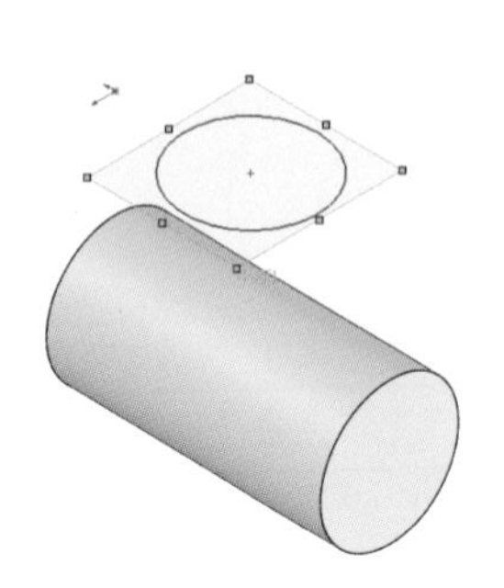

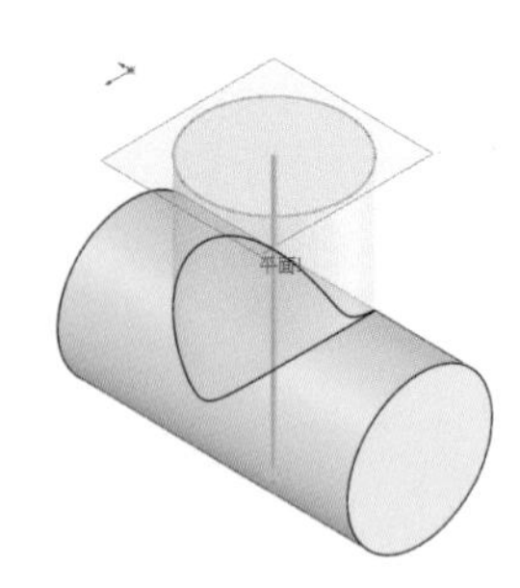

4. 成形至一頂點

成形時會沿草圖垂直方向伸長到實體頂點或草圖點的平面上。

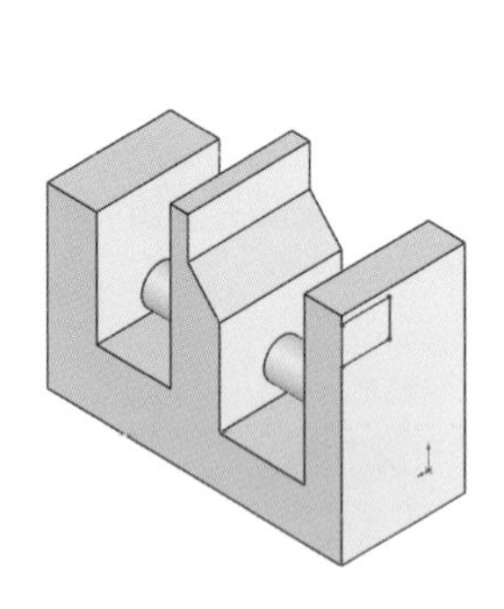
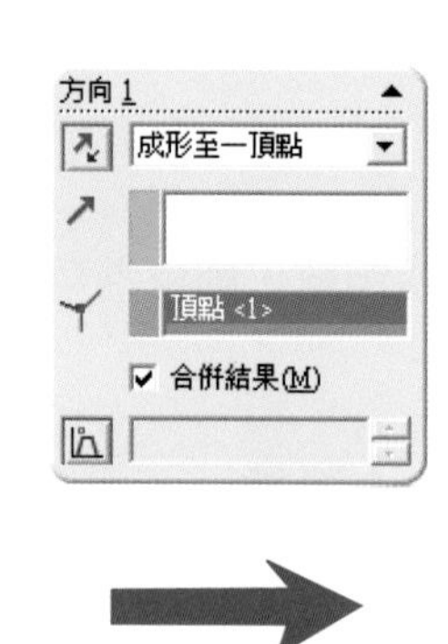

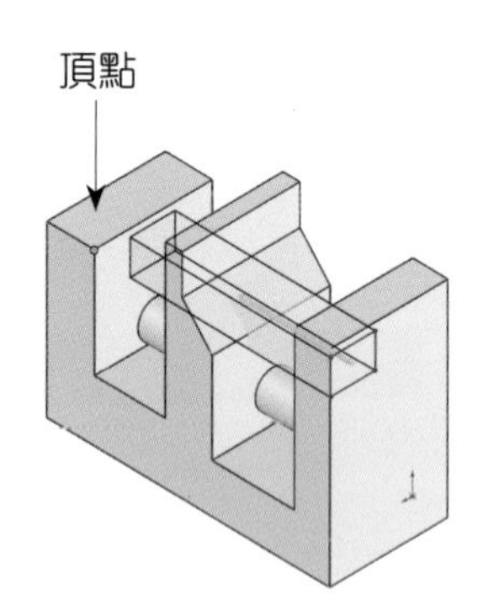

5. 成形至某一面

成形至某一面，其實跟成形至下一面很相似，唯一的不同在於除了可選擇實體平（曲）面外，還可選擇曲面本體。

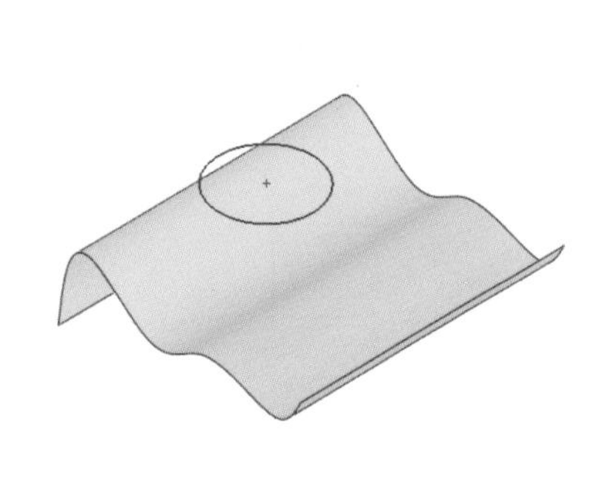

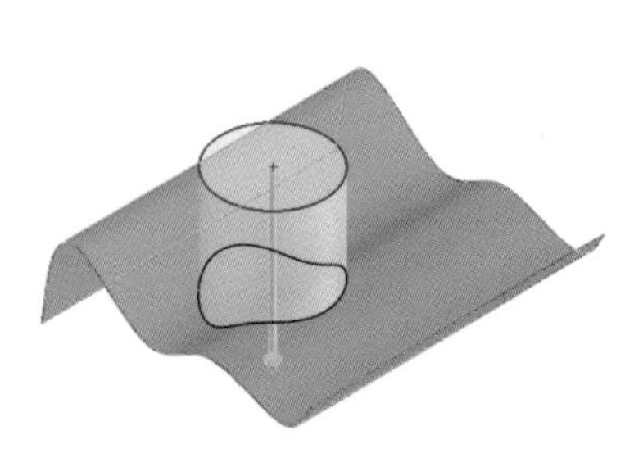

6. 至某面平移處

成形時，會沿草圖垂直方向伸長到所選取的平（曲）面前，再從這個面平移到所輸入距離的位置，而終止面會隨著所選取面的外形而改變。

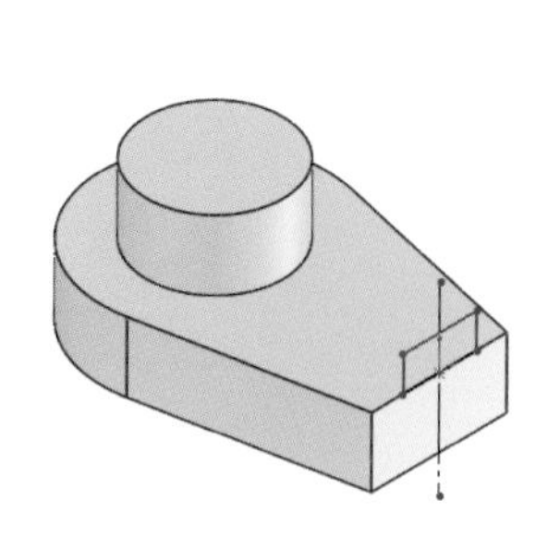

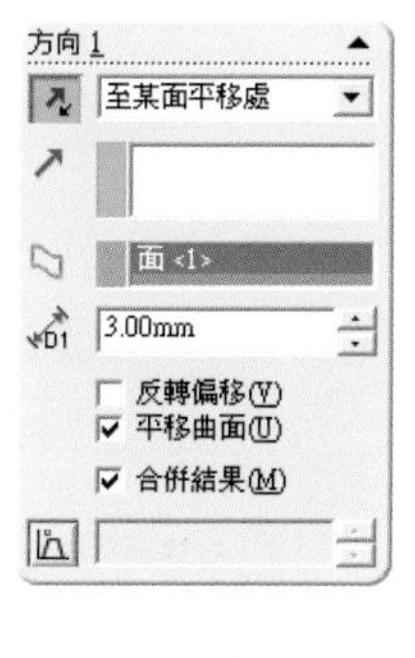

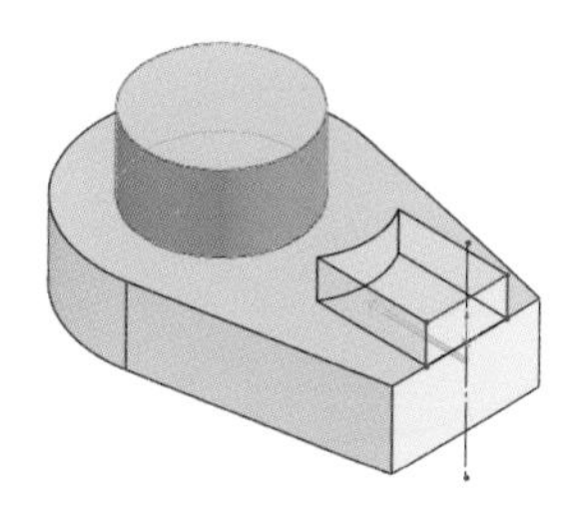

7. 成形至本體

成形時，會沿草圖垂直方向伸長到所選擇的本體，通常使用在模具零件或組合件上。

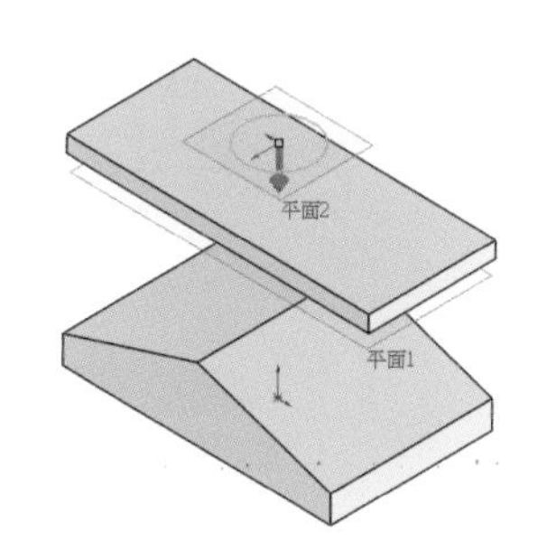

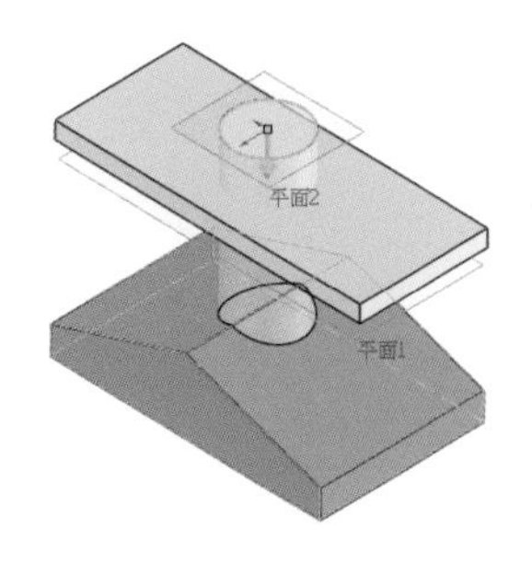

8. 兩側對稱

成形時，輸入一伸長距離，會沿草圖兩側垂直方向伸長一個對稱的總距離。

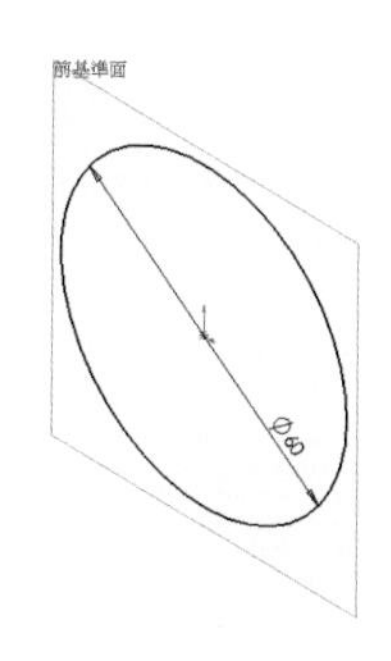

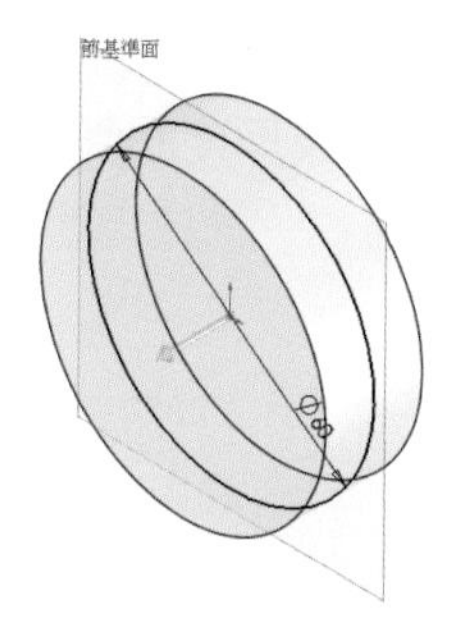

三、設定拔模角度

通常拔模角度是用在模具的設計上，零件需要考慮脫模時，才會設定。一般分爲拔模面內張及拔模面外張兩種型式。

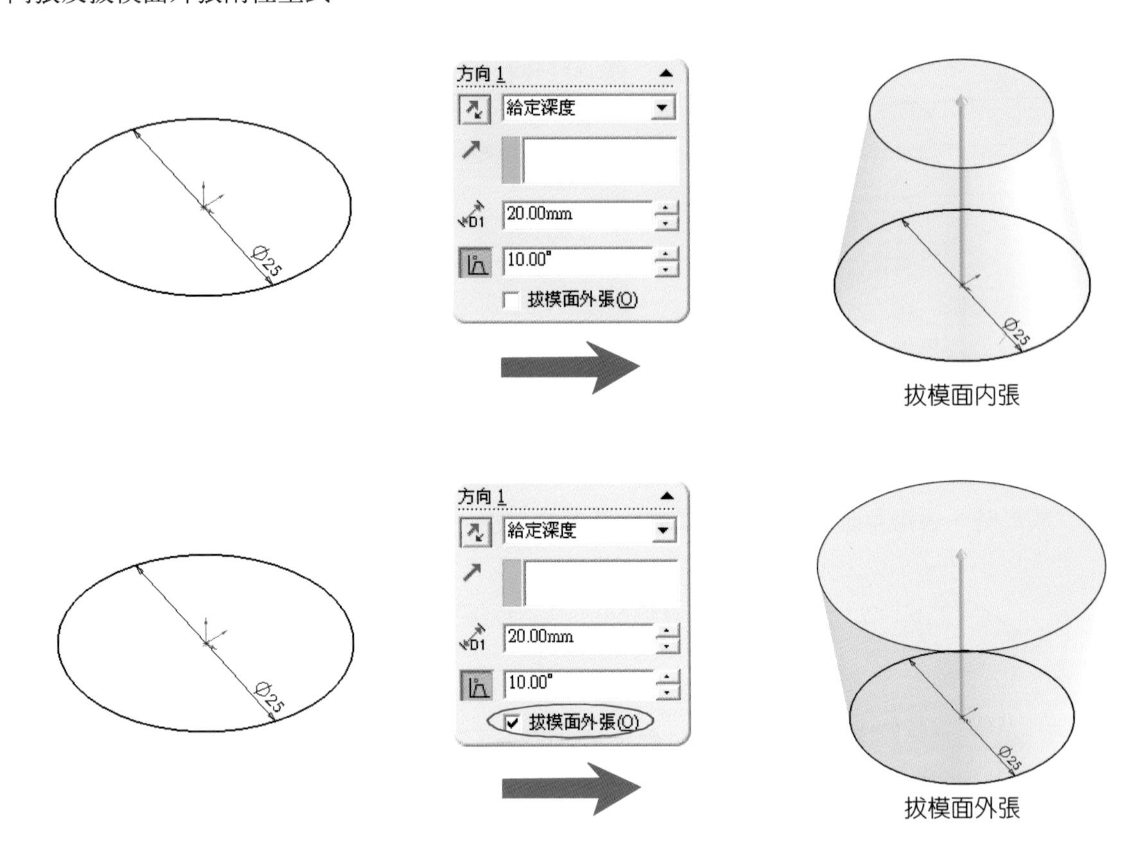

3.2.4 薄件特徵

一般在建構零件草圖時，都是繪製成封閉形狀，再建立特徵，而薄件特徵是提供**開放式的草圖**也能建立特徵的功能。

在薄件特徵的功能選單中，方向選取的功能選項在前一節已提過便不再說明，本節只針對薄件特徵深度及厚度的判定，以及自動圓化邊角功能做介紹。

一、深度與厚度方向判定

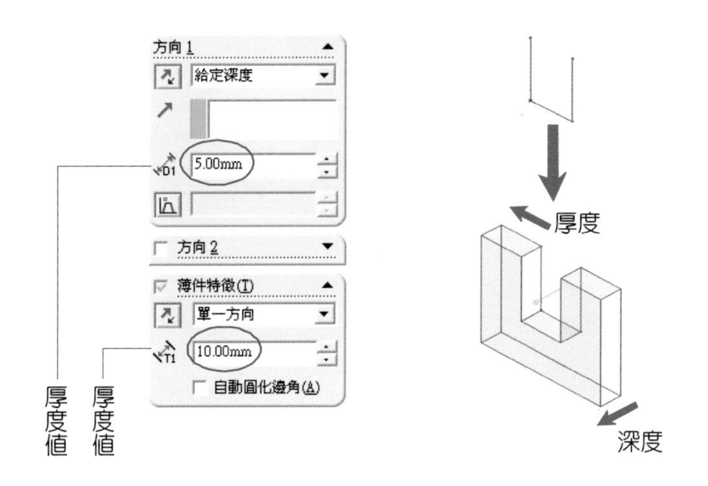

二、自動圓化邊角

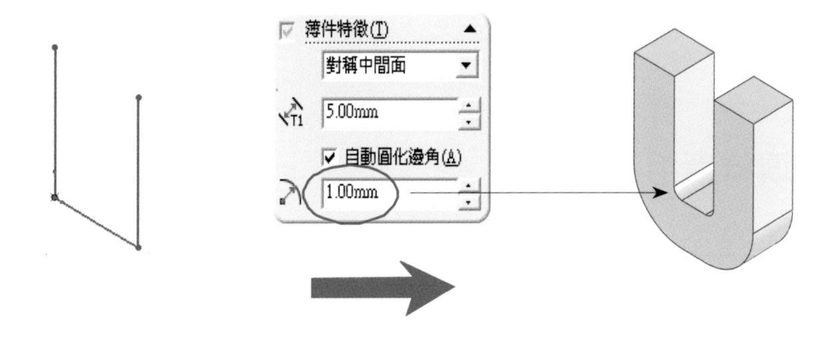

3.2.5 所選輪廓

在舊版的功能中，2D 草圖繪製完成後，必須為封閉的迴圈，否則在特徵建立中會出現「含有一個自相交錯的輪廓線」的錯誤訊息，而在新版的功能中，不須考慮草圖是否為封閉的迴圈，可直接點選要建立特徵的位置，則所選輪廓的功能自動會產生使用者所要的局部特徵區塊。

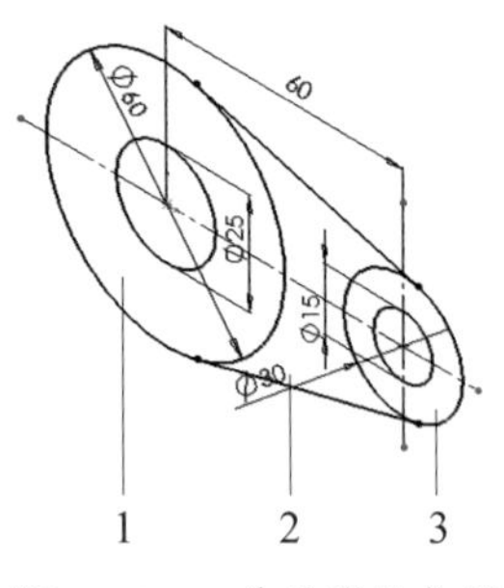

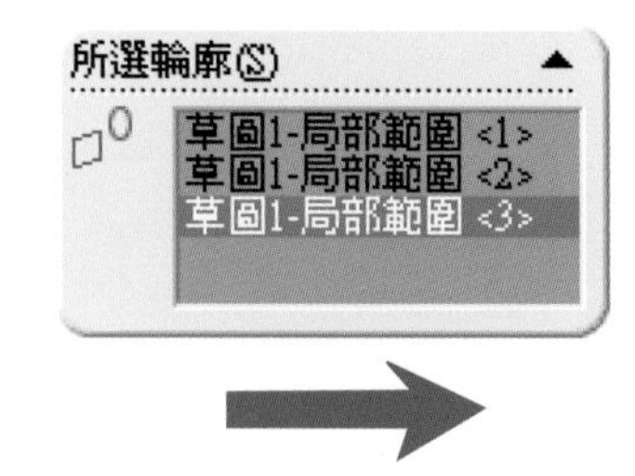

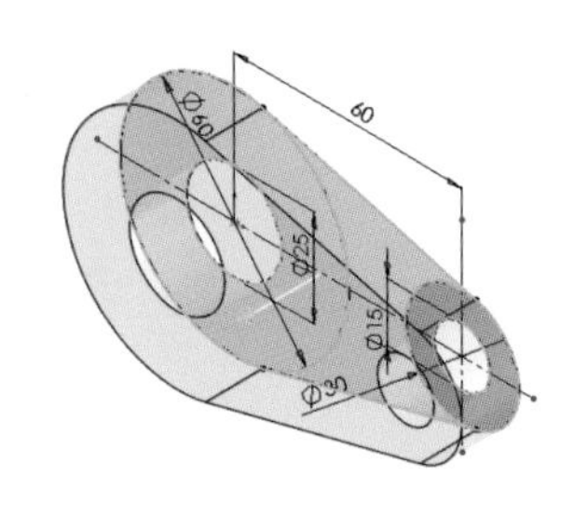

※1、2、3為點選的位置。

3.2.6 確定選項

要完成特徵形狀，必須要做確定選項的動作，而方式有下列三種：

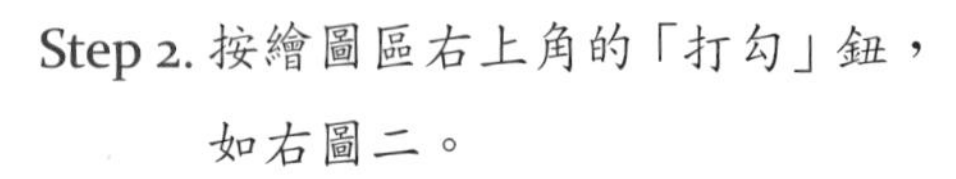

Step 1. 按特徵管理區中的「打勾」鈕，如右圖一。

Step 2. 按繪圖區右上角的「打勾」鈕，如右圖二。

圖一

圖二

Step 3. 按鍵盤「Enter」鍵兩次。

3.2.7 伸長填料應用實例

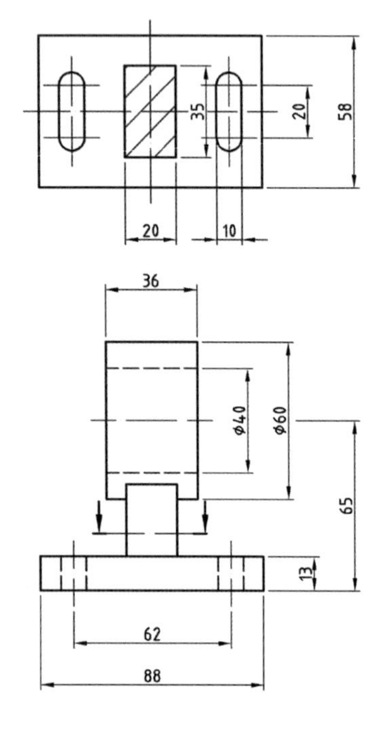

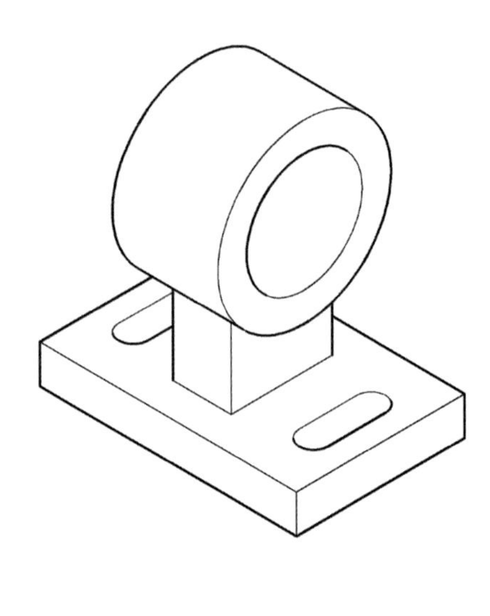

一、建立實體特徵的步驟分析

此零件的實體特徵，分為底座、圓柱、支柱三個部分。

1. 建立底座：

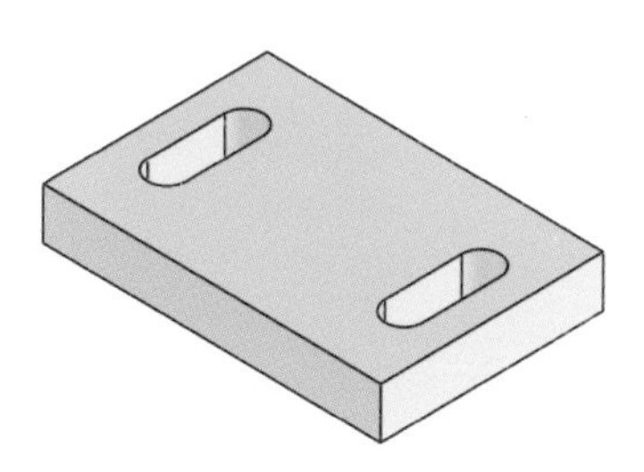

2. 建立圓柱：

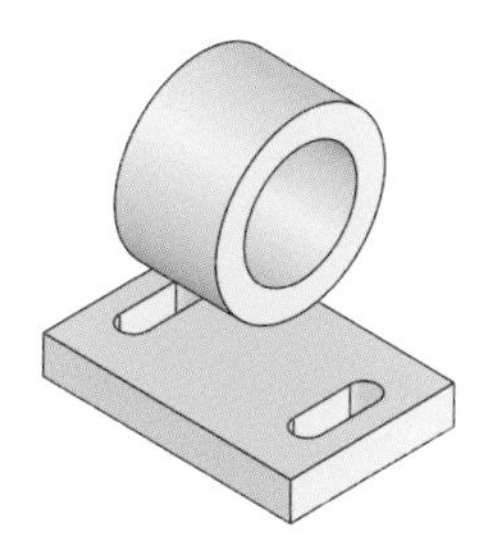

3. 建立支柱：

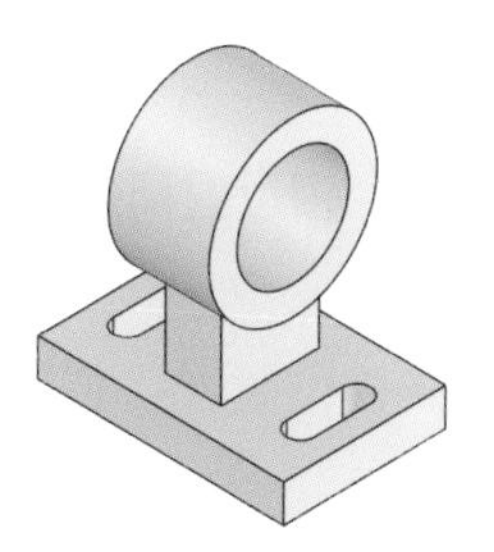

二、繪圖步驟

1. 建立底座

Step 1. 畫矩形

(1) 選擇上基準面，按 產生新草圖。

(2) 以任意 A、B 兩端點，畫出矩形，儘量對稱於原點。

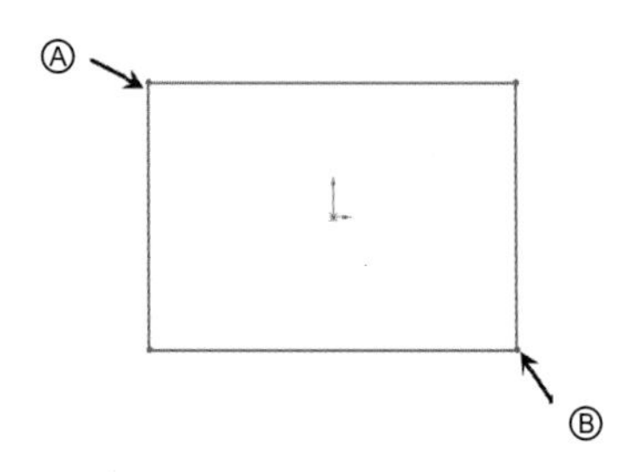

Step 2. 畫中心線

(1) 先畫出與原點相交的中心線 A、B。

(2) 在**概略的位置**畫出 C、D、E 中心線。

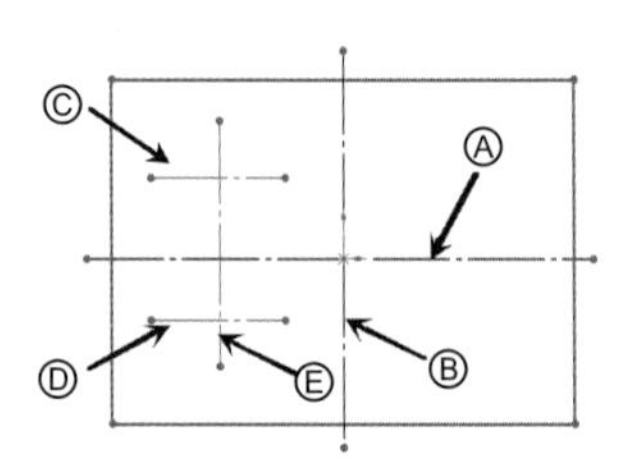

Step 3. 畫圓及直線

(1) 在 **概略位置**畫出兩圓 A、B。

(2) 畫兩條直線 C、D，連接 A、B 兩圓。

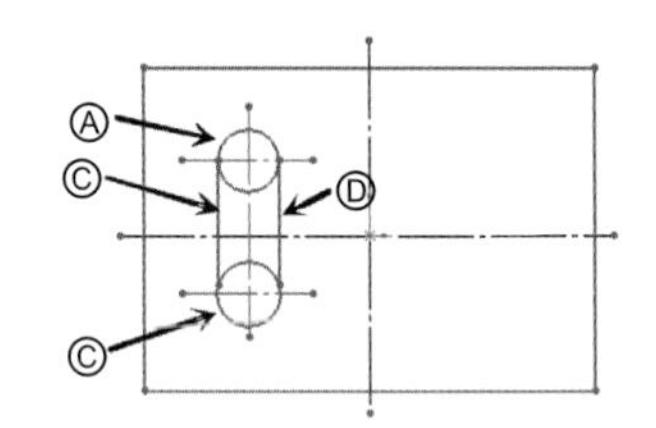

Step 4. 加入限制條件

(1) 選取 A、B、C 三條線段，加入 **相互對稱**條件。

(2) 選取圓及直線分別在 D、E、F、G 位置 上加入**互為相切**條件。

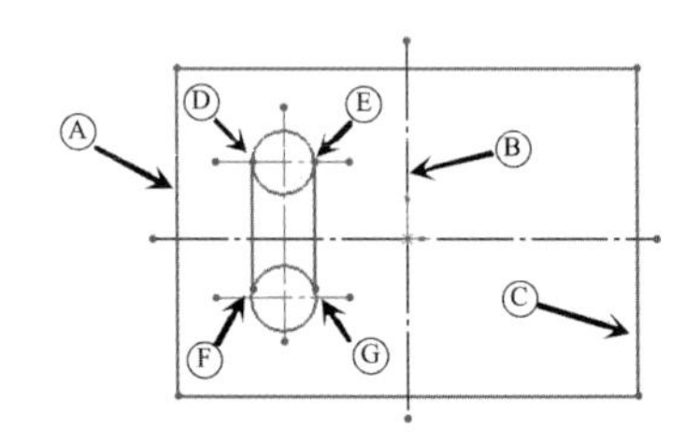

Step 5. 尺度標註

(1) 標註及編輯 A(88)、B(58)、C(31)、D(10)、E(10)、F(20) 的尺度。

(2) 完成後，草圖應由藍色變為黑色，代表此草圖完全限制。

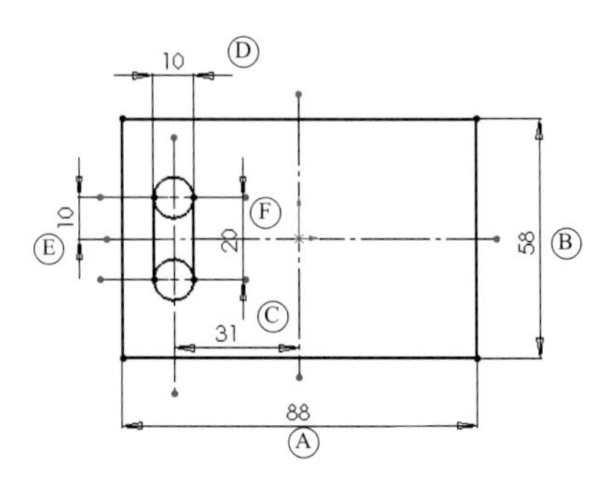

Step 6.鏡射圖元

(1) 選取 A、B、C、D、E 圖元，按 [鏡射圖示] 鏡射，則會在所選取的中心線另一側產生鏡射出來的新圖元。

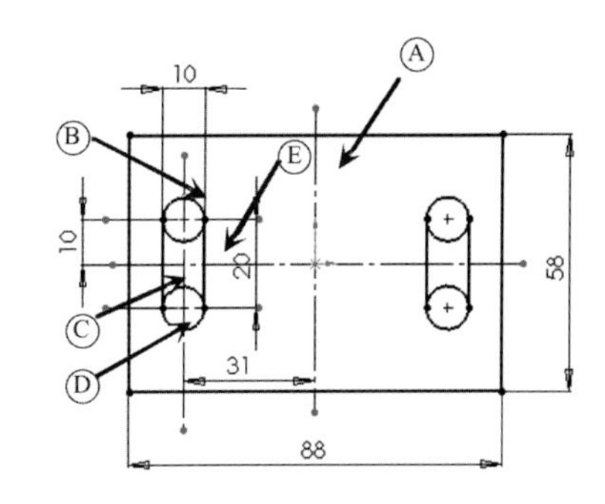

Step 7.伸長填料

(1) 按 [伸長填料圖示] 則會出現下列對話視窗。

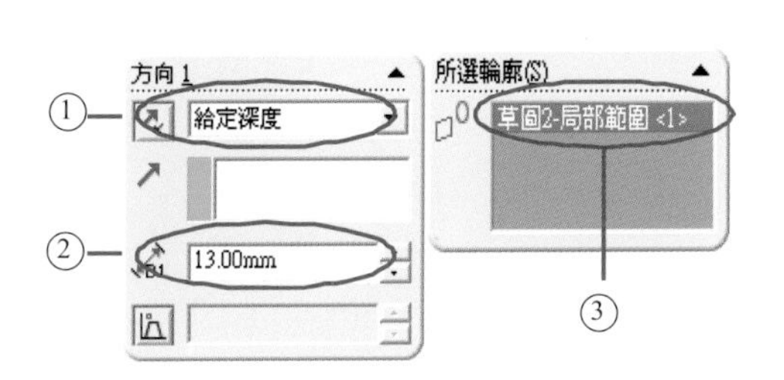

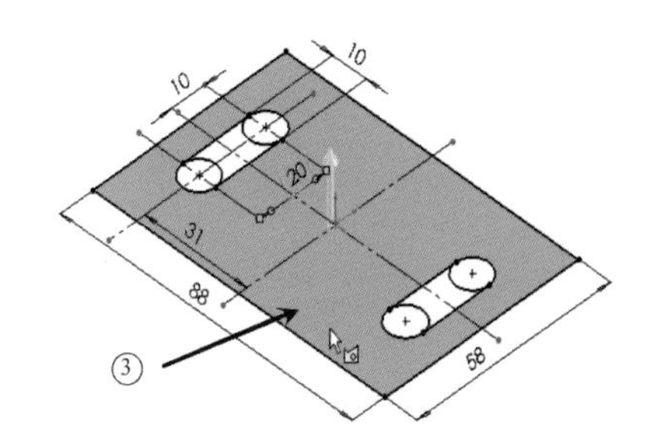

2. 建立圓柱

Step 1. 變更草圖平面

(1) 選擇右基準面，按 [正視於圖示] 所選的右基準面變更爲草圖平面。

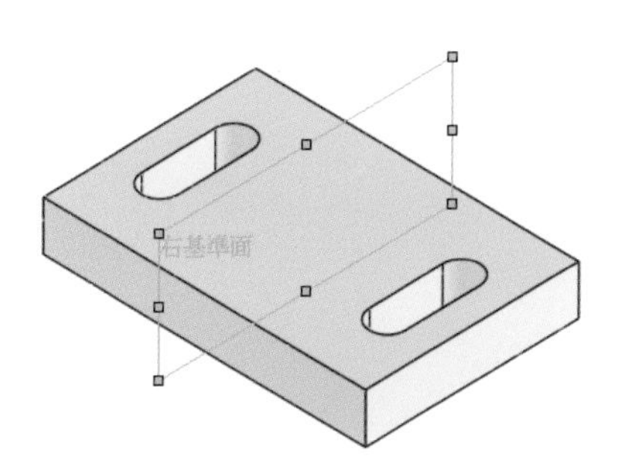

Step 2. 畫圓及限制條件

(1) [圓圖示] 在**概略位置**畫出兩圓 A、B，且爲同圓心。

(2) 選擇C、D兩點，按 [限制條件圖示] 限制兩點爲 [垂直圖示] **垂直放置**。

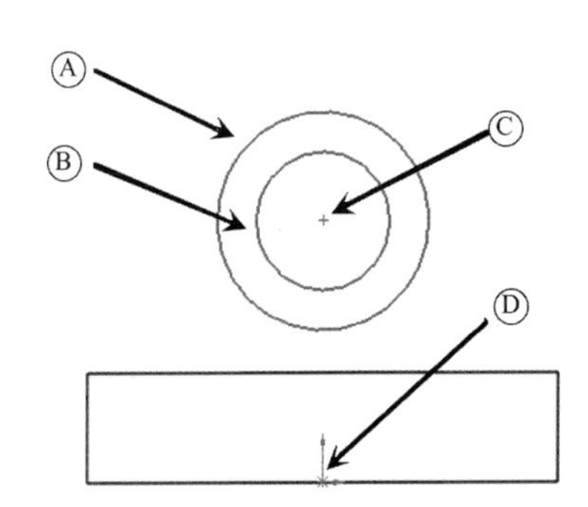

Step 3. 尺度標註

(1) 標註及編輯 A(40)、B(60)、C(65)。

(2) 完成後，草圖應由藍色變為黑色，代表此草圖完全限制。

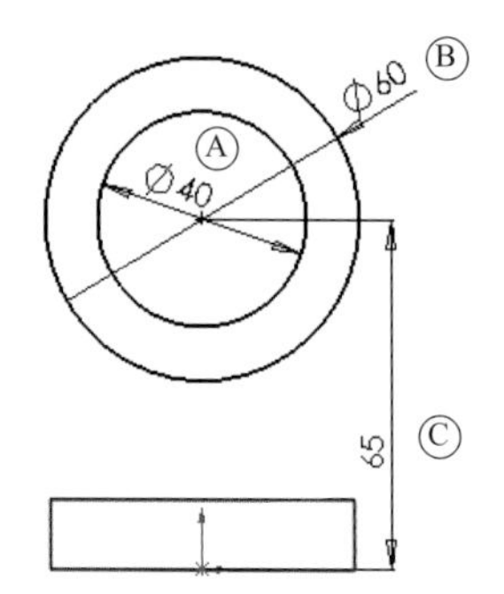

Step 4. 伸長填料

(1) 按 則會出現下列對話視窗：

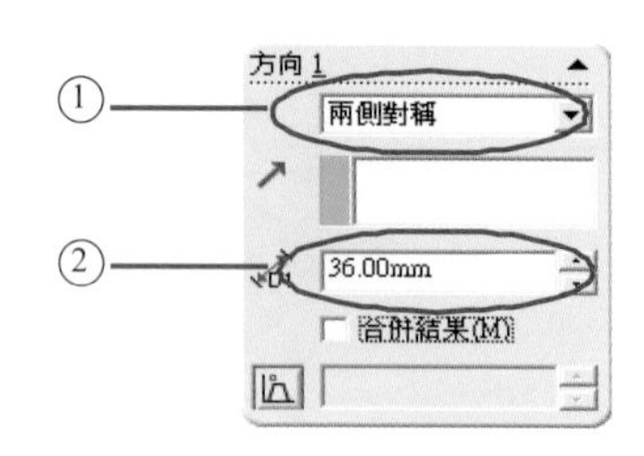

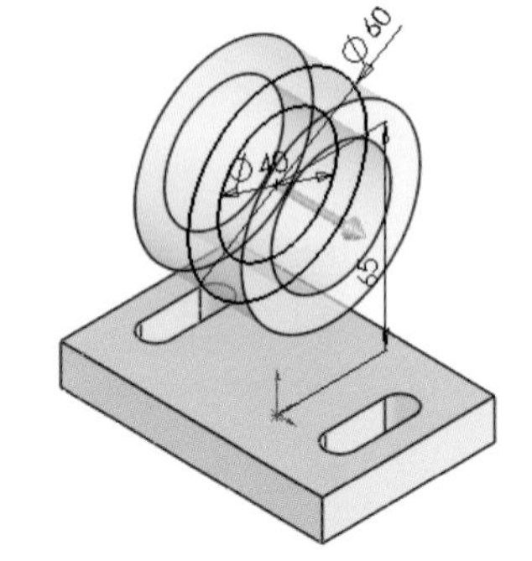

3. 建立支柱

Step 1. 變更草圖平面

(1) 選擇 A 面，按 所選的 A 面變更為草圖平面。

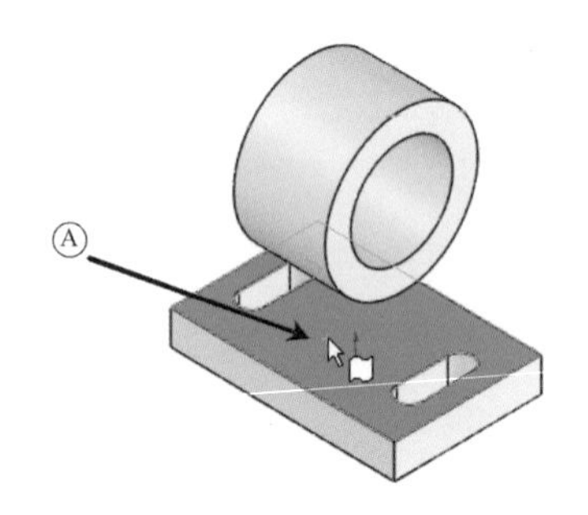

Step 2. 畫矩形及中心線

(1) 以**任意** A、B 兩端點，畫出矩形，儘量對稱於原點。

(2) 畫出與原點相交的中心線 C、D。

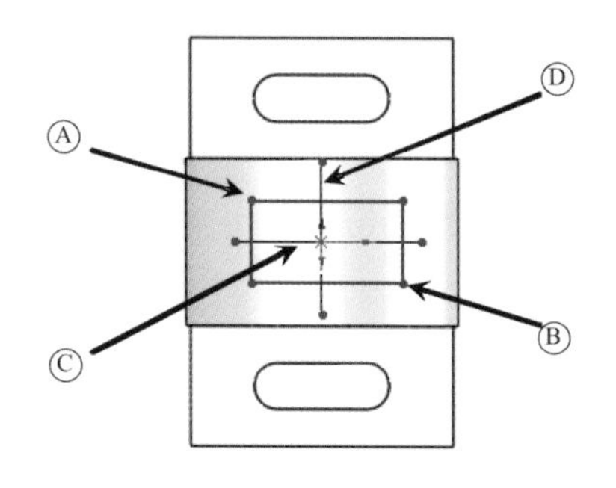

Step 3. 限制條件

(1) 選取 A、B、C 及 D、E、F 線段，分別加入 **相互對稱**條件。

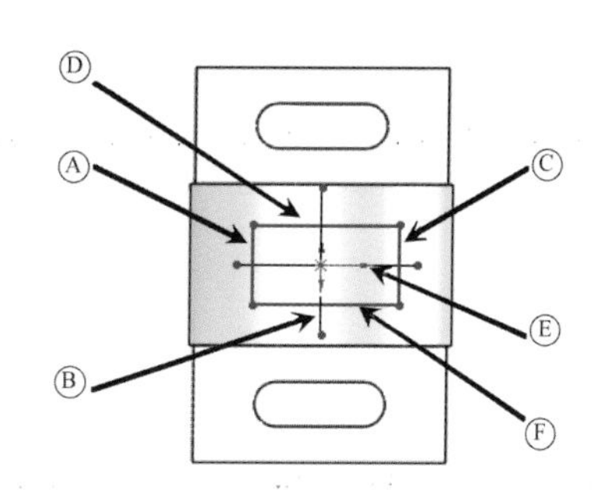

Step 4. 尺度標註

(1) 標註及編輯 A(35)、B(20)。

(2) 完成後，草圖應由藍色變爲黑色，代表此草圖完全限制。

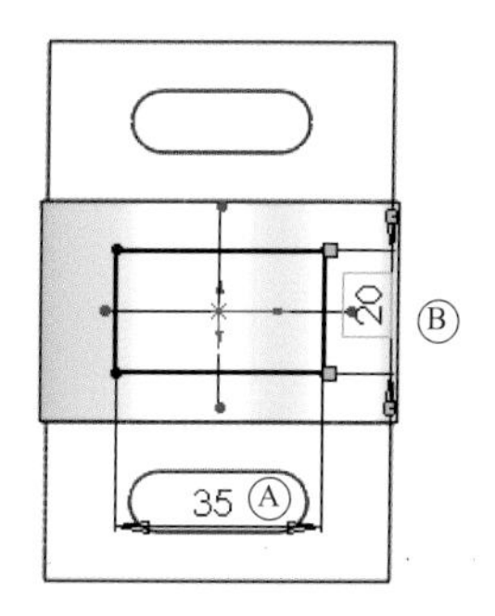

Step 5. 伸長填料

(1) 按 則會出現下列對話視窗。

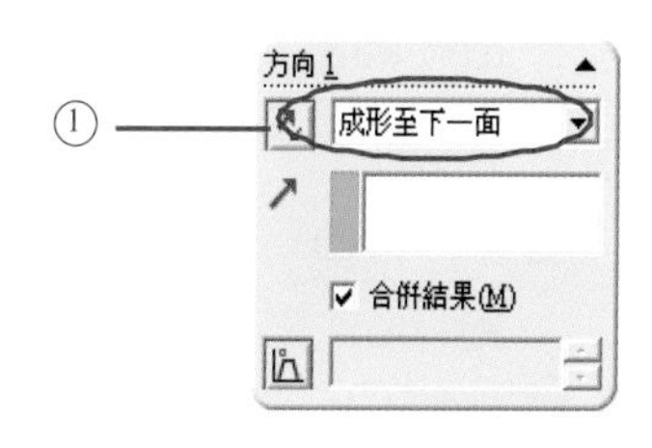

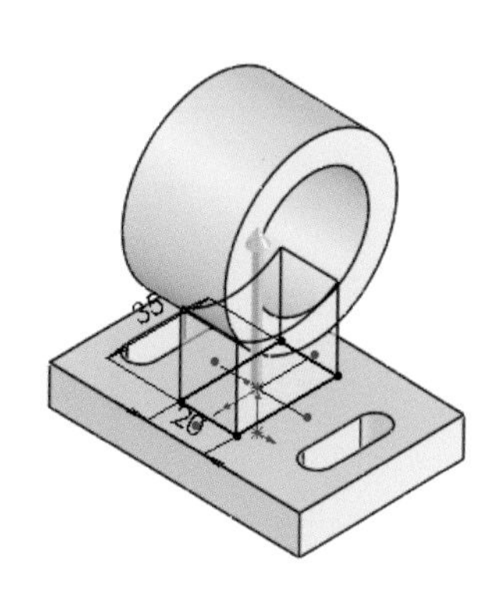

Step 6. 完成實體

3.2.8 伸長除料執行方法

草圖完成後，選用 伸長除料工具，有下列所示三種方法：

1. 特徵工具列　　2. Command Manager　　3. 插入→除料→伸長

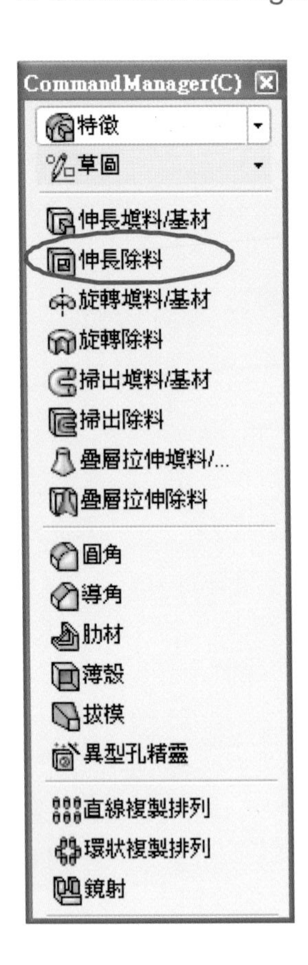

伸長除料對話框可供選取的功能跟**伸長填料**大同小異，唯一的不同處是在方向 1 功能選項中多了一個**反轉除料邊**的功能。以下分別利用例子來說明反轉除料邊以及介紹伸長除料的功能。

一、反轉除料邊

選擇除料的方向是**往草圖輪廓內除料**或**往草圖輪廓外除料**。

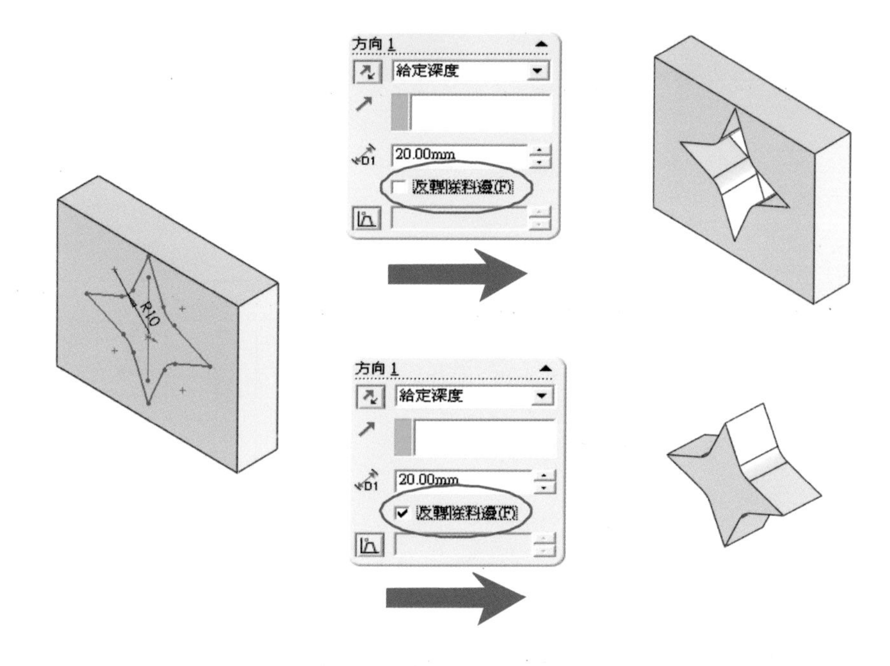

二、伸長除料

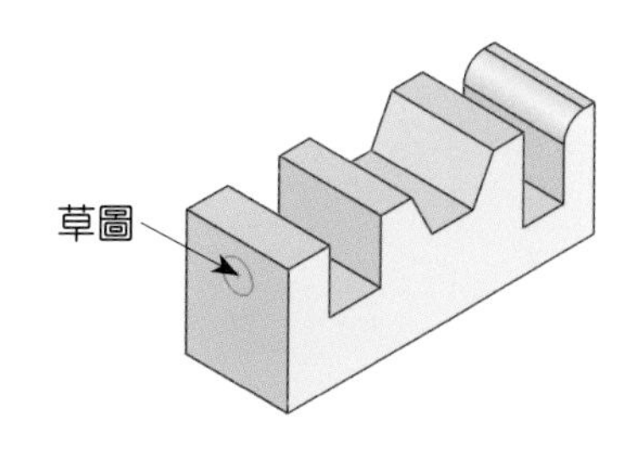

表 3-2　伸長除料介紹

伸長除料的類型	塗彩等角圖	線架構之右側視圖
給定深度		
完全貫穿		

伸長除料的類型	塗彩等角圖	線架構之右側視圖
成形至下一面	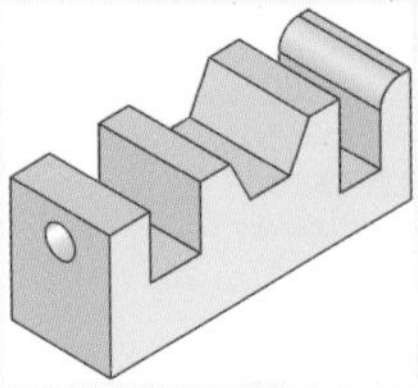	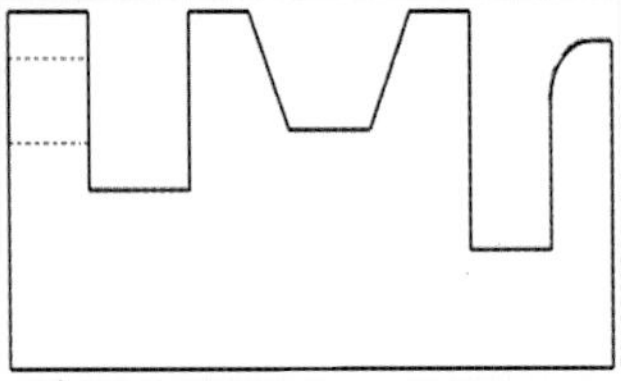
成形至一頂點	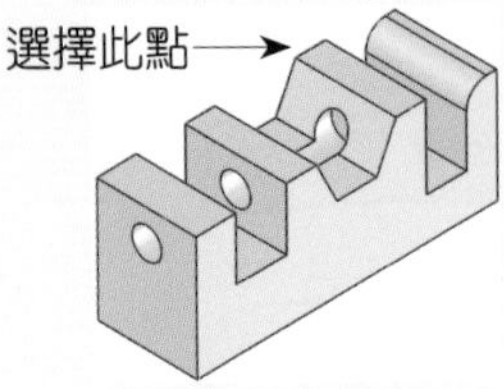 選擇此點	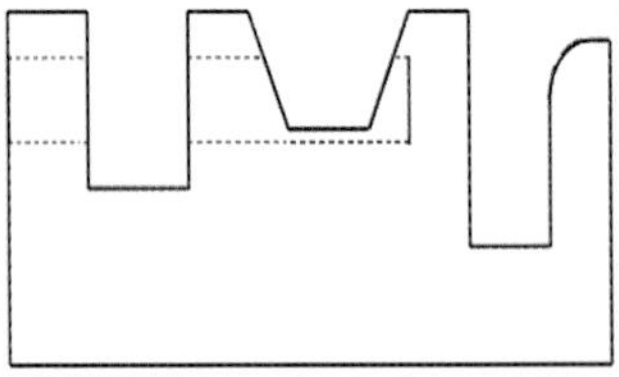
成形至某一面	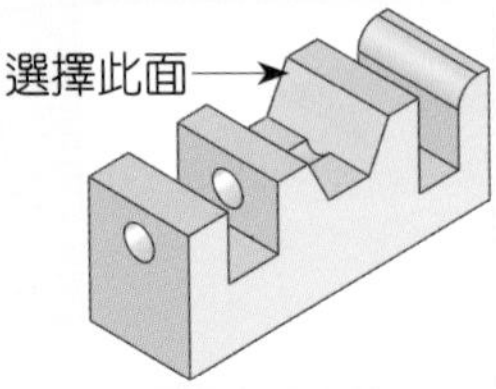 選擇此面	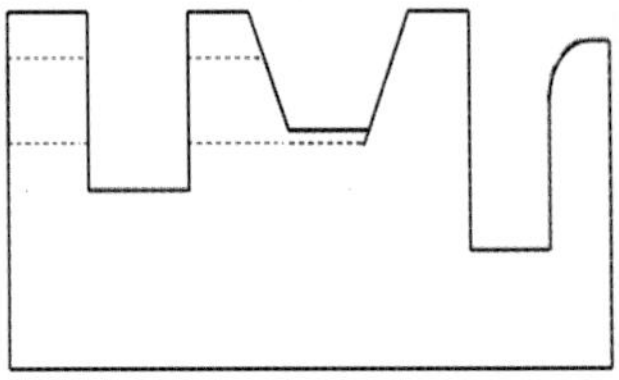
至某面平移處	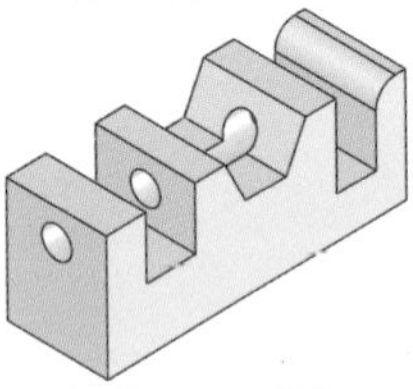	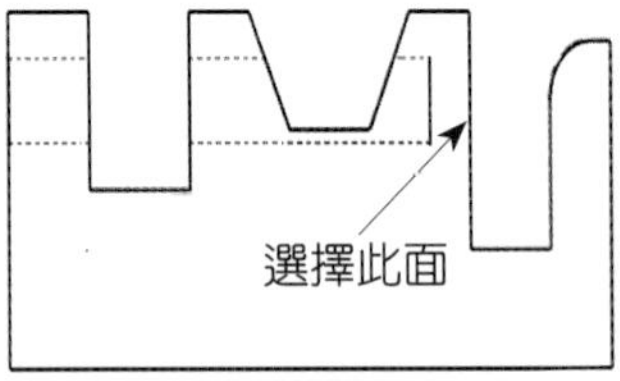 選擇此面
成形至本體	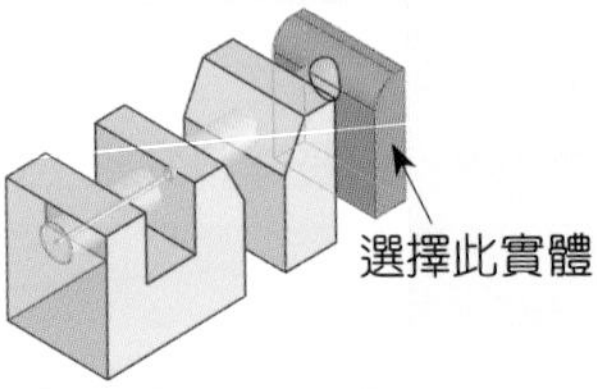 選擇此實體	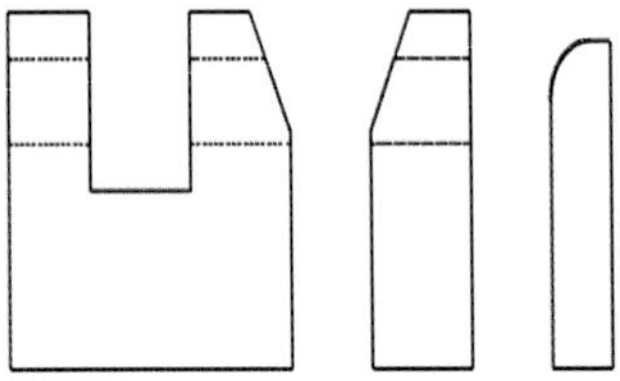
兩側對稱	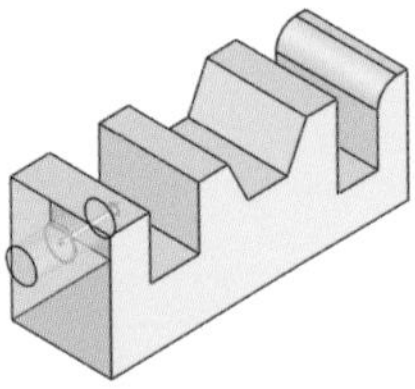	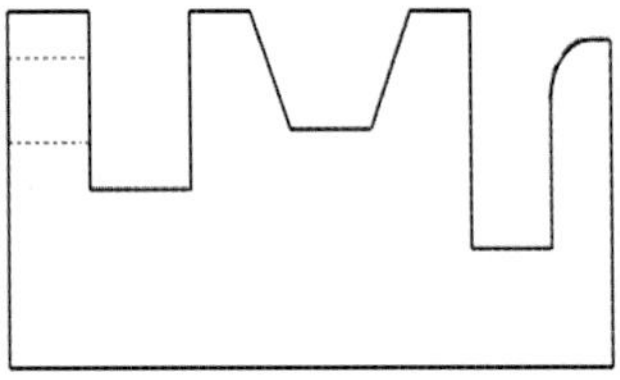

3.2.9 伸長除料應用實例

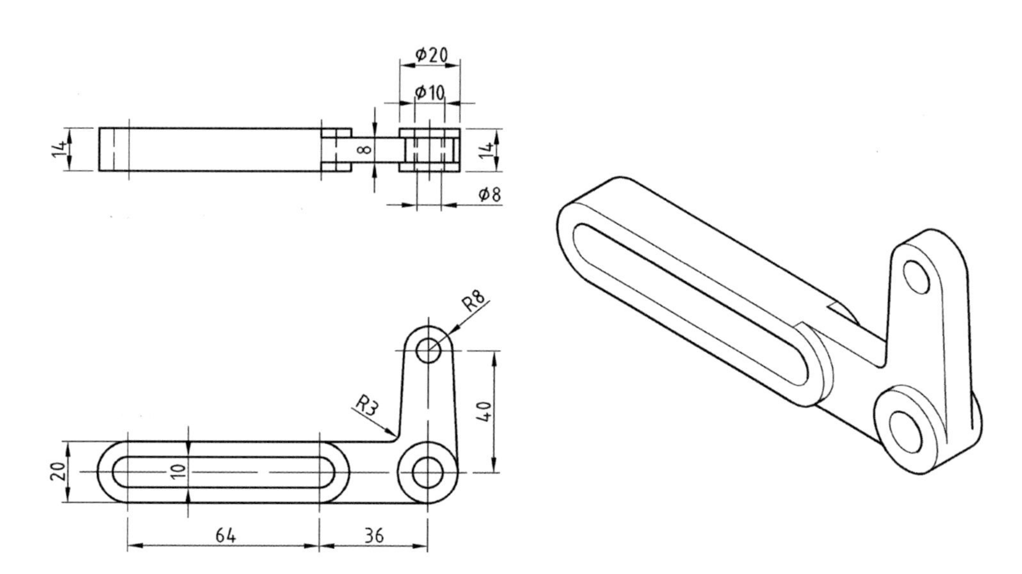

一、建立實體特徵的步驟分析

此零件的實體特徵，分為 L 板、圓柱、挖孔三個部分。

1. 建立 L 板：

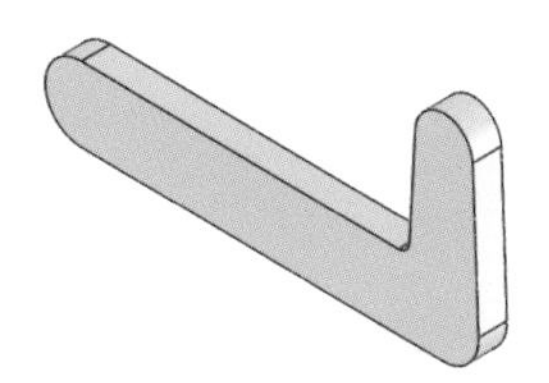

2. 建立圓柱：

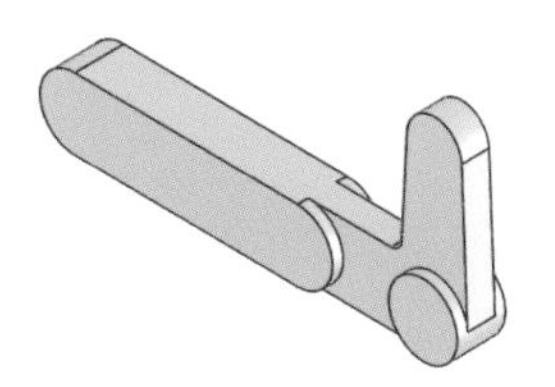

3. 建立挖孔：

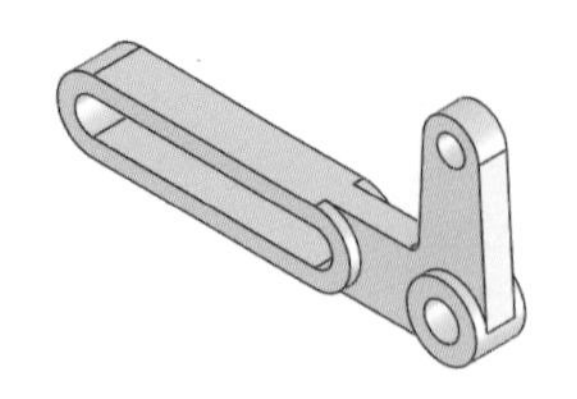

二、繪圖步驟

1. 建立 L 板

Step 1. 畫圓及直線

(1) 選擇前基準面，按 產生新草圖。

(2) 在**概略位置**畫出三圓 A、B、C。

(3) 畫四條直線 D、E、F、G，連接 A、B、C 三圓。

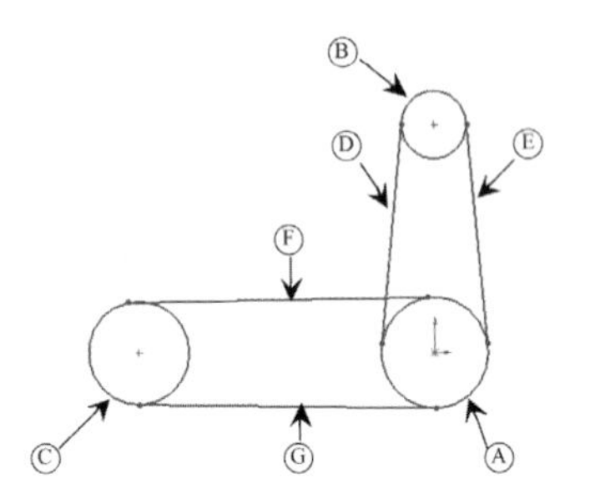

Step 2. 加入限制條件

(1) 選取圓及直線分別在 A、B、C、D、E、F、G、H 位置上加入 **互為相切**條件。

(2) 選取點 1、2 加入 **水平放置**條件。

(3) 選取點 1、3 加入 **垂直放置**條件。

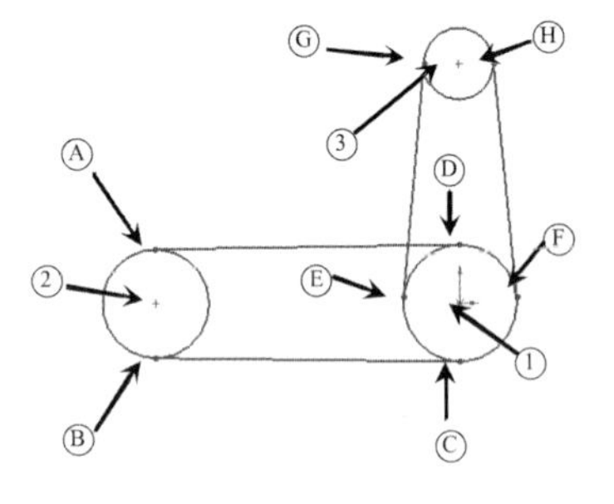

Step 3. 尺度標註及畫草圖圓角

(1) 標註及編輯 A(20)、B(20)、C(16)、D(100)、E(40)。

(2) 選取直線 1、2，畫 R3 圓角。

(3) 完成後，草圖應由藍色變爲黑色，代表此草圖完全限制。

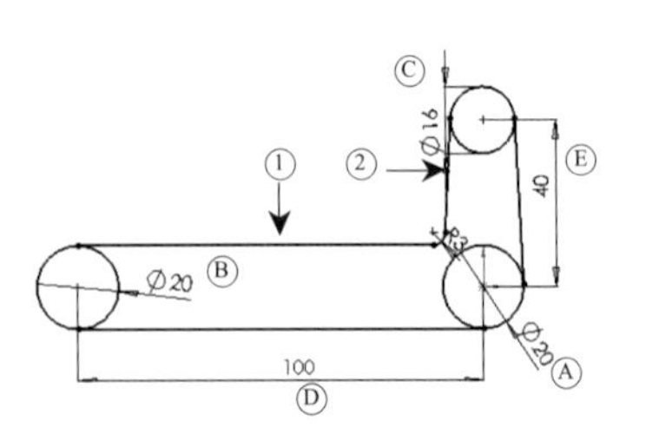

Step 4. 伸長填料

(1) 按 則會出現下列對話視窗。

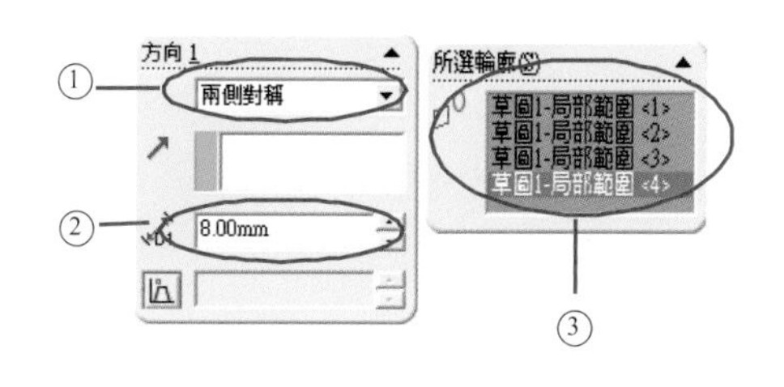

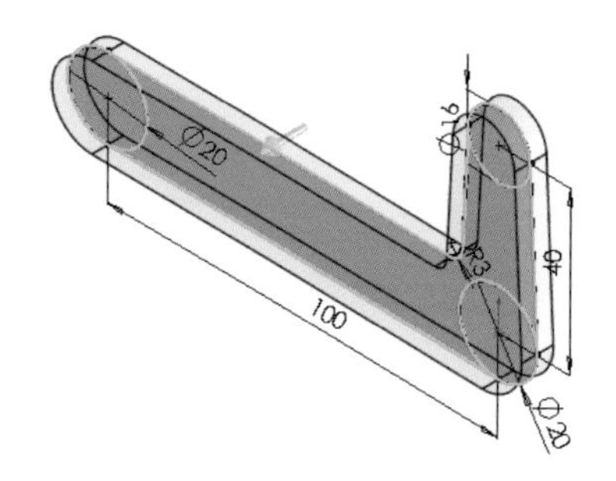

2. 建立圓柱

Step 1. 變更草圖平面及畫圓

(1) 選擇前基準面，按 所選的前基準面變更爲草圖平面。

(2) 在**概略位置**畫出兩圓 A、B。

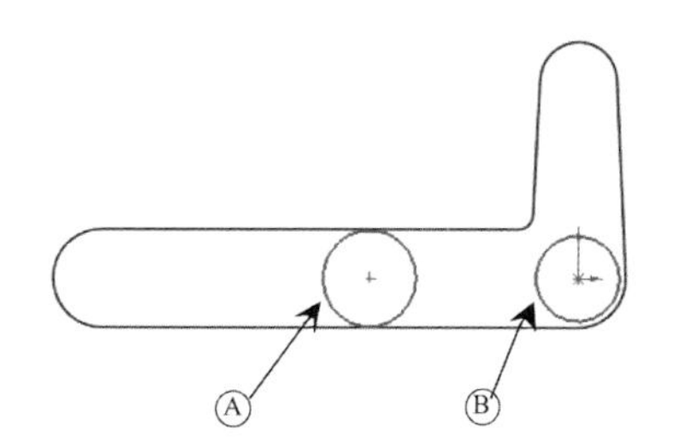

Step 2. 參考圖元及限制條件

(1) 同時選擇 A、B、C 三個圖元，按 產生參考圖元。

(2) 選取圓及直線分別在 D、E 位置上加入 **互為相切**條件。

(3) 選取 F、G 圖元加入 **同心共徑**條件。

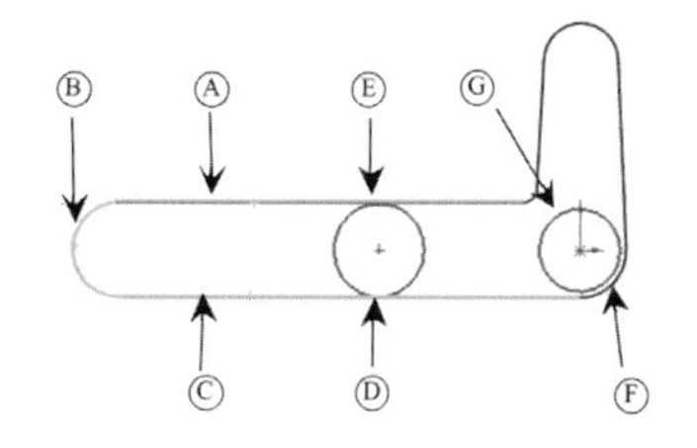

Step 3. 尺度標註及修剪圖元

(1) 標註及編輯 A(36)。

(2) 修剪 B、C 位置的多餘圖元。

(3) 完成後，草圖應由藍色變爲黑色，代表此草圖完全限制。

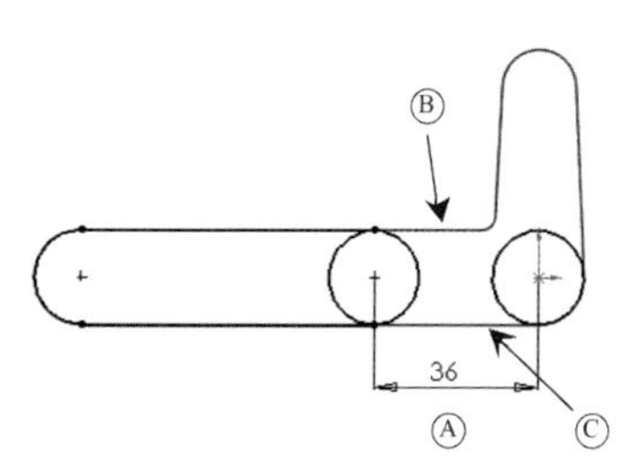

Step 4.伸長填料：

(1) 按 則會出現下列對話視窗。

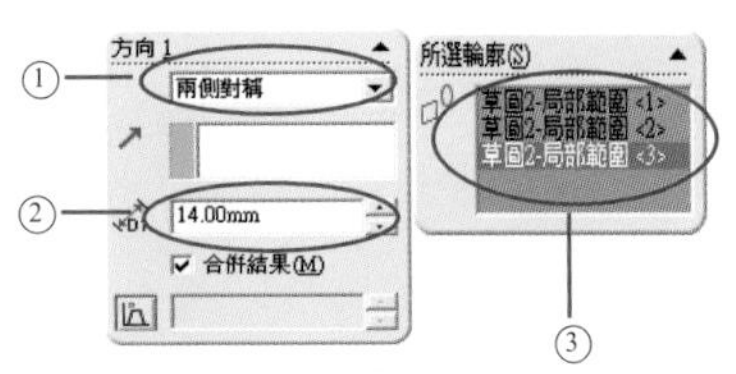

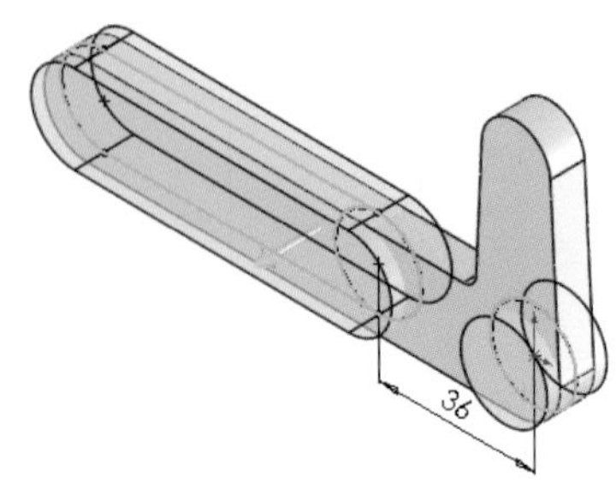

3. 建立挖孔

Step 1. 變更草圖平面及畫圓與線

(1) 選擇前基準面，按 所選的前基準面變更為草圖平面。

(2) 在**概略位置**畫出 A、B、C、D 四個圓。

(3) 畫二條直線 E、F，連接 C、D 二圓。

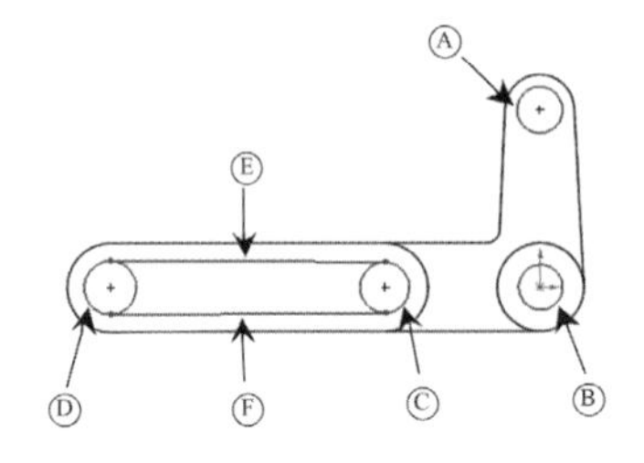

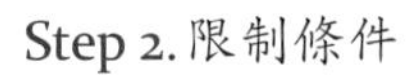

Step 2. 限制條件

(1) 選取圓及直線分別在 A、B、C、D 位置上加入**互為相切**條件。

(2) 選取 1、2 及 3、4 圖元，分別加入 **同心圓／弧**條件。

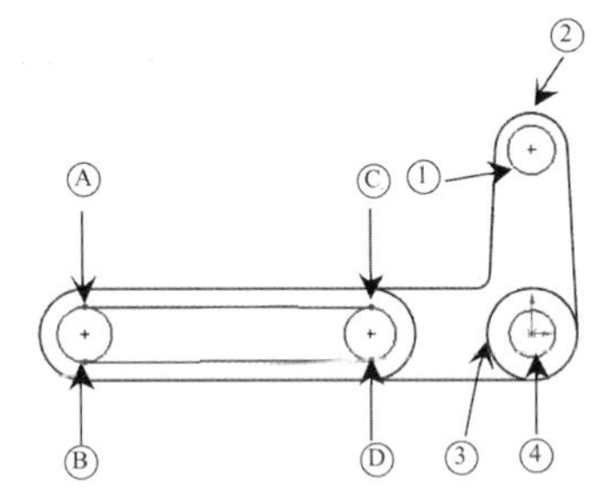

Step 3. 尺度標註

(1) 標註及編輯 A(10)、B(10)、C(10)、D(8)。

(2) 完成後，草圖應由藍色變為黑色，代表此草圖完全限制。

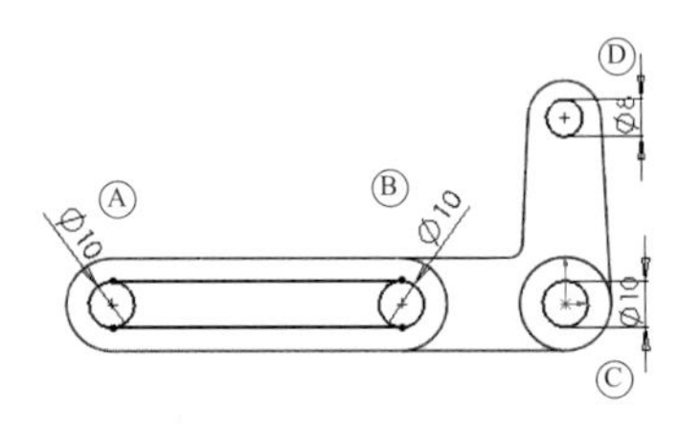

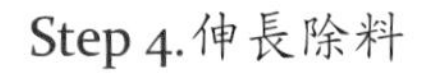

Step 4.伸長除料

(1) 按則會出現下列對話視窗：

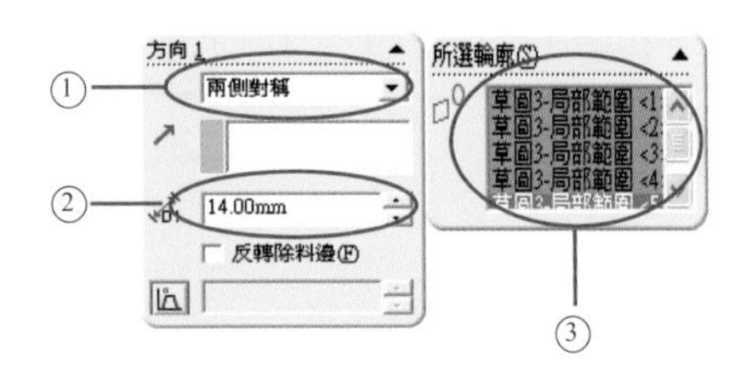

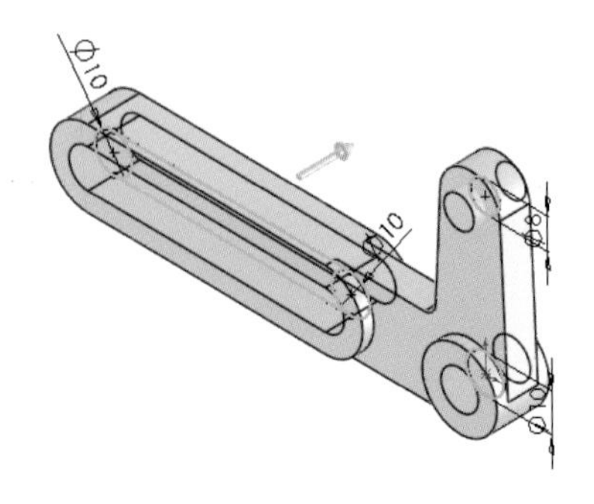

Step 5.完成實體

3.3 旋轉填料 / 旋轉除料

3.3.1 何謂旋轉

旋轉就是以一條中心線為旋轉軸心，將繪製的草圖繞著中心線做任何角度的迴轉，所使用的方法。

3.3.2 旋轉填料執行方法

草圖完成後，選用 旋轉填料工具，有下列所示三種方法：

1. 特徵工具列　2. Command Manager　3. 插入→填料 / 基材→旋轉

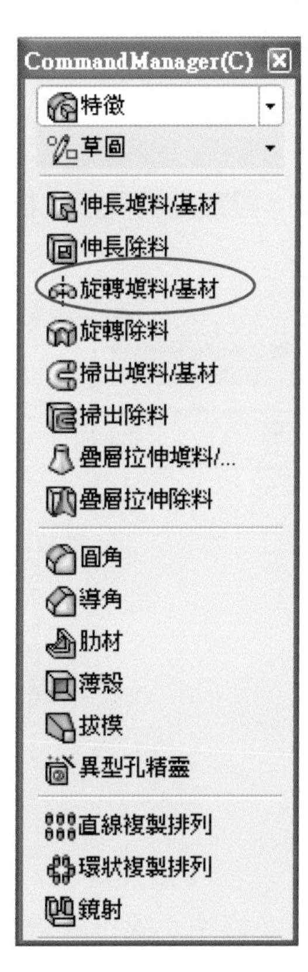

「旋轉」對話框可供選取的功能有四大類爲：**旋轉參數**、**薄件特徵**、**所選輪廓**及**確定**選項等功能。

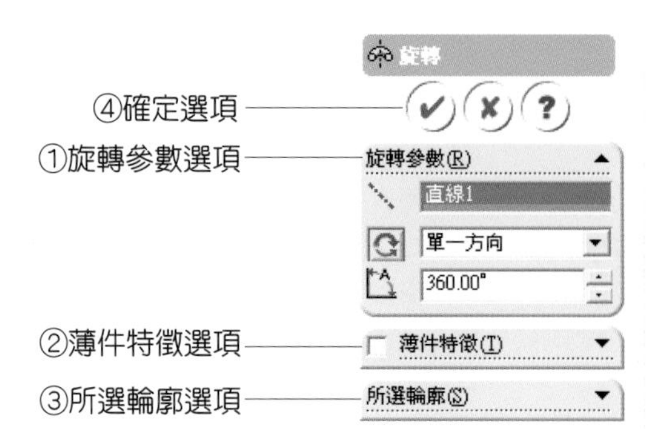

3.3.3 旋轉參數

「旋轉參數」選項中細分**旋轉軸**、**方向切換**、**設定旋轉角度**、**設定旋轉類型**的功能。

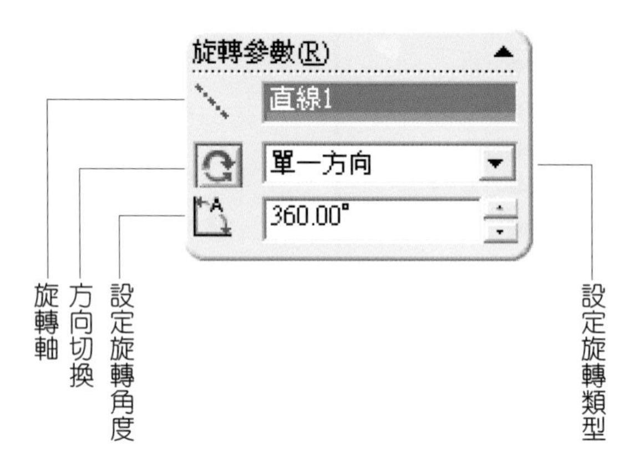

一、旋轉軸

此選項是新增的功能，在同一草圖上如果有多條中心線也就是有多條旋轉軸，則必須指定一條中心線作爲該旋轉填料的旋轉軸心。

※所要旋轉的草圖，可與旋轉軸接觸，但不可橫跨旋轉軸，否則會出現錯誤訊息，不能旋轉。

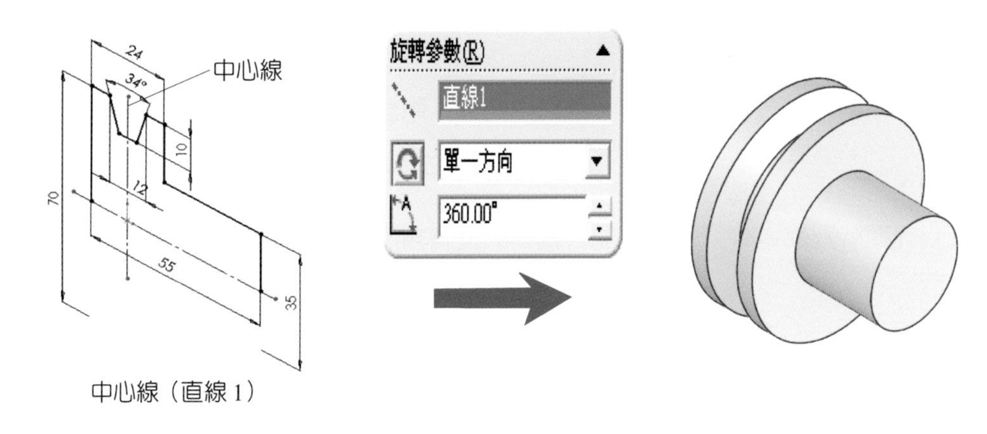

如果所選擇的旋轉軸為**實線**並非中心線，也可以做旋轉填料的功能。

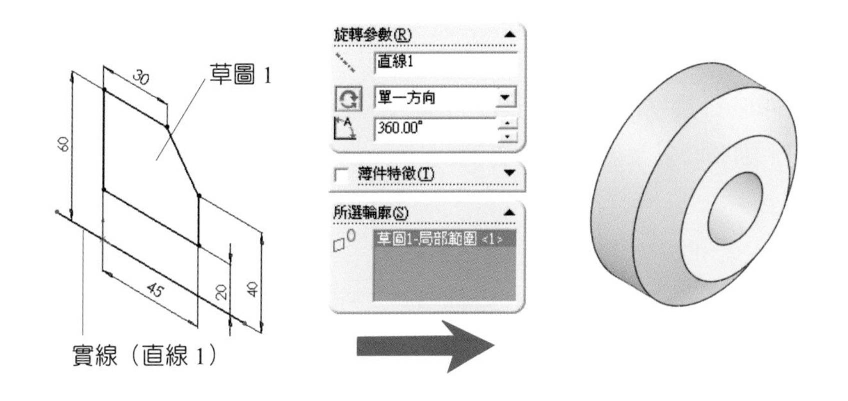

二、方向切換

按一下 鍵，可變換順（逆）時針旋轉方向，再按一次即可回復。

※選擇對稱中間面的旋轉類型，此功能無作用。

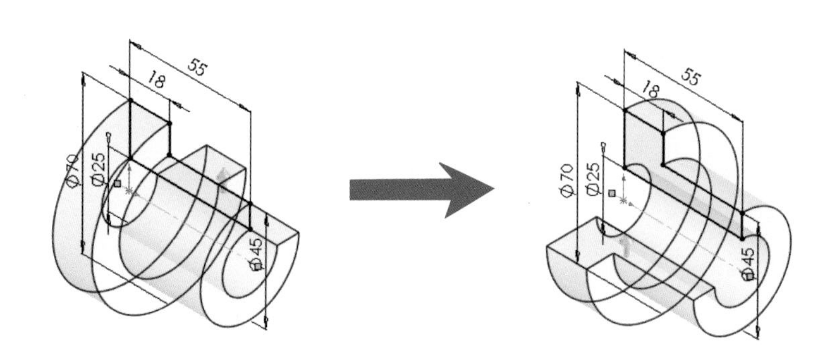

三、設定旋轉類型／設定旋轉角度

在旋轉的類型中，則有**單一方向**、**對稱中間面**、**兩個方向**共三種，使用方式如下：

1. 單一方向：

草圖只往順時針**或**逆時針方向且配合輸入的旋轉角度做單一方向的旋轉成形。

2. 對稱中間面：

草圖分別往順時針**及**逆時針方向且配合輸入的旋轉角度做兩個方向**相等角度**的旋轉成形，如旋轉 180°，則順時針及逆時針各旋轉 90°。

3. 兩個方向：

草圖分別往順時針**及**逆時針方向且配合輸入的旋轉角度做兩個方向**不同角度**的旋轉成形。

3.3.4 薄件特徵

若草圖爲開放式的草圖，在建立旋轉特徵時，系統會詢問是否要自動封閉草圖，若選擇「是」，草圖會自動封閉，建立實體特徵；若選擇「否」，草圖不封閉，建立薄件特徵。

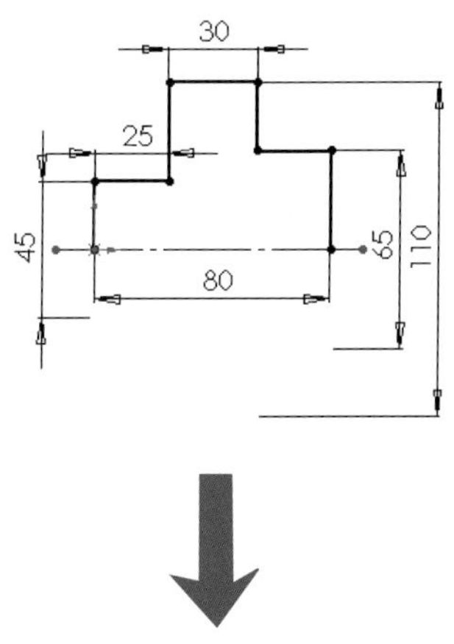

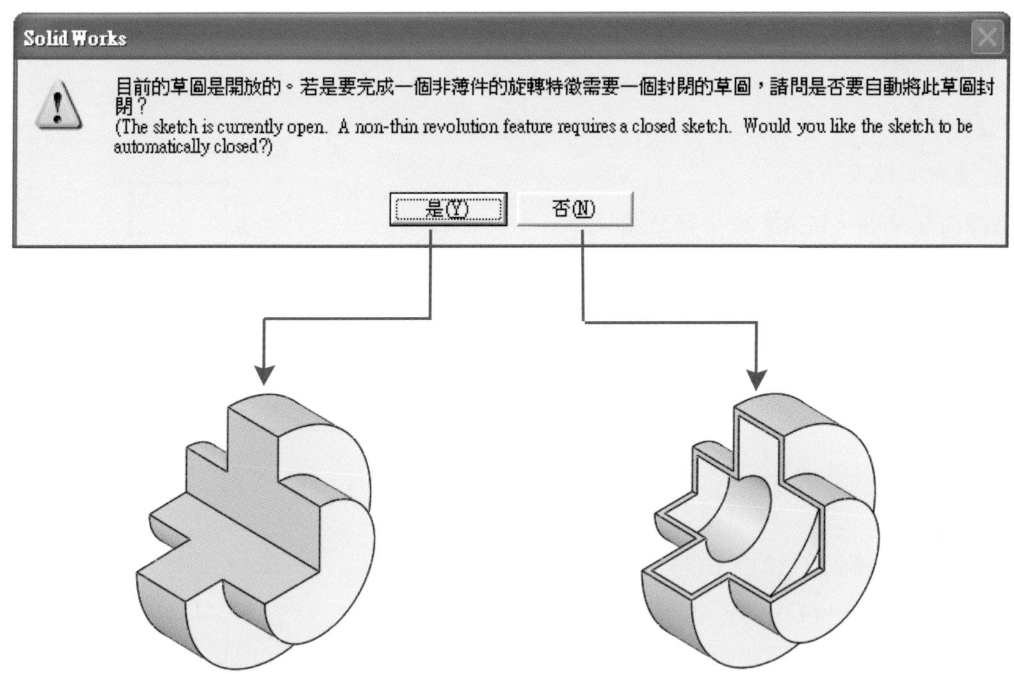

其餘薄件特徵的使用方法在伸長填料一節已介紹過，便不再多做說明。

3.3.5 所選輪廓／確定選項

所有特徵功能中的所選輪廓及確定選項，使用方法跟伸長填料介紹的如出一轍，所以在之後的章節中如再出現，便不再做說明。

3.3.6 旋轉填料應用實例

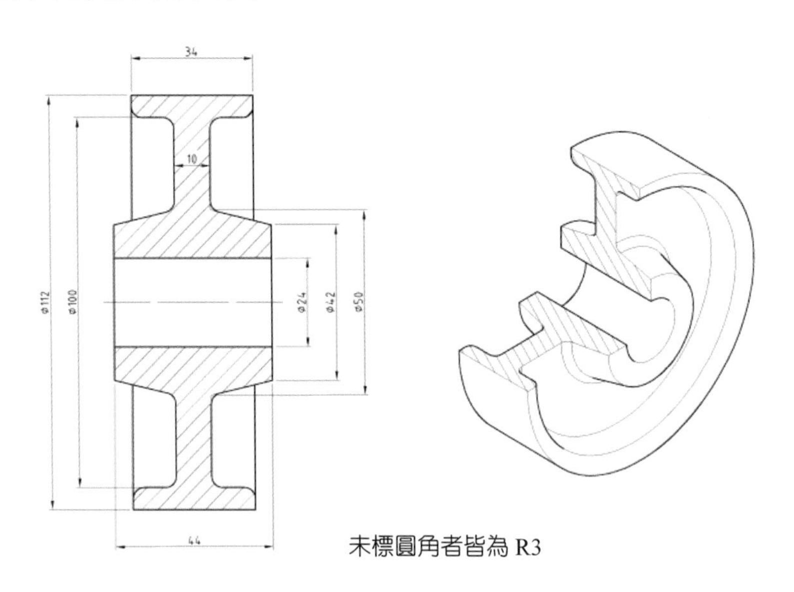

未標圓角者皆為 R3

一、繪圖步驟

1. 建立外形：

Step 1. 畫中心線及直線

(1) 選擇前基準面，按 產生新草圖。

(2) 畫兩條中心線 A、B 相交於原點。

(3) 按 直線畫出右圖概略形狀。

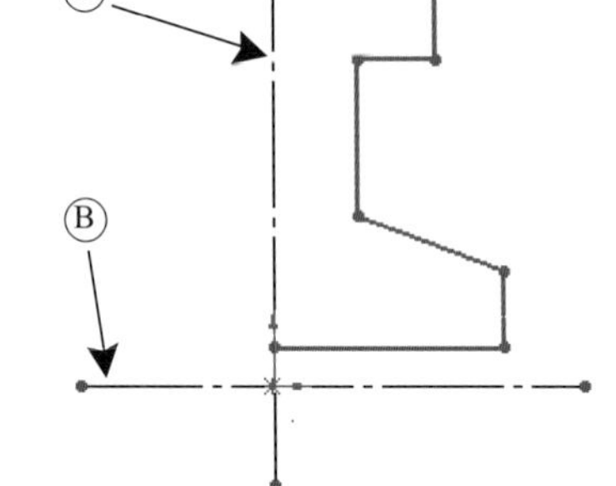

Step 2. 尺度標註

(1) 標註及編輯 A(112)、B(34)、C(10)、D(44)、E(24)、F(42)、G(50)、H(100)。

(2) 完成後，草圖應由藍色變爲黑色，代表此草圖完全限制。

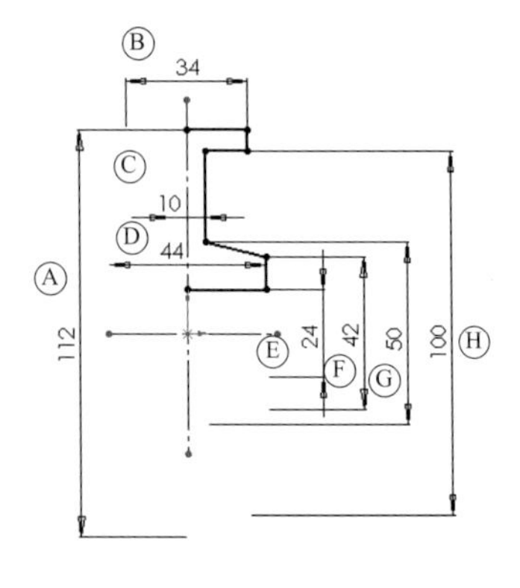

Step 3. 鏡射圖元

選取 A、B、C、D、E、F、G、H 圖元，按 鏡射，則會在所選取的中心線另一側產生鏡射出來的新圖元：

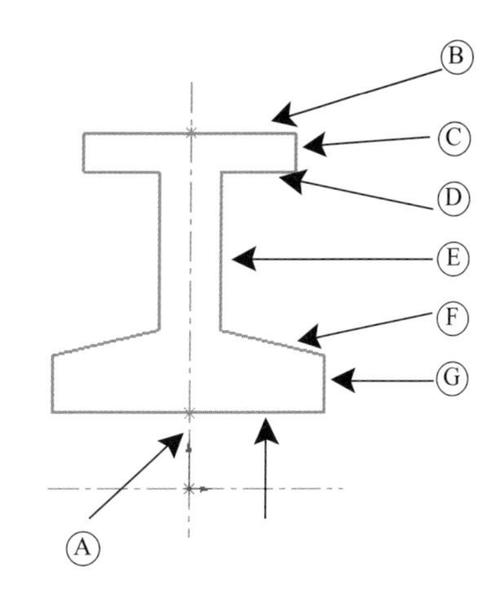

Step 4. 旋轉填料

按 則會出現下列對話視窗：

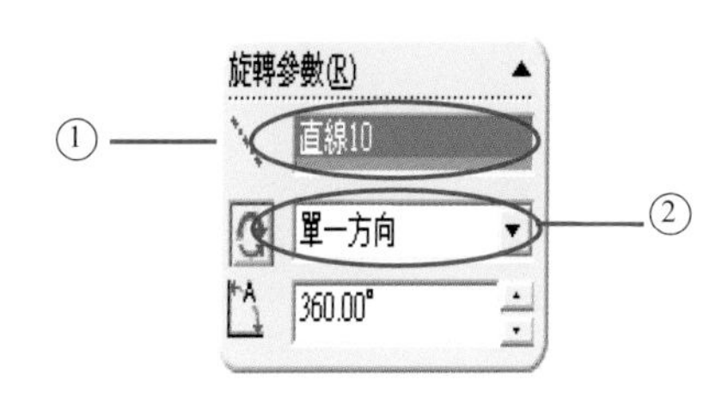

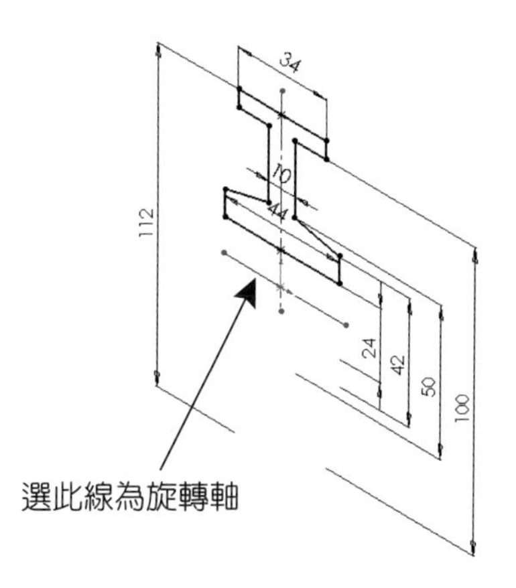

Step 5. 完成實體

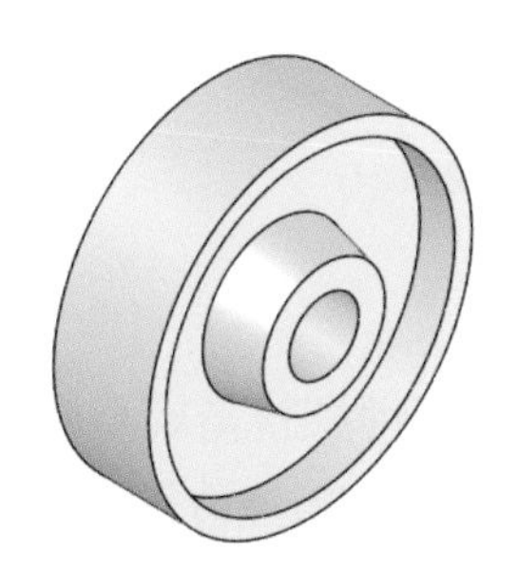

3.3.7 旋轉除料執行方法

草圖完成後，選用 旋轉除料工具，有下列所示三種方法：

1. 特徵工具列　　2. Command Manager　　3. 插入→除料→旋轉

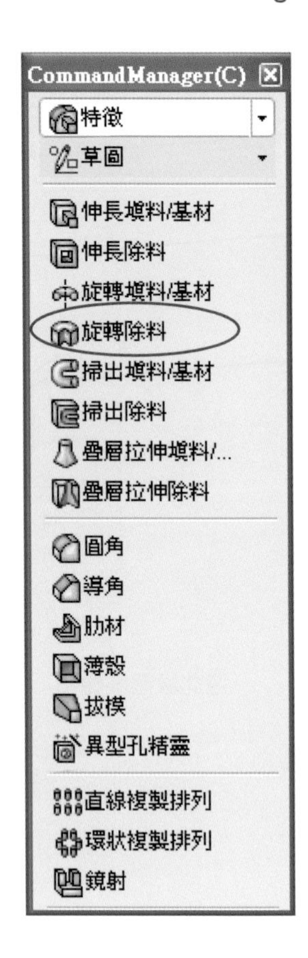

旋轉除料與旋轉填料的操作步驟完全一樣，差別只在於旋轉填料是繞著旋轉軸長出實體，而旋轉除料是對已存在的實體繞著旋轉軸做旋轉挖除的動作，所以直接利用實例來做說明。

3.3.8 旋轉除料應用實例

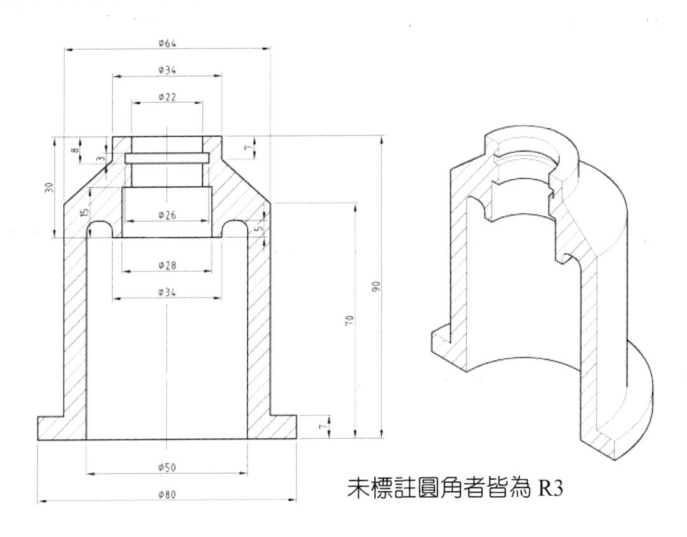

未標註圓角者皆為 R3

一、建立實體特徵的步驟分析

此零件的實體特徵，分爲外形圓柱、挖孔二個部分。

1. 建立外形圓柱：

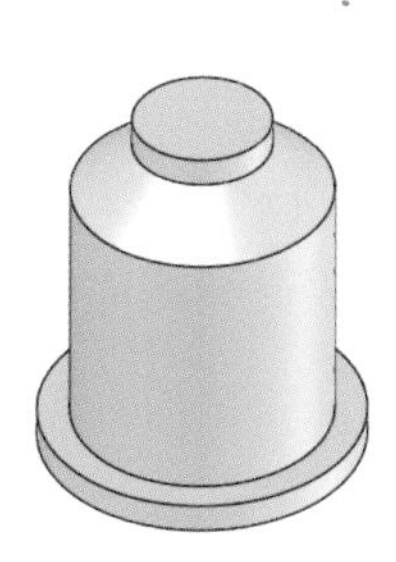

2. 建立挖孔：

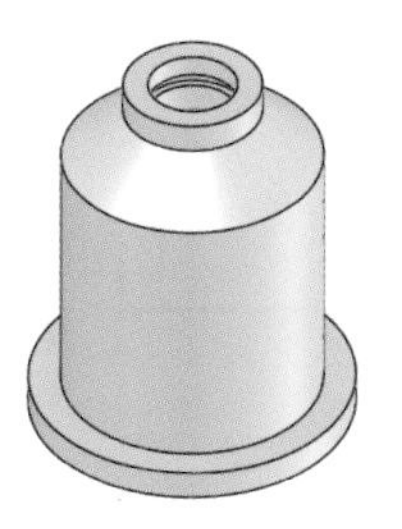

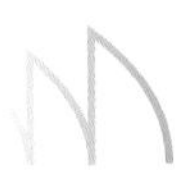

3. 全剖視圖：

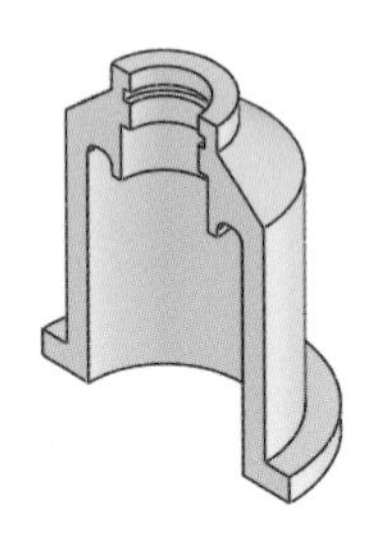

二、繪圖步驟

1. 建立外形圓柱：

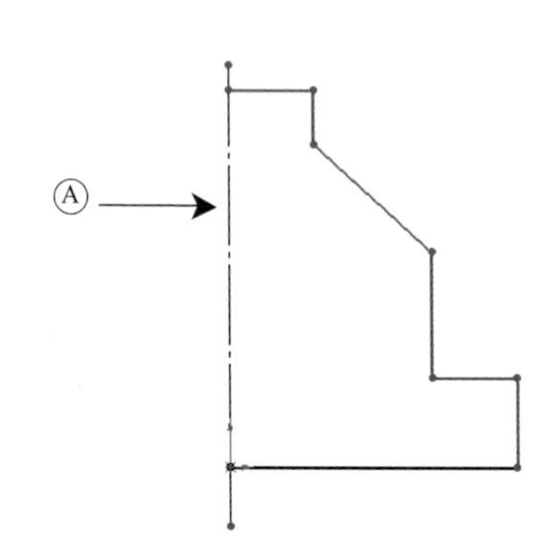

Step 1. 畫中心線及直線

(1) 選擇前基準面，按 產生新草圖。

(2) 畫一條中心線 A 通過原點。

(3) 按 直線畫出右圖概略形狀。

Step 2. 尺度標註

(1) 標註及編輯 A(34)、B(64)、C(80)、D(7)、E(70)、F(7)、G(90)。

(2) 完成後，草圖應由藍色變為黑色，代表此草圖完全限制。

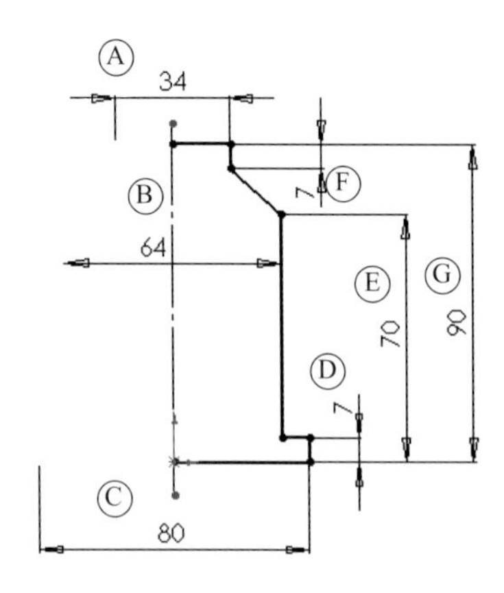

Step 3. 旋轉填料

按 ![] 則會出現下列對話視窗：

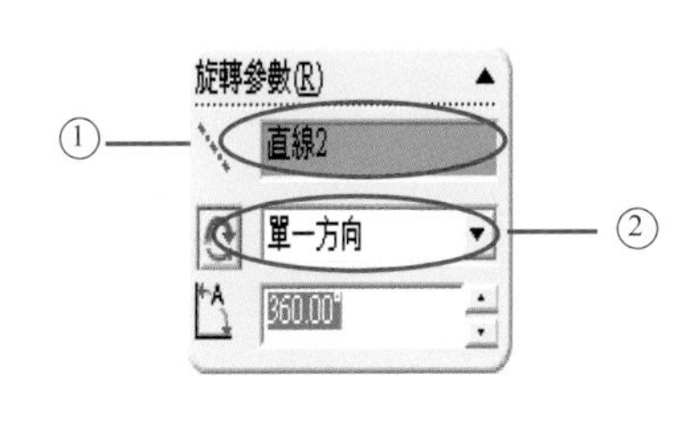

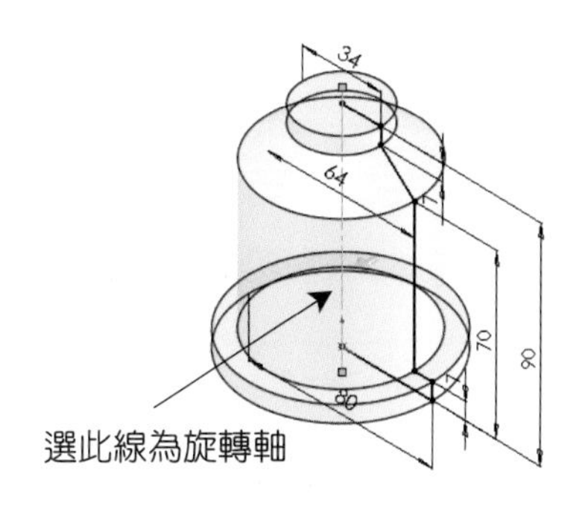

2. 建立挖孔：

Step 1. 變更草圖平面

選擇前基準面，按 ![] 所選的前基準面變更爲草圖平面。

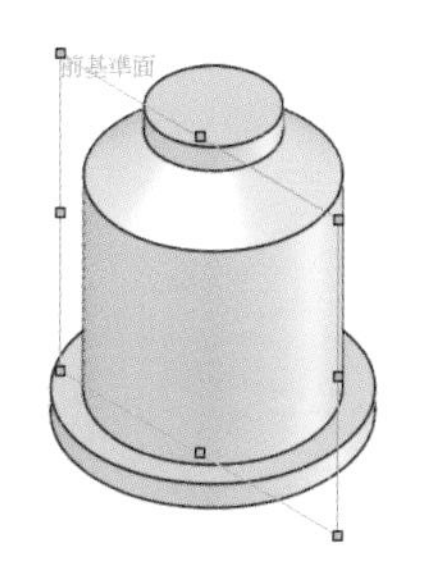

Step 2. 畫中心線及直線

(1) ![] 畫一條中心線 A 通過原點。

(2) 按 ![] 直線畫出右圖概略形狀。

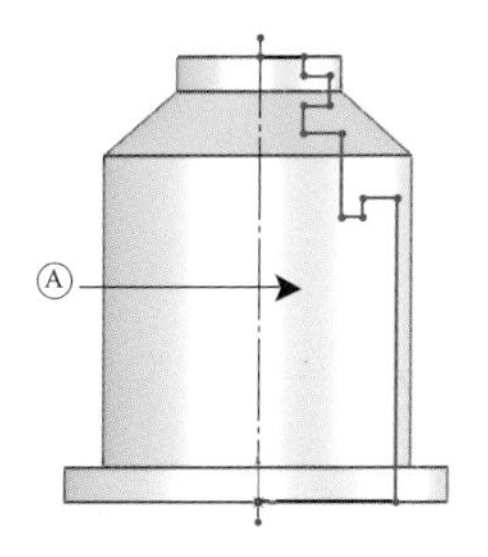

Step 3. 尺度標註

(1) ![] 標註及編輯 A(22)、B(26)、C(28)、D(34)、E(50)、F(8)、G(3)、H(15)、I(5)、J(30)。

(2) 完成後，草圖應由藍色變爲黑色，代表此草圖完全限制。

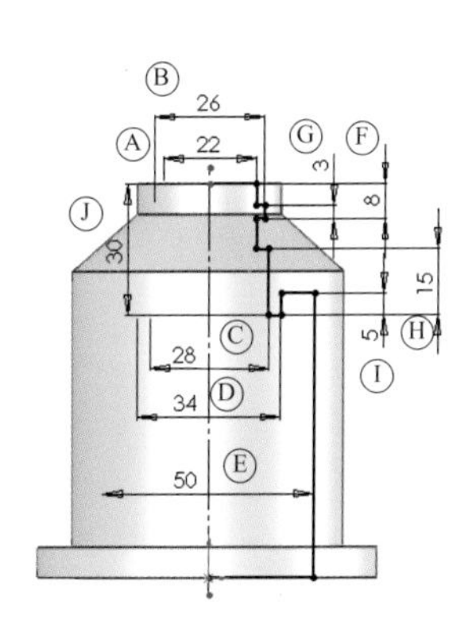

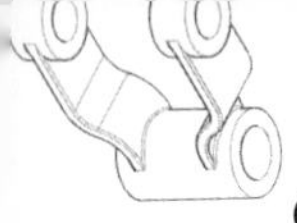

Step 4. 草圖圓角

按 ◜ 則會出現下列對話視窗。

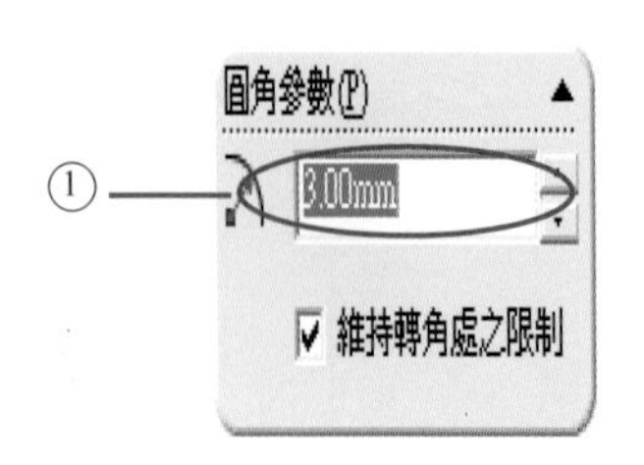

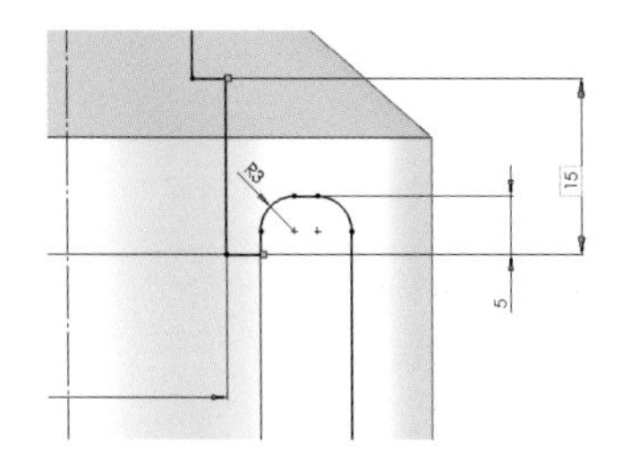

Step 5. 旋轉除料

按 ⊕ 則會出現下列對話視窗。

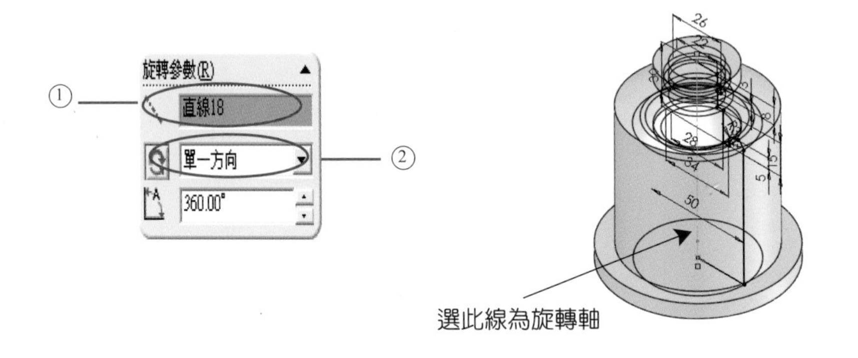

Step 6. 完成實體

3.4 圓角

3.4.1 圓角執行方法

實體完成後，選用圓角工具，有下列所示三種方法：

1. 特徵工具列　　2. Command Manager　　3. 插入→特徵→圓角

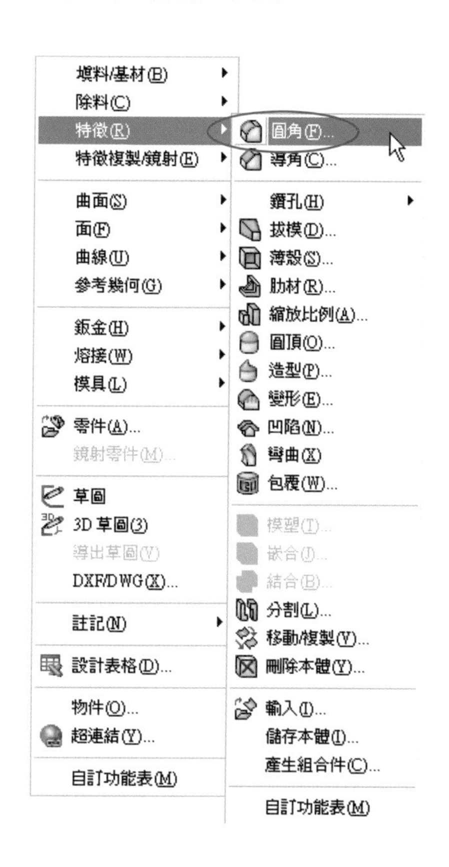

「圓角」對話框可供選取的功能有六大類爲：**圓角類型、圓角項次、變化半徑參數、偏移參數、圓角、確定選項**等功能。

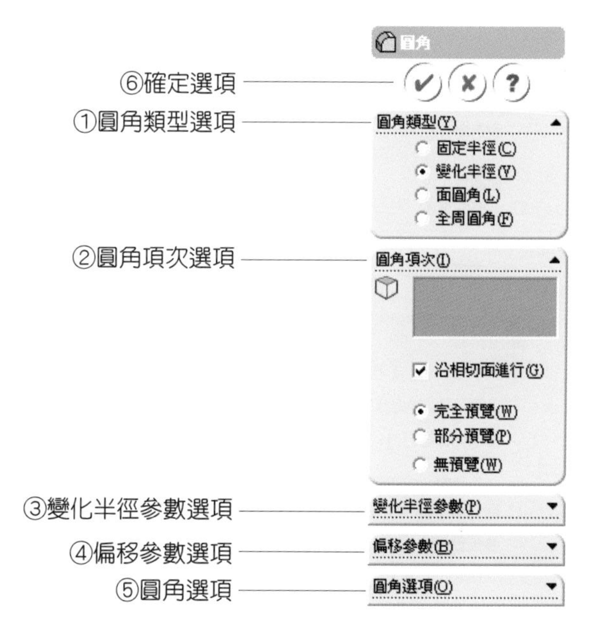

3.4.2 圓角類型／圓角項次／變化半徑參數選項

在做圓角的特徵時，先決定圓角類型，再由圓角項次來選擇要導圓角的**邊線**、**面或特徵**，而變化半徑參數選項是要選擇變化半徑類型時此功能才會出現。

表 3-2　變化半徑參數選項

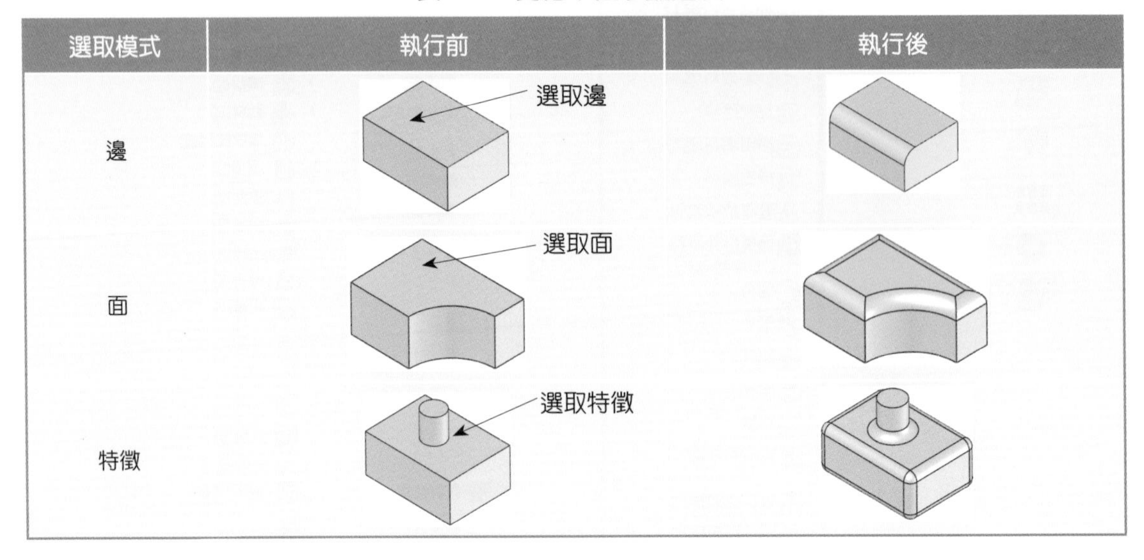

選取模式	執行前	執行後
邊	選取邊	
面	選取面	
特徵	選取特徵	

而「圓角類型」選項中細分**固定半徑**、**變化半徑**、**面圓角**、**全周圓角**的功能，使用方式如下：

一、固定半徑

圓角半徑是固定值，一般用於機械零件上。

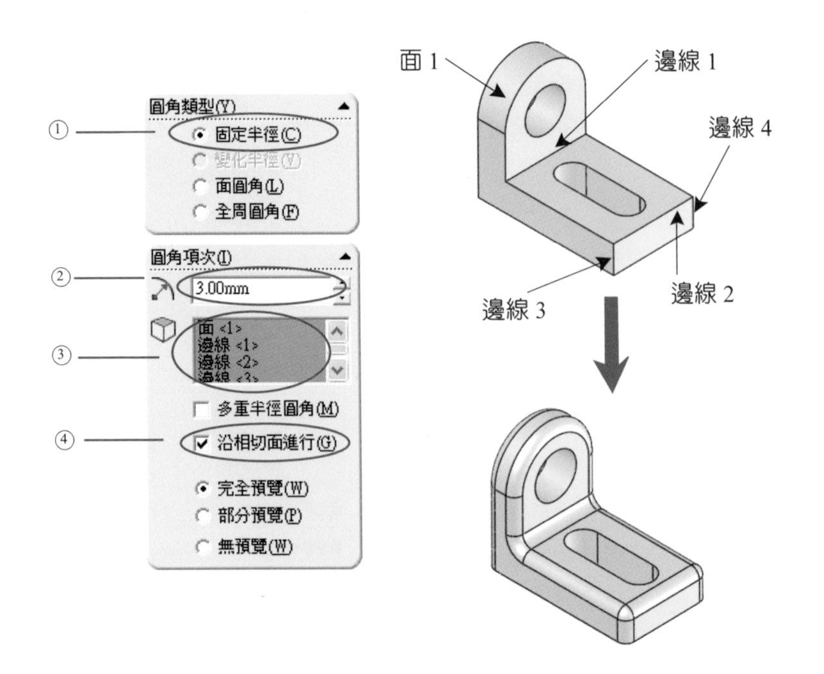

在固定半徑中的多重半徑圓角選項是提供所選邊線、迴圈或面可有不同的半徑值。

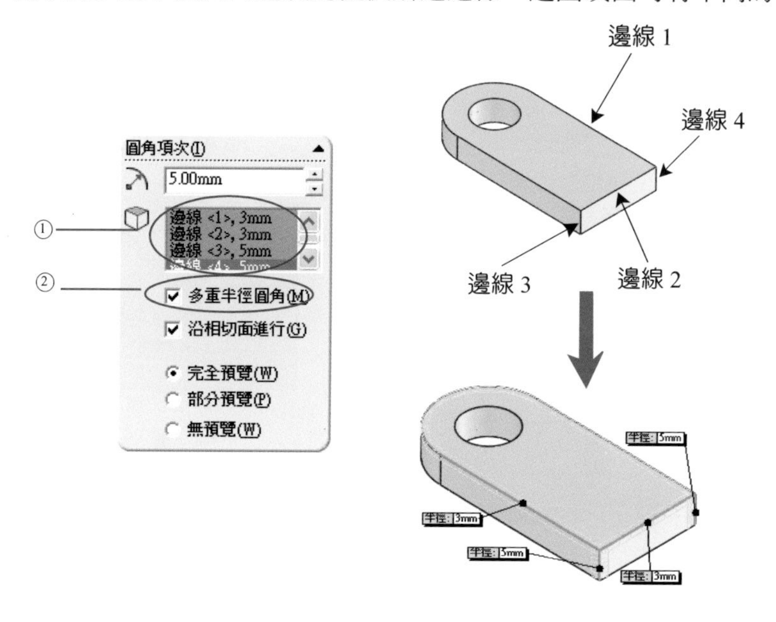

二、變化半徑

圓角半徑是可變化的，一般用於造型變化的產品設計上。更改變化半徑值有兩種方式：

（一）在繪圖區中在「變化半徑 一未顯示」中按滑鼠左鍵二下，修改半徑值。

（二）在變化半徑參數中選 附加半徑的 V1，再選 半徑，設定半徑值即可。

在變化半徑圓角中，可選 分割點來設定邊線 N 個控制點（呈紅色點），再利用這些控制點來設定不同的半徑值。

※ V1、V2 為所選線段的兩端點，P1～Pn 為分割點（控制點）。

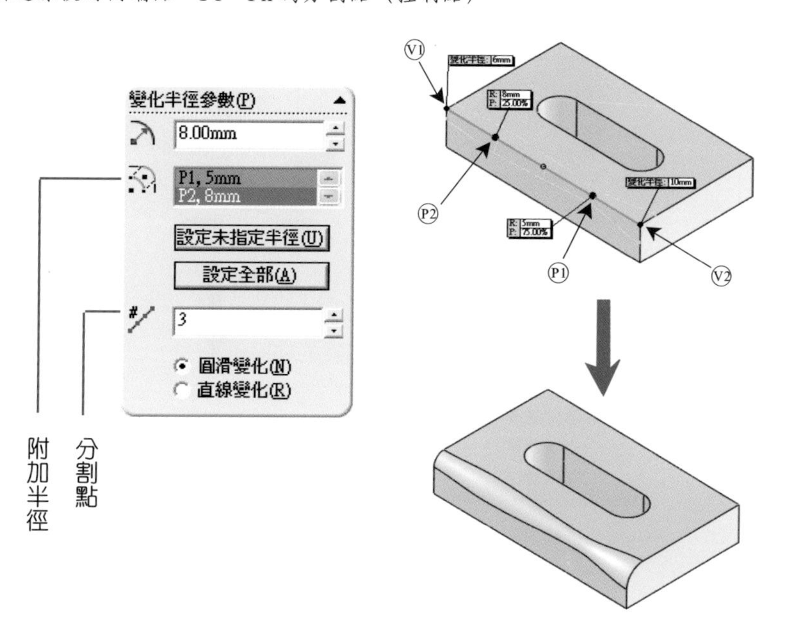

三、面圓角

可以將兩個或兩個以上不相鄰的面，變成一個用圓角接合的一個實體或曲面。

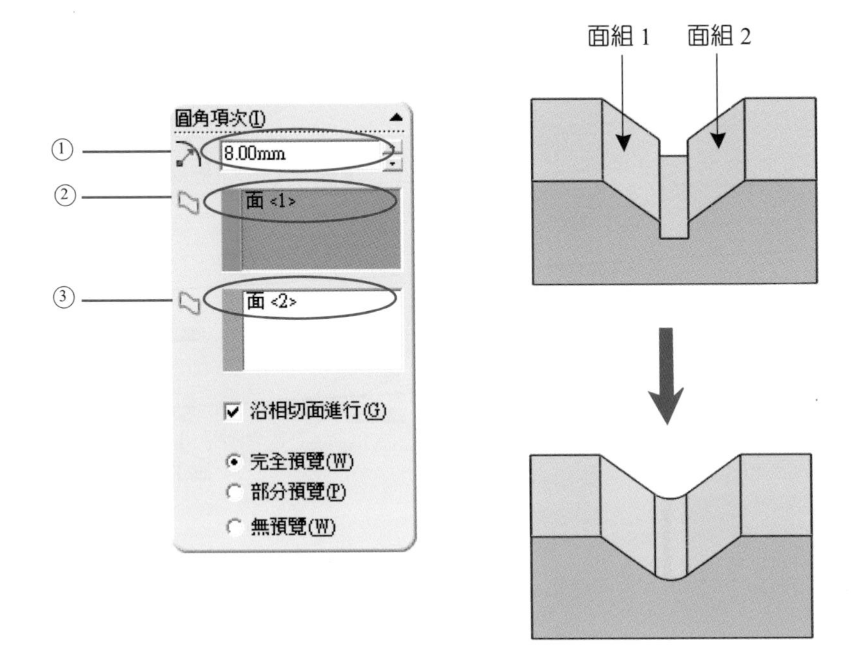

四、全周圓角

可以建立一個與三個相鄰接平面的相切圓角。

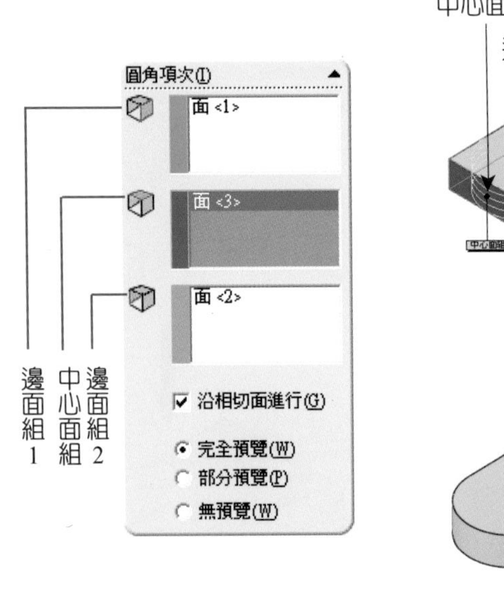

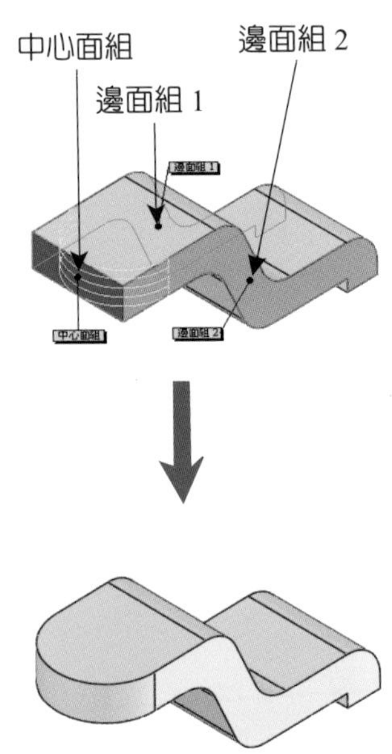

3.4.3 偏移參數選項

偏移參數是用於修整一些圓角尖端較尖銳的部分，如三條邊線在一個共點所做出來的圓角。

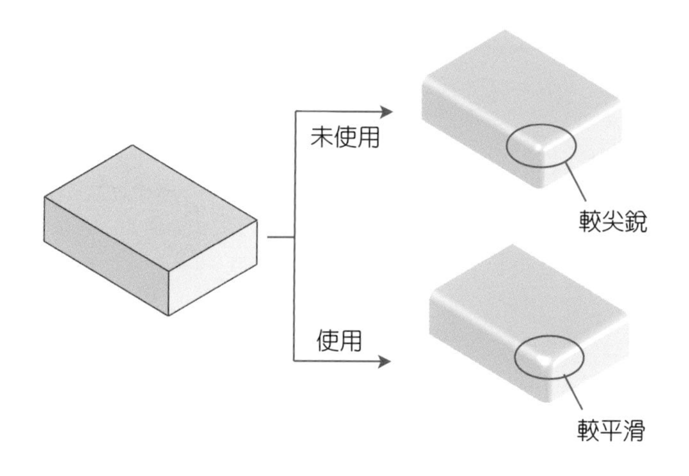

在執行偏移參數時，先要選擇的偏移頂點必須爲三條邊線的共點。

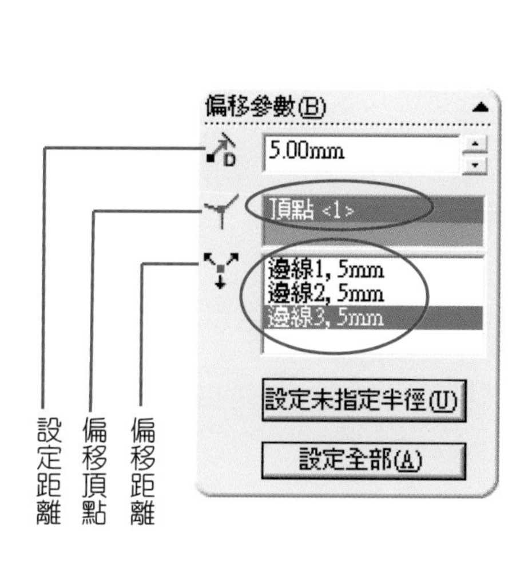

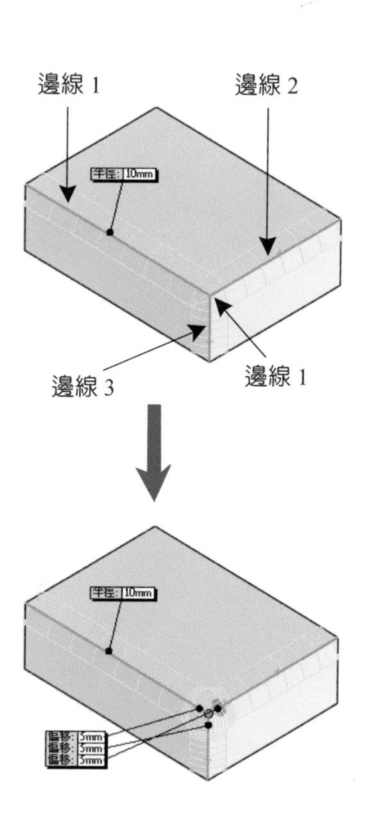

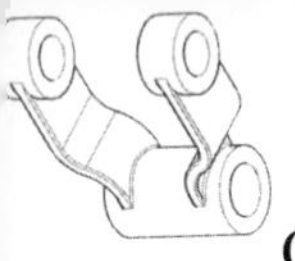

3.4.4 圓角選項

圓角選項功能主要是針對已成形的圓角做一些平整或平滑的修飾。

一、圓角化圓角

可消除兩條邊線匯合處的尖銳接合點。

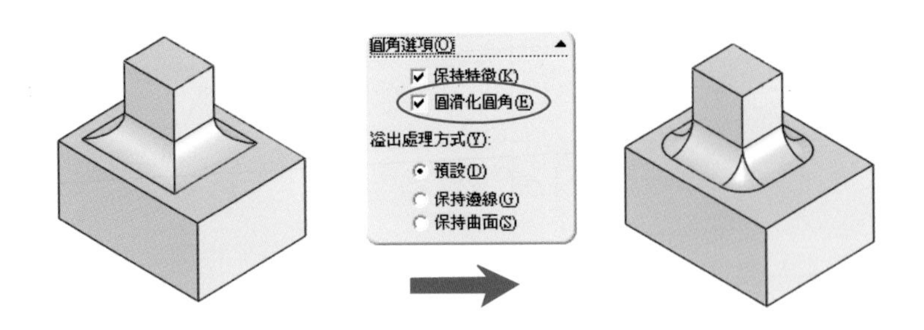

二、溢出處理方式

1. 保持邊線：

維持相鄰邊線的完整性，但圓角曲面斷裂成分離的曲面，在許多情況下，圓角的頂部邊線中會有沉陷的現象。

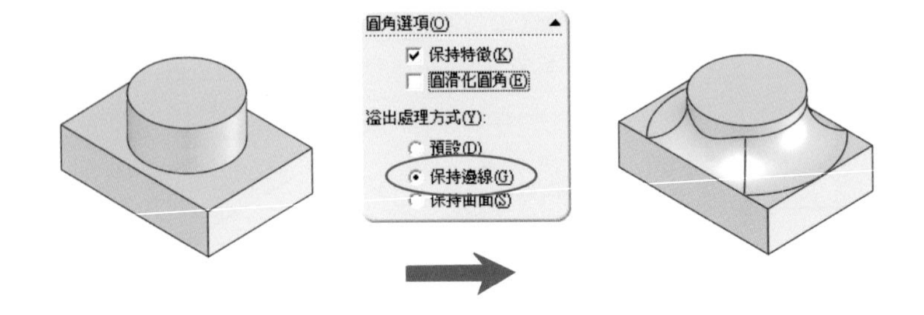

2. 保持曲面：

使用相鄰曲面修剪圓角，因此圓角邊線是連續且光滑的，但是相鄰邊線會受到影響。

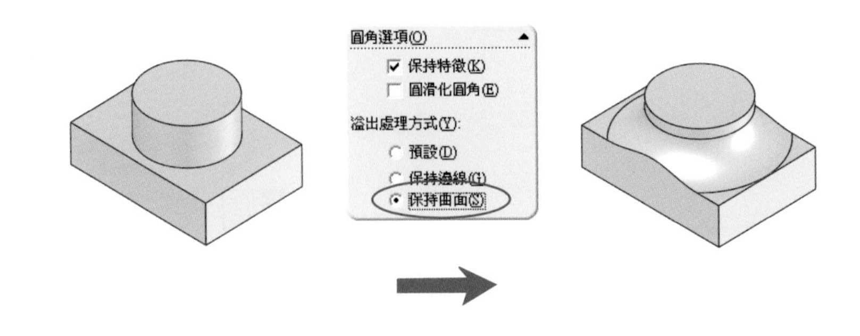

3.5 導角

3.5.1 何謂導角

導角就是在所選的邊線上切一個傾斜的面，一般是為了去毛邊或裝配需要而設計的一種動作。

3.5.2 導角執行方法

實體完成後，選用 導角工具，有下列所示三種方法：

1. 特徵工具列　　2. Command Manager　　3. 插入→特徵→導角

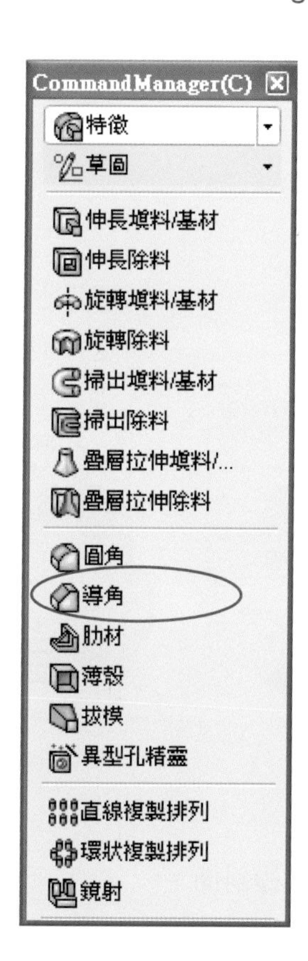

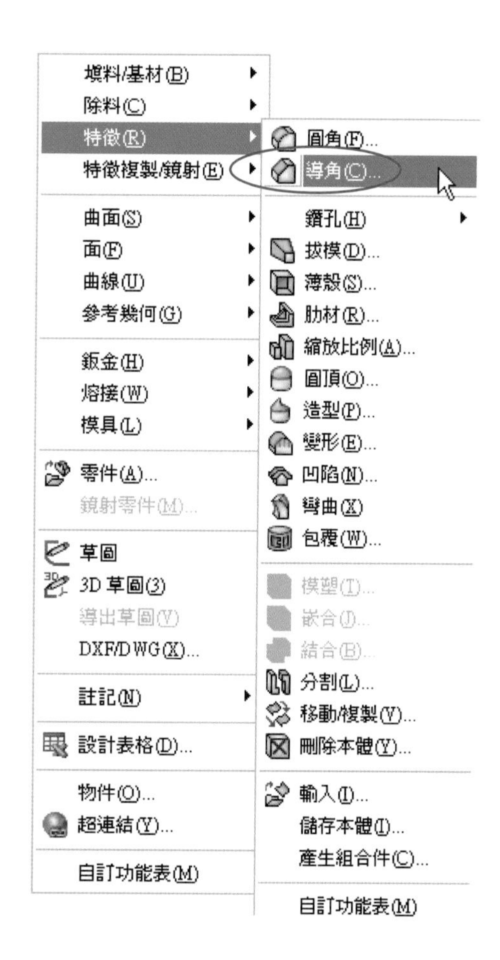

3.5.3 導角參數

「導角參數」主要的功能有**角度**－**距離**、**距離**－**距離**、**頂點**三種。

一、角度 - 距離

設定角度與距離的導角方式。

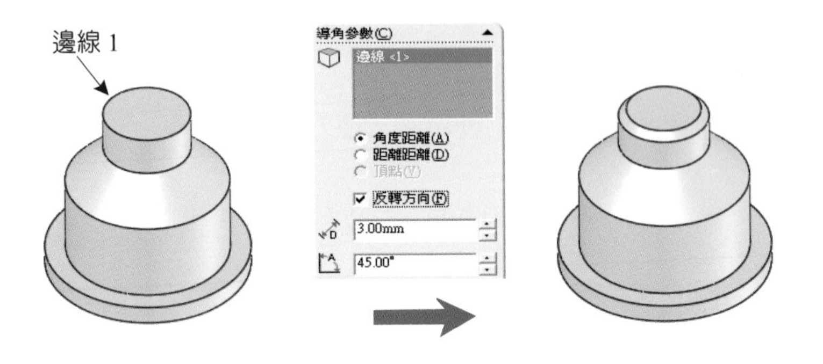

二、距離 - 距離

設定距離與另一方向距離的導角方式。

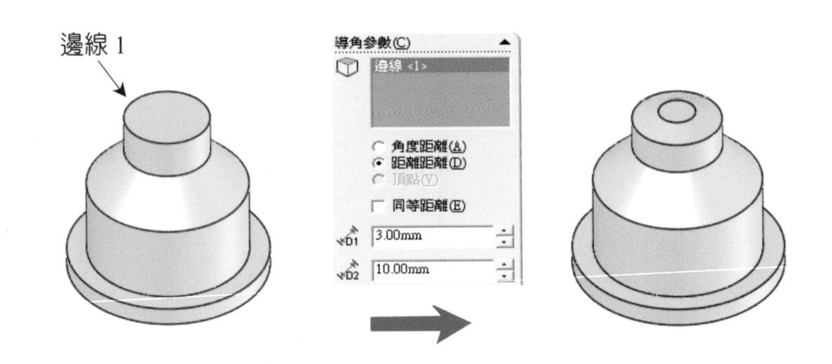

三、頂點

在導複斜面最方便的方法，但不適用圓柱的複斜面。

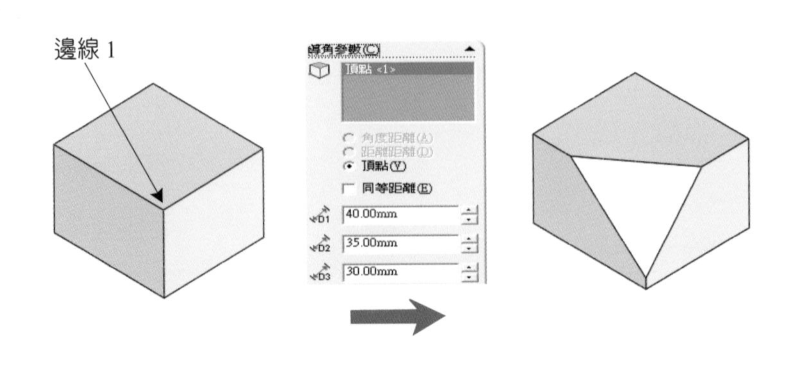

3.6 肋材

3.6.1 何謂肋材

肋材即為加強結構的補強件。

3.6.2 肋材執行方法

實體完成後，選用 肋材工具，有下列所示三種方法：

1. 特徵工具列　　2. Command Manager　　3. 插入→特徵→肋材

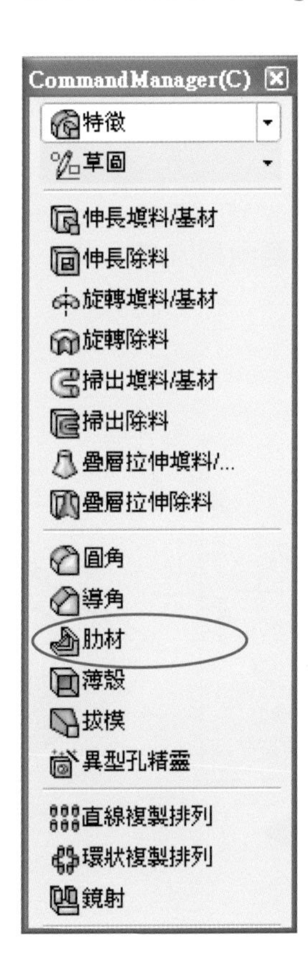

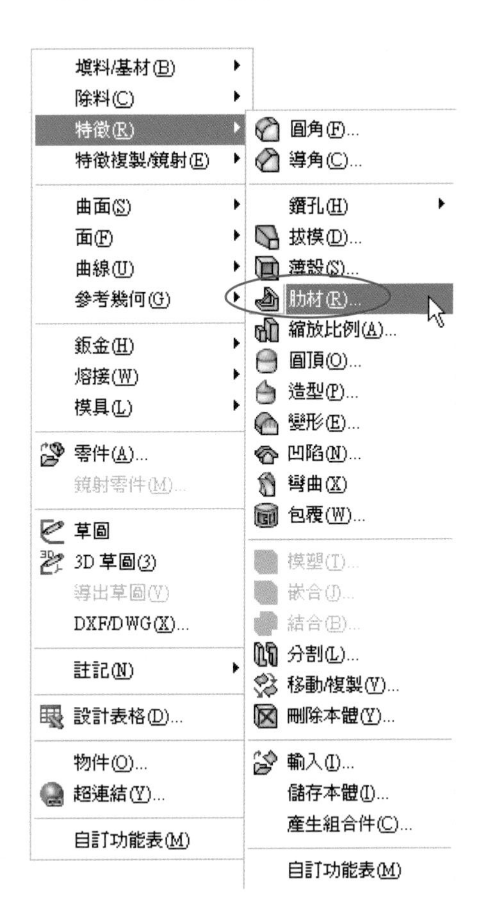

「肋材參數」對話框可供選取的功能爲**厚度邊選擇**、**厚度值**、**伸長方向**及**拔模角度設定**等功能。

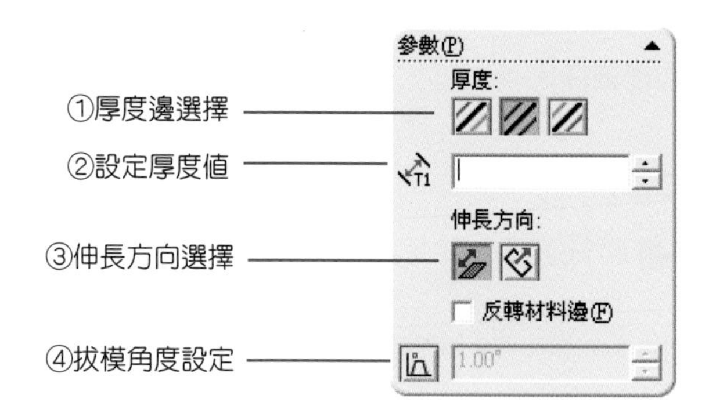

3.6.3 伸長方向

「伸長方向」主要有**平行於草圖**與**垂直於草圖**兩種方式。

一、平行於草圖

伸長方向與草圖平面相平行。

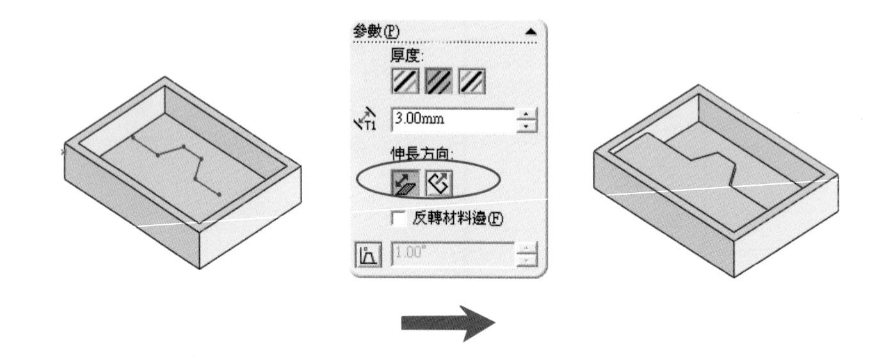

二、垂直於草圖

伸長方向垂直於草圖平面。

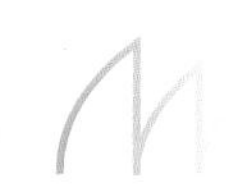

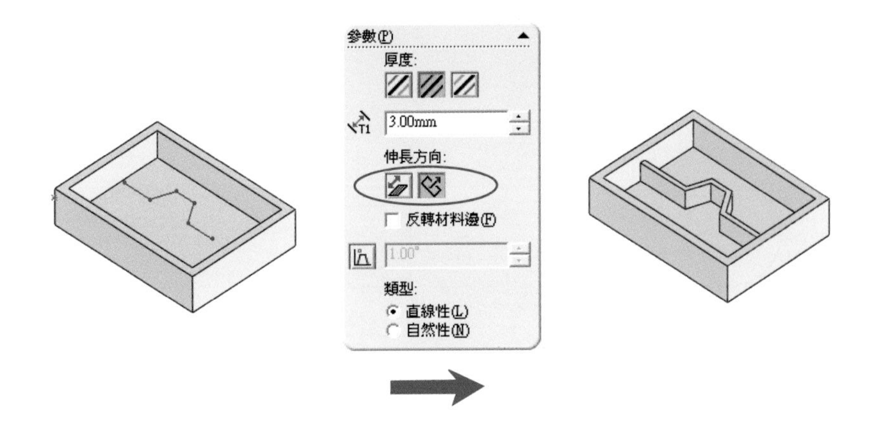

在選擇垂直於草圖的選項中，會出現**類型**的選項鈕，可選擇直線性與自然性兩種。

1. **直線性**：產生垂直草圖方向延伸草圖輪廓直到碰到邊界為止的肋材
2. **自然性**：產生與草圖相同方向延伸草圖輪廓碰到邊界為止的肋材

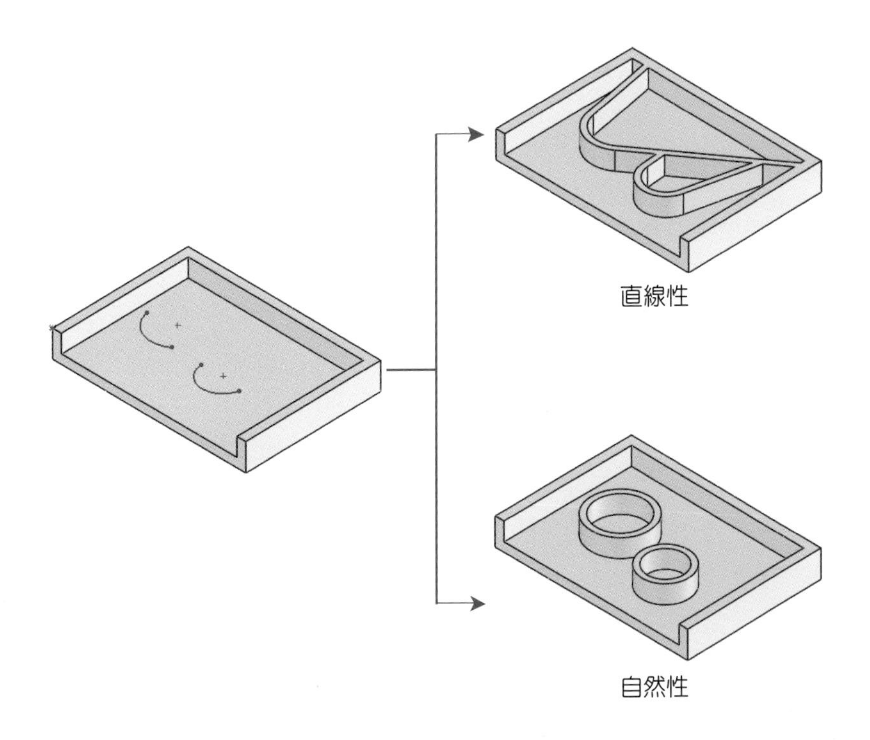

3.6.4 肋材應用實例

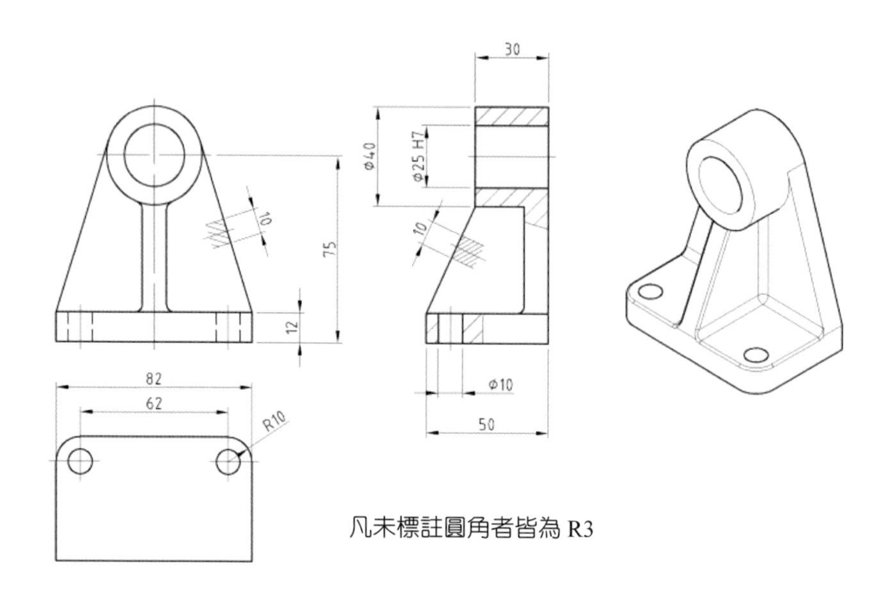

凡未標註圓角者皆為 R3

一、建立實體特徵的步驟分析

此零件的實體特徵，分爲**底座**、**圓柱**、**背板**、**挖孔**、**肋材**、**圓角**六個部分。

Step 1. 建立底座

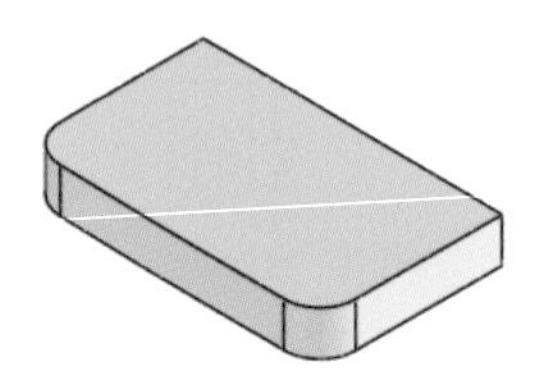

Step 2. 建立圓柱

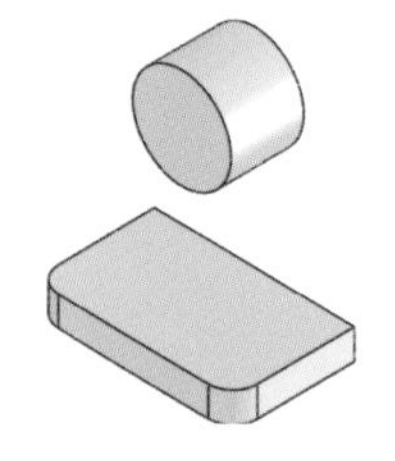

Step 3.建立背板

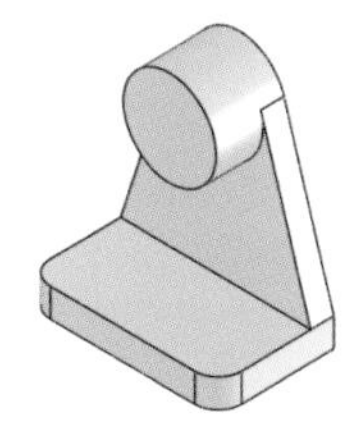

Step 4.建立挖孔

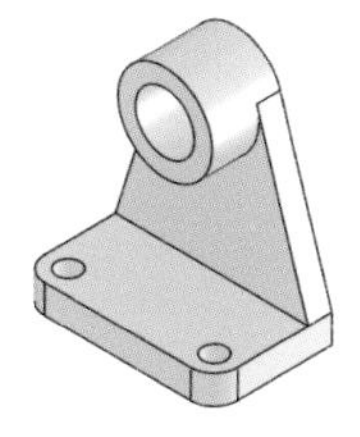

Step 5.建立肋材

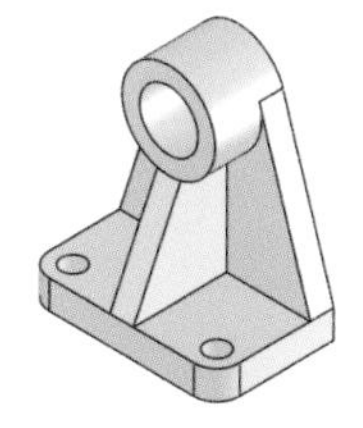

Step 6.建立圓角

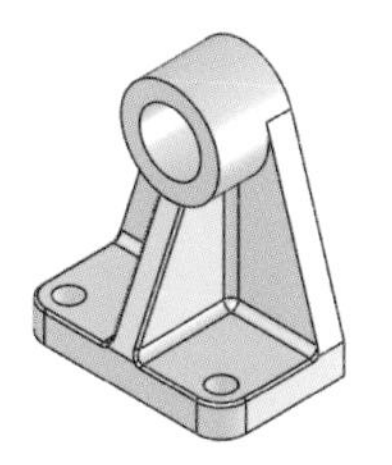

二、繪圖步驟

1. 建立底座

Step 1. 畫中心線及矩形

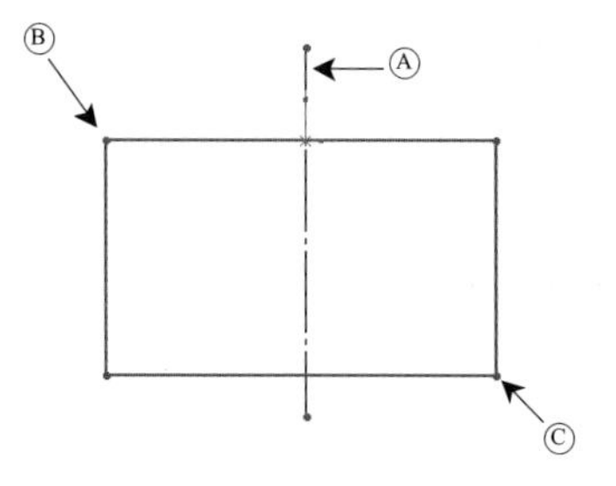

(1) 選擇上基準面，按 產生新草圖。

(2) 畫一條中心線 A 通過原點。

(3) 以任意 B、C 兩端點，畫出矩形，儘量對稱於原點。

Step 2. 畫草圖圓角

(1) 按 分別在 A、B 二個位置加入 R10 的圓角。

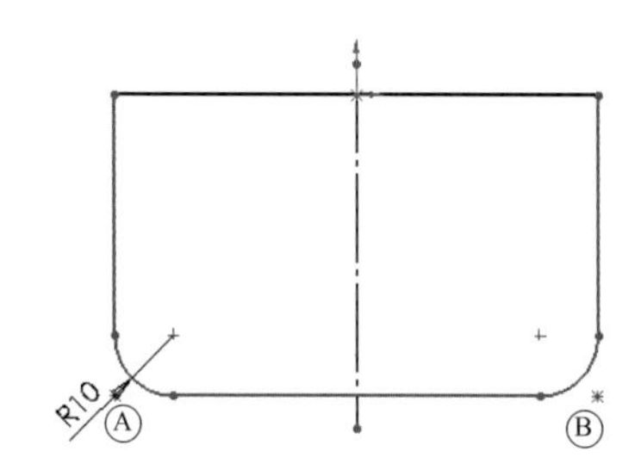

Step 3. 加入限制條件及尺度標註

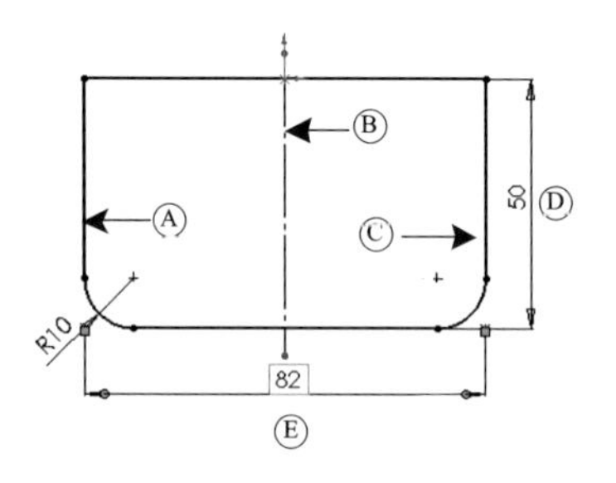

(1) 選取 A、B、C 三條線段加入 **相互對稱**條件。

(2) 標註及編輯 D(50)、E(82)。

(3) 完成後，草圖應由藍色變爲黑色，代表此草圖完全限制。

Step 4. 伸長填料

(1) 按 則會出現下列對話視窗：

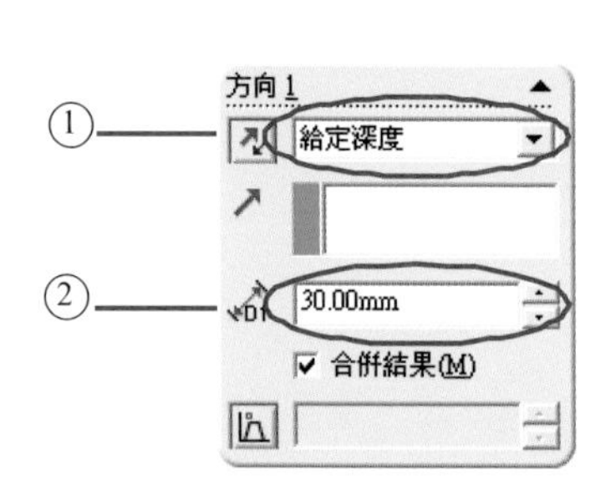

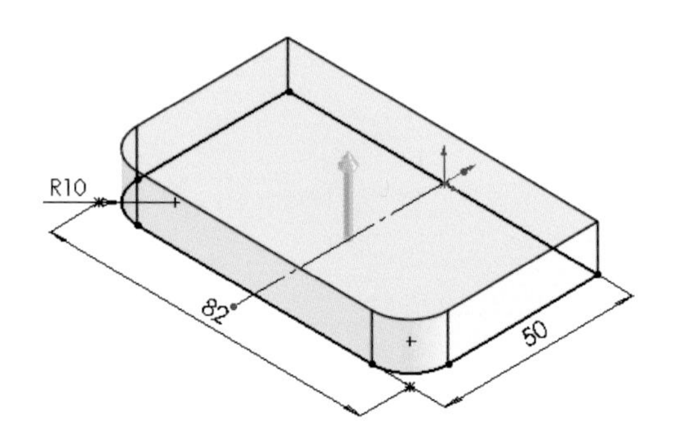

2. 建立圓柱

Step 1. 變更草圖平面及畫圓

(1) 選擇前基準面，按 所選的前基準面變更為草圖平面。

(2) 在**概略位置**畫出圓 A。

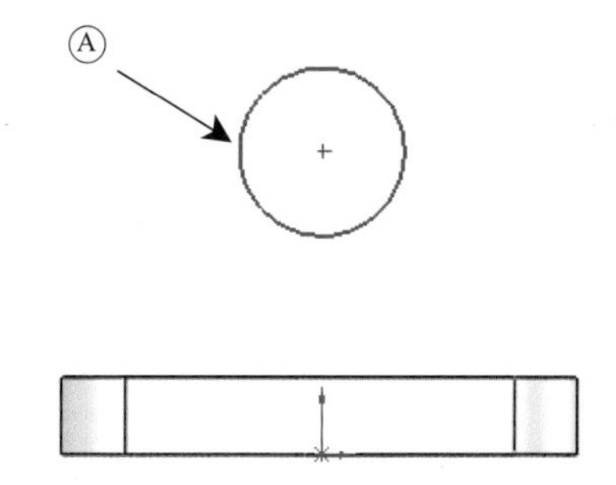

Step 2. 加入限制條件及尺度標註

(1) 選取圓心 A 及原點 B 兩點加入 **垂直放置**條件。

(2) 標註及編輯 C(75)、D(40)。

(3) 完成後，草圖應由藍色變為黑色，代表此草圖完全限制。

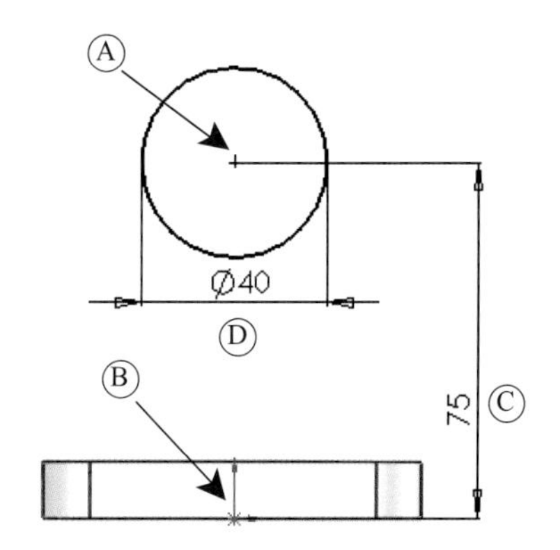

Step 3. 伸長填料

(1) 按 則會出現下列對話視窗：

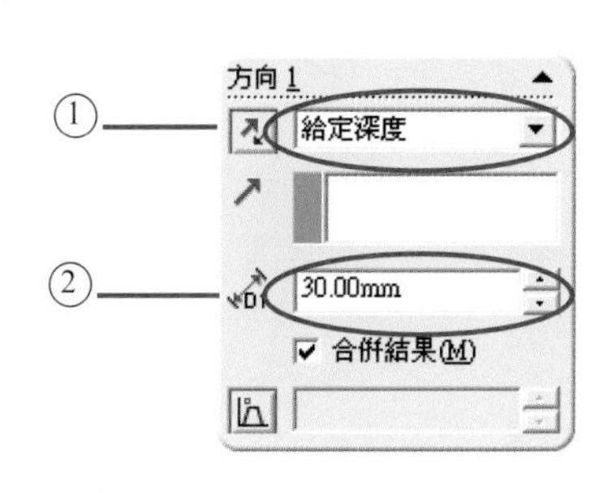

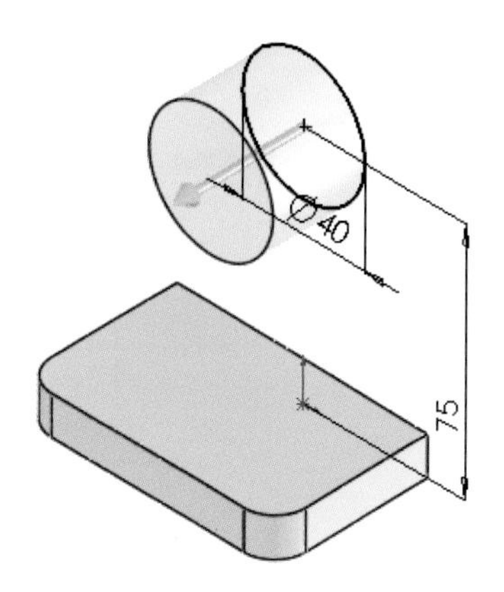

3. 建立背板

Step 1. 變更草圖平面及參考圖元

(1) 選擇前基準面，按 [icon] 所選的前基準面變更爲草圖平面。

(2) 選擇 A 圖元，按 [icon] 產生參考圖元。

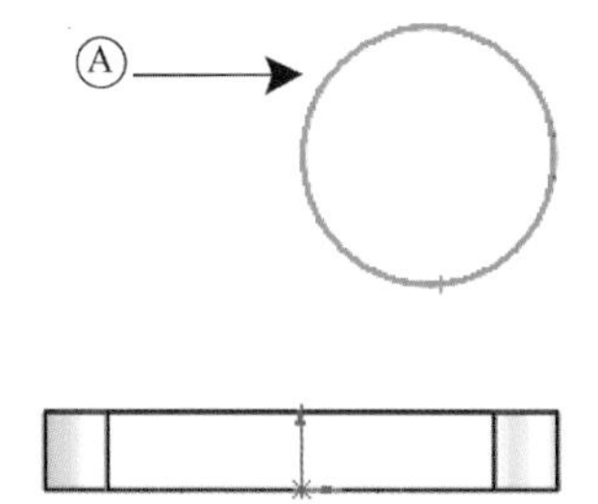

Step 2. 畫直線及加入限制條件

(1) [icon] 畫三條直線 A、B、C。

(2) [icon] 選取圓及直線分別在 D、E 位置上加入 [icon] **互為相切**條件。

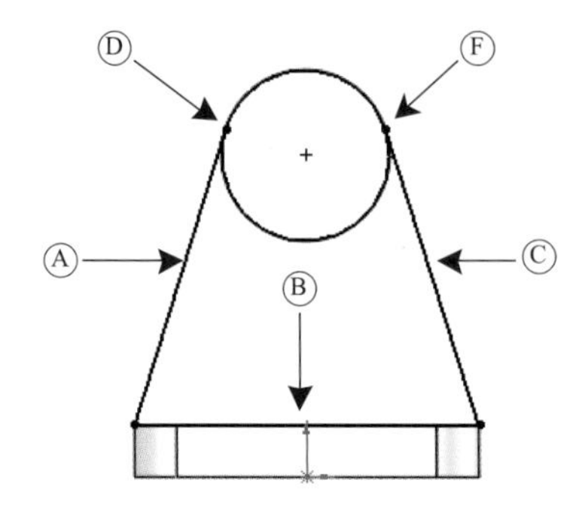

Step 3. 伸長填料

(1) 按 [icon] 則會出現下列對話視窗。

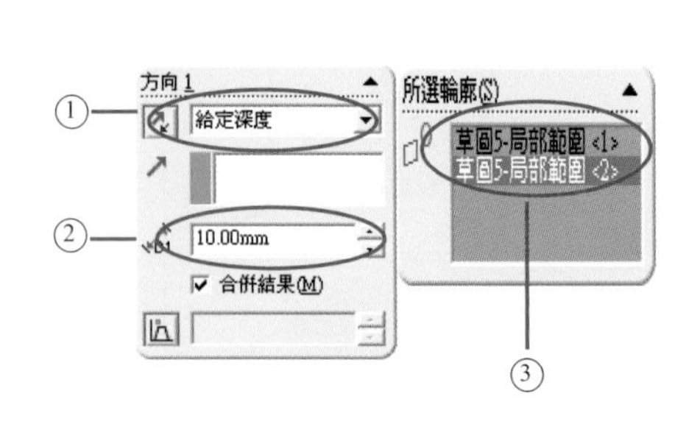

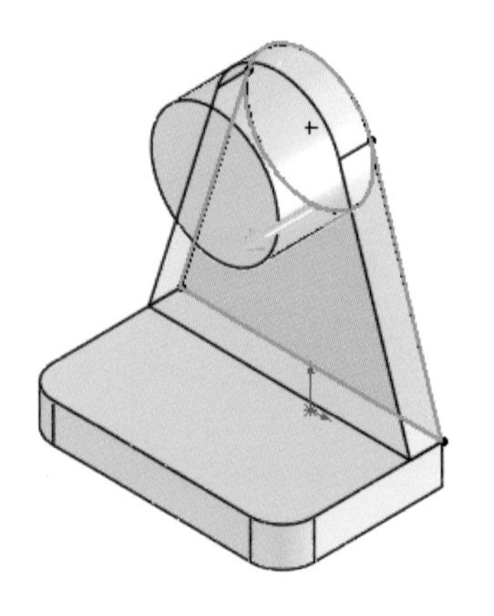

4. 建立挖孔

Step 1. 畫圓

(1) 選擇 A 面，按 [icon] 變更為草圖平面。

(2) 將游標指到圓周附近會出現輪廓圓的圓心，再利用此圓心畫圓。(可確保兩圓為同心圓)

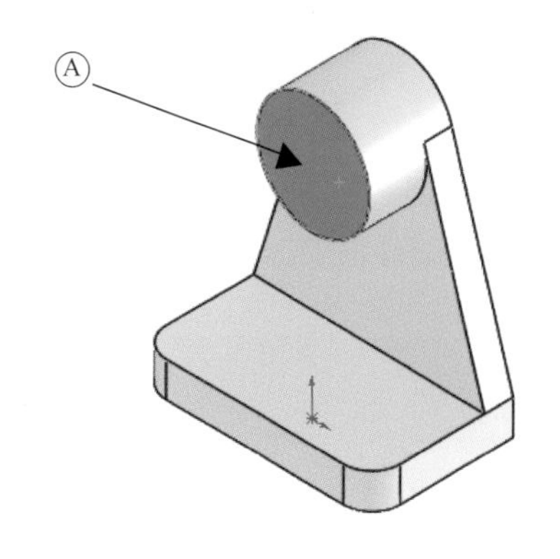

Step 2. 尺度標註

(1) [icon] 標註及編輯 A(25)。

(2) 完成後，草圖應由藍色變為黑色，代表此草圖完全限制。

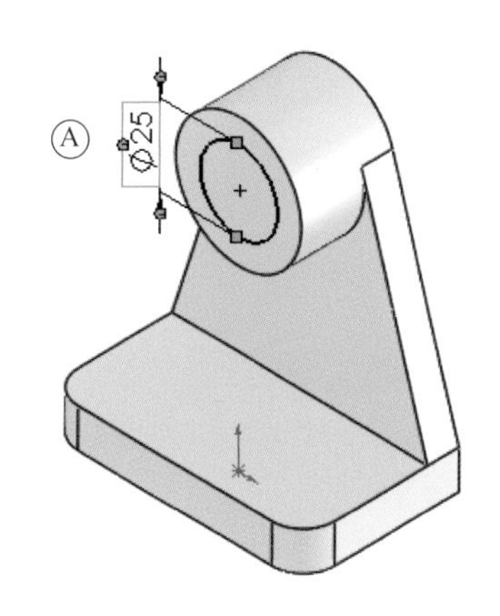

Step 3. 伸長除料

(1) 按 [icon] 則會出現下列對話視窗：

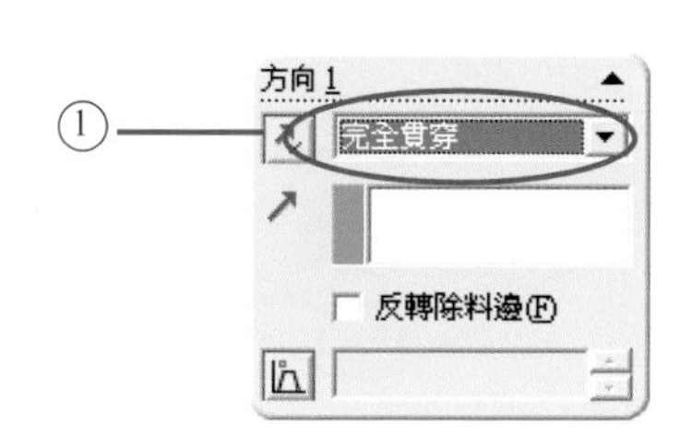

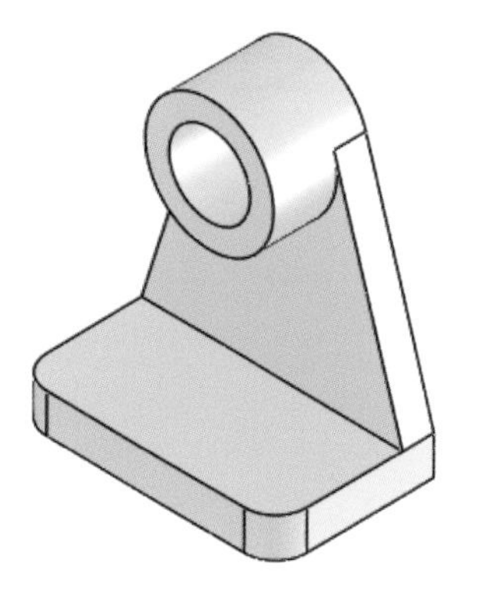

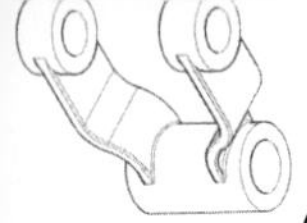

Step 4. 畫圓

(1) 選擇 A 面，按 [icon] 變更爲草圖平面。

(2) 將游標指到圓周附近會出現輪廓圓的圓心，再利用此圓心畫圓。（可確保兩圓爲同心圓）

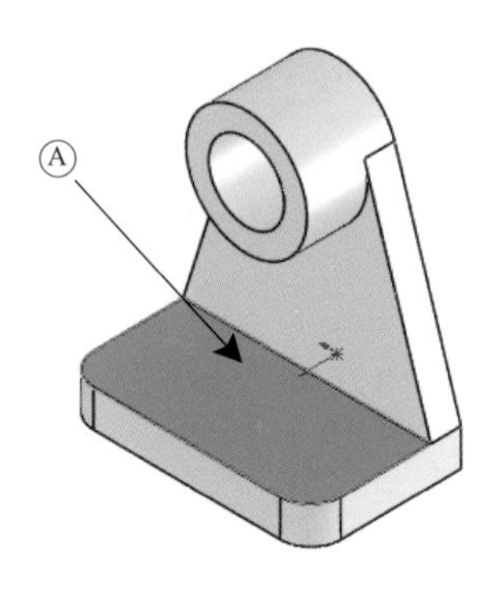

Step 5. 尺度標註

(1) [icon] 標註及編輯 A(10)、B(10)。

(2) 完成後，草圖應由藍色變爲黑色，代表此草圖完全限制。

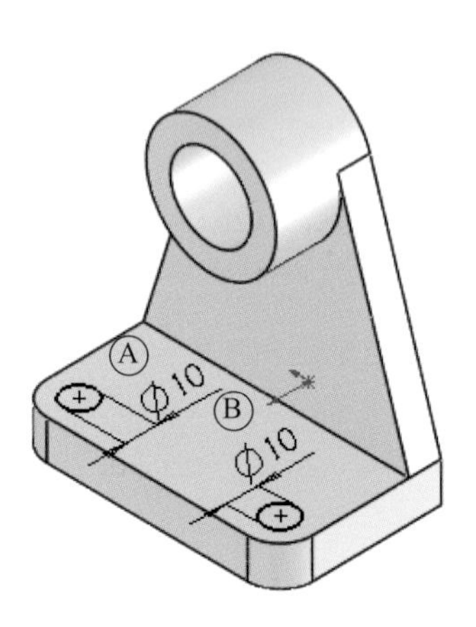

Step 6. 伸長除料

(1) 按 [icon] 則會出現下列對話視窗：

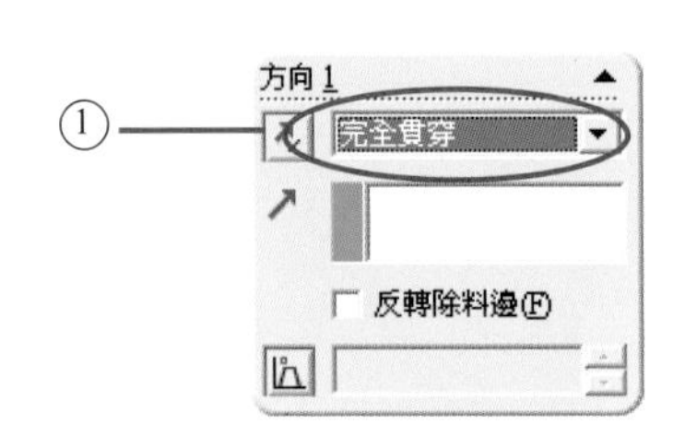

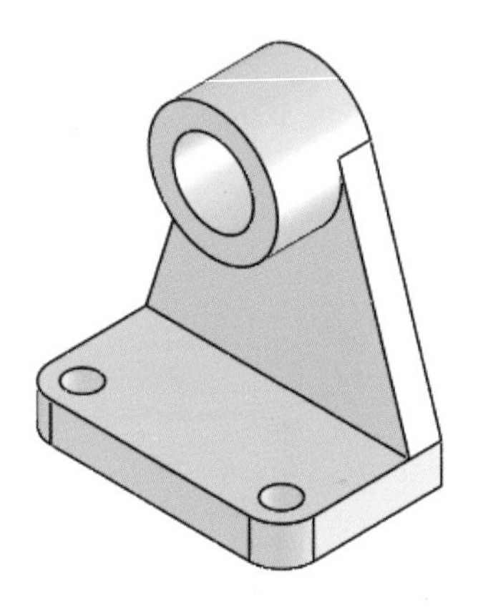

5. 建立肋材

Step 1. 變更草圖平面及畫直線

(1) 選擇右基準面，按 [icon] 所選的右基準面變更爲草圖平面。

(2) 按 [icon] 直線畫出右圖概略形狀。

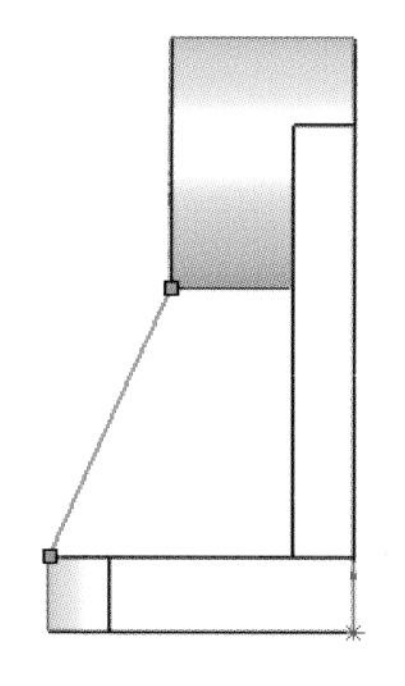

Step 2. 限制條件

(1) [icon] 選取邊線 A 及側影輪廓邊線 B 和點 C 加入 [icon] **置於交錯點**條件。

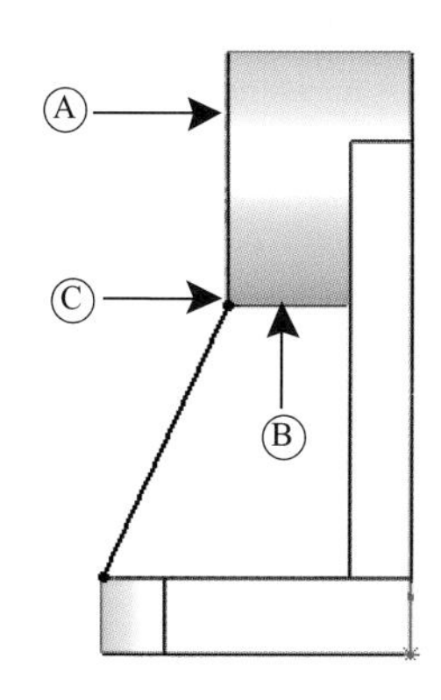

Step 3. 肋材

(1) 按 [icon] 則會出現下列對話視窗：

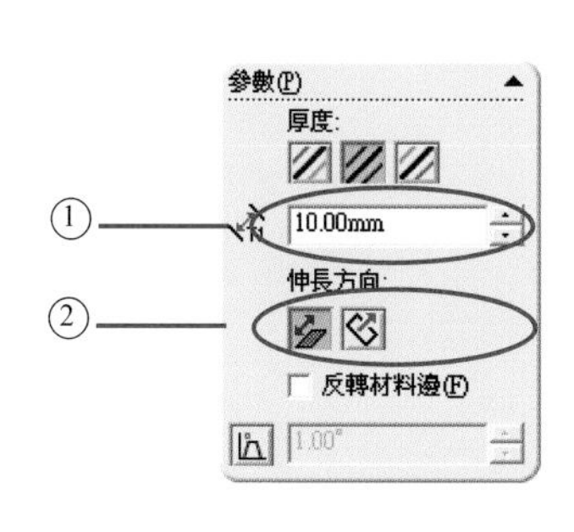

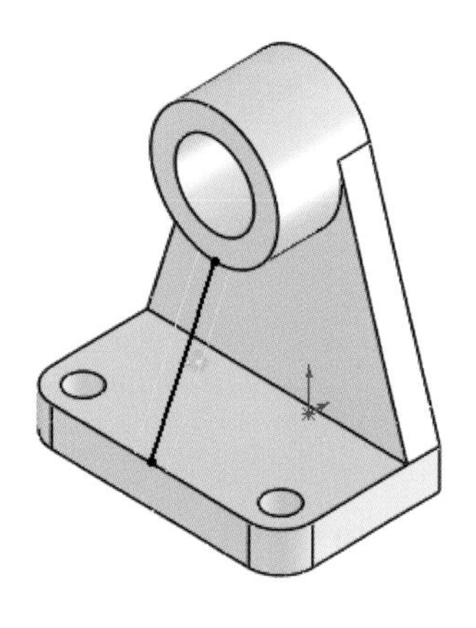

6. 建立圓角

Step 1. 圓角

(1) 按 則會出現下列對話視窗：

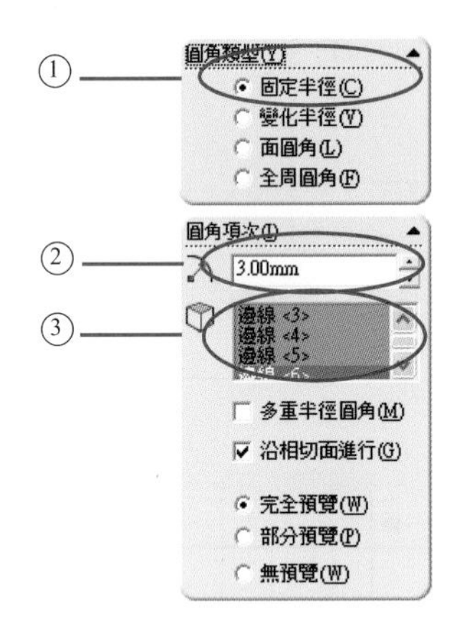

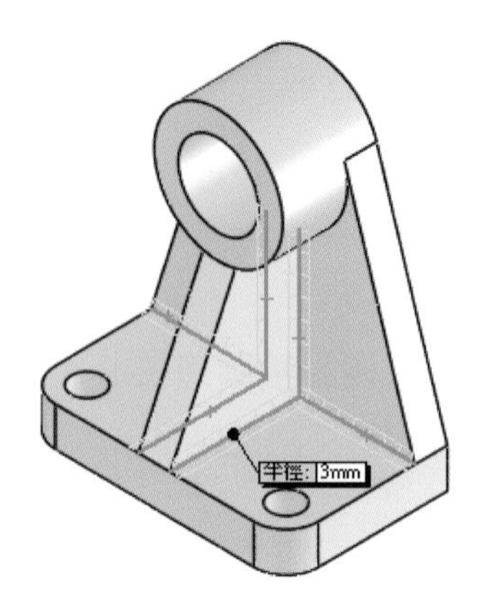

(2) 按 則會出現下列對話視窗：

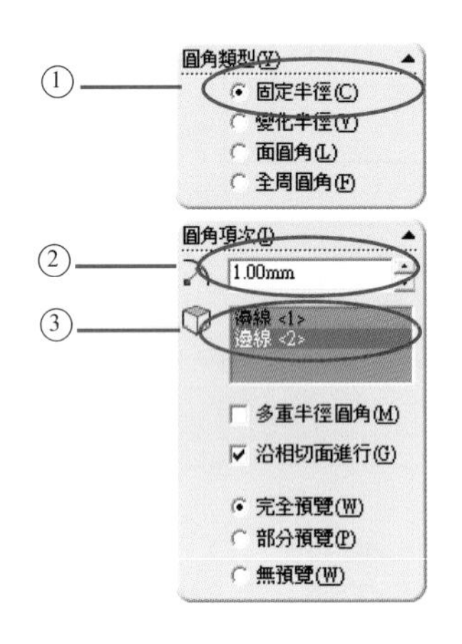

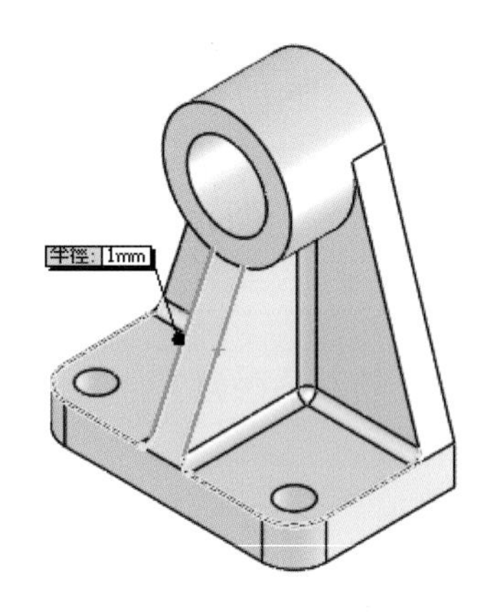

Step 2. 完成實體

3.7 薄殼

3.7.1 何謂薄殼

薄殼是將實心內部挖空，可以將一個或多個面除去，留下所要的厚度。

3.7.2 薄殼執行方法

實體完成後，選用 薄殼工具，有下列所示三種方法：

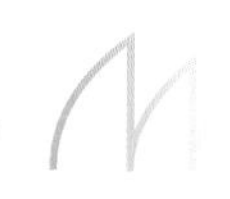

1. 特徵工具列　　2. Command Manager　　3. 插入→特徵→薄殼

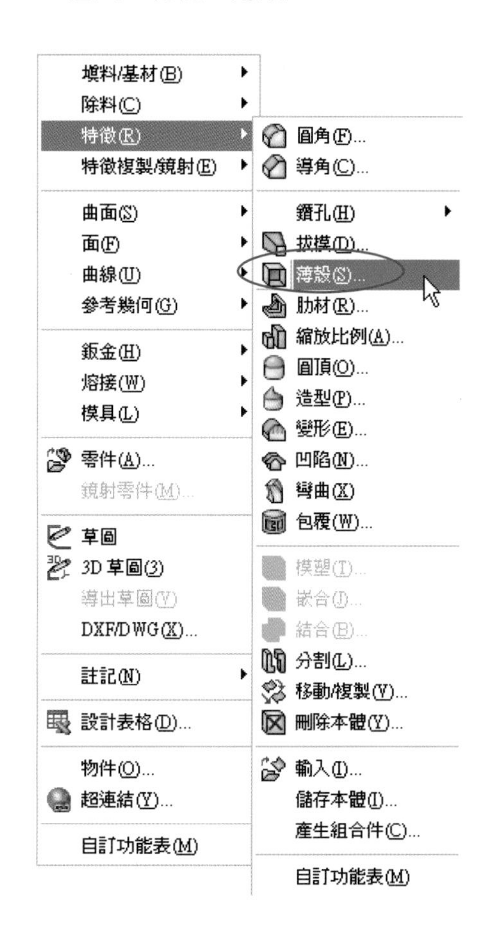

「薄殼」對話框可供選取的功能有三大類為：**參數**、**不等厚設定**及**確定選項**等功能。

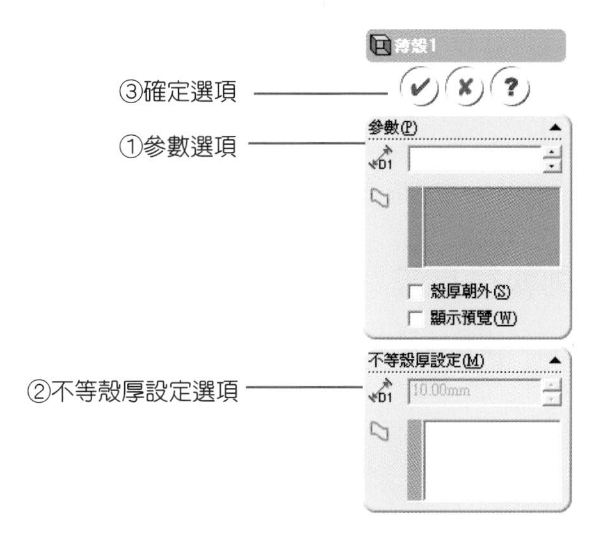

3.7.3 參數選項

若只選擇參數選項的薄殼爲等厚度薄殼。

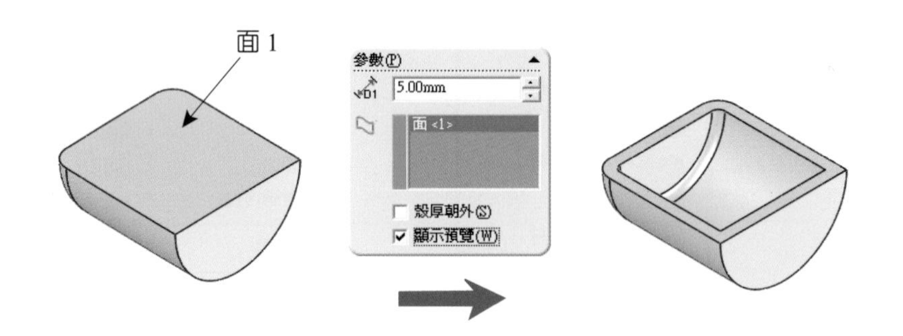

3.7.4 不等殼厚設定選項

要在底面產生不等厚的厚度則在不等殼厚設定中加入面 2 的設定值。

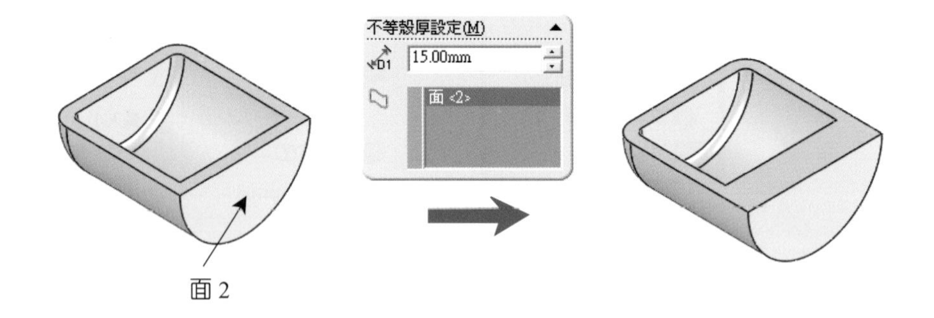

3.8 直線複製排列／環狀複製排列

3.8.1 何謂複製排列

相同的特徵呈規則直線或環狀排列時，不用重覆建立特徵，便可快速建構模型的方式。

3.8.2 環狀複製排列執行方法

實體完成後，選用 直線複製排列工具，有下列所示三種方法：

1. 特徵工具列　2. Command Manager　3. 插入→特徵複製→環狀排列

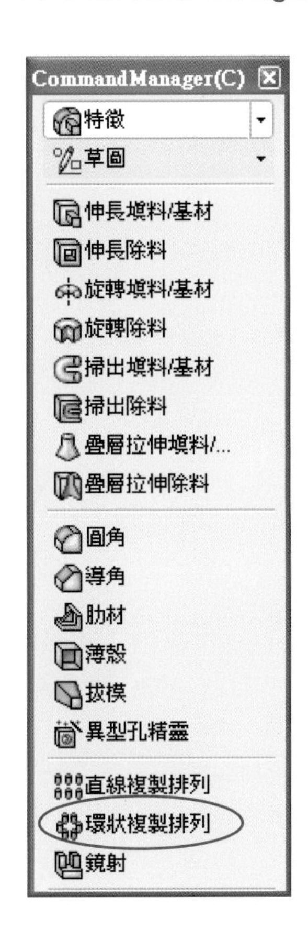

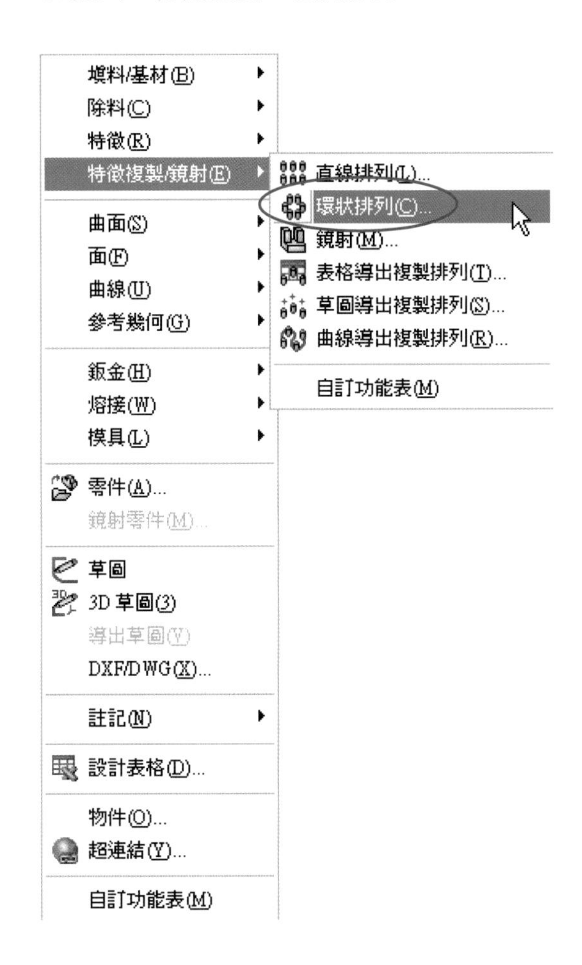

「環狀複製排列」對話框常用的功能有二大類為：**參數**、**複製排列特徵**等功能。

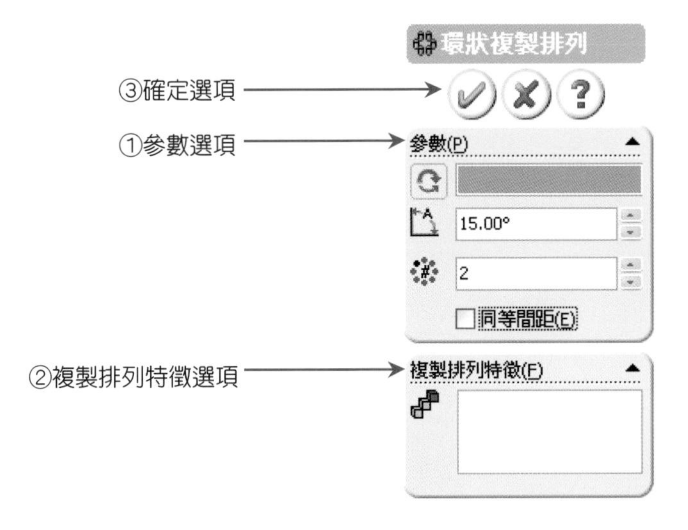

3.8.3 參數選項

「參數」選項中細分**方向切換**、**間距角度**、**排列個數**的功能。

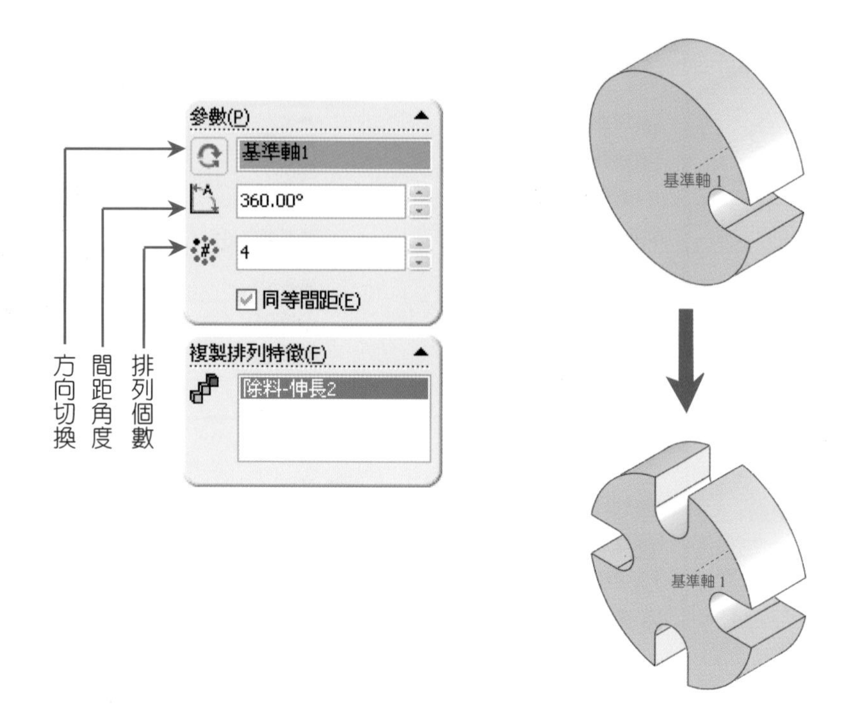

※如果勾選同等間距的選項，在間距角度的控制項中則自動會出現 360°，也就是說間距角度會依排列個數的多寡，在 360° 上平均分配。

3.8.4 環狀複製排列應用實例

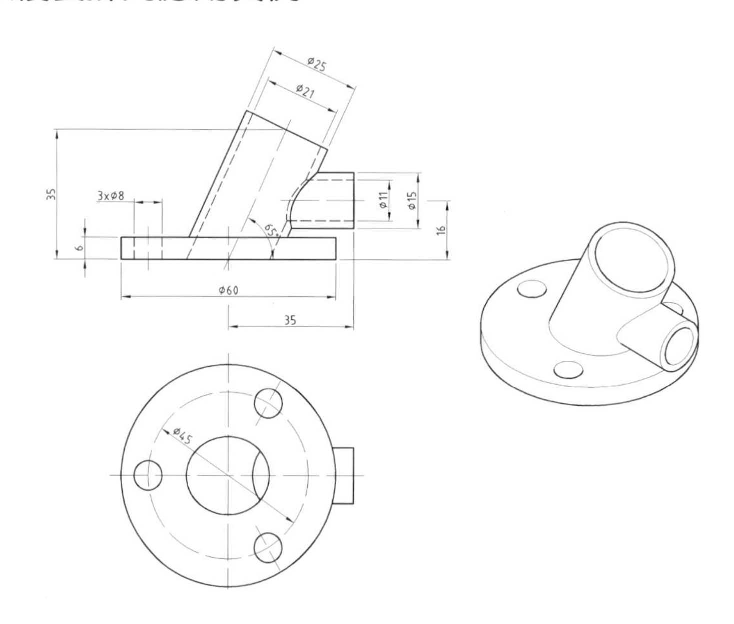

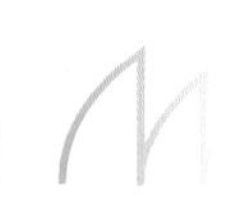

一、建立實體特徵的步驟分析

此零件的實體特徵，分爲**底座**、**圓柱**、**挖孔**、**環狀排列複製**四個部分

Step 1. 建立底座

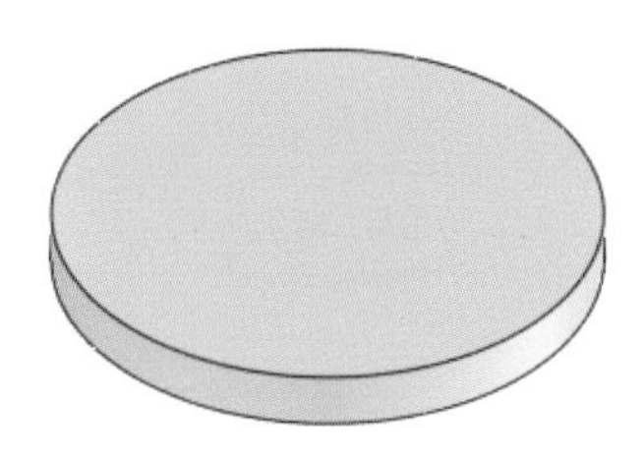

Step 2. 建立圓柱

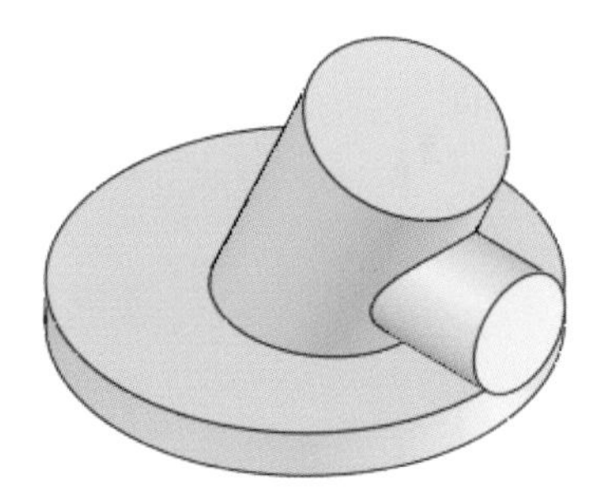

Step 3. 建立挖孔

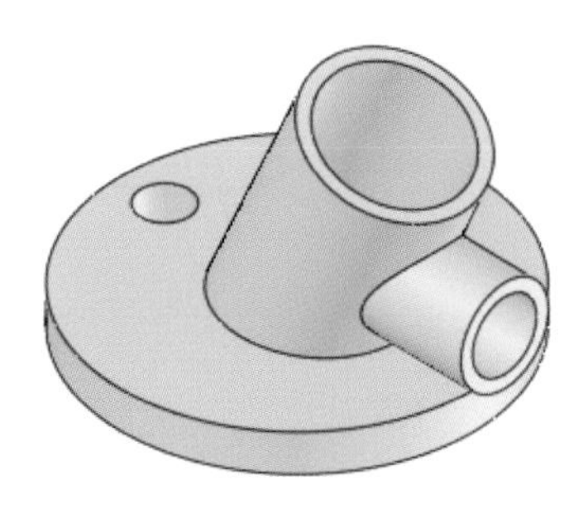

Step 4.建立環狀排列複製

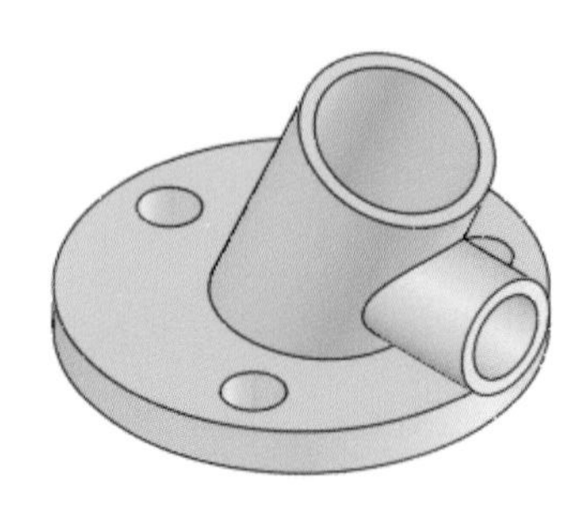

二、繪圖步驟

1. 建立底座

Step 1. 畫圓及尺度標註

(1) 選擇上基準面，按 產生新草圖。

(2) 以原點爲圓心，按 畫出圓 A。

(3) 標註及編輯 B(60)。

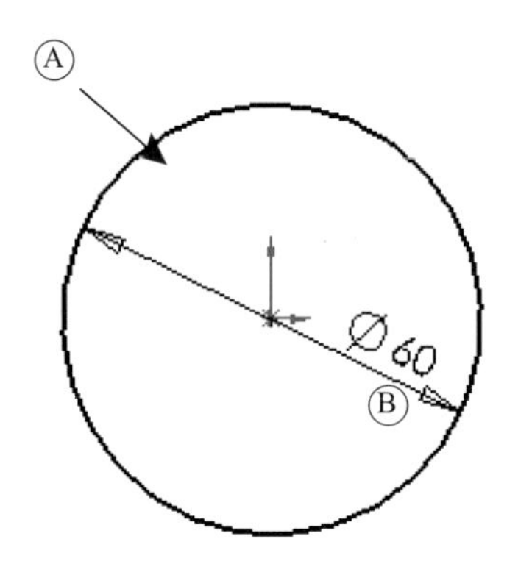

Step 2. 伸長填料

按 則會出現下列對話視窗。

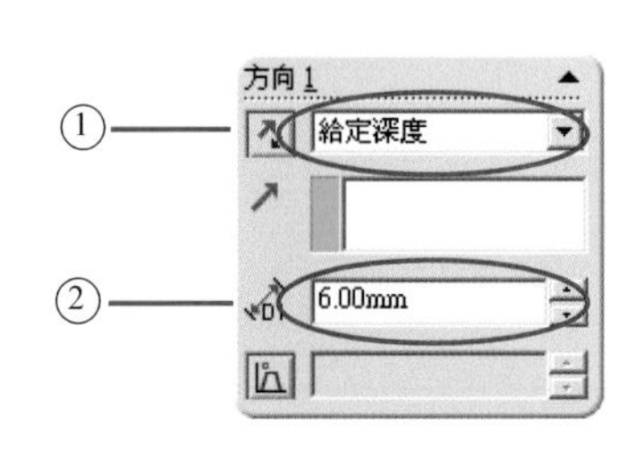

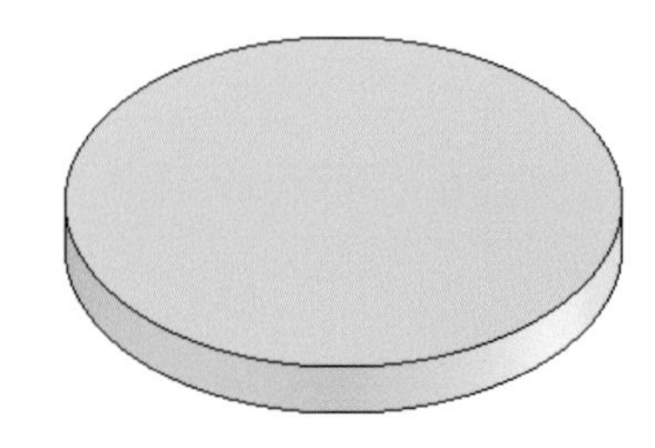

2. 建立圓柱

Step 1. 變更草圖平面及畫直線

(1) 選擇前基準面，按 所選的前基準面變更為草圖平面。

(2) 畫直線 A。

(3) 標註及編輯 B(65)、C(35)。

(4) 完成後在繪圖區右上角按 退出草圖。

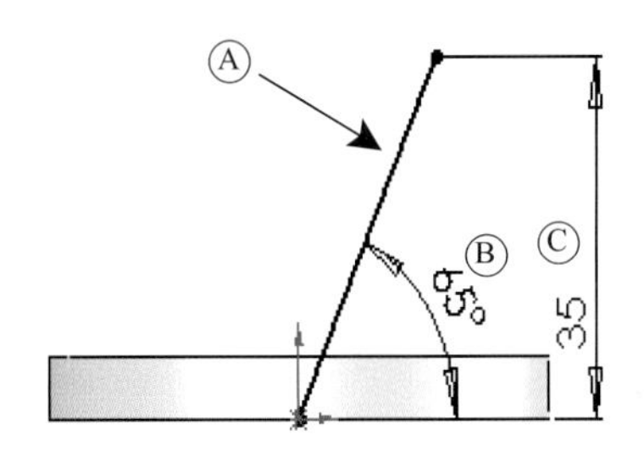

Step 2. 建立基準面

按 則會出現下列對話視窗。

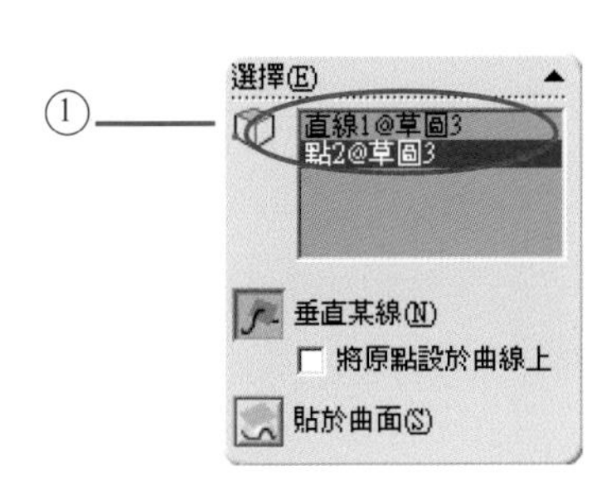

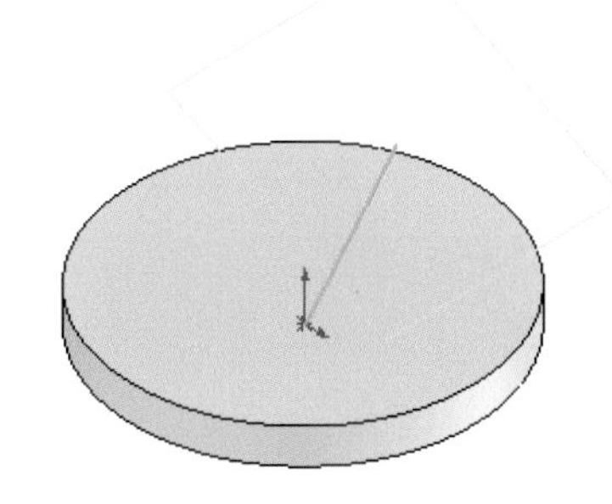

Step 3. 畫圓及尺度標註

(1) 在**概略位置**畫出圓 A。

(2) 標註及編輯 B(25)。

(3) 完成後，草圖應由藍色變為黑色，代表此草圖完全限制。

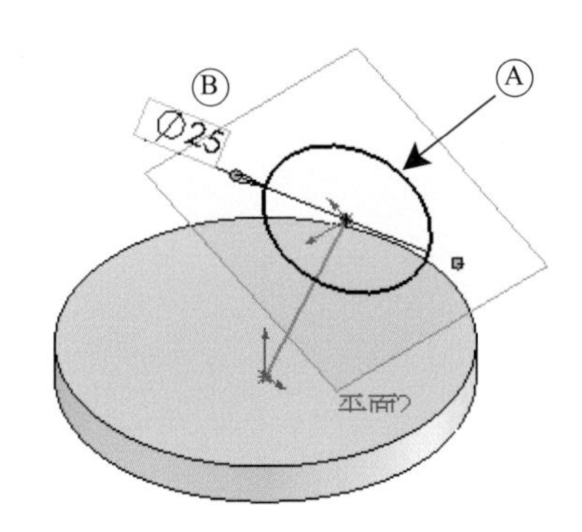

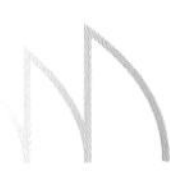

Step 4.伸長填料

按 則會出現下列對話視窗。

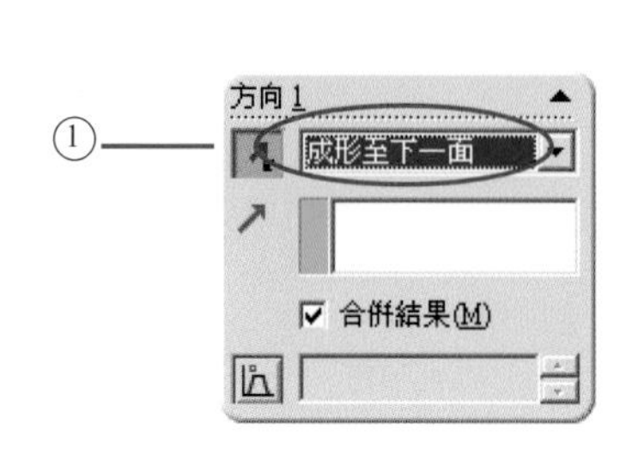

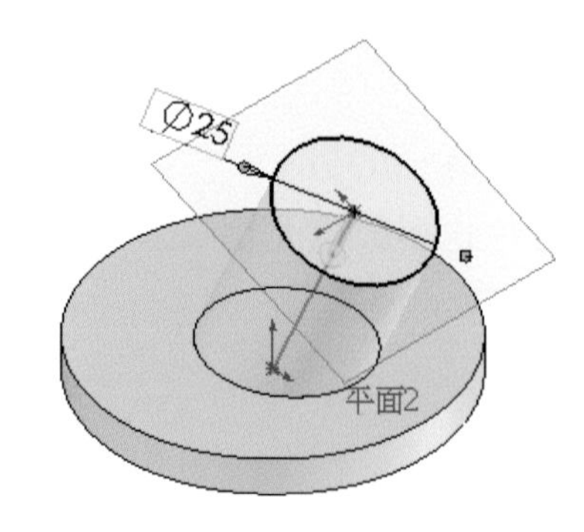

Step 5. 畫圓

(1) 選擇右基準面，按 所選的右基準面變更爲草圖平面。

(2) 在**概略位置**畫出圓 A。

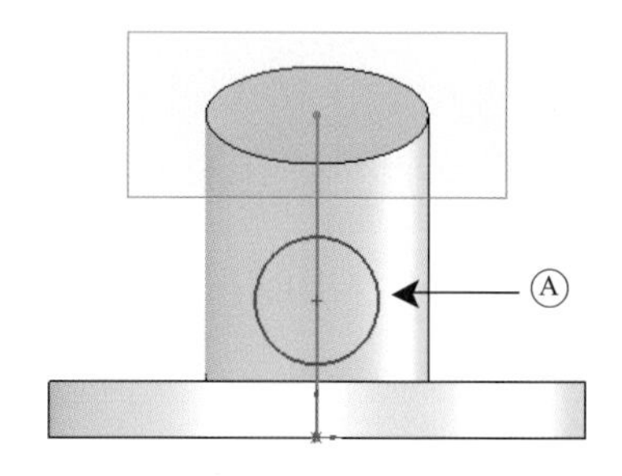

Step 6.限制條件及尺度標註

(1) 選取圓心 A 及原點 B，加入 **垂直放置**條件。

(2) 標註及編輯 C(15)、D(16)。

(3) 完成後，草圖應由藍色變爲黑色，代表此草圖完全限制。

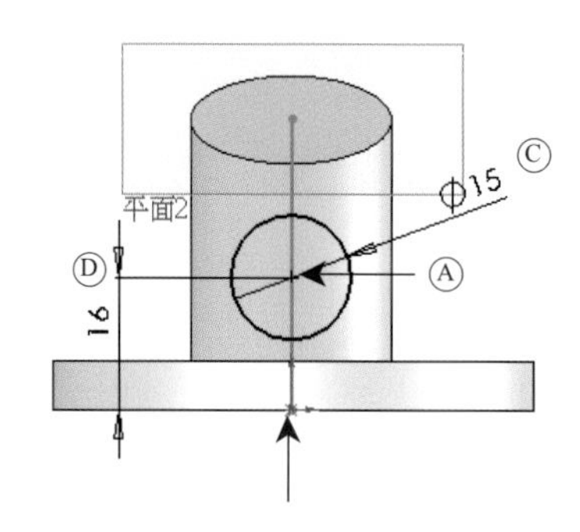

Step 7. 伸長填料

按 則會出現下列對話視窗。

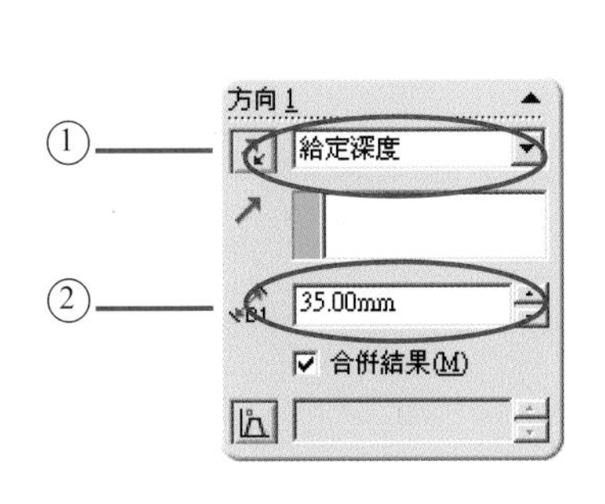

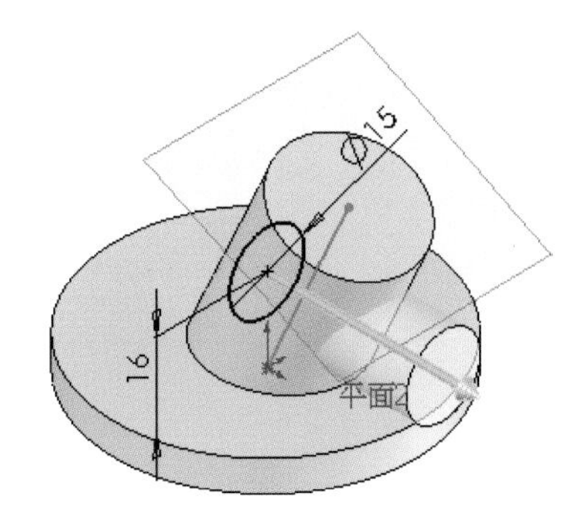

3. 建立挖孔

Step 1. 畫圓及尺度標註

(1) 選擇 A 面爲草圖平面。

(2) 在**概略位置**畫出圓 B。

(3) 標註及編輯 C(21)。

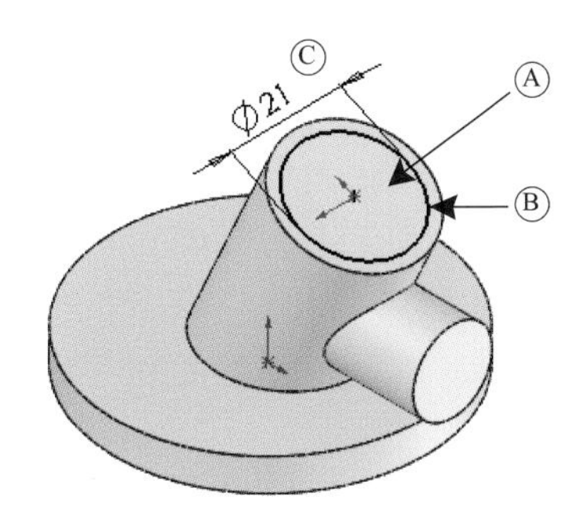

Step 2. 伸長除料

按 則會出現下列對話視窗。

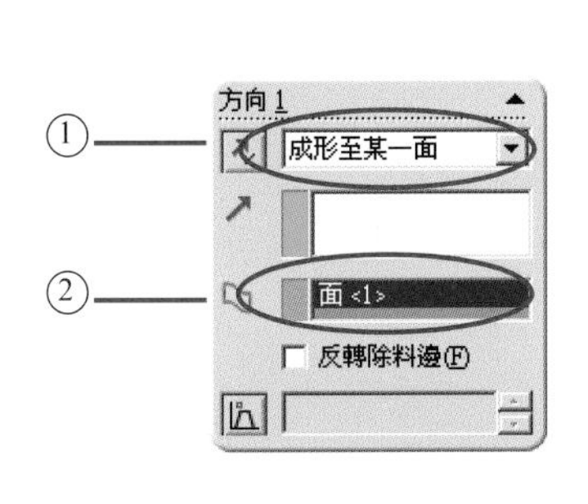

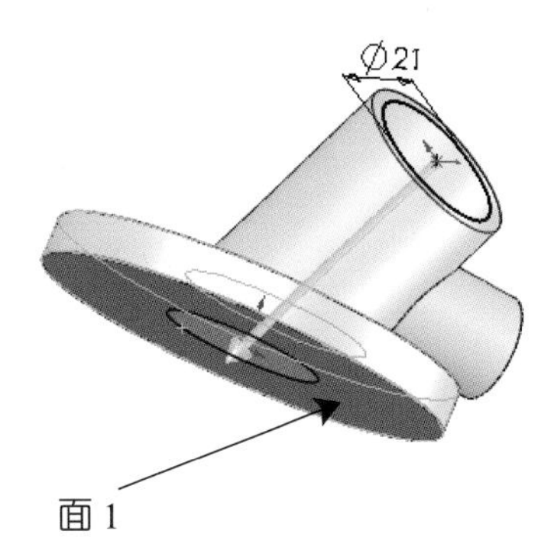

面 1

Step 3. 畫圓及尺度標註

(1) 選擇 A 面為草圖平面。

(2) 在**概略位置**畫出圓 B。

(3) 標註及編輯 C(11)。

(4) 選取圓 B 及輪廓 D 加入 **同心圓/弧條件**

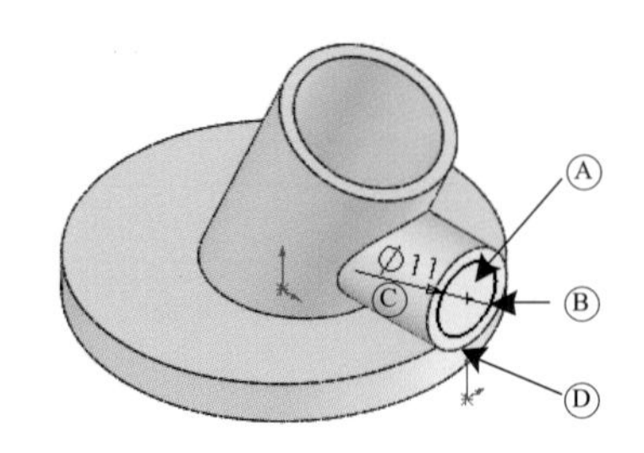

Step 4. 伸長除料

(1) 按 則會出現下列對話視窗。

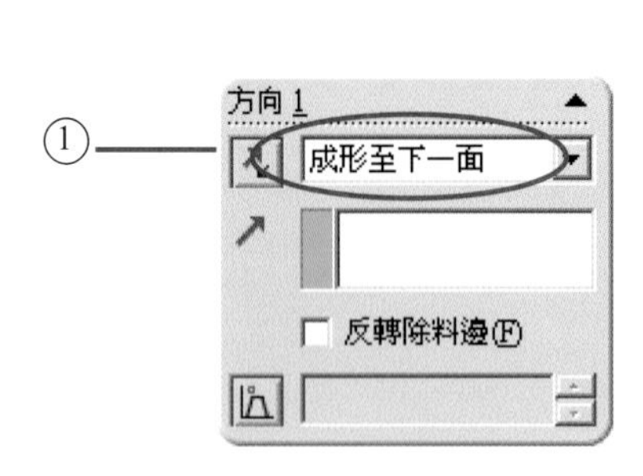

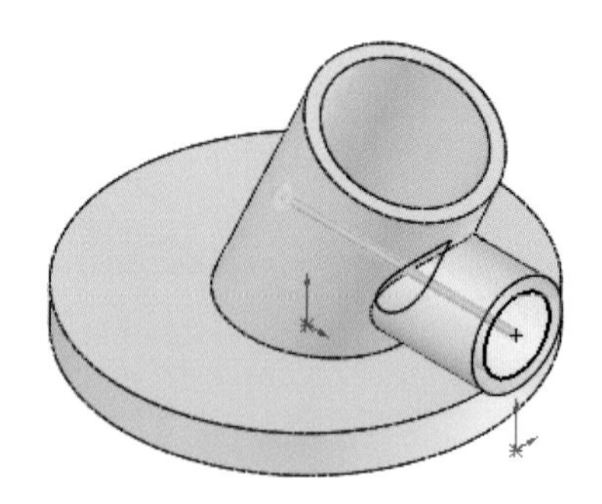

Step 5. 變更草圖平面

(1) 選擇 A 面，按 所選的 A 面變更為草圖平面。

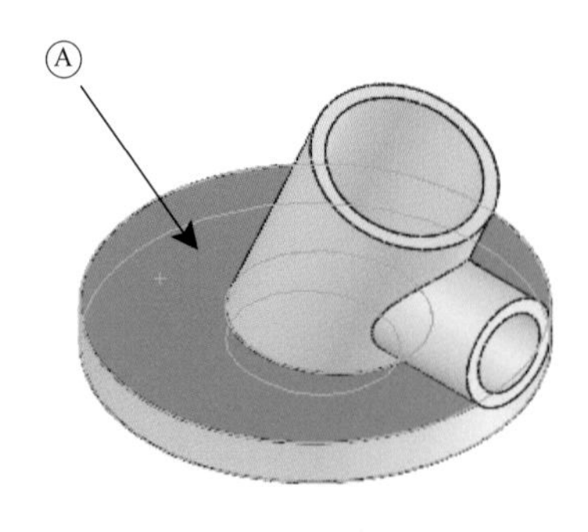

Step 6. 畫圓及尺度標註

(1) 在**概略位置**畫出圓 A。

(2) 標註及編輯 B(8)、C(22.5)。

(3) 選取圓心 D 及原點 E 加入 **水平放置**條件。

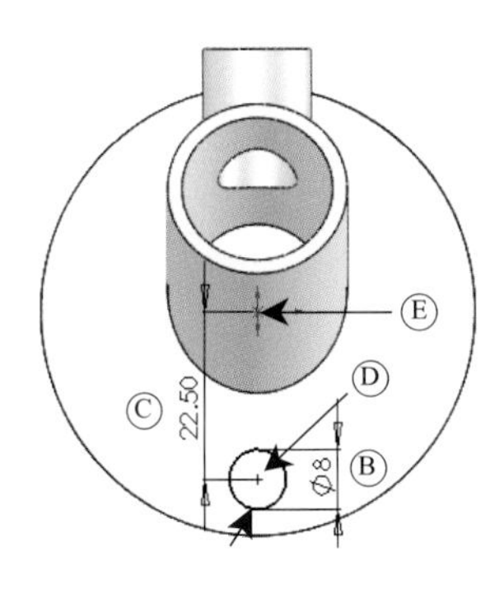

Step 7. 伸長除料

(1) 按 則會出現下列對話視窗：

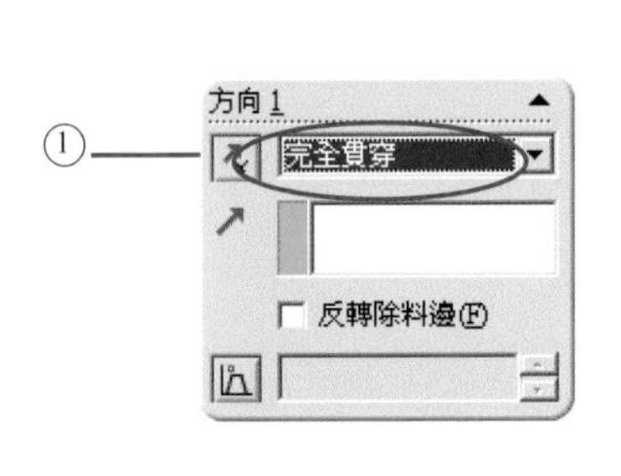

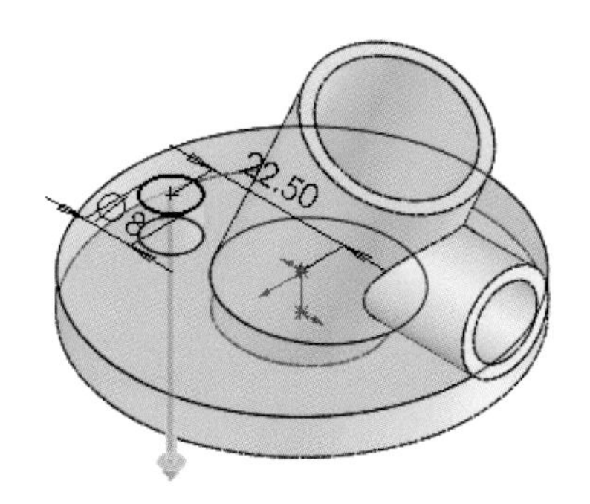

3. 建立環狀排列複製

Step 1. 建立基準軸

(1) 按 則會出現下列對話視窗：

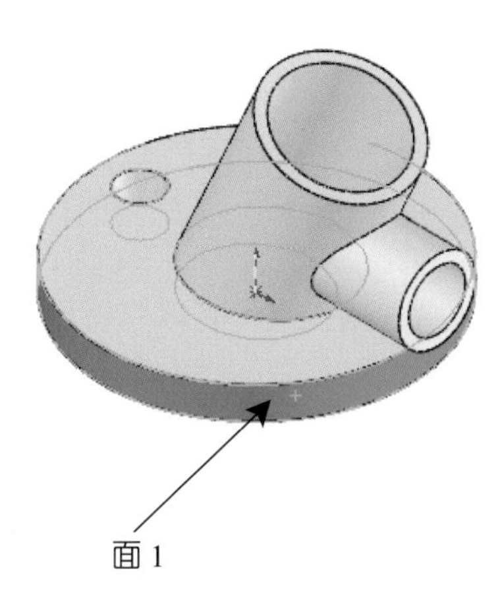

Step 2. 環狀排列複製

按 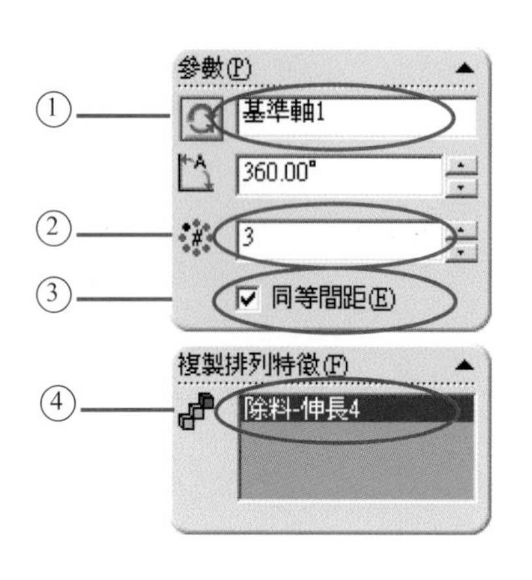 則會出現下列對話視窗：

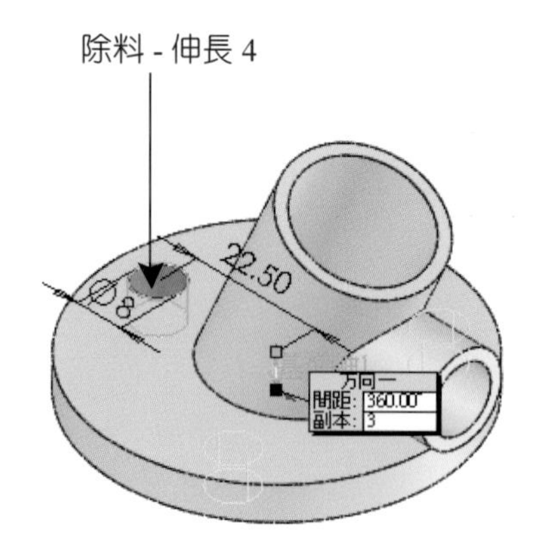

Step 3. 完成實體

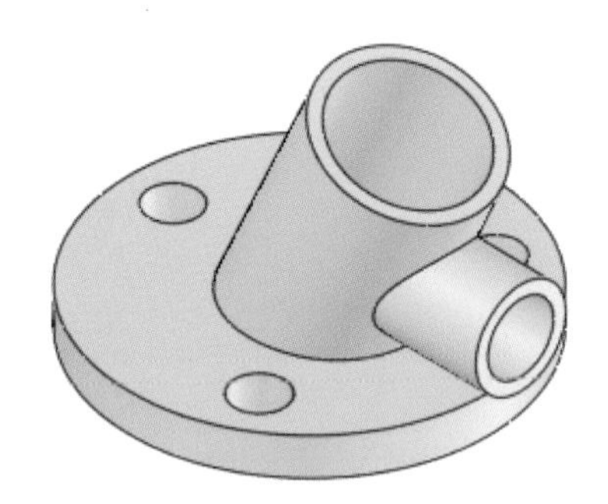

3.9 鏡射

3.9.1 何謂鏡射

鏡射是以一個基準面（或平面）為基準，將一個或多個特徵複製到面的另一邊，通常用於對稱性的零件上。

3.9.2 鏡射執行方法

實體完成後，選用 鏡射工具，有下列所示三種方法：

1. 特徵工具列　　2. Command Manager　　3. 插入→特徵複製→鏡射

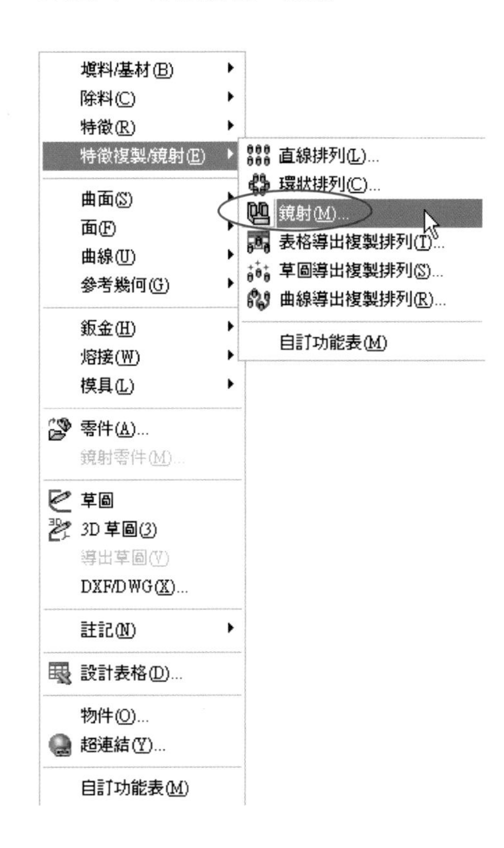

「鏡射」對話框可選取的功能有六大類爲：**鏡射面**、**鏡射特徵**、**鏡射之面**、**鏡射本體**、**選項**、**確定**等功能。

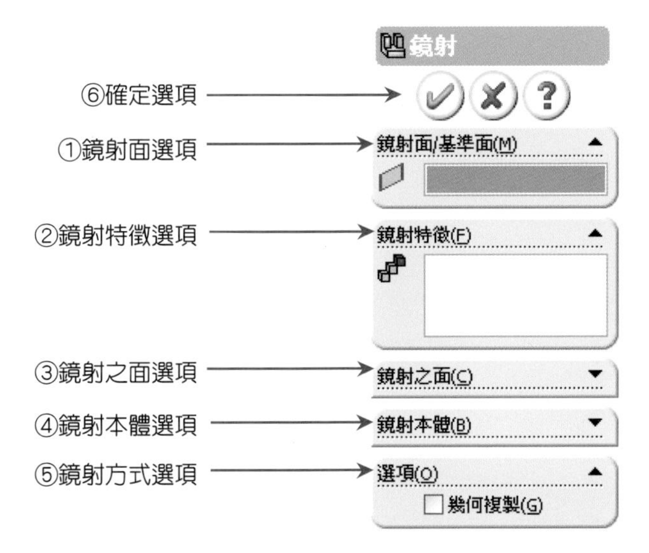

3.9.3 鏡射面／鏡射特徵

使用鏡射指令時，鏡射面與鏡射特徵是密不可分，缺一則無法執行。

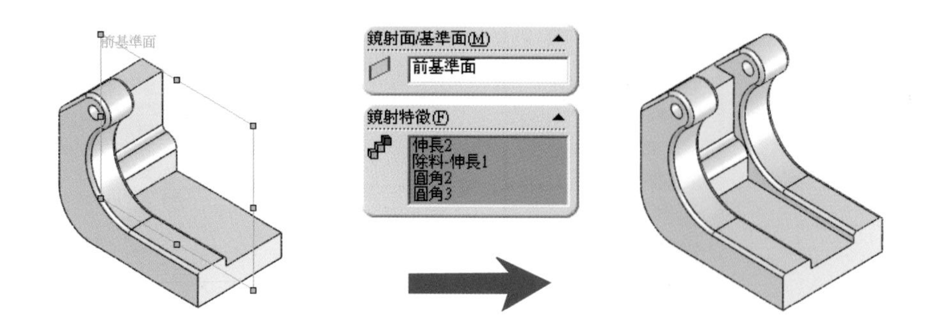

3.9.4 鏡射本體

使用鏡射本體選項，是將所選本體中的所有特徵一併鏡射。

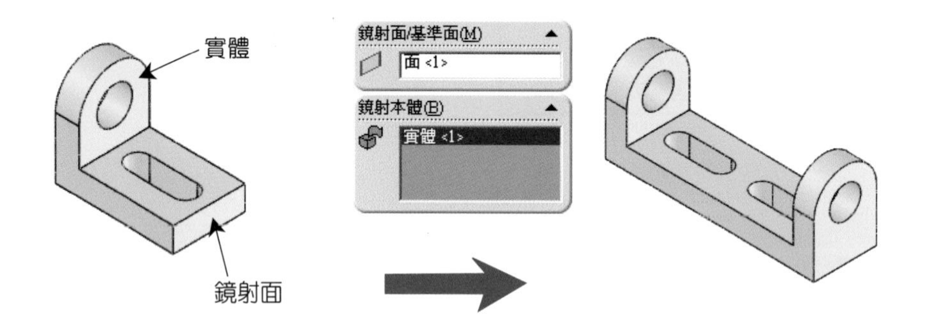

3.9.5 鏡射應用實例

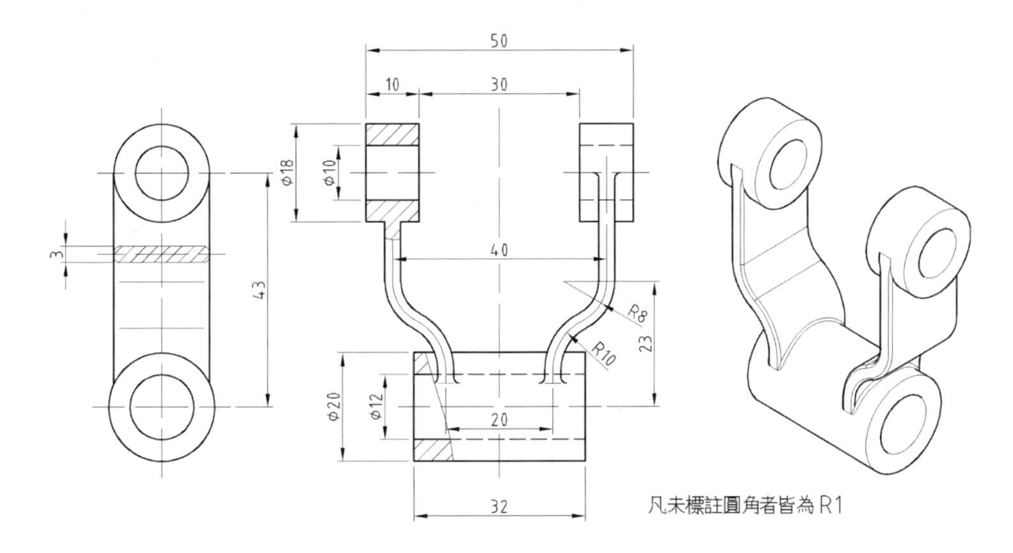

一、建立實體特徵的步驟分析

此零件的建模步驟，分為：**圓柱**、**肋板**、**挖孔及圓角**、**鏡射**四個部分。

1. 建立圓柱

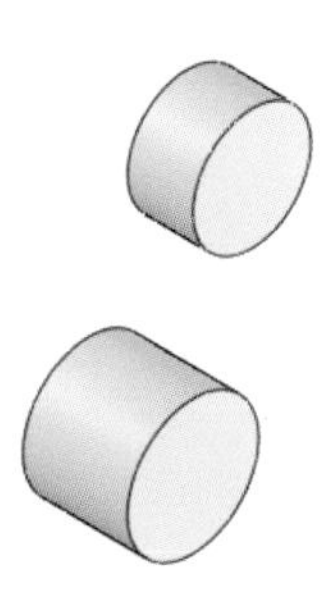

2. 建立肋板

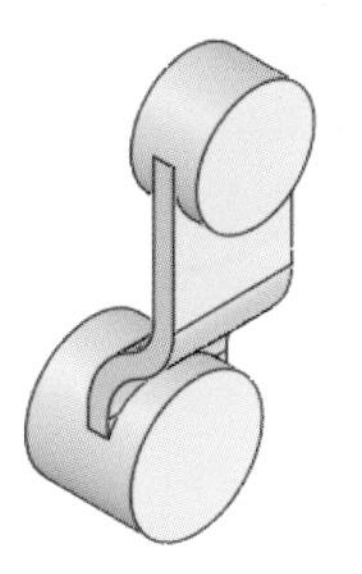

3. 挖孔及圓角

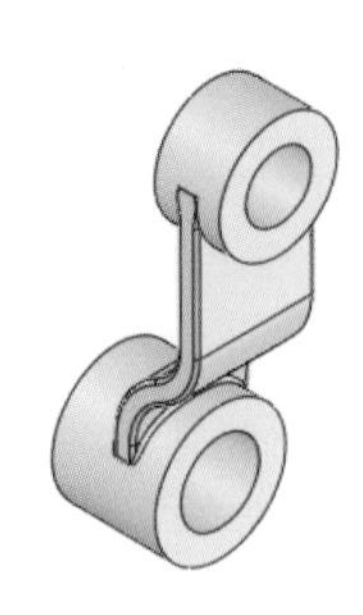

4. 鏡射成形

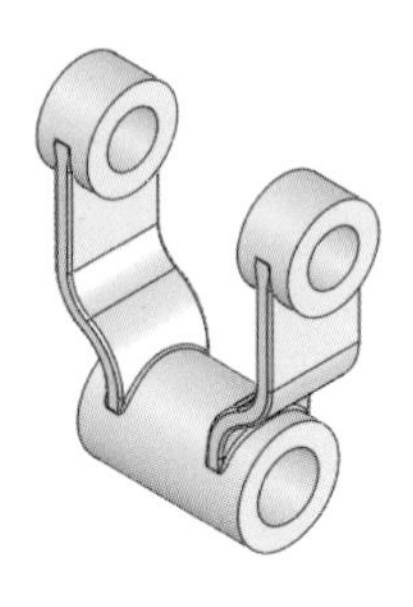

二、繪圖步驟

1. 建立圓柱

Step 1. 畫圓及尺度標註

(1) 選擇右基準面，按 產生新草圖。

(2) 在**原點上**畫出圓 A。

(3) 標註及編輯 B(20)。

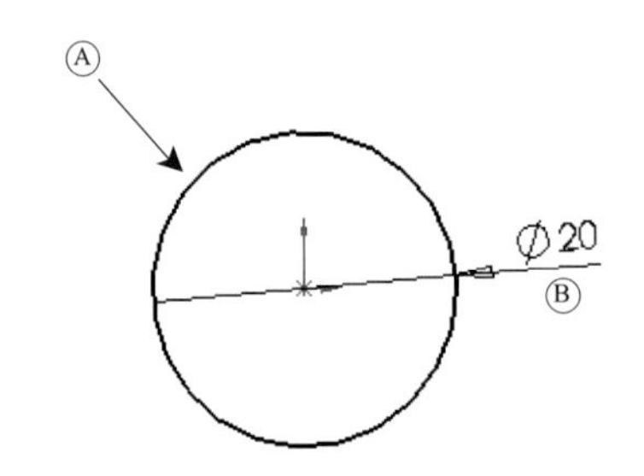

Step 2. 伸長填料

按 則會出現下列對話視窗：

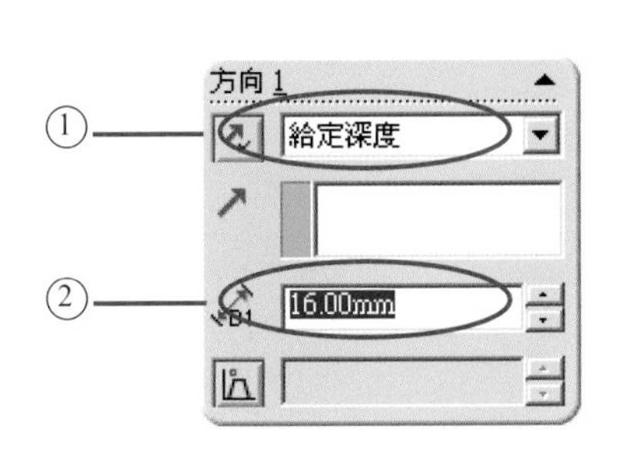

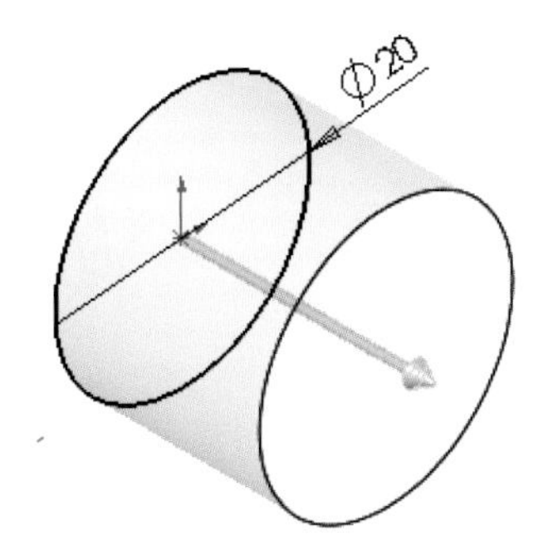

Step 3. 建立基準面

選擇右基準面，按 則會出現下列對話視窗：

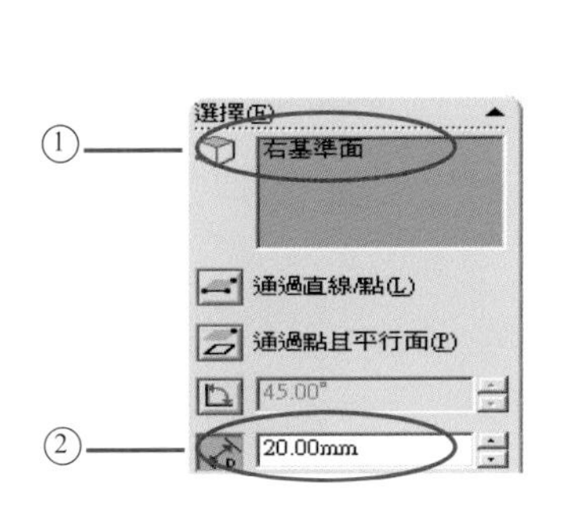

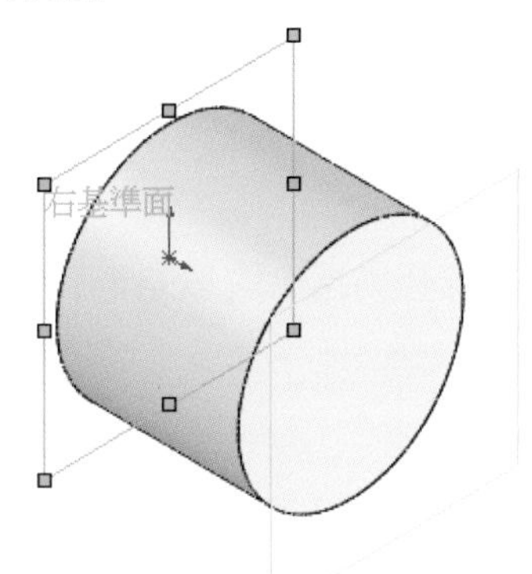

Step 4. 變更草圖平面

選擇平面 1，按 所選的平面 1 變更為草圖平面。

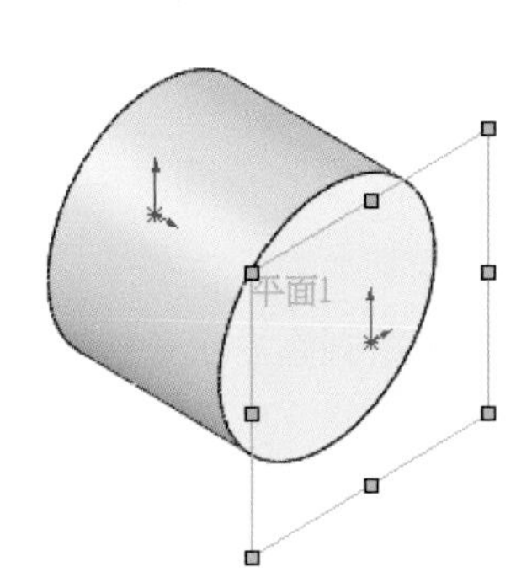

Step 5. 畫圓及尺度標註

(1) 在**概略位置**畫出圓 A。

(2) 標註及編輯 B(18)、C(43)。

(3) 選取圓心點 D 及原點 E 加入 **垂直放置**條件。

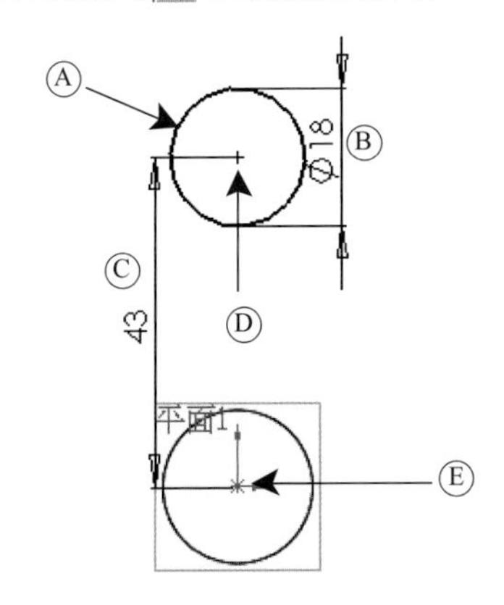

Step 6.伸長填料

(1) 按 則會出現下列對話視窗：

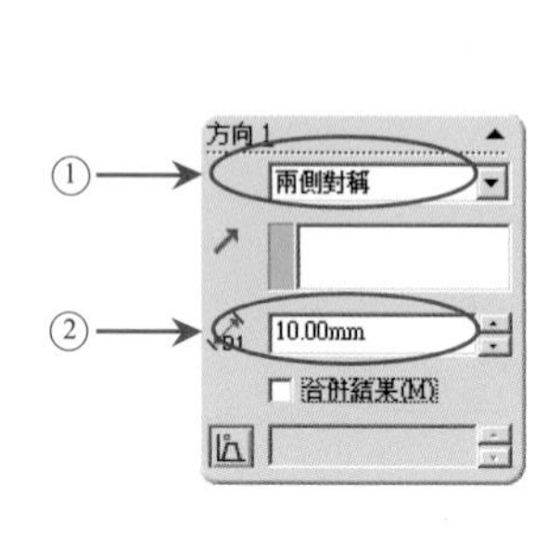

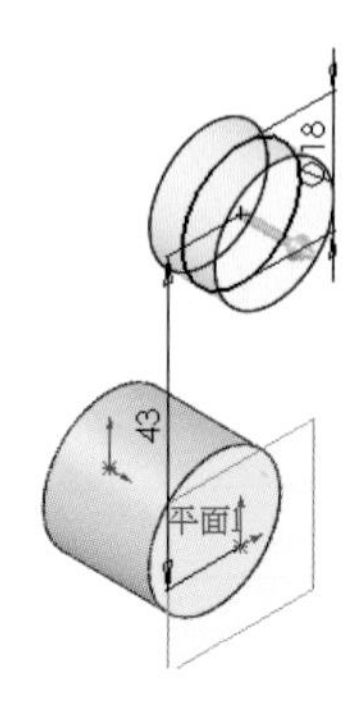

2. 建立肋板

Step 1. 畫掃出路徑線

(1) 選擇前基準面，按 所選的前基準面變更為草圖平面。

(2) 按 直線及 切線弧畫出右圖概略形狀。

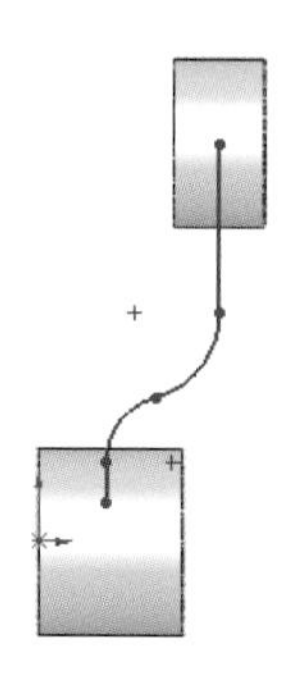

Step 2. 尺度標註

(1) 標註及編輯 A(20)、B(8)、C(10)、D(10)、E(23)。

(2) 完成後，草圖應由藍色變為黑色，代表此草圖完全限制。

(3) 於繪圖區右上角按 退出草圖。

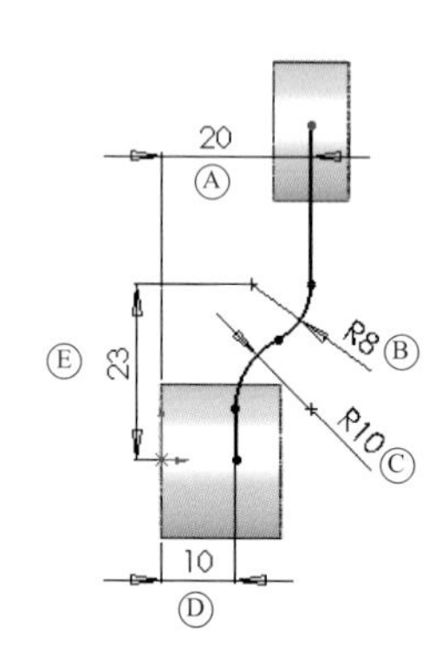

Step 3. 畫掃出輪廓

(1) 選擇上基準面，按 所選的上基準面變更為草圖平面。

(2) 按 中心線及 矩形畫出右圖概略形狀。

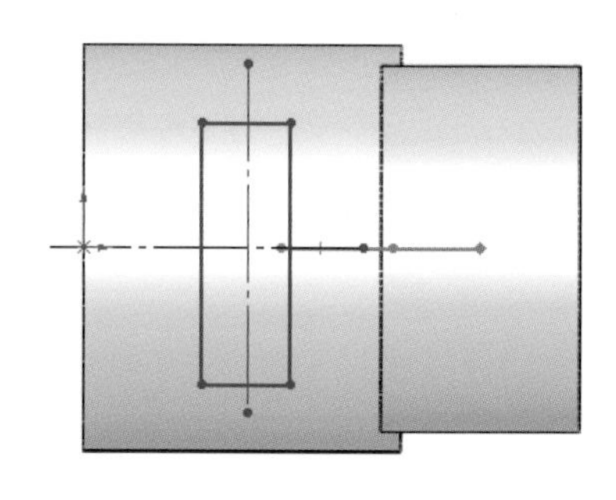

Step 4. 限制條件

選取 A、B、C 及 D、E、F 線段，分別加入 相互對稱條件。

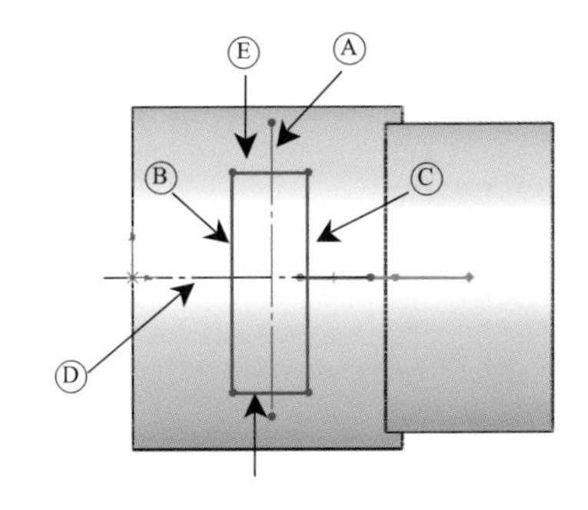

Step 5. 尺度標註

(1) 標註及編輯 A(10)、B(3)、C(18)。

(2) 完成後，草圖應由藍色變爲黑色，代表此草圖完全限制。

(3) 於繪圖區右上角按 退出草圖。

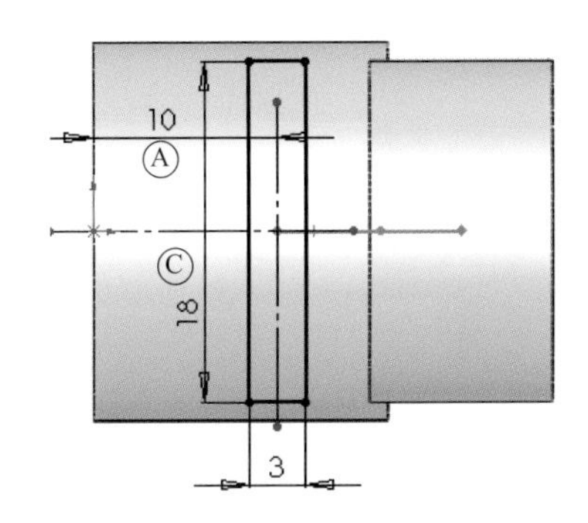

Step 6. 掃出

按 則會出現下列對話視窗。

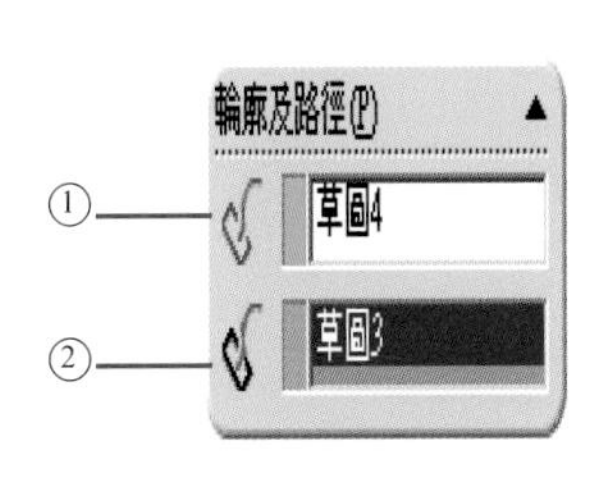

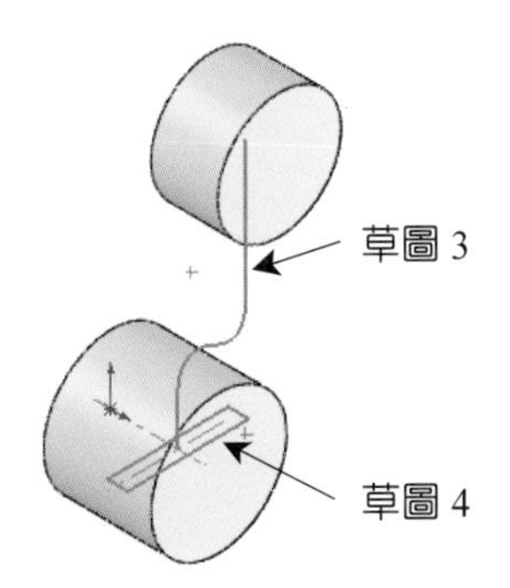

3. 挖孔及圓角

Step 1. 畫圓及尺度標註

(1) 選擇 A 面爲草圖平面。

(2) 在**概略位置**畫出圓 B。

(3) 標註及編輯 C(12)。

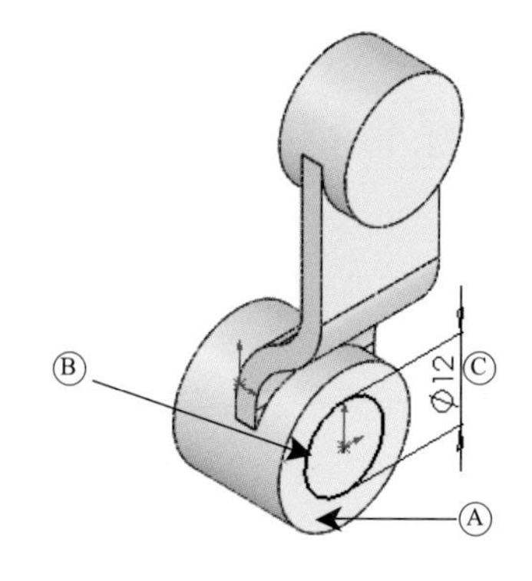

Step 2. 伸長除料

按 則會出現下列對話視窗：

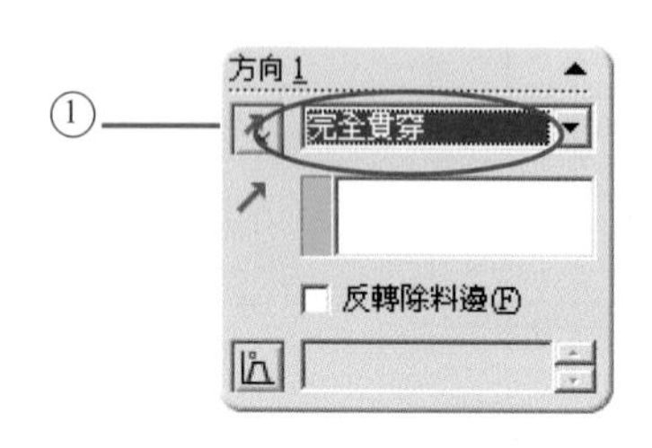

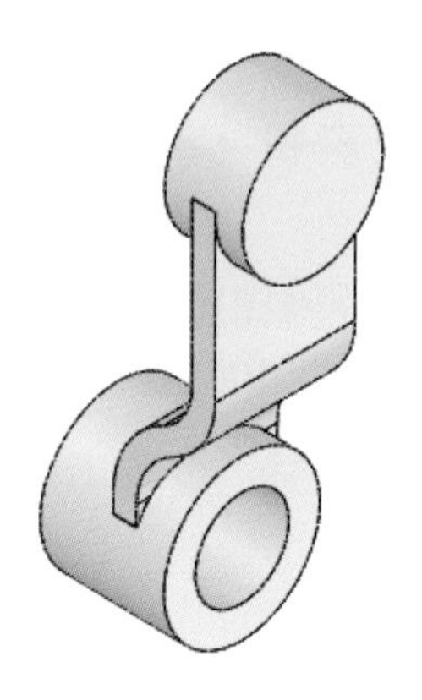

Step 3. 畫圓及尺度標註

(1) 選擇 A 面爲草圖平面。

(2) 在**概略位置**畫出圓 B。

(3) 標註及編輯 C(10)。

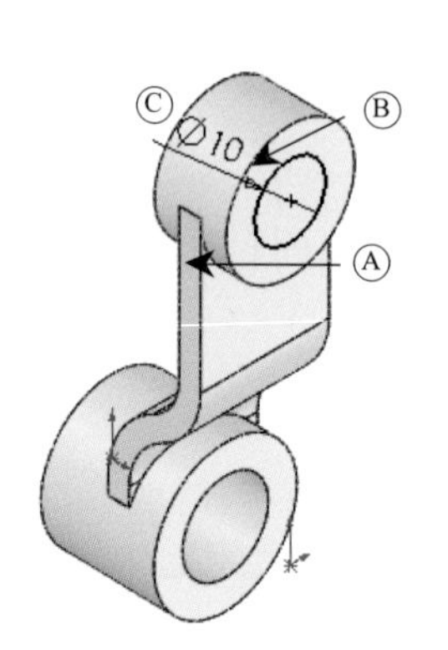

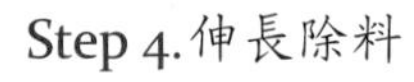
Step 4. 伸長除料

按 則會出現下列對話視窗：

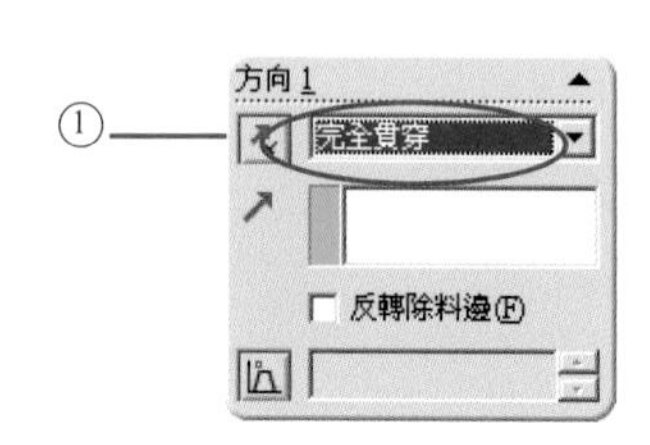

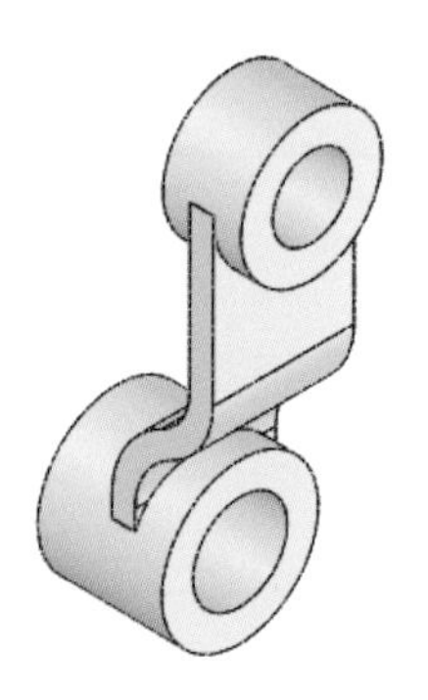

Step 5. 圓角

按 則會出現下列對話視窗：

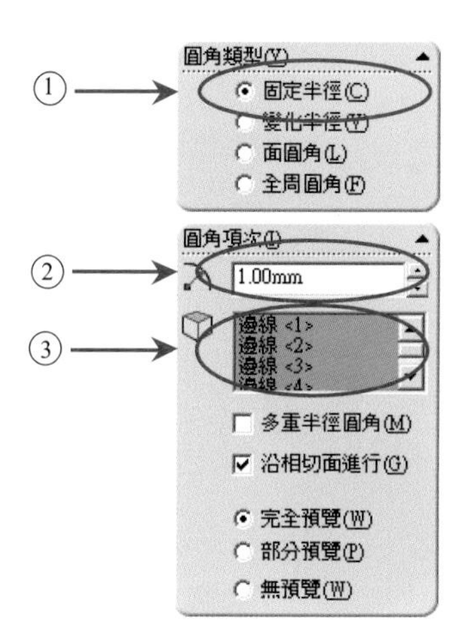

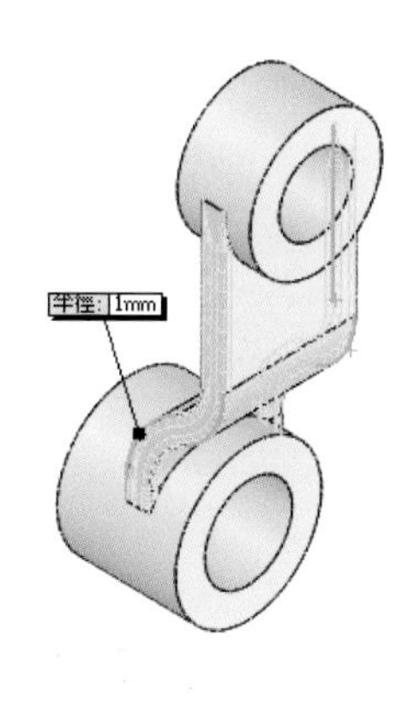

Step 6. 圓角

(1) 按 則會出現下列對話視窗。

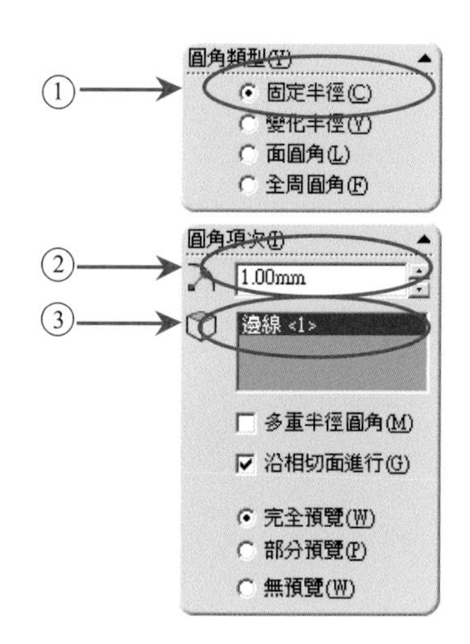

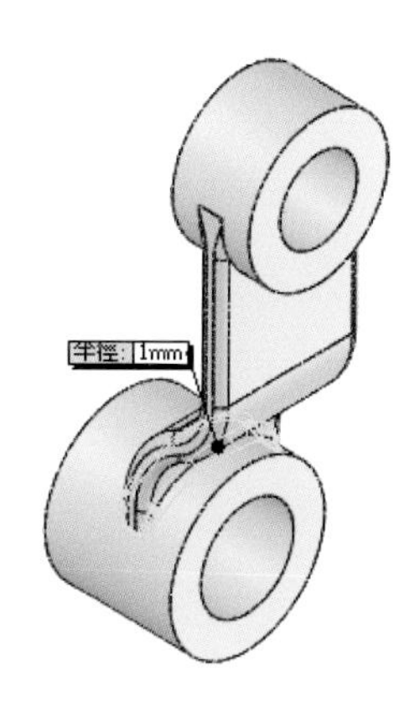

4. 鏡射成形

Step 1. 鏡射

(1) 按 則會出現下列對話視窗。

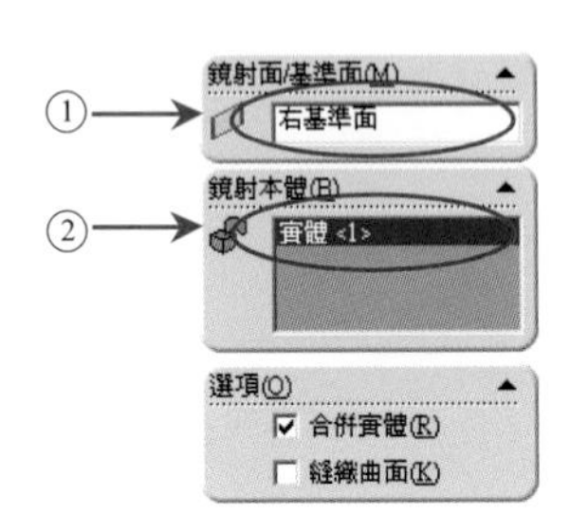

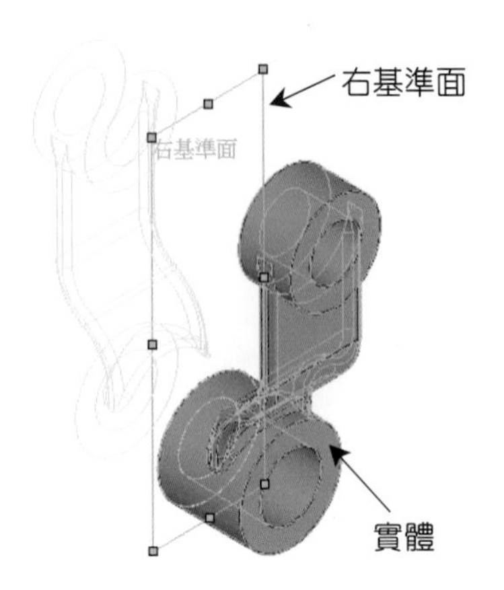

Step 2. 完成實體

4

Parts

學習重點

4.1 本體

4.2 旋轉座

4.3 主軸

4.4 主動齒輪軸

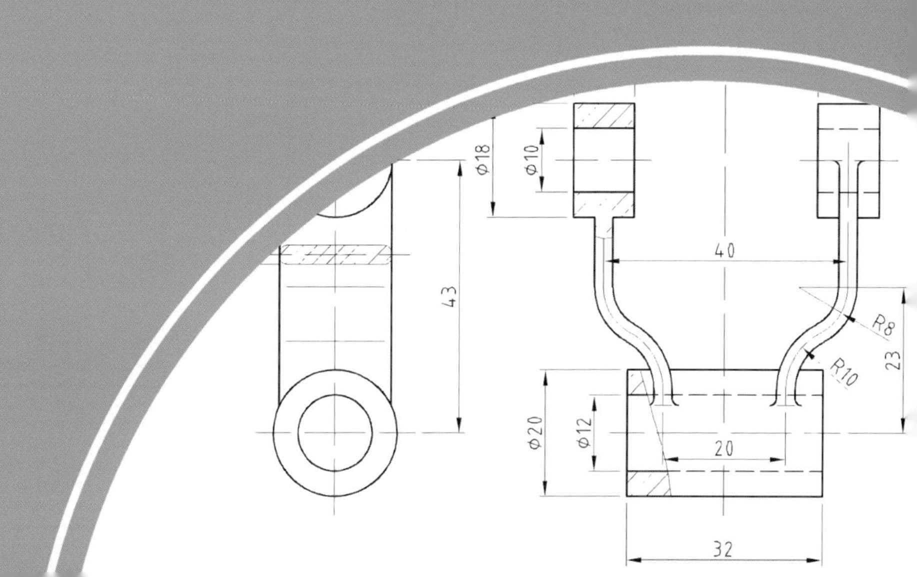

4.1 本體

一、本體的繪製流程

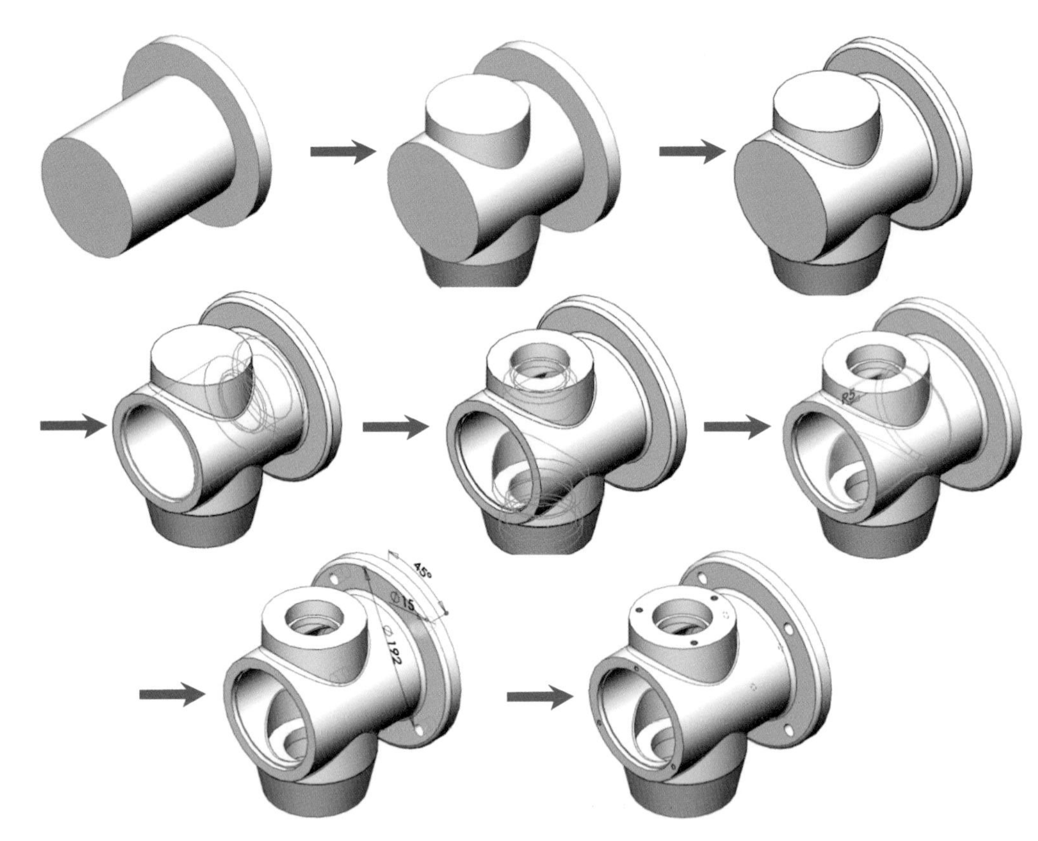

二、建立基材

1. 選擇**右基準面**按**草圖** →繪製如下圖所示之草圖。注意繪製方位！

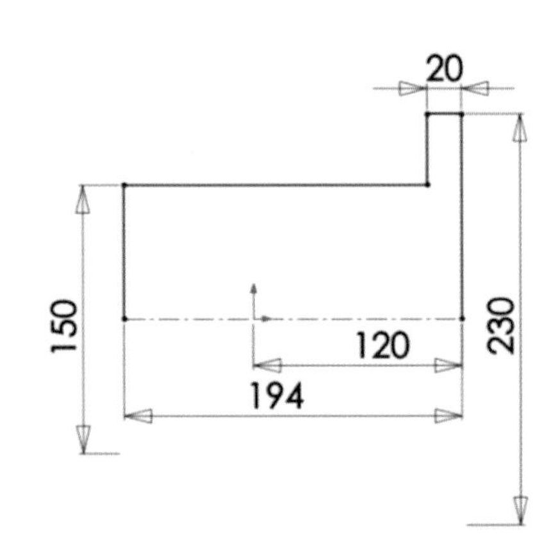

2. 按**旋轉填料 / 基材** →根據下圖設定→**確定**。

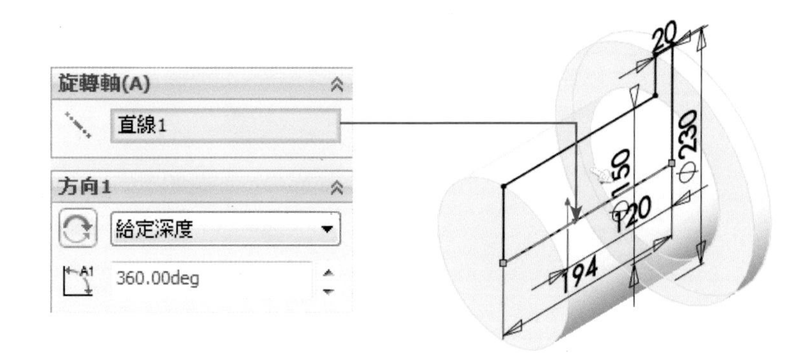

3. 選擇**右基準面**按**草圖** →繪製如下圖所示之草圖。注意繪製方位！

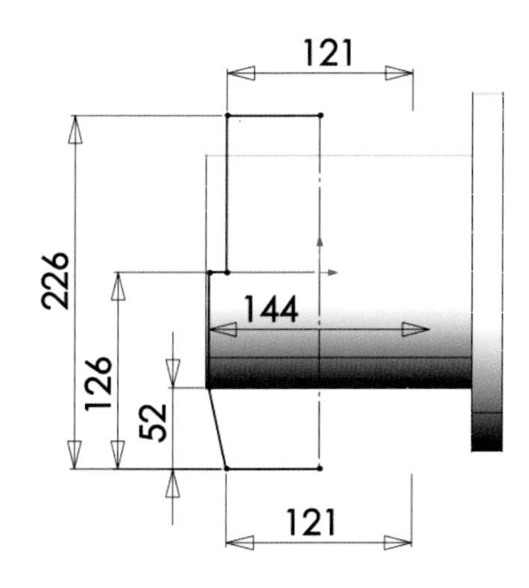

4. 按**旋轉填料 / 基材** →根據下圖設定→**確定**。

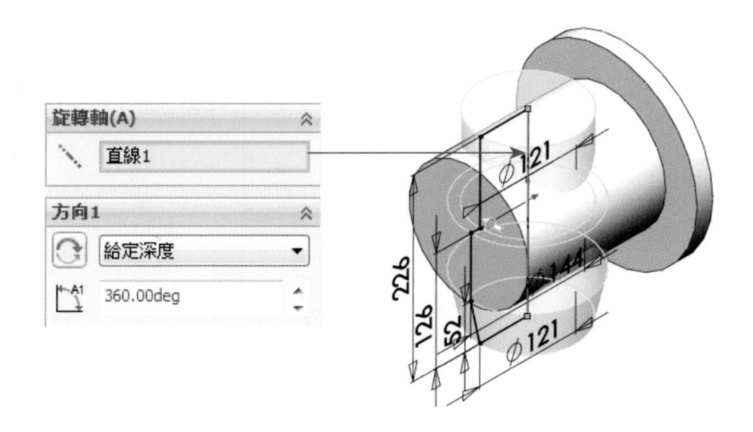

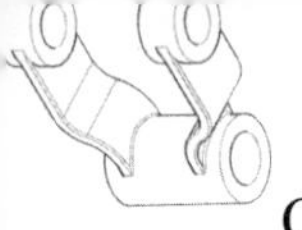

5. 按**圓角** →輸入半徑 **5** →選擇 **4** 條邊線、**1** 個平面，如下圖→確定。

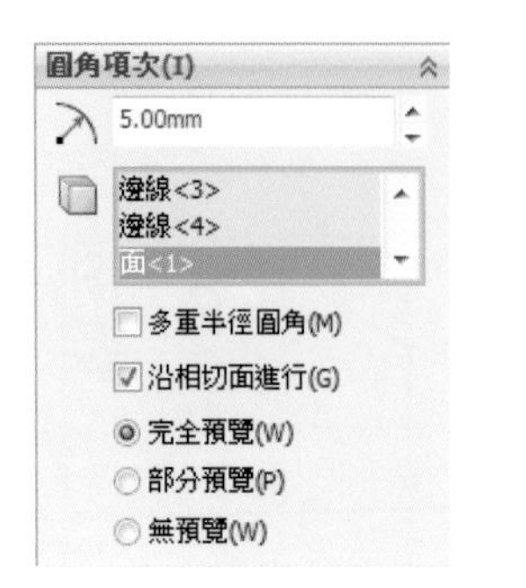

6. 完成基材。

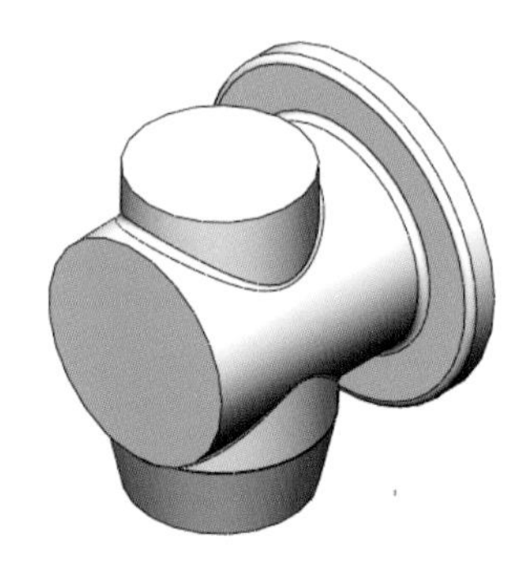

4.1.3 挖除內部特徵

一、選擇**右基準面**按**草圖** →繪製如下圖所示之草圖。注意繪製方位！

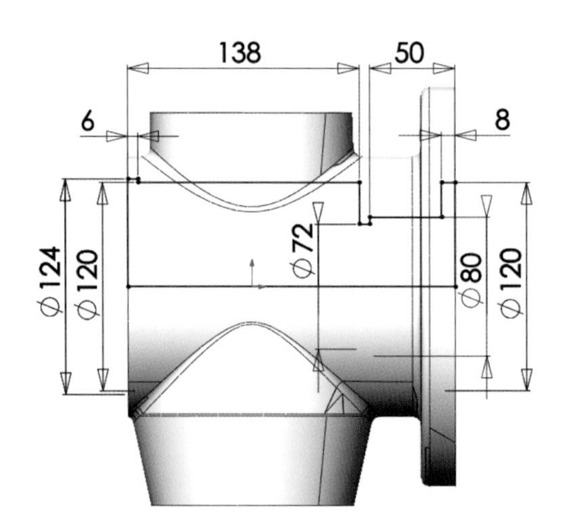

二、按**旋轉除料** →根據下圖以設定→**確定**。

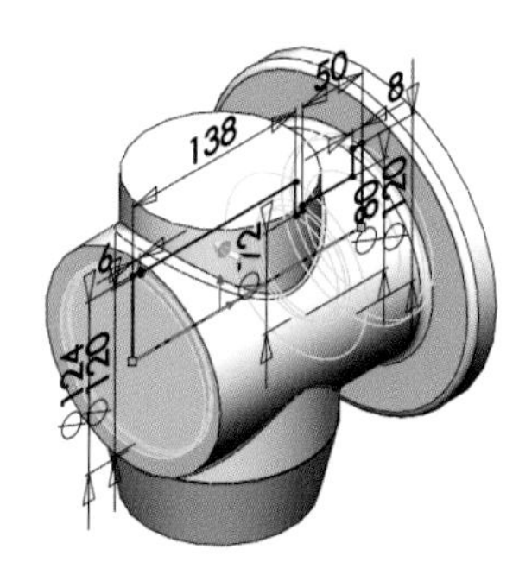

三、選擇**右基準面**按**草圖** →繪製如下圖所示之草圖。注意繪製方位！

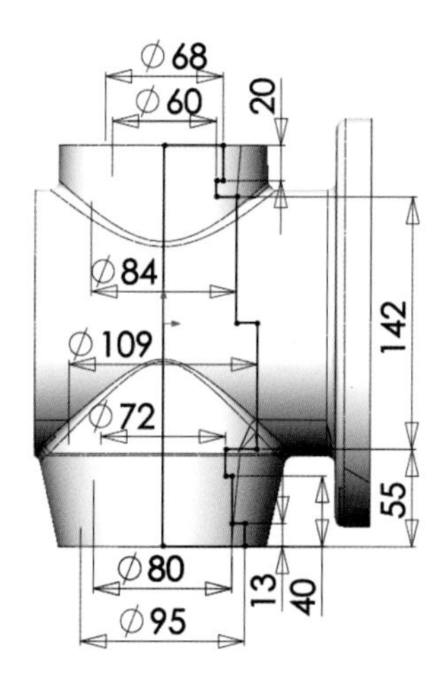

四、按**旋轉除料** →根據下圖以設定→**確定**。

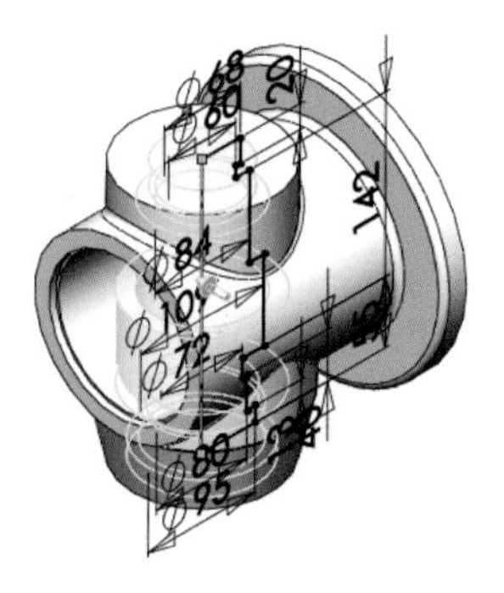

五、按**圓角** →輸入半徑 **5**→選擇 **2** 條邊線，如下圖→**確定**。

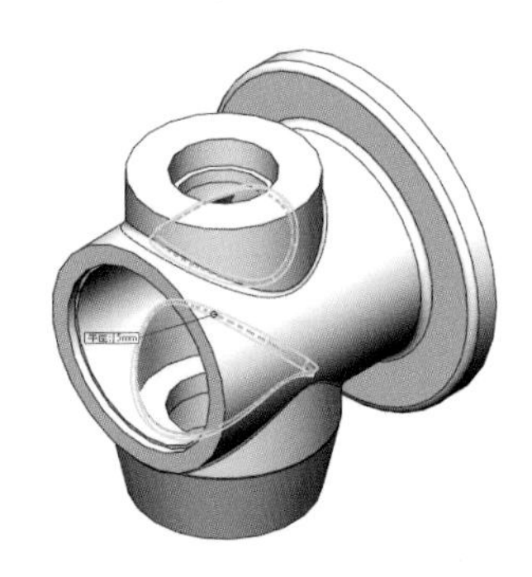

六、按**圓角** →輸入半徑 **5**→選擇 **1** 條邊線，如下圖→**確定**。

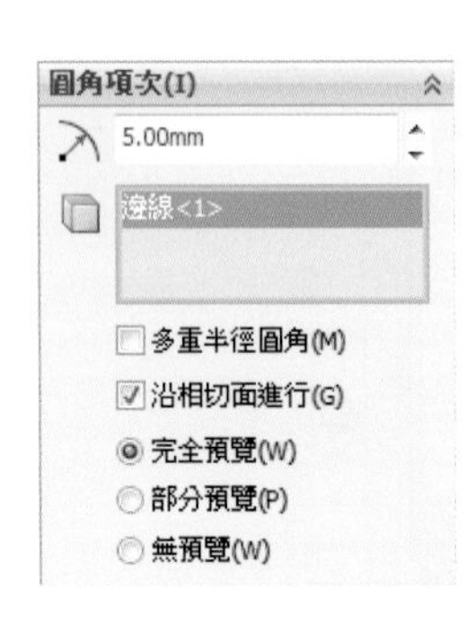

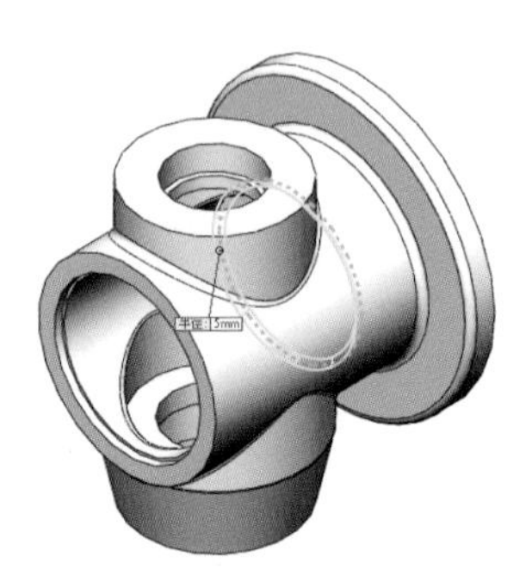

七、檢視基材特徵。按**剖面視角** →根據下圖設定→**確定**。確認特徵後再按**剖面視角** 恢復視角。

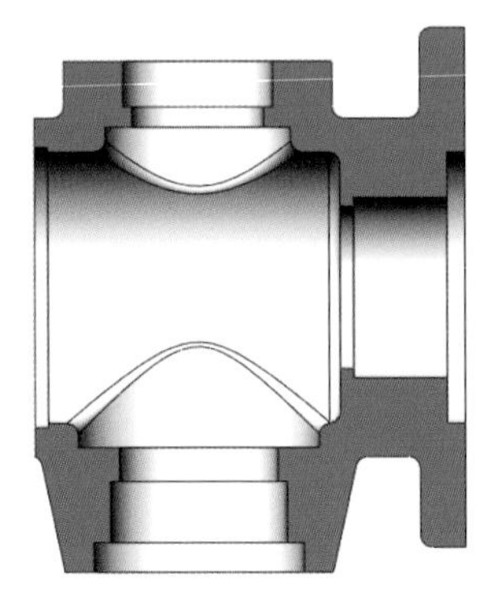

4.1.4 鑽法蘭定位孔

一、選擇法蘭結合接面按**草圖** →繪製如下圖所示之草圖。注意繪製方位！

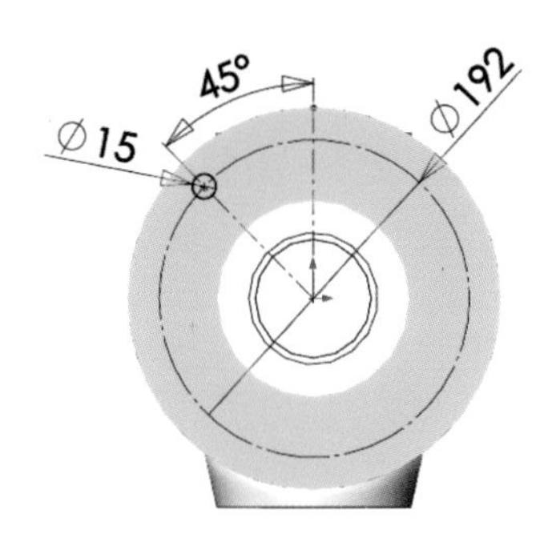

二、按**伸長除料** →選擇**成形至下一面**→**確定**。

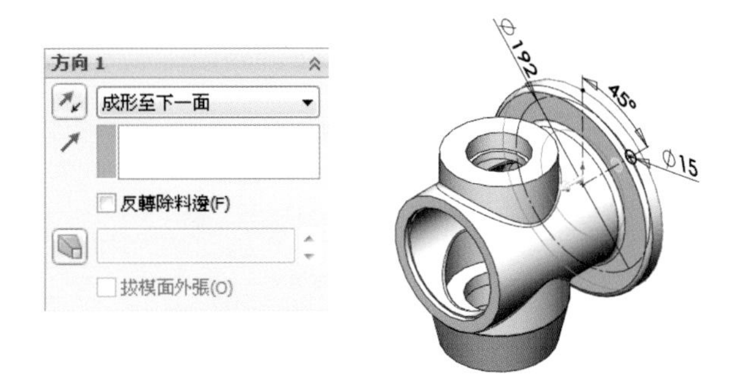

三、按**環狀複製排列** →根據下圖設定→**確定**。

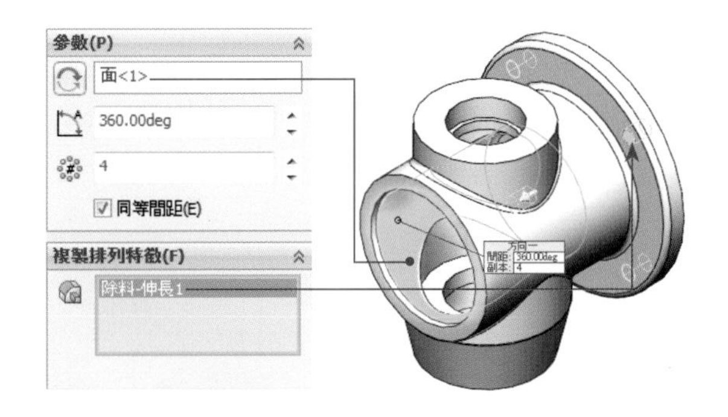

四、完成法蘭定位孔。

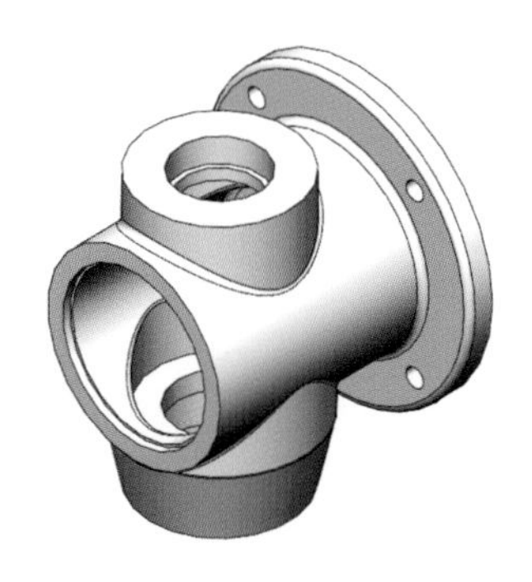

4.1.5 攻軸承蓋結合螺紋孔

一、選擇軸承蓋結合接面。按**草圖** →繪製如下圖所示之草圖。注意繪製方位！→退出草圖。

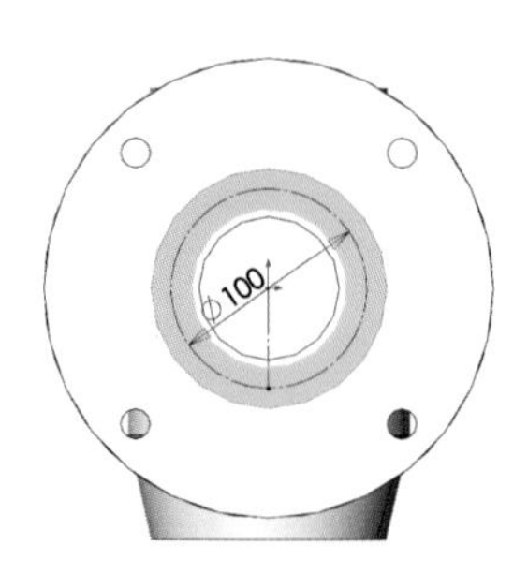

二、按**異型孔精靈** →根據下圖設定→**確定**。

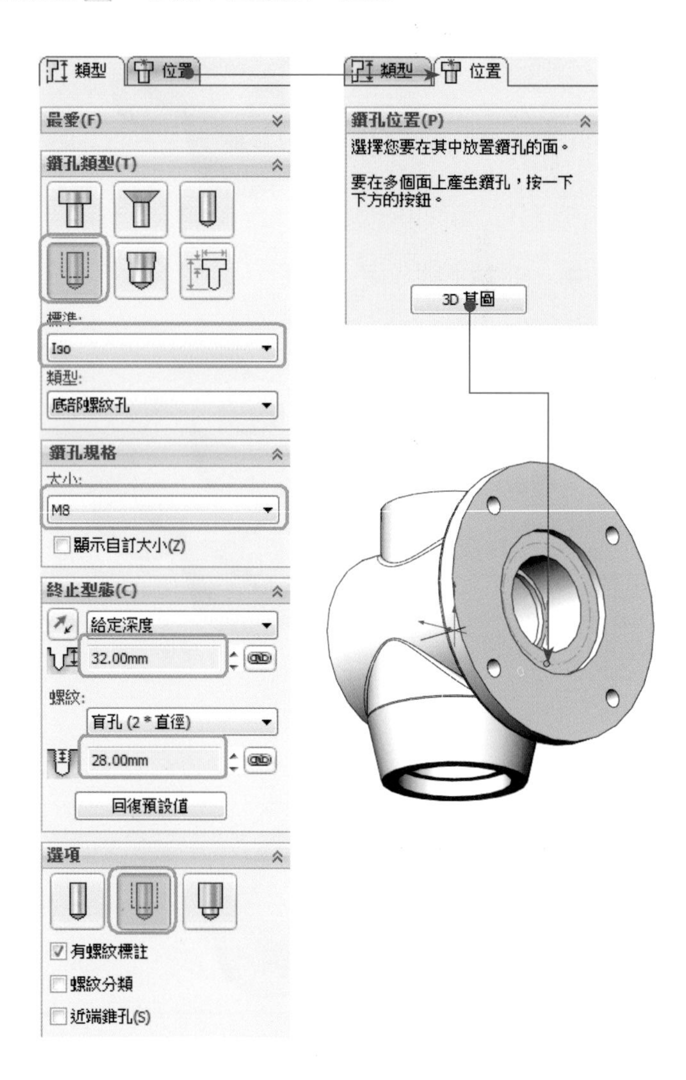

三、按**環狀複製排列** →根據下圖設定→**確定**。

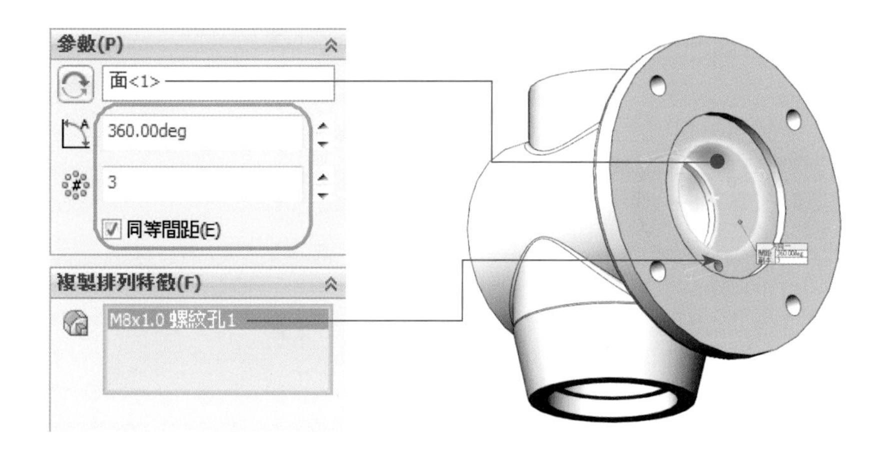

四、完成軸承蓋結合螺紋孔。

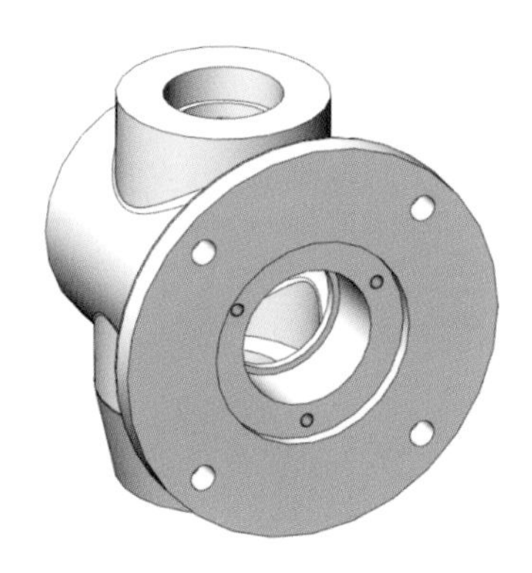

4.1.6 攻前蓋結合螺紋孔

一、選擇前蓋結合接面。按**草圖** →繪製如下圖所示之草圖。注意繪製方位！→退出草圖。

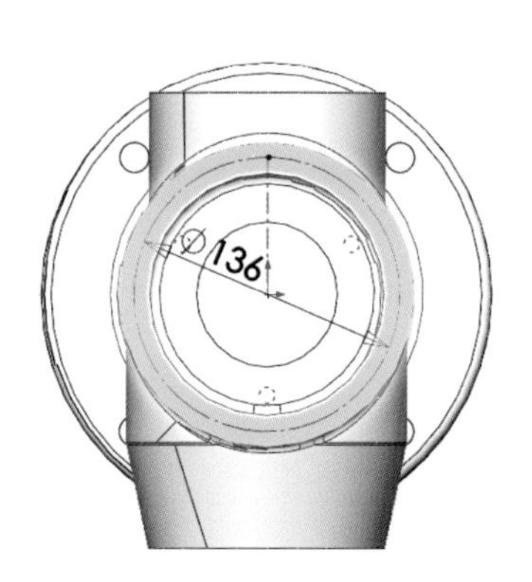

二、按**異型孔精靈** →根據下圖設定→**確定**。

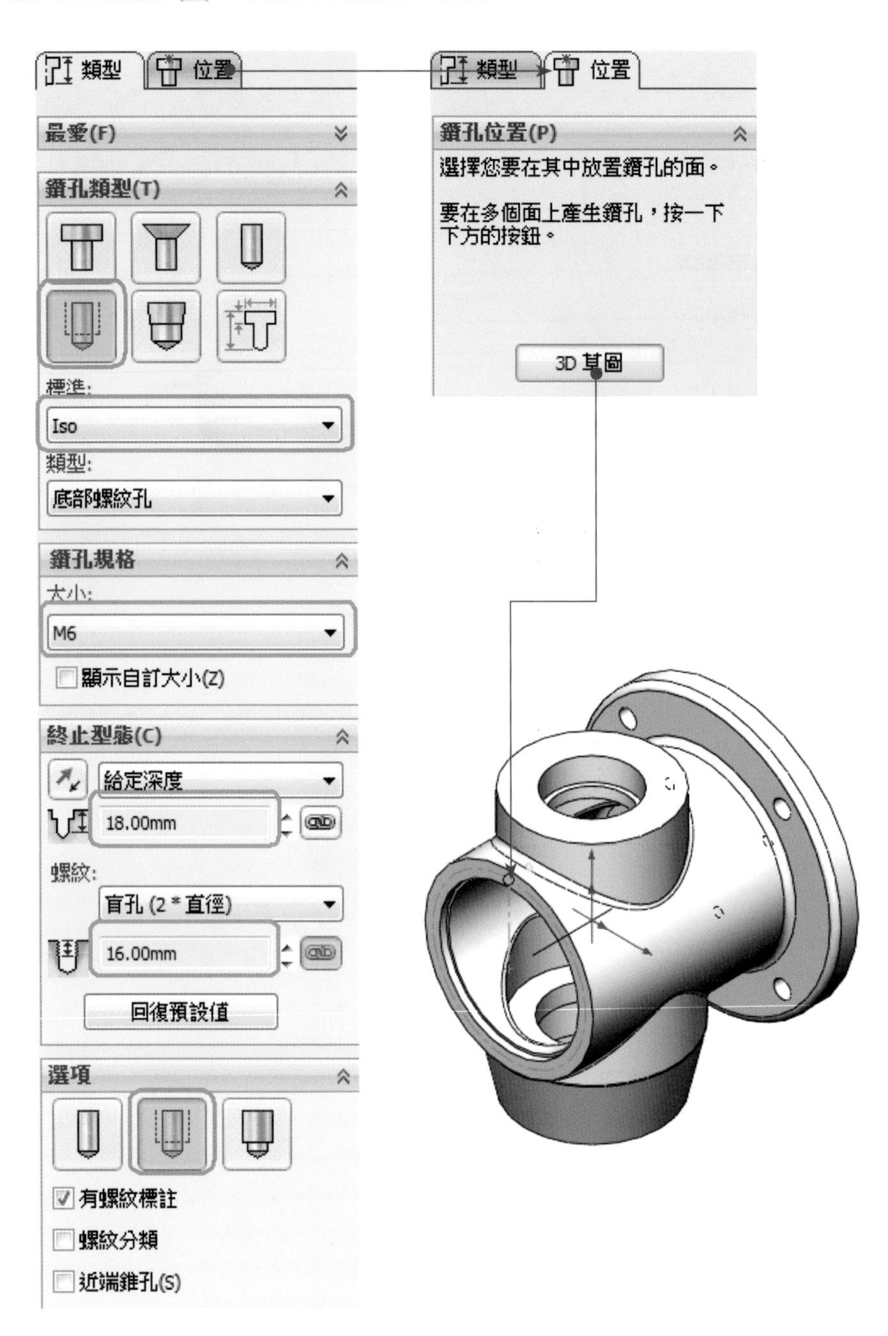

三、按**環狀複製排列** →根據下圖設定→**確定**。

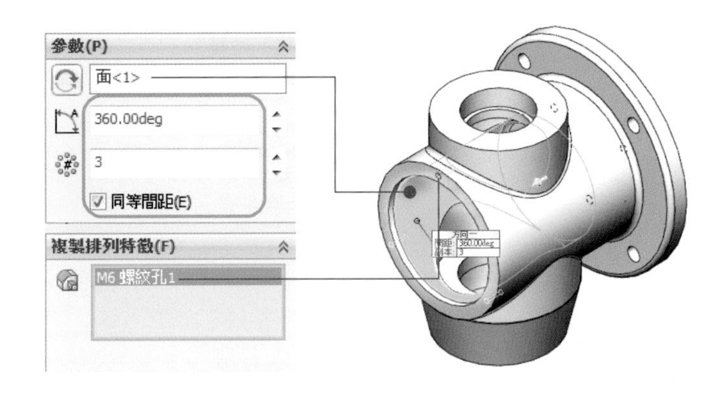

四、完成前蓋結合螺紋孔。

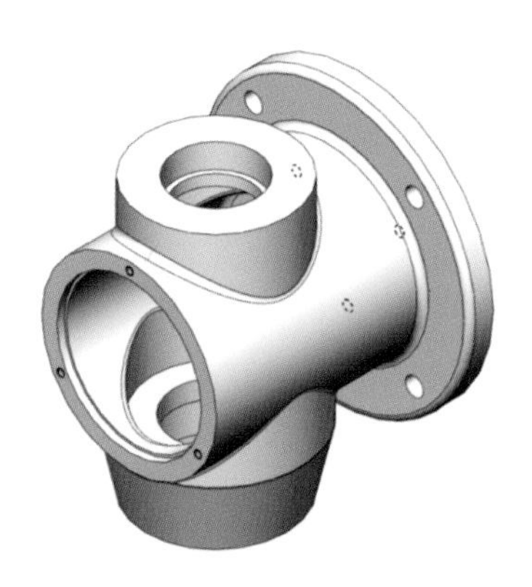

4.1.7 攻防護蓋結合螺紋孔

一、選擇防護蓋結合接面。按**草圖** →繪製如下圖所示之草圖。注意繪製方位！→退出草圖。

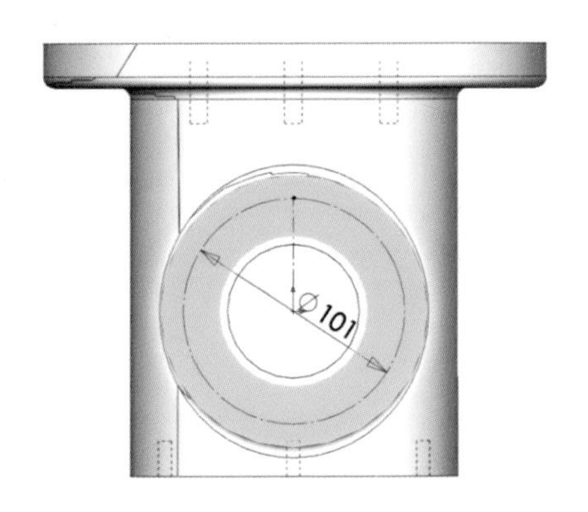

二、按**異型孔精靈** →根據下圖設定→**確定**。

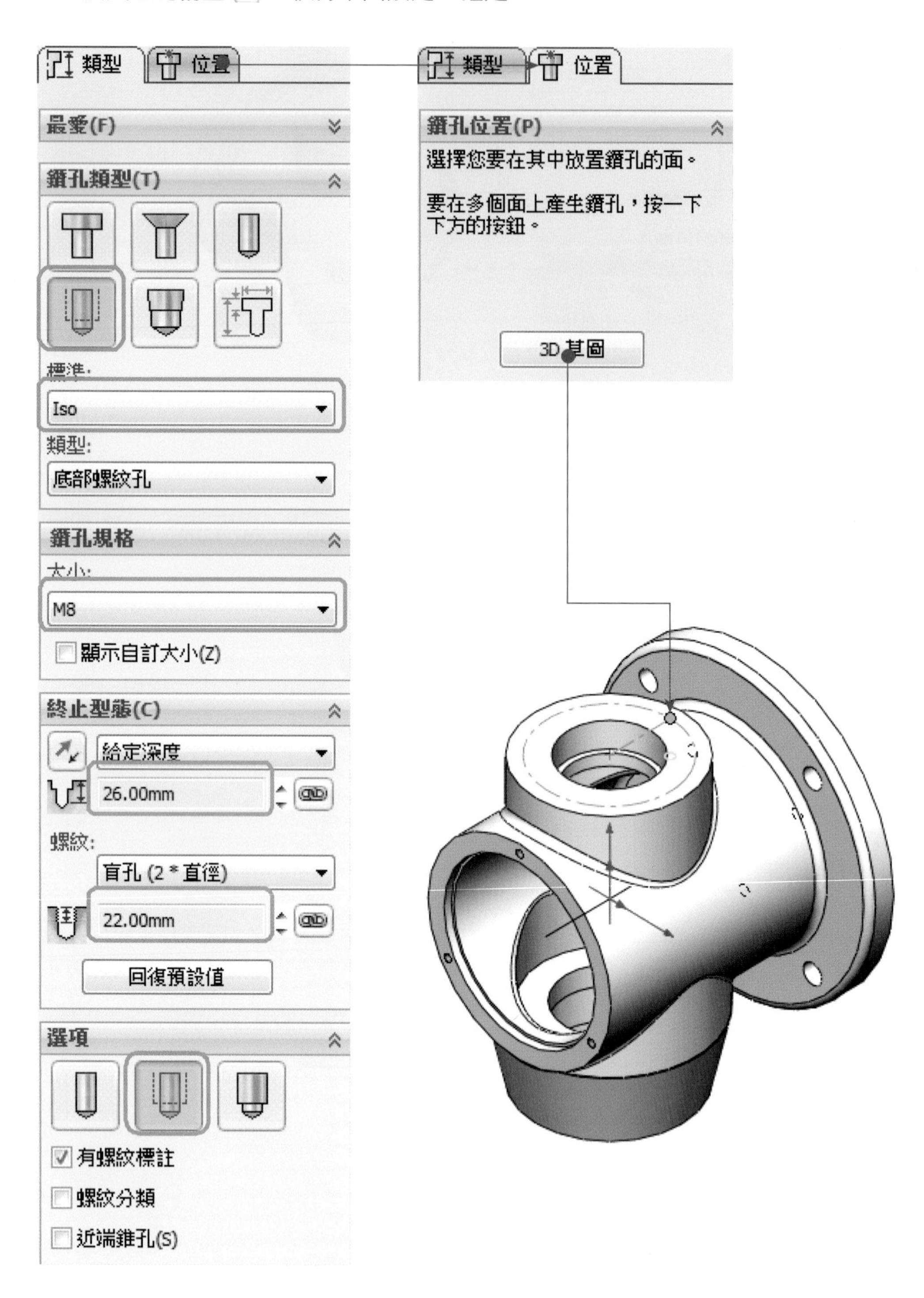

三、按**環狀複製排列** →根據下圖設定→**確定**。

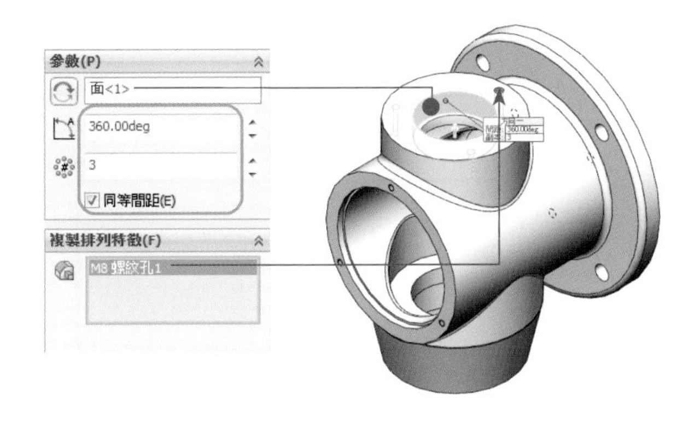

4.1.8 完成

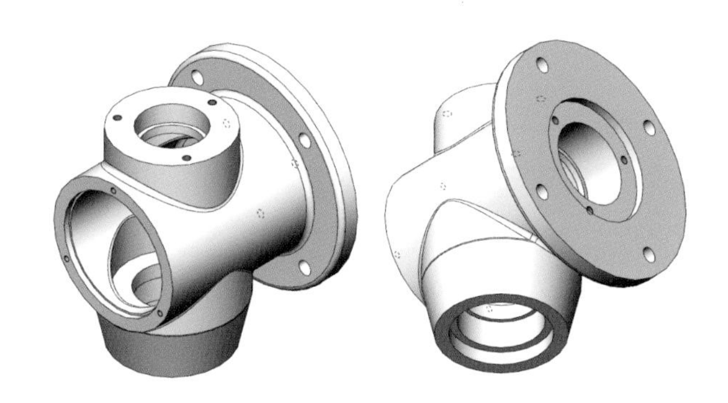

4.2 旋轉座

一、旋轉座的繪製流程

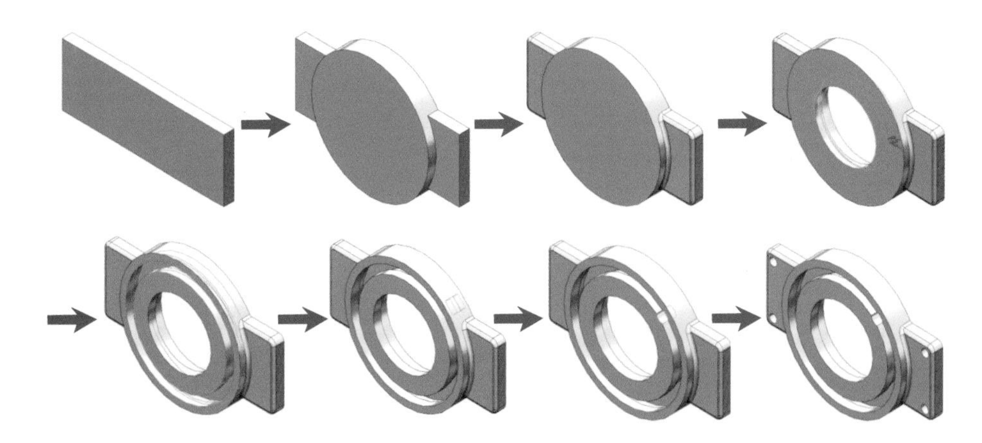

二、建立基材

1. 選擇**前基準面**。按**草圖** →繪製如下圖所示之草圖。注意繪製方位！

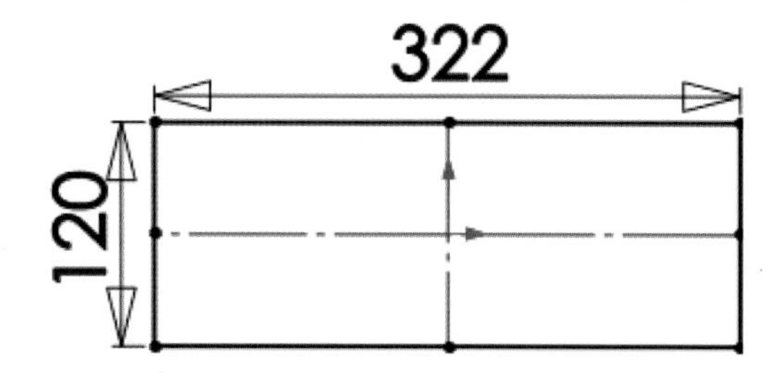

2. 按**伸長填料／基材** →根據下圖設定→**確定**。

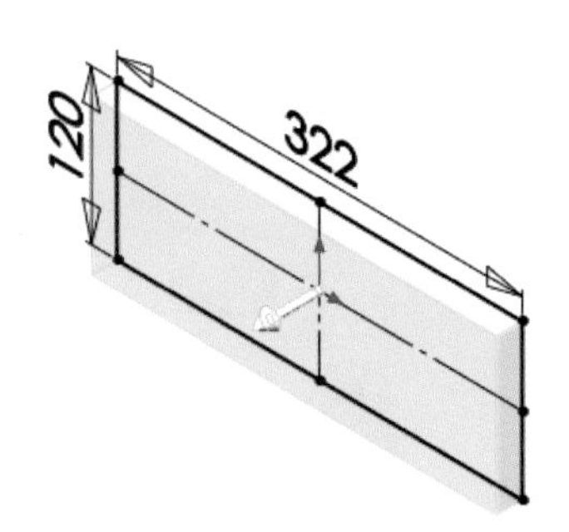

3. 選擇**前基準面**。按**草圖** →繪製如下圖所示之草圖。注意繪製方位！

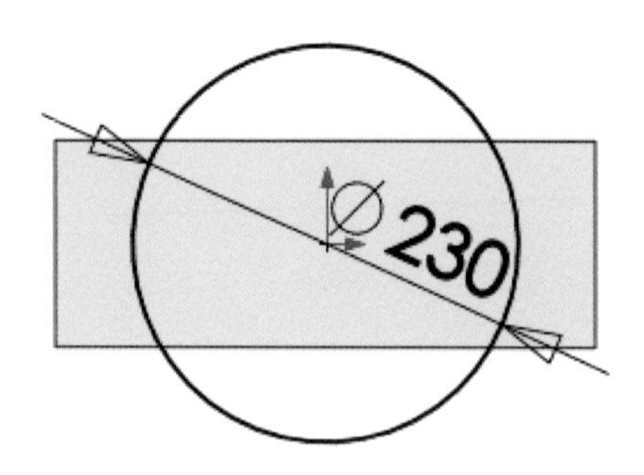

4. 按**伸長填料 / 基材** →根據下圖設定→**確定**。

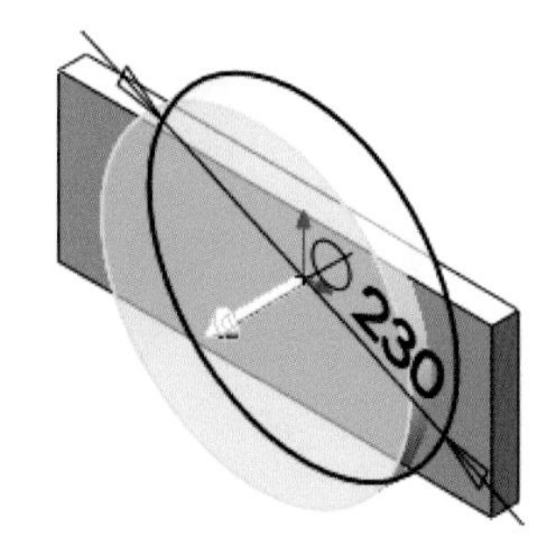

5. 按**圓角** →輸入半徑 **10**→選擇 **4** 條邊線，如下圖→**確定**。

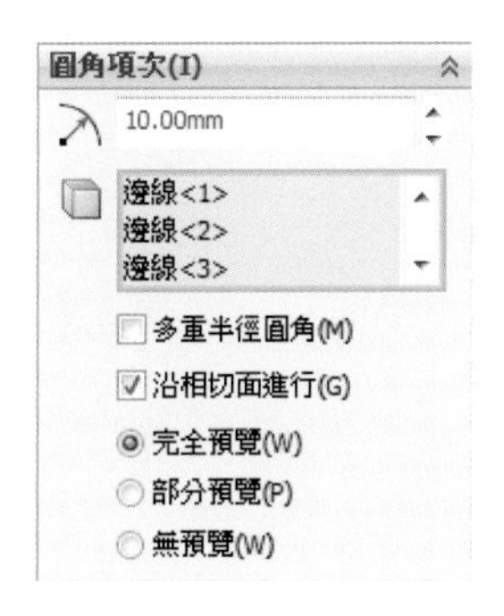

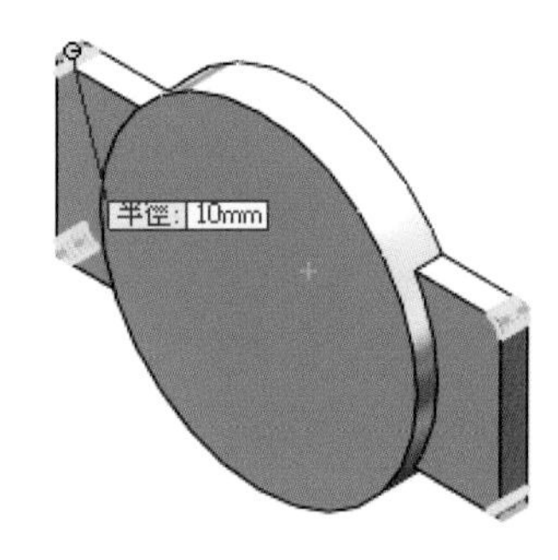

6. 按**圓角** →輸入半徑 **5**→選擇 **4** 條邊線，如下圖→**確定**。

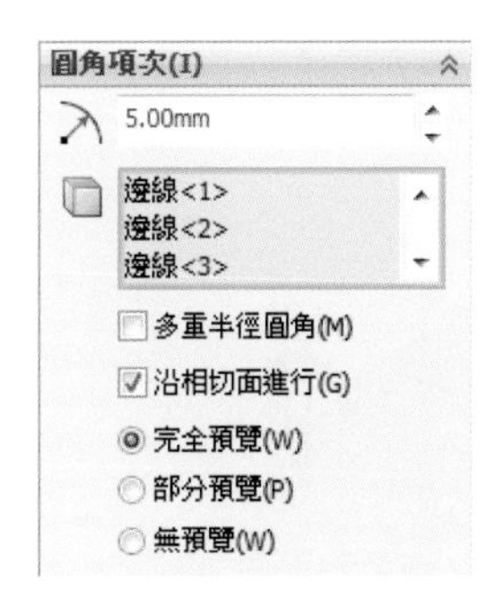

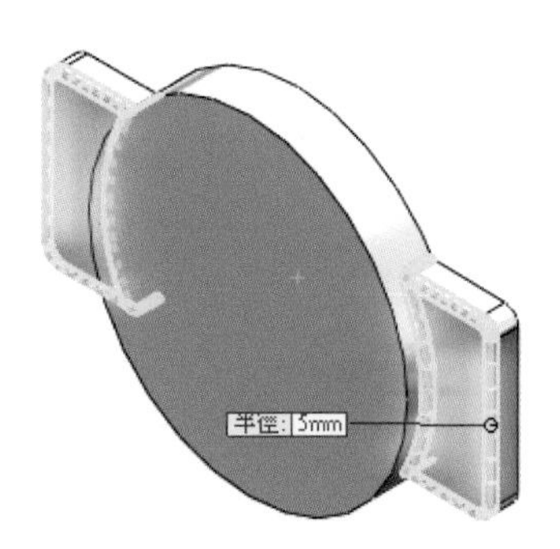

7. 完成基材。

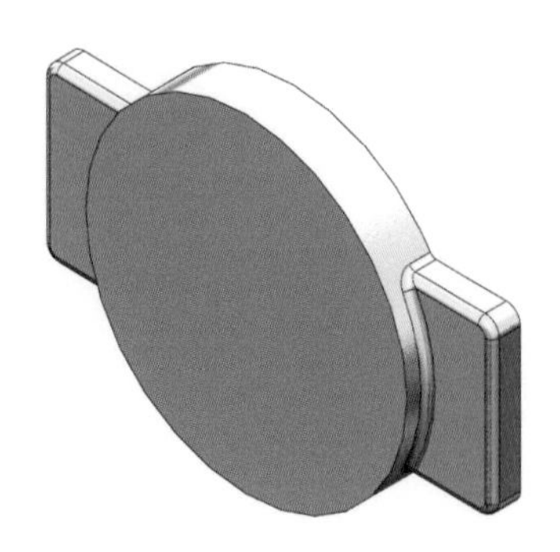

三、挖除內部特徵

1. 選擇**右基準面**。按**草圖** →繪製如下圖所示之草圖。注意繪製方位！

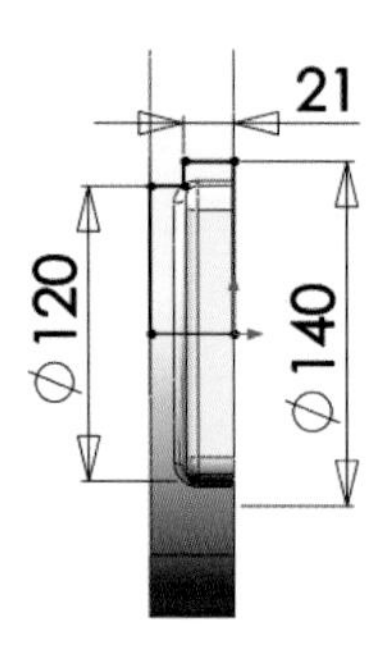

2. 按**旋轉除料** →根據下圖以設定→**確定**。

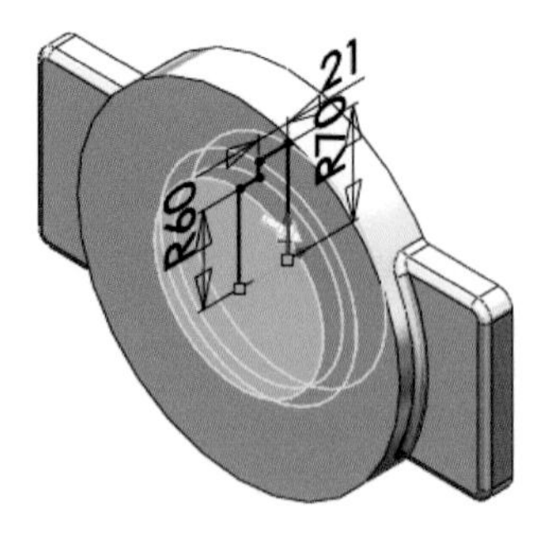

3. 按**圓角** →輸入半徑 **5** →選擇 **1** 條邊線，如下圖→**確定**。

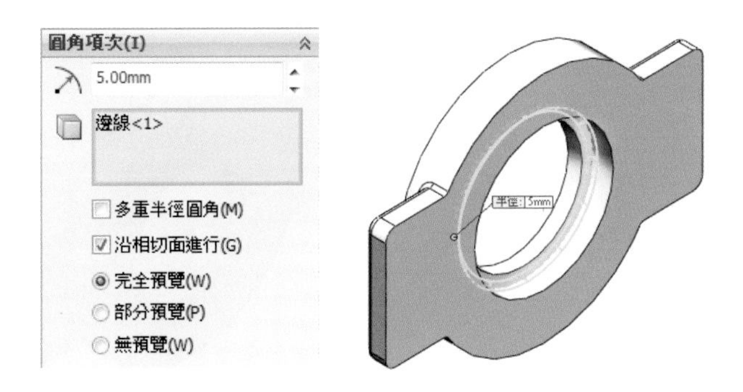

4. 完成挖除內部特徵。

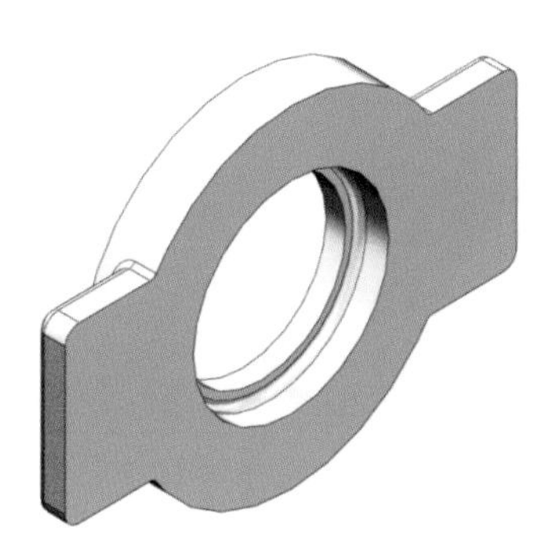

四、銑 T 型滑槽

1. 選擇**右基準面**。按**草圖** →繪製如下圖所示之草圖。注意繪製方位！

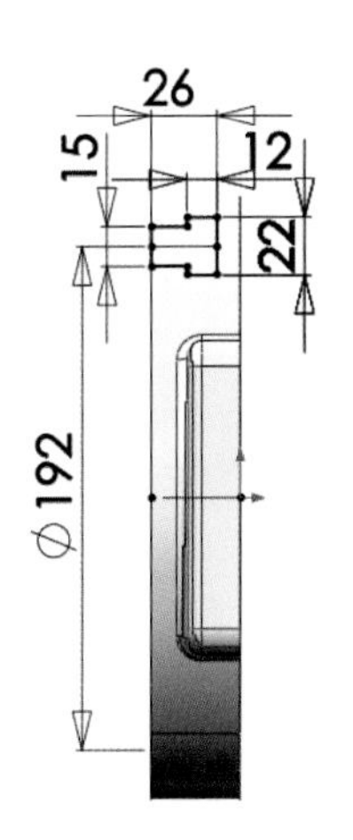

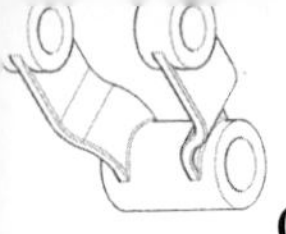

2. 按**旋轉除料** →根據下圖以設定→**確定**。

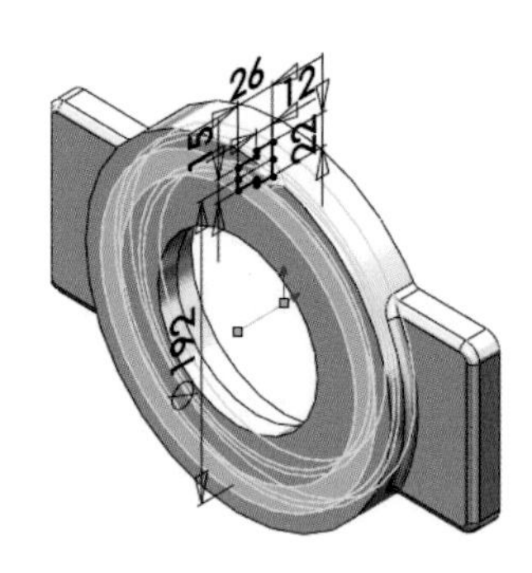

3. 完成 T 型滑槽。

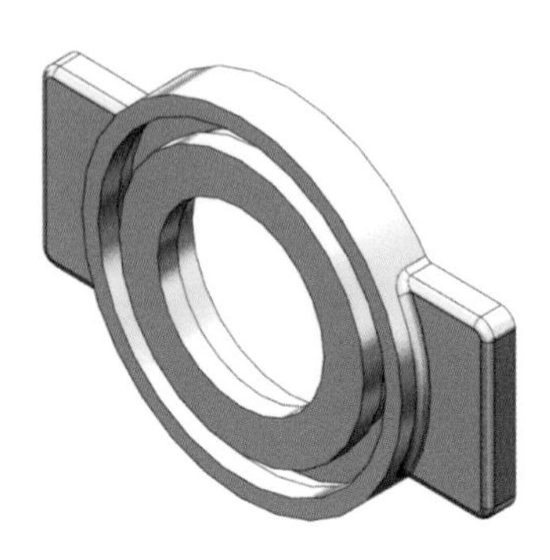

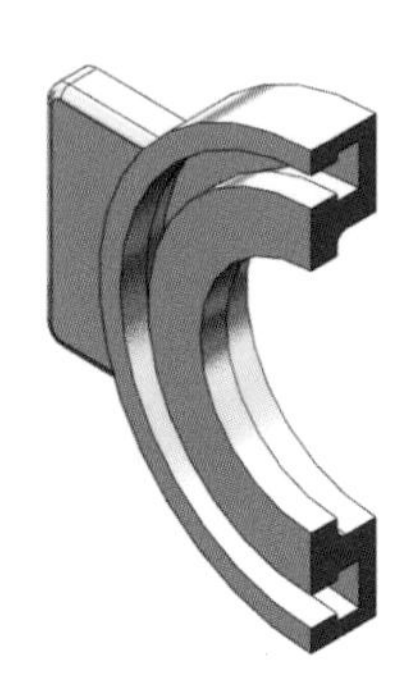

五、挖除 T 型螺桿裝入孔

1. 選擇**前基準面**。按**草圖** →繪製如下圖所示之草圖。注意繪製方位！

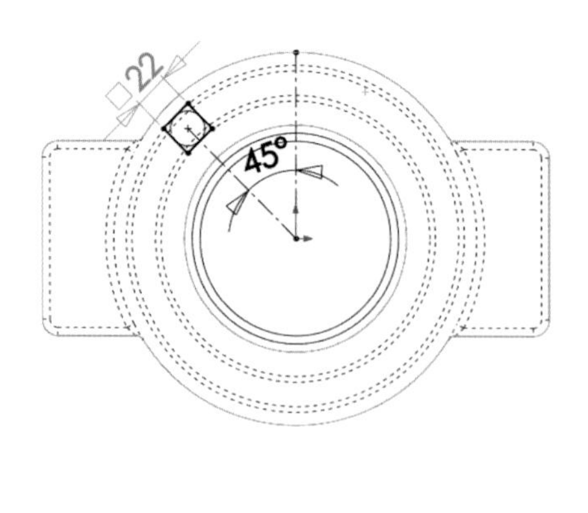

2. 按**伸長除料** →選擇**成形至下一面**→**確定**。

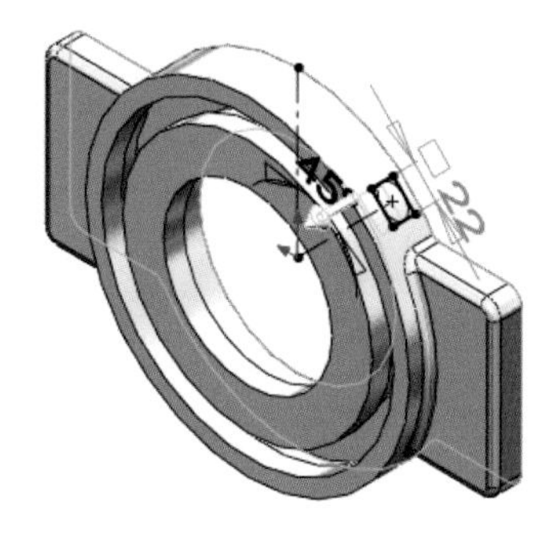

3. **按圓角 →輸入半徑 1→選擇 4 條邊線，如下圖→確定。**

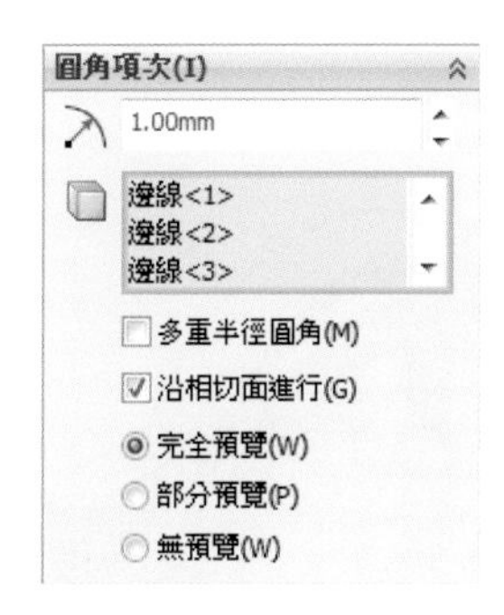

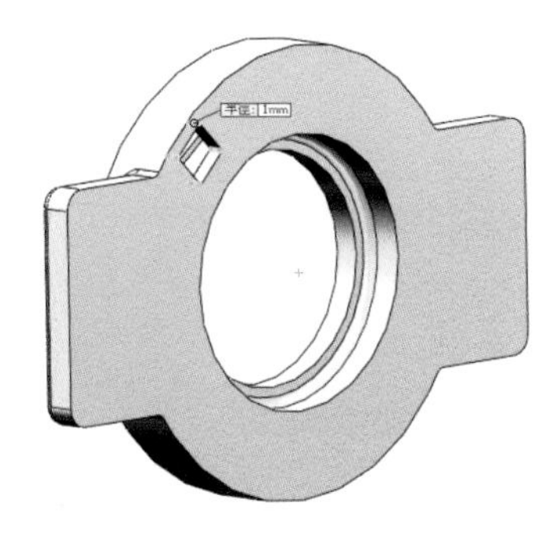

4. 完成 T 型螺桿裝入孔。

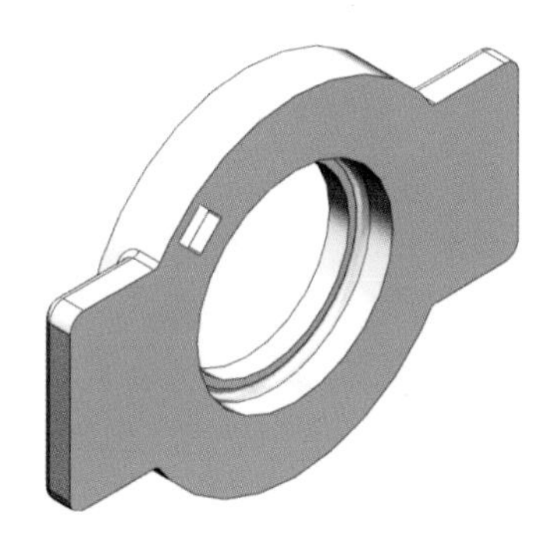

六、鑽銑刀進刀孔

1. 選擇本體結合接面。按**草圖** →繪製如下圖所示之草圖。注意繪製方位！

2. 按**伸長除料** →選擇**成形至下一面**→**確定**。

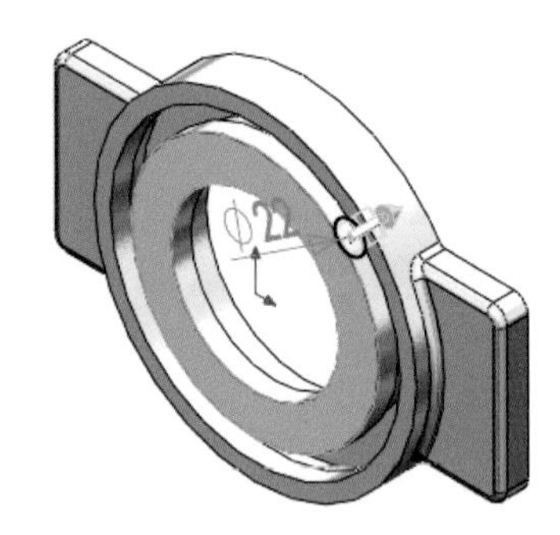

3. 完成銑刀進刀孔。

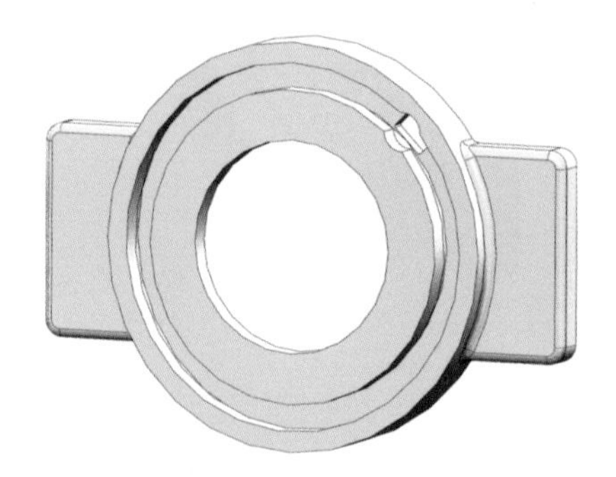

七、鑽裝配孔

1. 選擇**前基準面**。按**草圖** →繪製如下圖所示之草圖。注意繪製方位！

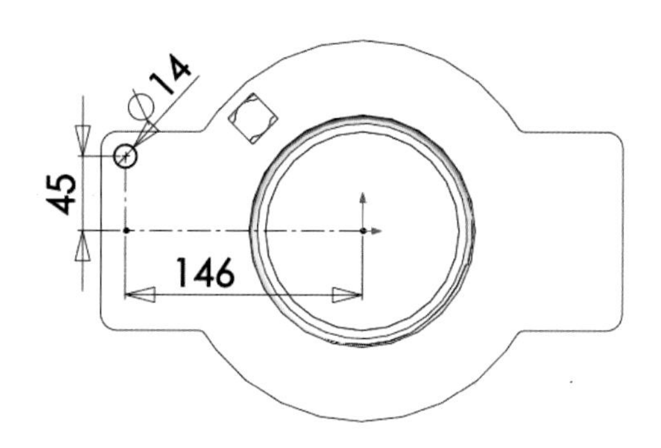

2. 按**伸長除料** →選擇**成形至下一面**→**確定**。

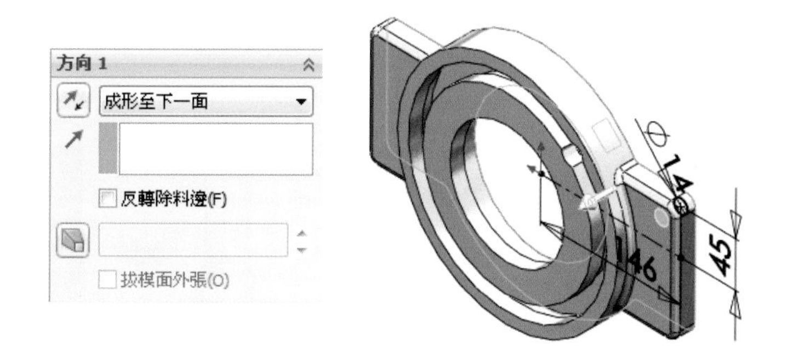

3. 按**直線複製排列** →根據下圖設定→**確定**。

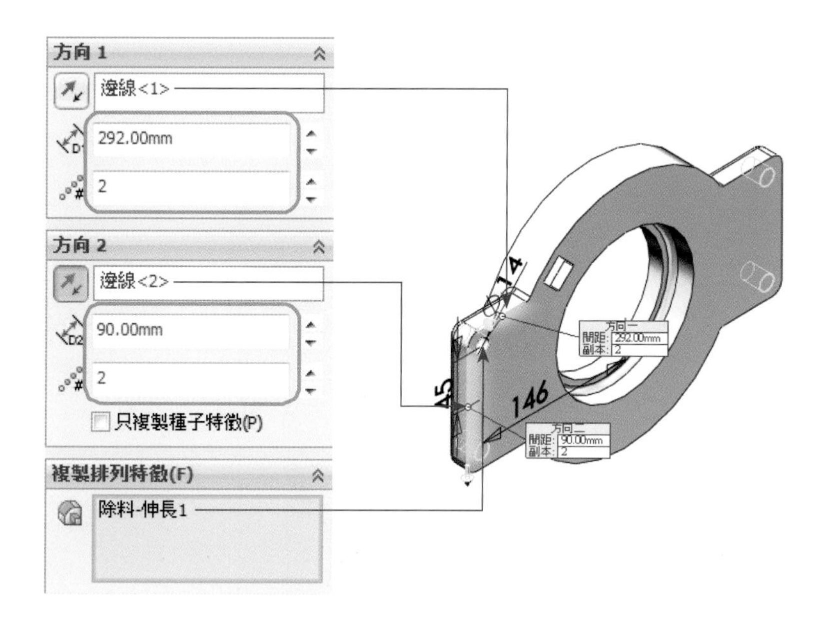

八、完成！

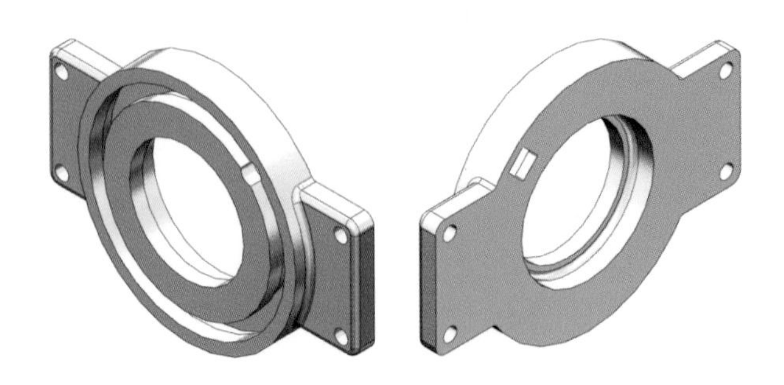

4.3 主軸

一、主軸的繪製流程

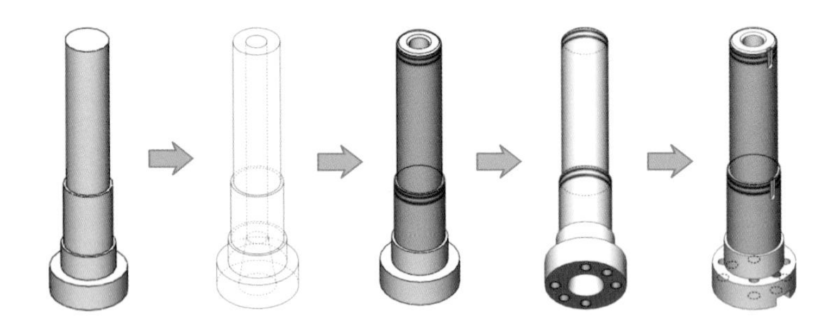

二、建立主軸基材

1. 選擇**前基準面**。按**草圖** →繪製如下圖所示之草圖。注意繪製方位！

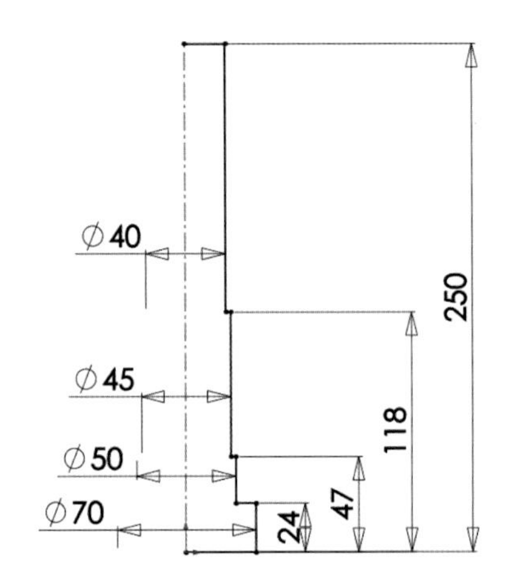

2. 按**旋轉填料 / 基材** →根據下圖以設定→確定。

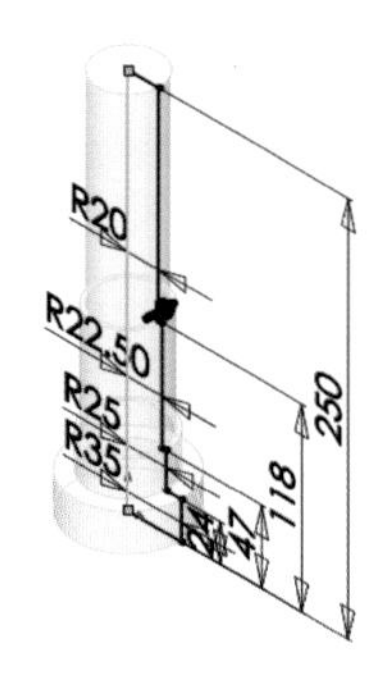

3. 完成基材。

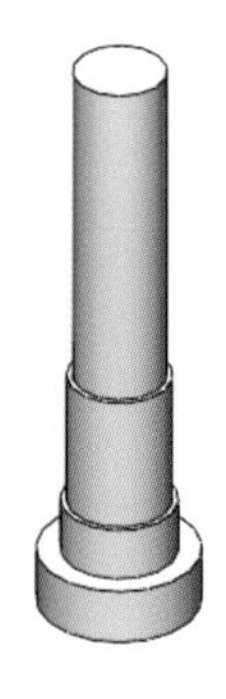

三、車內孔

1. 選擇**前基準面**。按**草圖** →繪製如下圖所示之草圖。注意繪製方位！

※銑床主軸的內孔都會有與刀具結合的圓錐孔，其錐度值均為 7/24，此部分的尺寸必須非常注意，錐孔的大徑或深度須擇一經由計算求得。

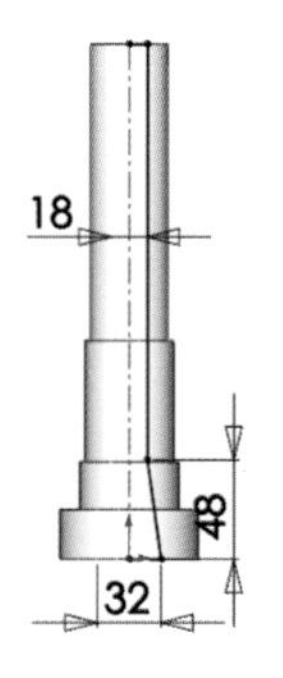

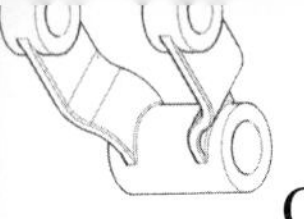

2. 按**旋轉除料** →根據下圖以設定→**確定**。

3. 完成內孔。

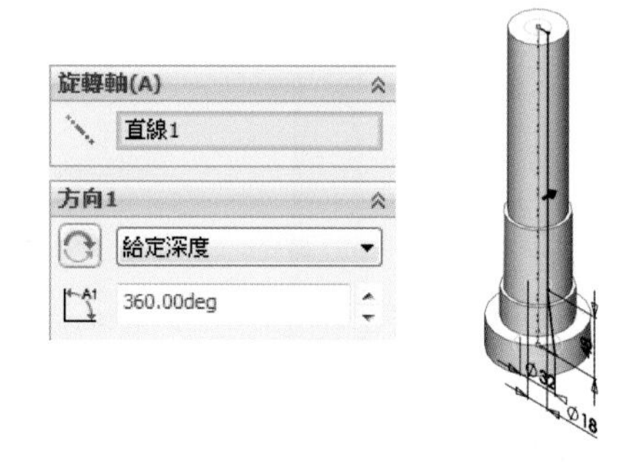

四、車螺紋

此主軸所車的陽螺紋均是與「滾動軸承用螺帽」(一稱軸用螺帽)結合，在進行設計繪製零組件前，必須先查表取得該處的螺紋規格，以防購得螺帽後卻無法裝配的狀況發生。

1. 點選**裝飾螺紋線** →根據下圖設定→**確定**。

※**裝飾螺紋線** 於「註記」工具內，可藉由「自訂→指令」找到此功能，並拉出放置於工具列內使用。

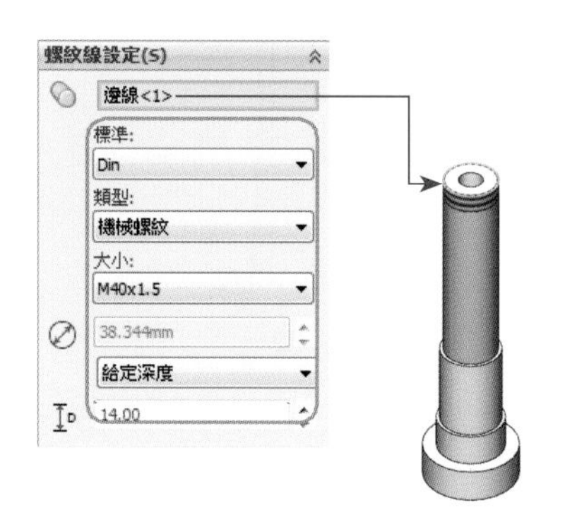

2. 點選**裝飾螺紋線** →根據下圖設定→**確定**。

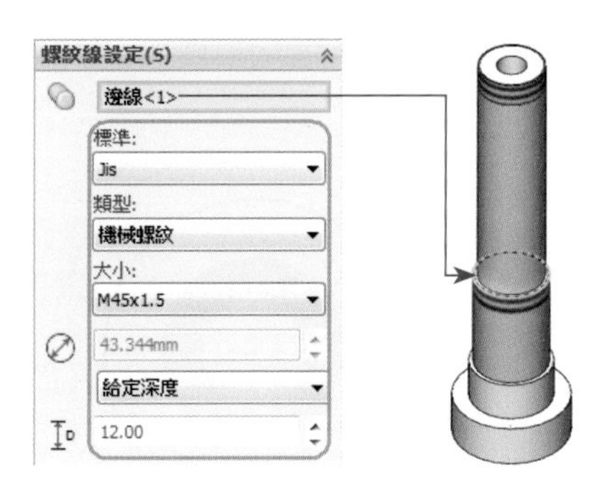

3. 點選**導角** →選擇 **1** 面→輸入距離 **2** →輸入角度 **45** →**確定**。

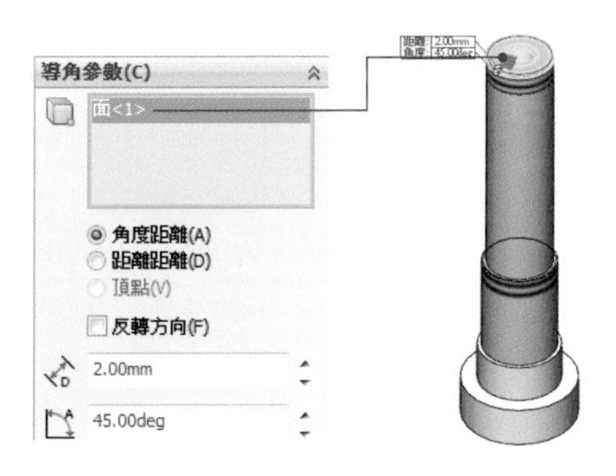

4. 完成主軸外螺紋。

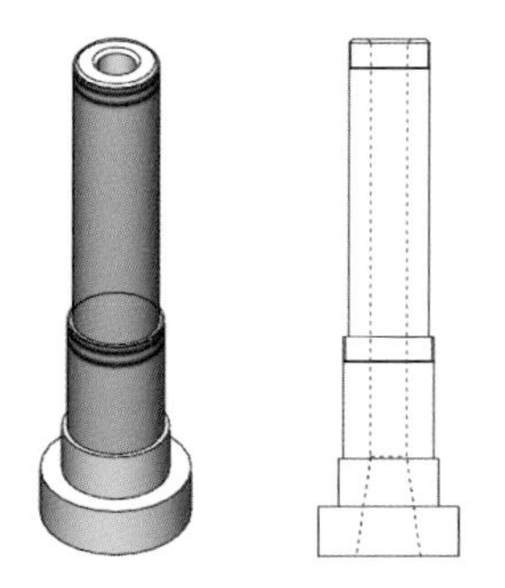

五、攻螺紋孔

1. 選擇主軸底面。按**草圖** →繪製如下圖所示之草圖。注意繪製方位！

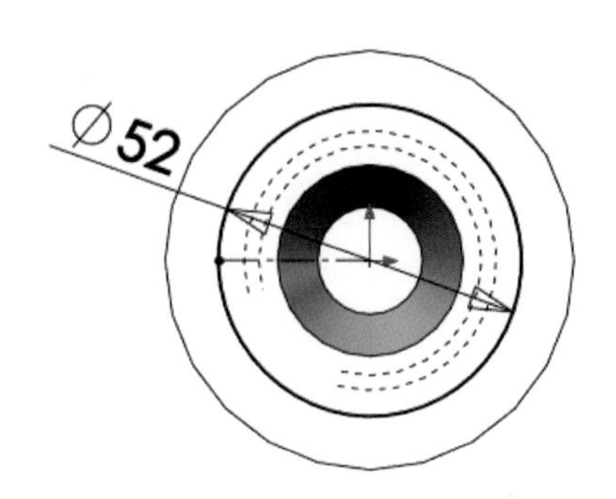

2. 按**異型孔精靈** →根據下圖設定→**確定**。

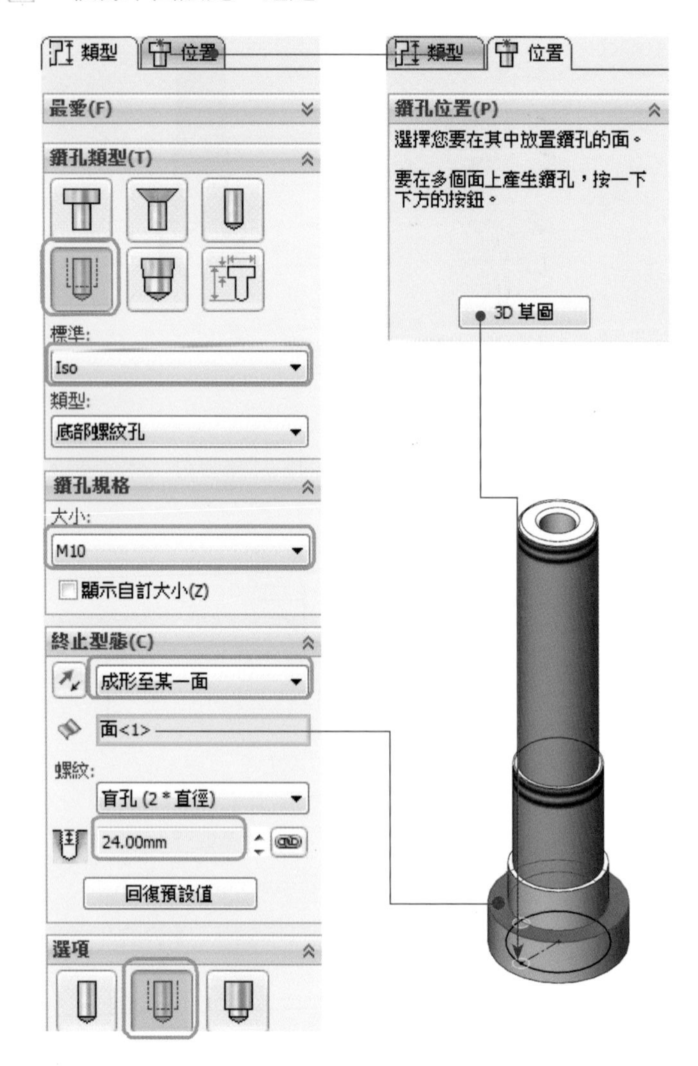

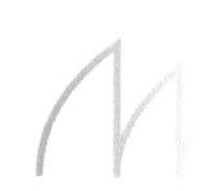

3. 按**環狀複製排列** →根據下圖設定→**確定**。

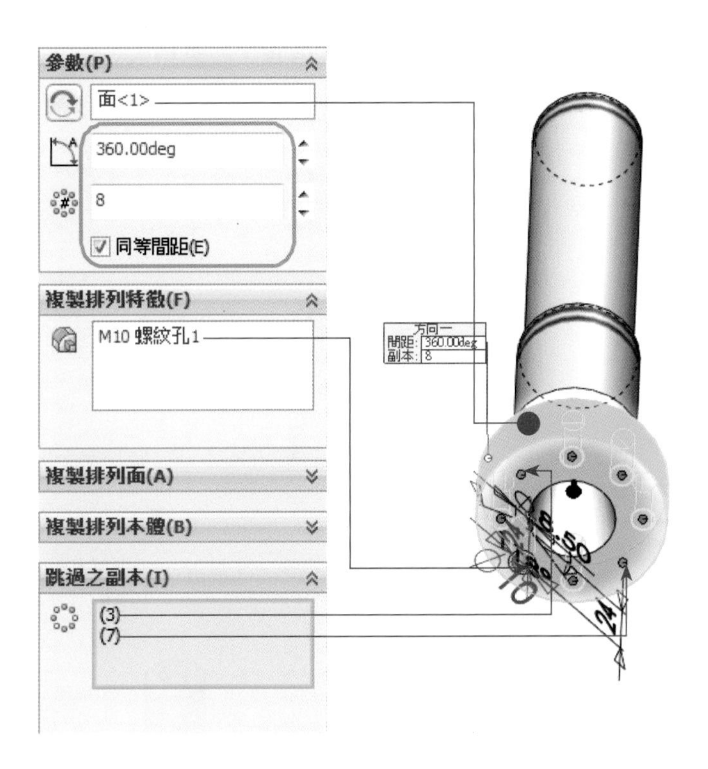

4. 完成螺紋孔。

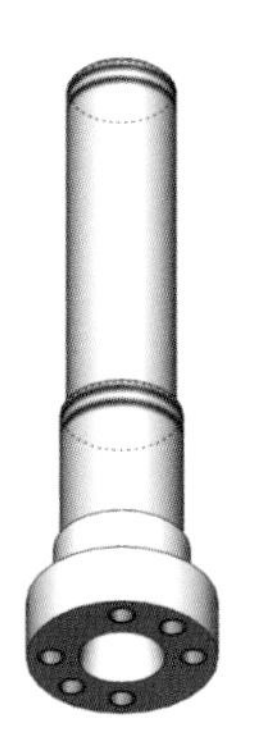

六、銑鍵槽

1. 選擇**前基準面**。按**草圖** →繪製如下圖所示之草圖。注意繪製方位！

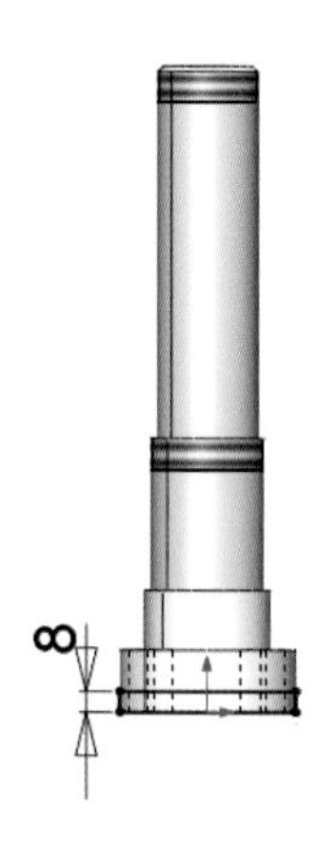

2. 按**伸長除料** →根據下圖設定→**確定**。

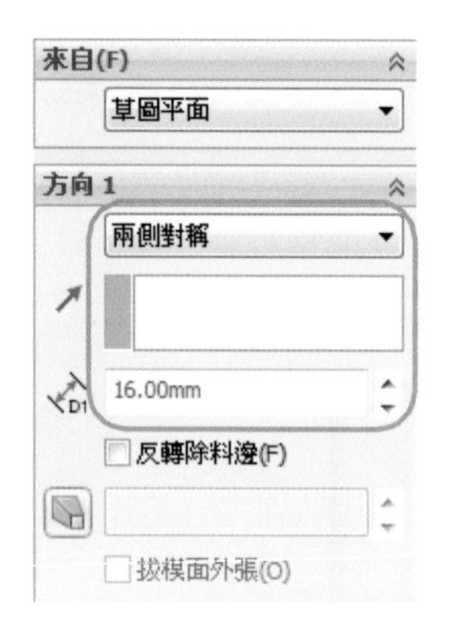

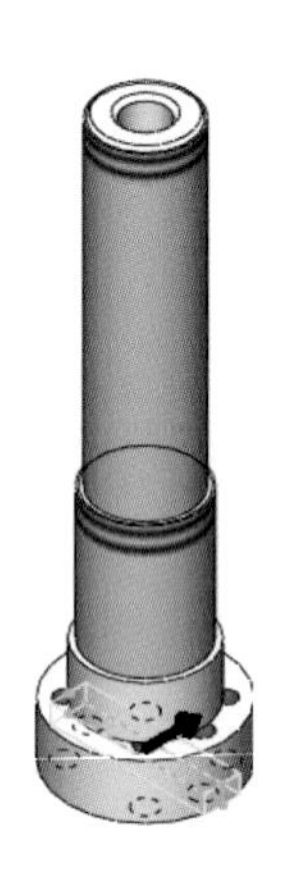

3. 選擇**右基準面**。按**草圖** →繪製如下圖所示之草圖。注意繪製方位！

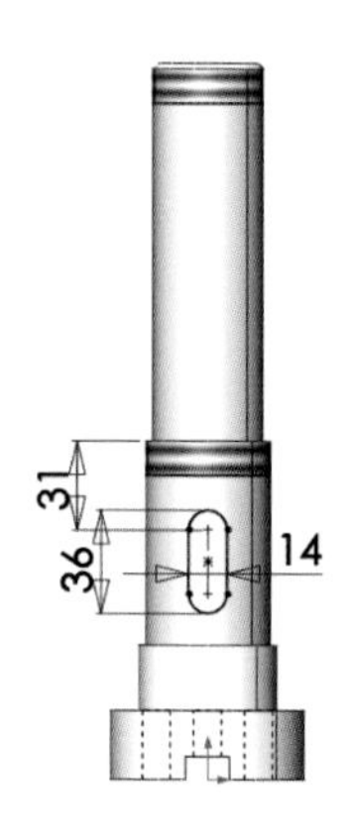

4. 按**伸長除料** →根據下圖設定→**確定**。

※注意草圖繪製基準面的平移與除料方向！

※距離參數可以直接輸入數學四則運算式，可免除自行計算產生錯誤。在此所輸入的平移距離意義為〔**45**（主軸需要銑鍵槽部位的直徑）/ **2**（求得半徑）〕－ **5.5**（查表求得軸端鍵槽深度）。

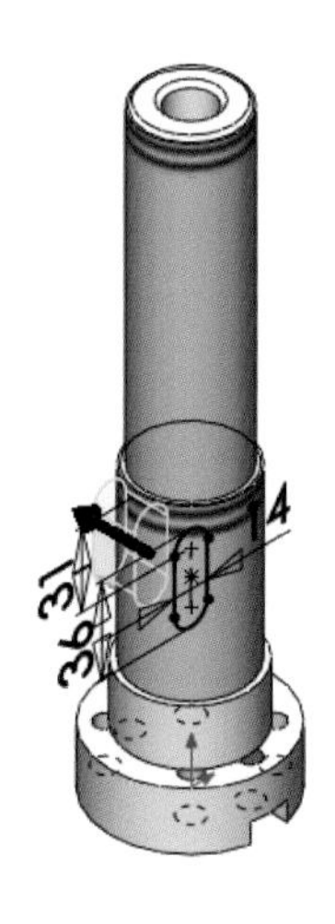

5. 選擇**前基準面**。按**草圖** →繪製如下圖所示之草圖。注意繪製方位！

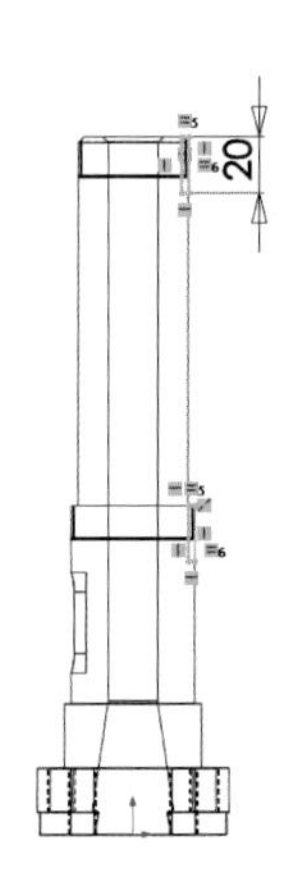

6. 按**伸長除料** →根據下圖設定→**確定**。

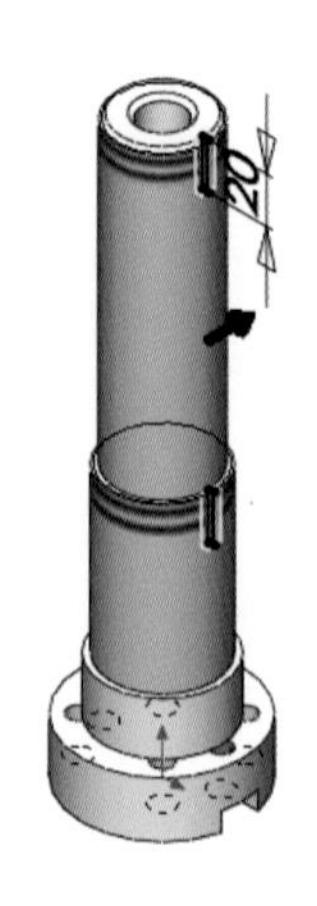

7. 按圓角 →輸入半徑 **3**→選擇 **4** 條邊線，如下圖→**確定**。

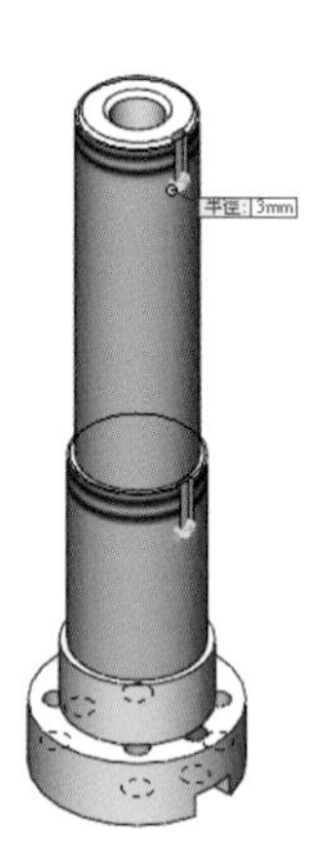

七、完成

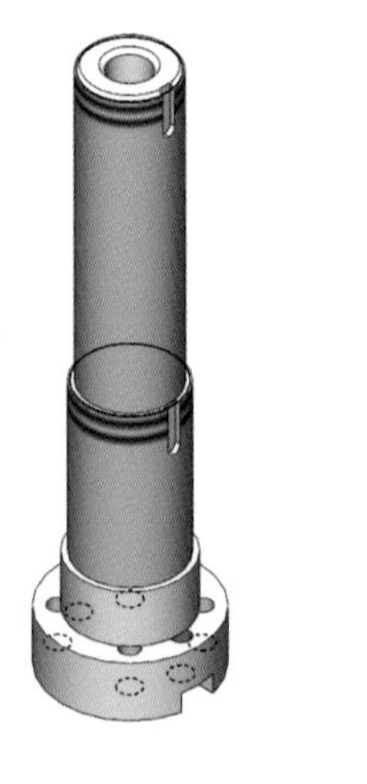

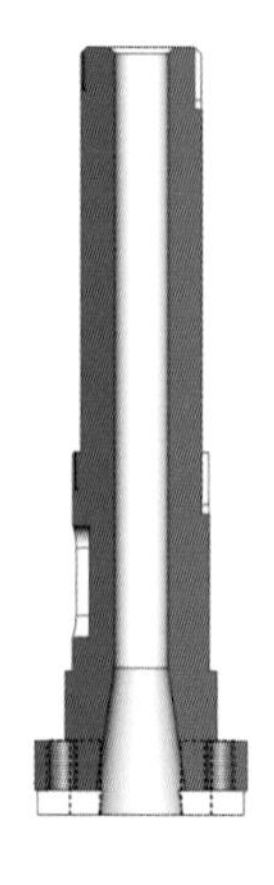

4.4 主動齒輪軸

一、主動齒輪軸的繪製流程

二、產生斜齒輪特徵

1. 新增一組合件。

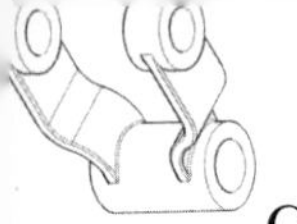

2. **Toolbox → Iso →動力傳輸→齒輪**→拉出「直斜（齒輪）」→根據下圖設定→**確定**。

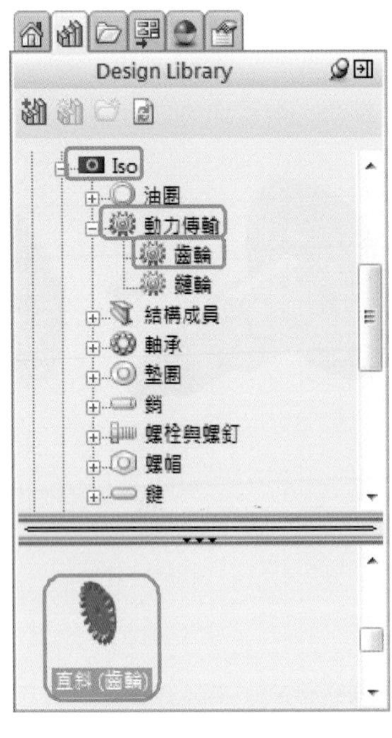

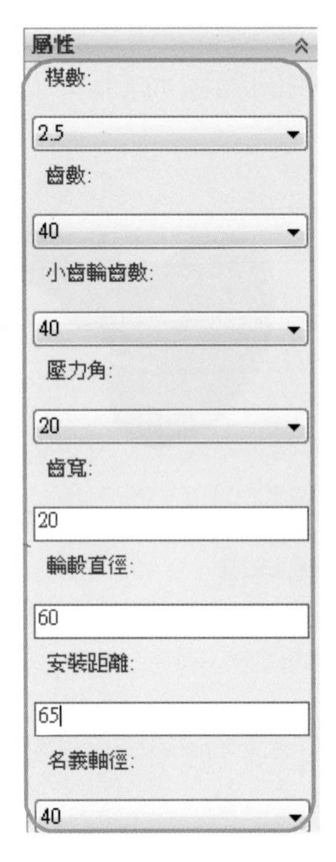

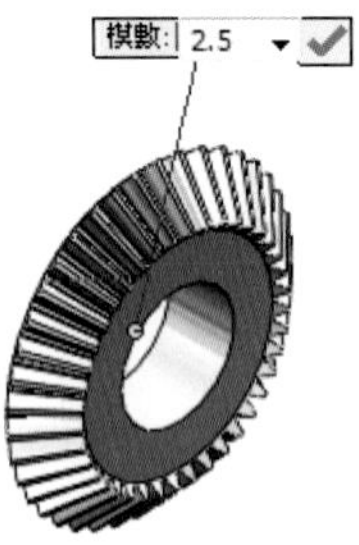

3. 於斜齒輪上按滑鼠右鍵→選擇**開啟零件**。

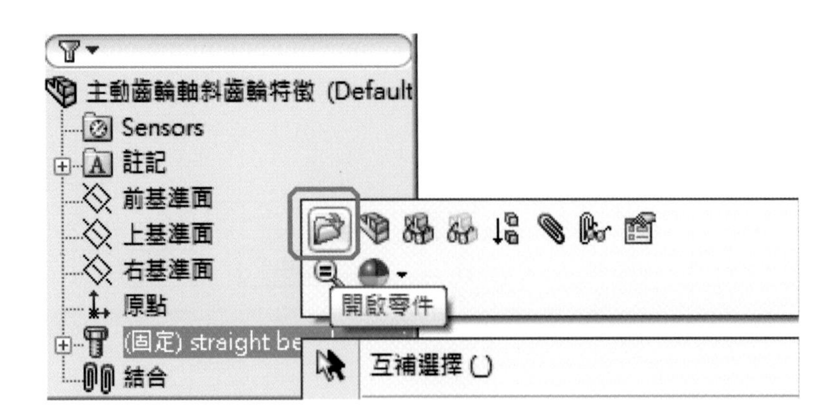

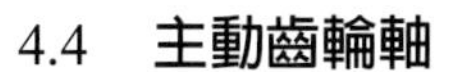

4. 將斜齒輪**另存新檔**→存於其它資料夾中→勾選**另存備份檔**→檔名自訂→**存檔**。

※請勿覆蓋「Toolbox」中的標準零件檔案。

5. 刪除斜齒輪中的「MateReferences」。

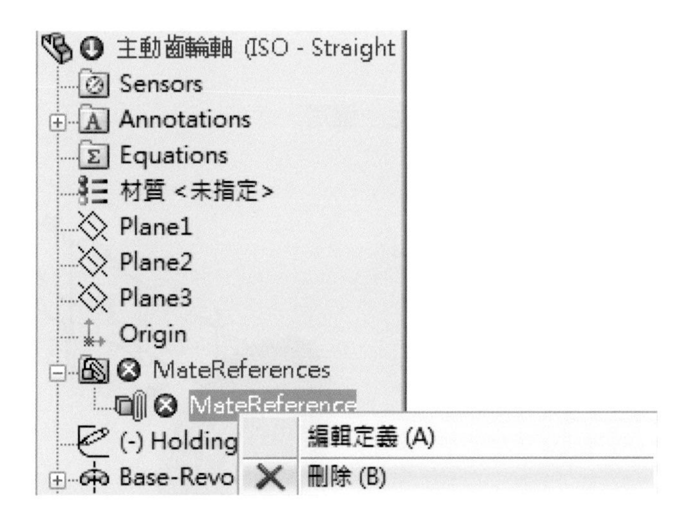

6. 完成斜齒輪特徵。

三、建立軸特徵

1. **選擇前基準面（Plane 1）。按草圖 →繪製如下圖所示之草圖。注意繪製方位！**

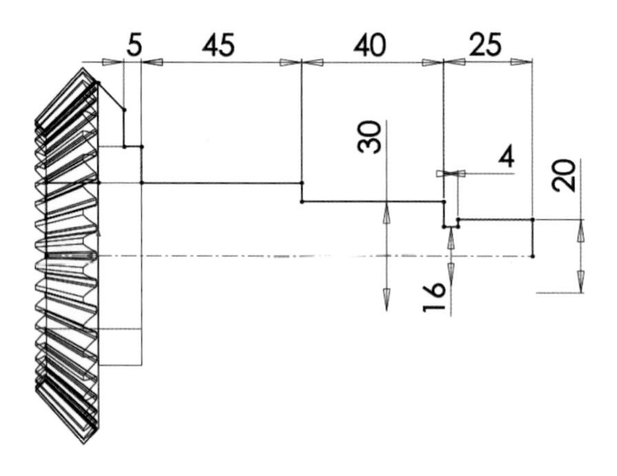

2. **按旋轉填料 / 基材 →根據下圖以設定→確定。**

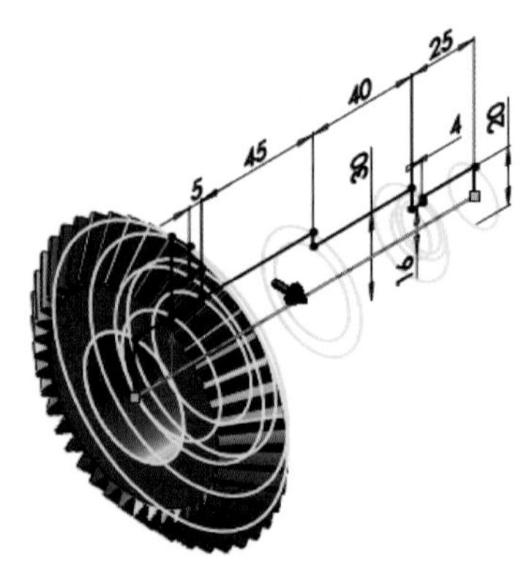

3. 完成軸特徵。

四、車螺紋

1. 點選裝飾螺紋線 →根據下圖設定→確定。

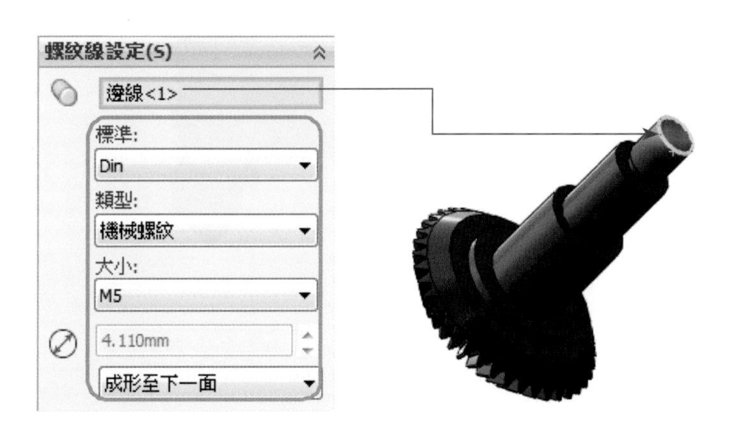

2. 點選導角 →選擇 1 條邊線→輸入距離 3 →輸入角度 45 →確定。

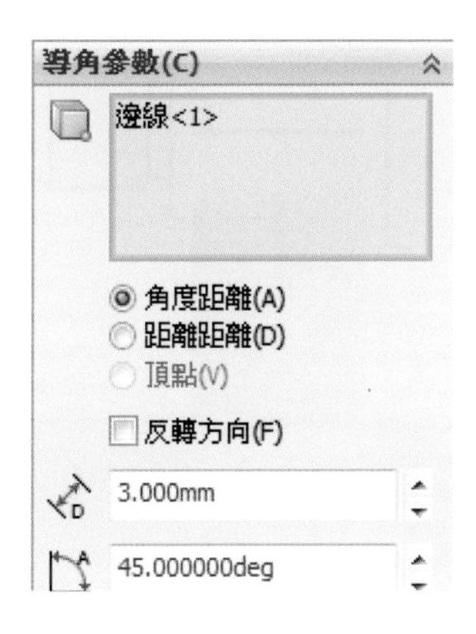

3. **完成軸特徵**。

五、銑鍵槽

1. 選擇**上基準面**（**Plane 2**）。按**草圖** →繪製如下圖所示之草圖。注意繪製方位！

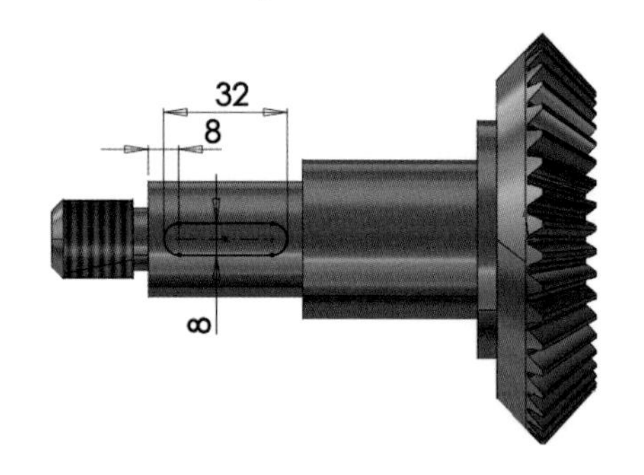

2. 按**伸長除料** →根據下圖設定→**確定**。

※注意草圖繪製基準面的平移與除料方向！

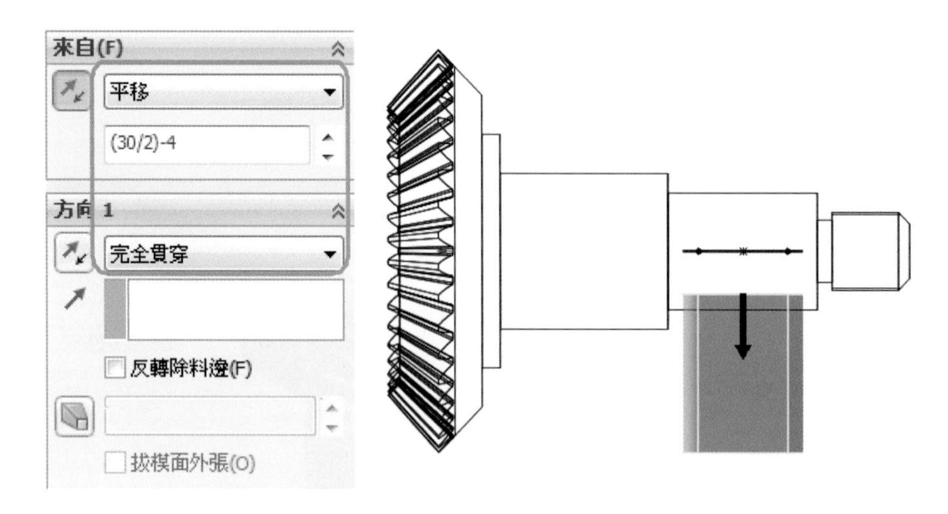

六、完成

5

Assembly

- 5.1 銑床主軸組合
- 5.2 組裝流程
- 5.3 步驟分析

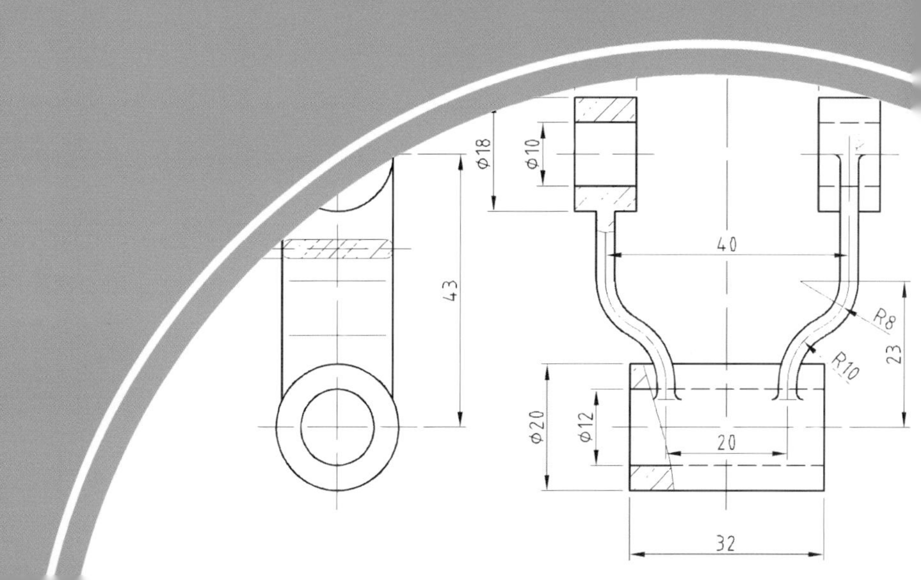

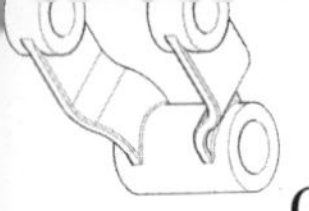

5.1 銑床主軸組合

利用 SolidWorks 組裝零件成機構、機器或機械的使用方法，係將多個零件或部分已組裝完成的次組合件，以特定的結合條件，使其拘束在相對位置上。以下爲「銑床主軸」模擬實際裝配過程進行組裝講解。

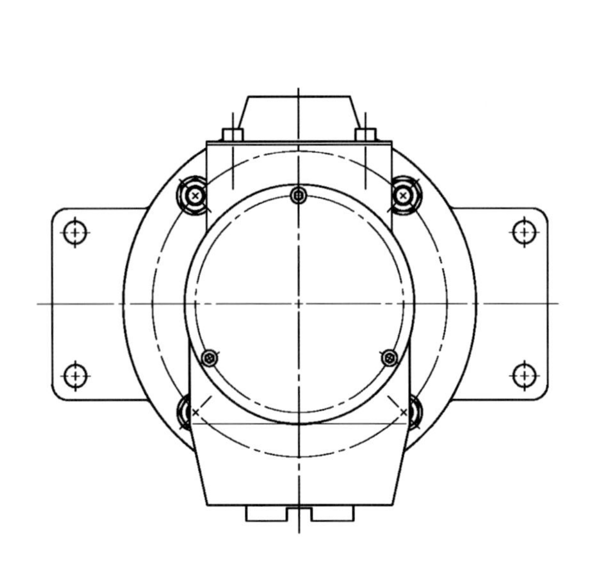

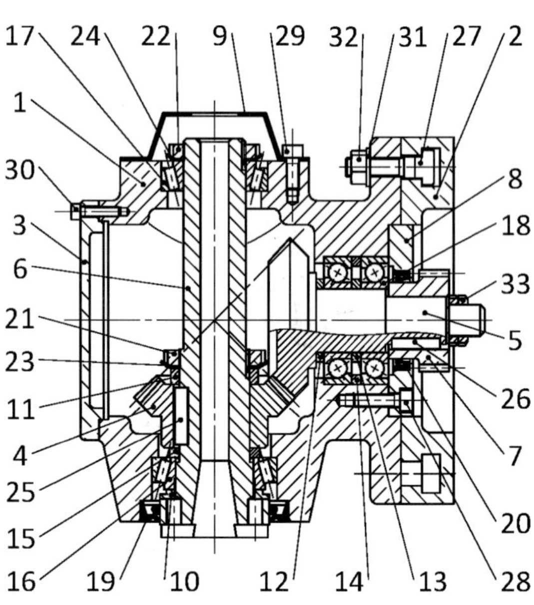

表 5-1 銑床主軸零件表

（括號爲市購品規格）

件號	名稱	材質	數量
1	本體	FC250	1
2	旋轉座	FC250	1
3	前蓋	FC200	1
4	從動齒輪	SCM415	1
5	主動齒輪軸	SCM415	1
6	主軸	SCM440	1
7	傳動正齒輪	SCM440	1
8	軸承蓋	S20C	1
9	防護蓋	SS400	1
10	主軸間隔環	S20C	1
11	迫緊環	S20C	1
12	主動齒輪間隔環	S20C	1
18	斜角滾珠軸承	(7208)	2
19	DM 型油封	(DM70-95-13)	1
20	SM 型油封	(SM40-62-11)	1
21	滾動軸承用螺帽	(AN09)	1
22	滾動軸承用螺帽	(AN08)	1
23	滾動軸承用墊圈	(AW09)	1
24	滾動軸承用墊圈	(AW08)	1
25	平行鍵	(14x9-36-A)	1
26	平行鍵	(8x7-32-A)	1
27	T 型螺桿	(M12-38)	4
28	內六角螺栓	(M8-30)	4
29	內六角螺栓	(M8-20)	4

件號	名稱	材質	數量
13	内軸承間隔環	S20C	1
14	外軸承間隔環	S20C	1
15	從動齒輪間隔環	S20C	1
16	滾錐軸承	(32010)	1
17	滾錐軸承	(32008)	1

件號	名稱	材質	數量
30	内六角螺栓	(M6-25)	3
31	平墊圈	(O12)	3
32	六角螺帽	(M12-50)	3
33	滾動軸承用螺帽	(AN04)	2

5.2 組裝流程

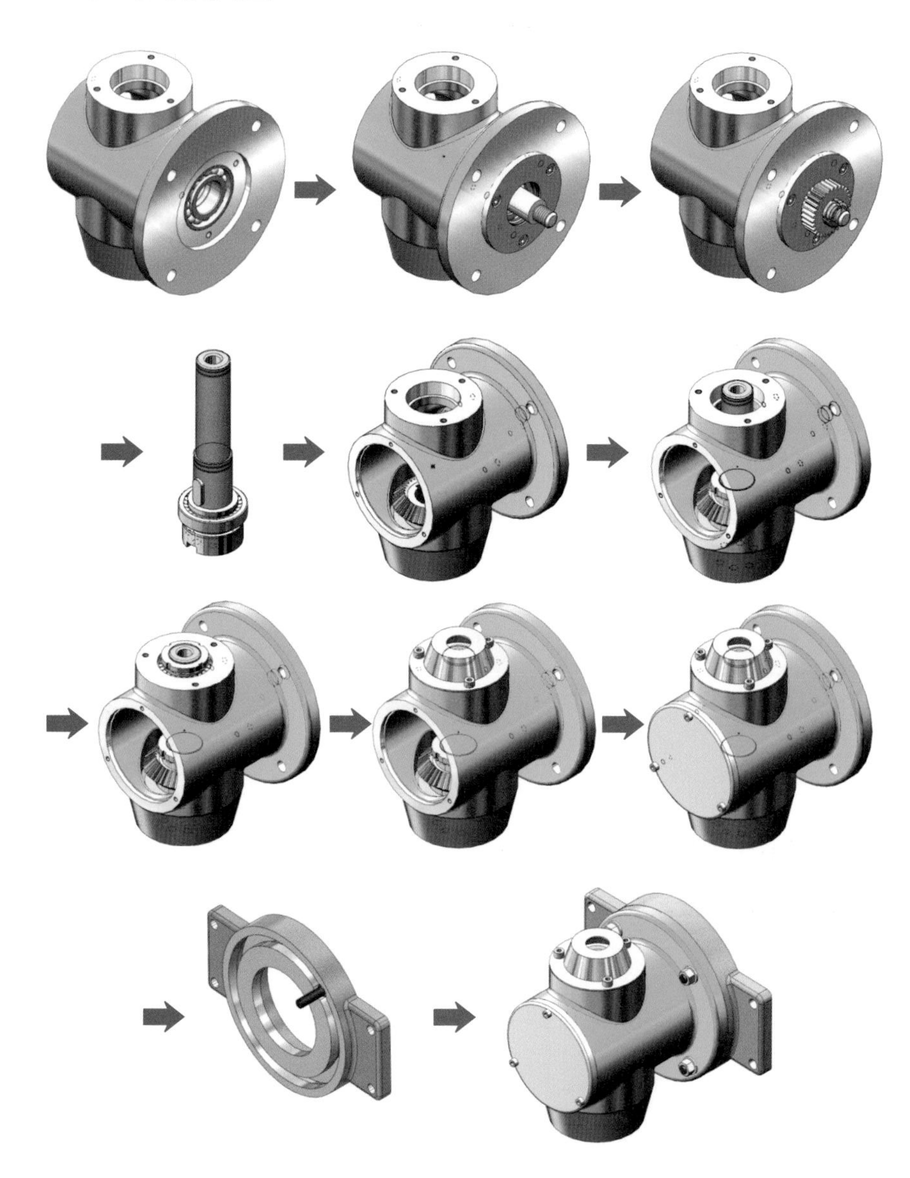

5.3 步驟分析

5.3.1 組裝傳動軸

一、組裝斜角滾珠軸承

1. 插入「本體」零件→確定。

2. **Toolbox → Skf →滾珠軸承**→拉出「斜角滾珠軸承」→大小：**7208 BE** →確定→插入兩個→ **Esc**。（為顯示軸承構造，在此不設定「護籠」的需求）

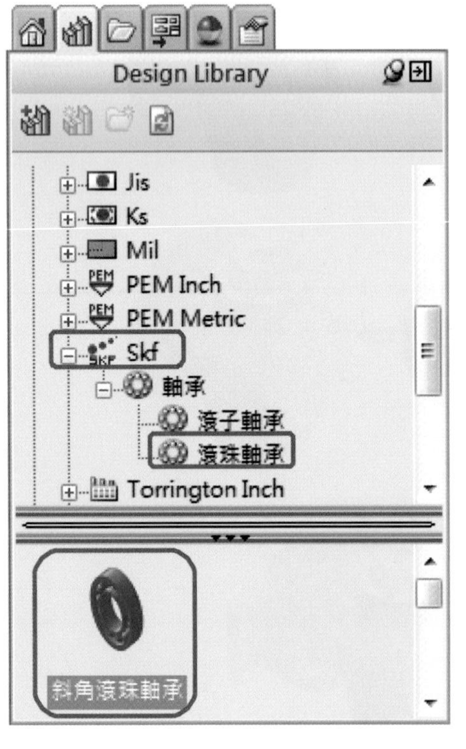

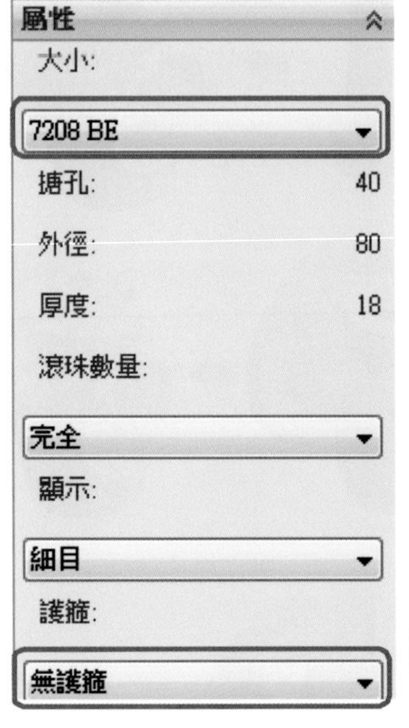

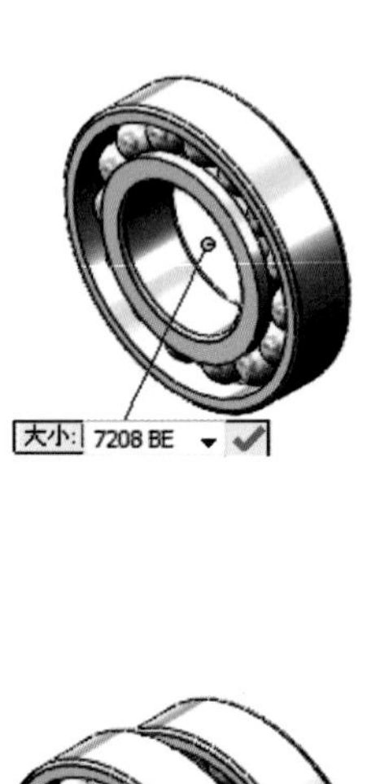

3. **結合** → **重合 / 共線 / 共點** →點選「本體」面①→點選一顆「斜角滾珠軸承」面②（選擇面爲外環較小的表面積之面）→**反向對正** →確定。（因「斜角滾珠軸承」有特定方向功能性特徵，組裝時必須注意）

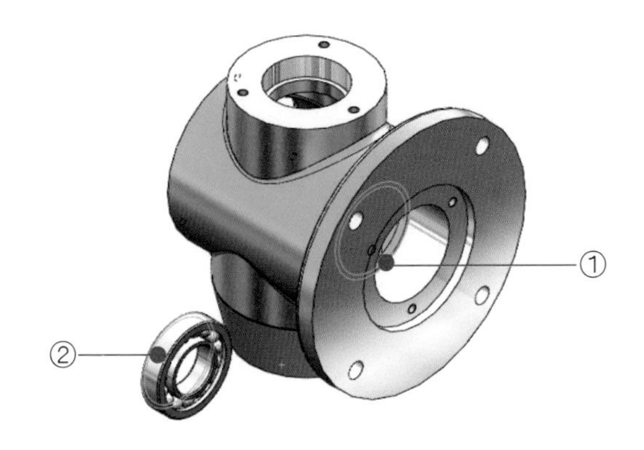

4. **結合** → **同軸心** →點選「本體」面①→點選與上步驟同顆的「斜角滾珠軸承」面②→確定。

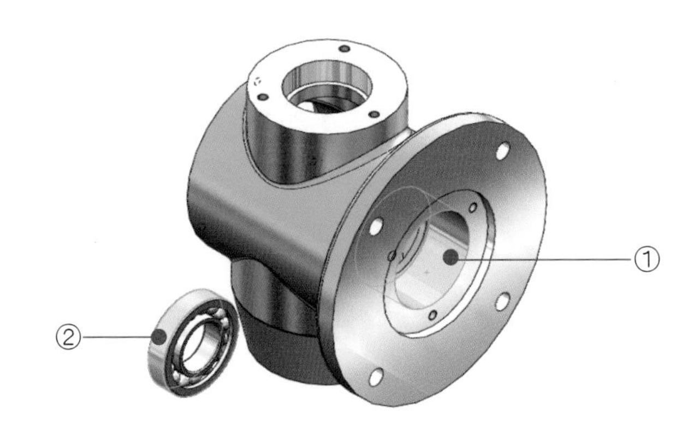

5. **插入** 「內軸承間隔環」零件→**結合** → **重合 / 共線 / 共點** →點選「斜角滾珠軸承」面①→點選「內軸承間隔環」面②→**反向對正** →確定。

6. **結合** →**同軸心** →點選「本體」面①→點選「內軸承間隔環」面②→確定。

7. **插入** 「外軸承間隔環」零件→**結合** →**重合 / 共線 / 共點** →點選「斜角滾珠軸承」面①→點選「外軸承間隔環」面②→**反向對正** →確定。

8. **結合** →**同軸心** →點選「本體」面①→點選「外軸承間隔環」面②→確定。

9. **結合** →**重合 / 共線 / 共點** →點選「外軸承間隔環」面①→點選另一顆「斜角滾珠

軸承」面②（選擇面爲外環較大的表面積之面）→**反向對正** →確定。

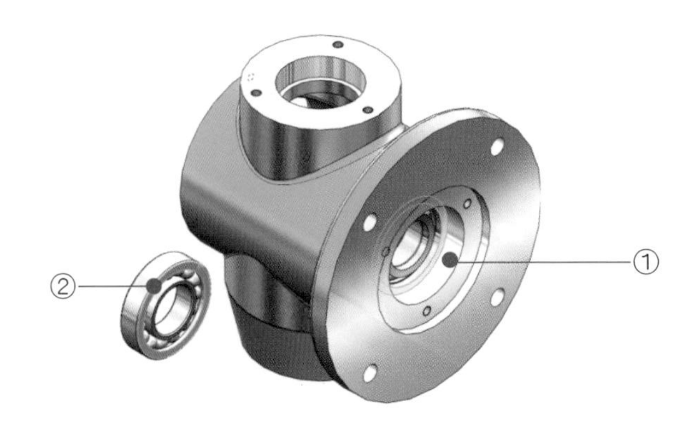

10. **結合** →**同軸心** →點選「本體」面①→點選與上步驟同顆「斜角滾珠軸承」面②→確定。

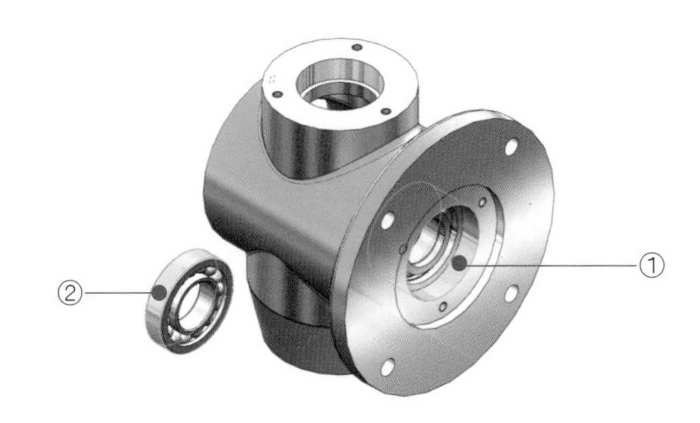

11. 完成斜角滾珠軸承的組裝。下右圖爲**剖面視角** 。

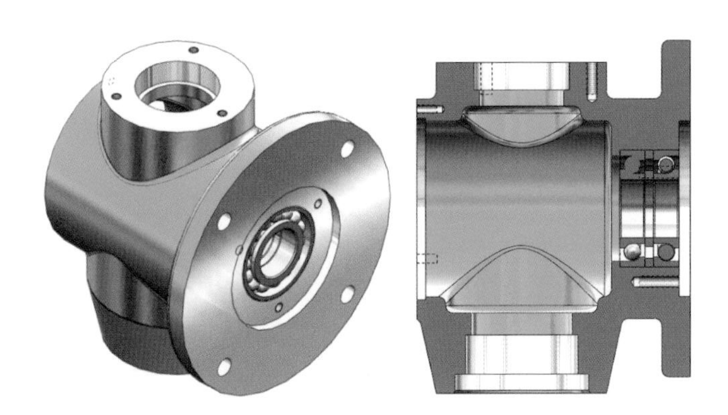

二、組裝傳動軸

1. **插入** 「間隔環」零件→**結合** →**重合 / 共線 / 共點** →點選「斜角滾珠軸承」面①→點選「主動齒輪間隔環」面②→**反向對正** →確定。

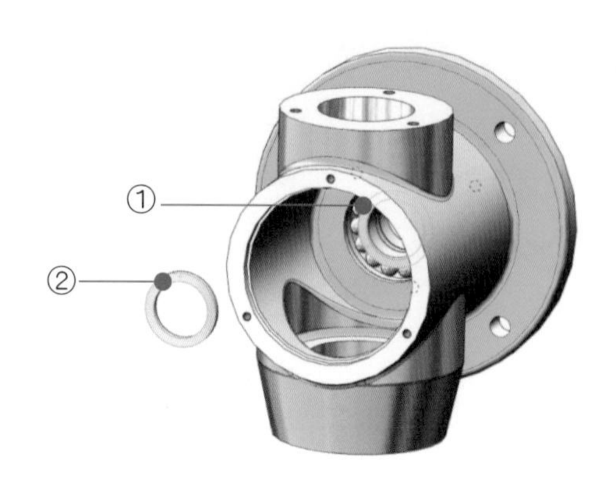

2. **結合** →**同軸心** →點選「斜角滾珠軸承」面①→點選「主動齒輪間隔環」面②→確定。

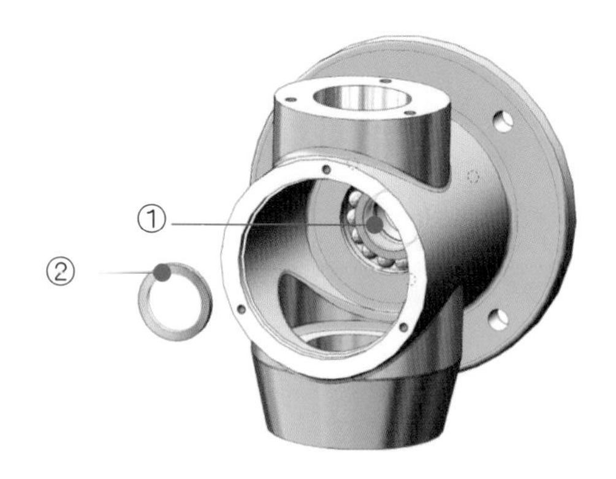

3. **插入** 「主動齒輪軸」零件→**結合** →**重合 / 共線 / 共點** →點選「主動齒輪間隔環」面①→點選「主動齒輪軸」面②→**反向對正** →確定。

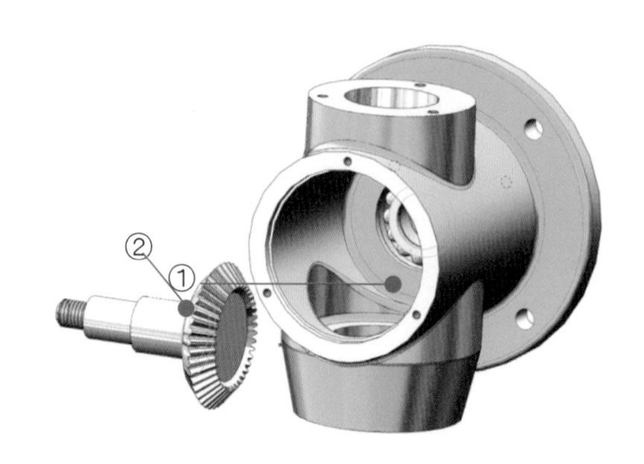

4. **結合** →**同軸心** →點選「斜角滾珠軸承」面①→點選「主動齒輪間隔環」面②→確定。

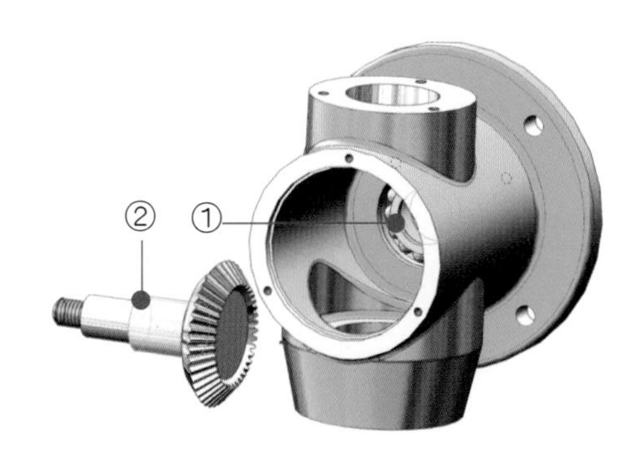

5. **插入** 「軸承蓋」與「SM 型油封」零件→**結合** →**重合 / 共線 / 共點** →點選「軸承蓋」面①→點選「SM 型油封」面②→**反向對正** →確定。

6. **結合** →**同軸心** →點選「軸承蓋」面①→點選「SM 型油封」面②→確定。

7. **結合** → **重合／共線／共點** →點選「本體」面①→點選「軸承蓋」面②→**反向對正** →確定。

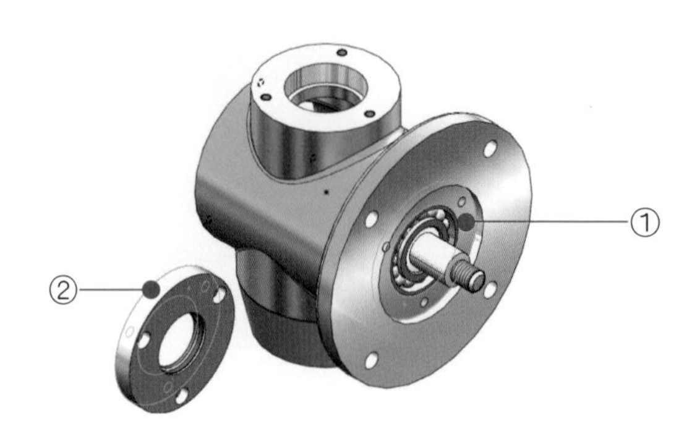

8. **結合** → **同軸心** →點選「本體」面①→點選「軸承蓋」面②→確定。

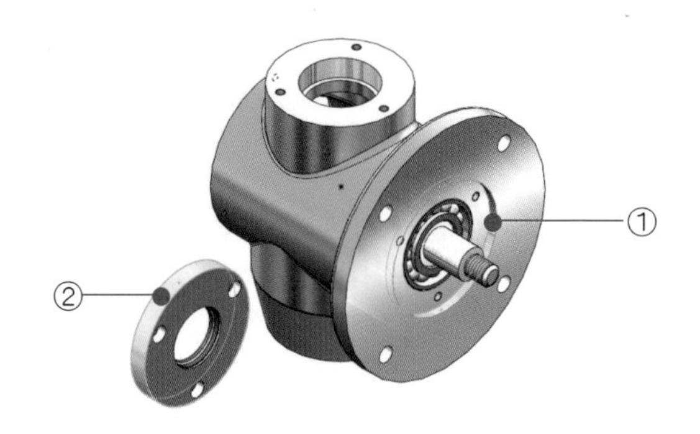

9. **結合** → **同軸心** →點選「本體」面①→點選「軸承蓋」面②→確定。

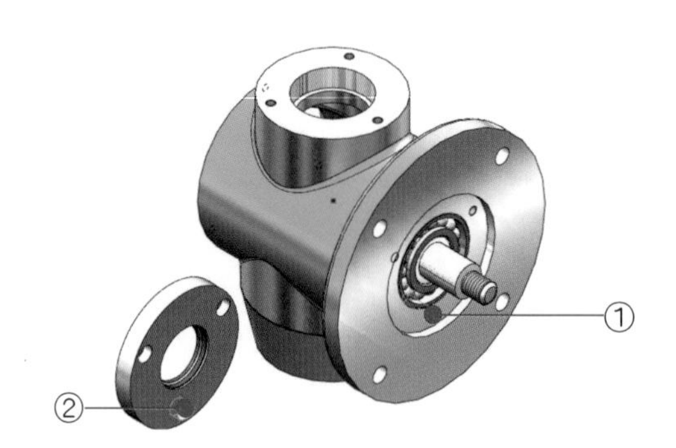

10. **Toolbox → Iso →螺栓與螺釘→六角承窩頭螺釘**→拉出「六角承窩頭 ISO 4762」至「軸承蓋」螺栓沉頭孔→大小：**M8** →長度：**30** →確定→ **Esc**。

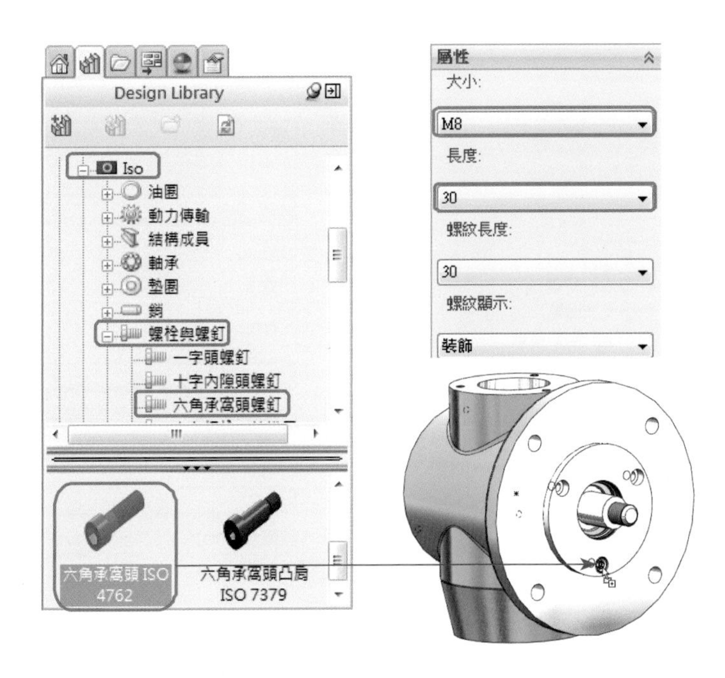

11. **特徵導出零組件複製排列** →選擇「六角承窩頭螺釘」為複製之零組件→選擇未插入螺釘的「軸承蓋」螺栓沉頭孔→確定。

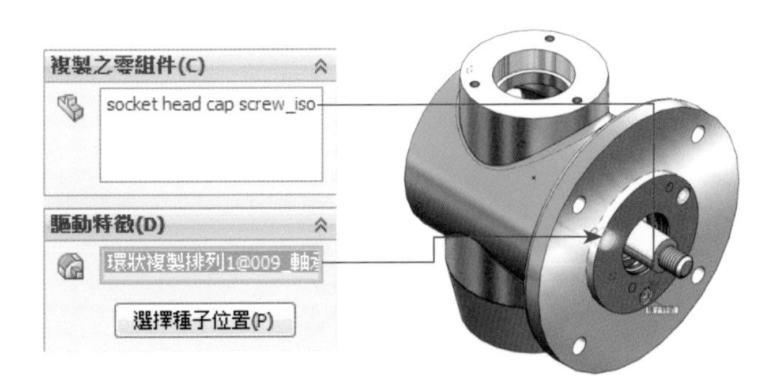

12. 完成傳動軸的組裝。

三、組裝傳動正齒輪

1. **Toolbox** → **Jis** →**鍵**→**平鍵**→拉出「平鍵 JIS 1301」→大小：**8×7**→長度：**32**→鍵端類型：**A**→確定→ **Esc**。

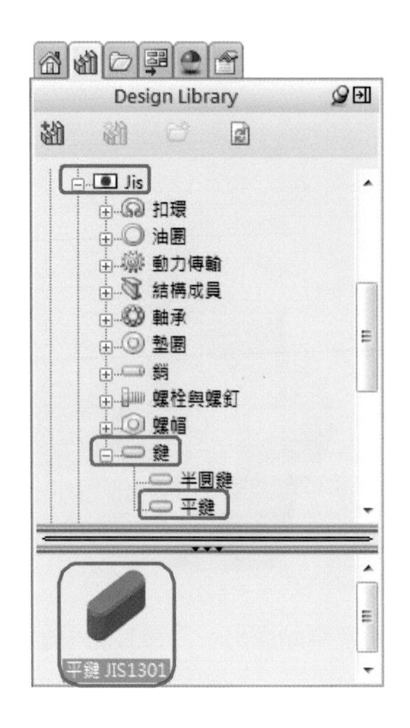

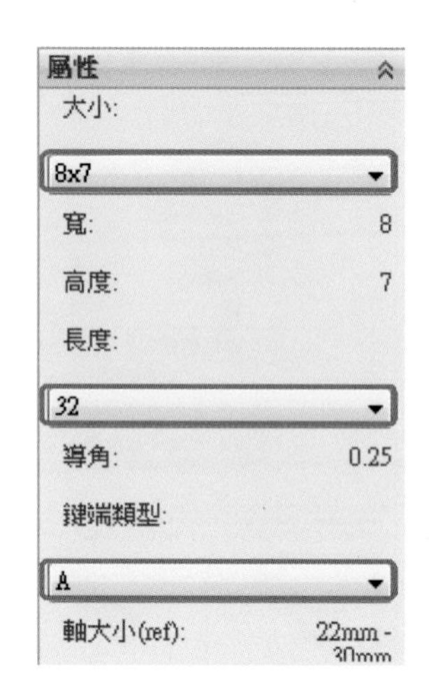

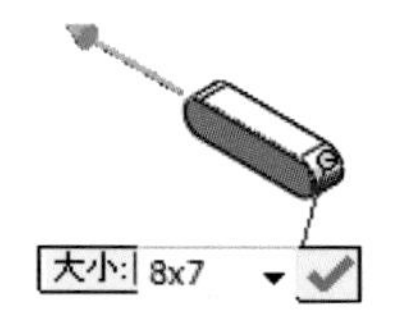

2. **結合** →**重合 / 共線 / 共點** →點選「主動齒輪軸」面①→點選「平行鍵」面②→**反向對正** →確定。

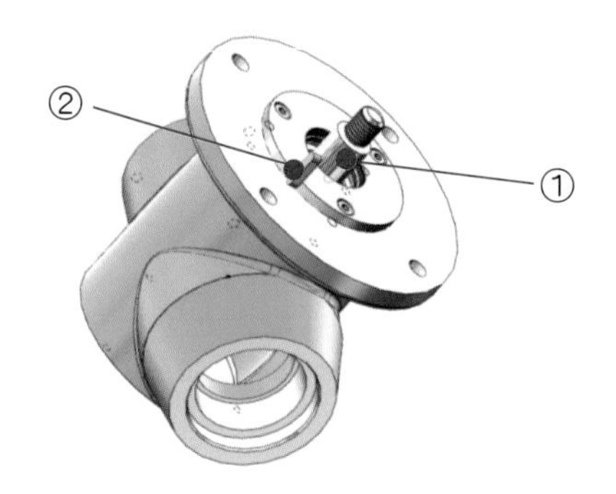

3. **結合** →**同軸心** →點選「主動齒輪軸」面①→點選「平行鍵」面②→確定。

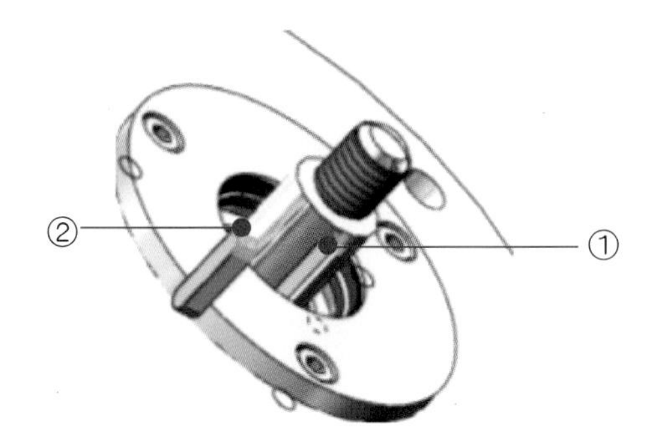

4. **結合** →**重合 / 共線 / 共點** →點選「主動齒輪軸」面①→點選「平行鍵」面②→**反向對正** →確定。

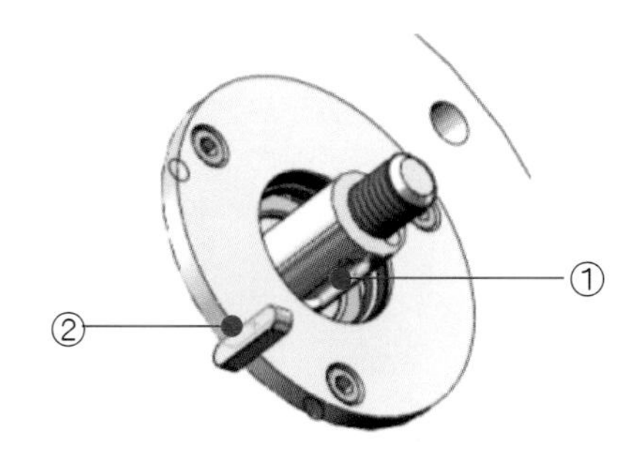

5. **插入** 「傳動正齒輪」零件→**結合** →**重合 / 共線 / 共點** →點選「平行鍵」面①→點選「傳動正齒輪」面②→**反向對正** →確定。

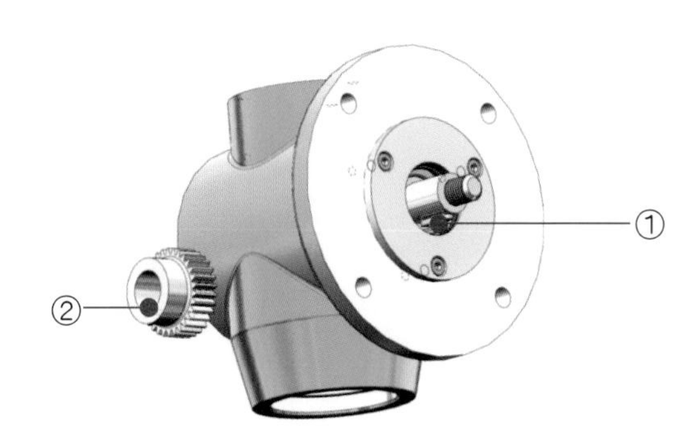

6. **結合** →**重合 / 共線 / 共點** →點選「斜角滾珠軸承」面①→點選「傳動正齒輪」面②→**反向對正** →確定。

7. **結合** →**同軸心** →點選「主動齒輪軸」面①→點選「傳動正齒輪」面②→確定。

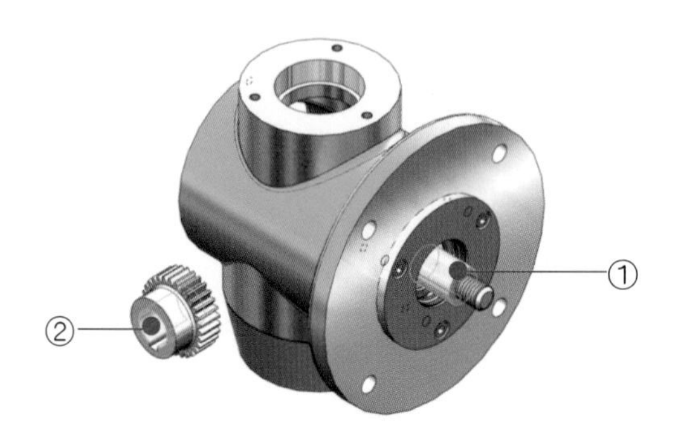

8. **插入** 兩個「滾動軸承用螺帽（AN 09）」零件→**結合** →**重合 / 共線 / 共點** →點選「傳動正齒輪」面①→點選一顆「滾動軸承用螺帽（AN 09）」面②（選擇面為無導角之面）→**反向對正** →確定。

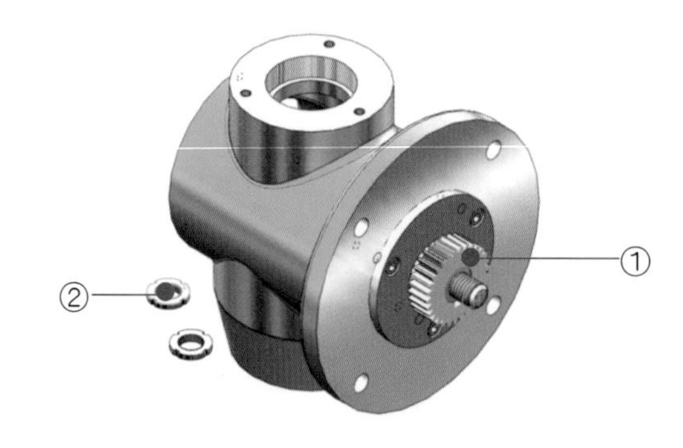

9. **結合** →**同軸心** →點選「主動齒輪軸」面①→點選與上步驟同顆的「滾動軸承用螺帽（AN 09）」面②→確定。

10. **結合** → **重合／共線／共點** →點選與上步驟同顆的「滾動軸承用螺帽（AN 09）」面①→點選另一顆「滾動軸承用螺帽（AN 09）」面②（選擇面為無導角之面）→**反向對正** →確定。

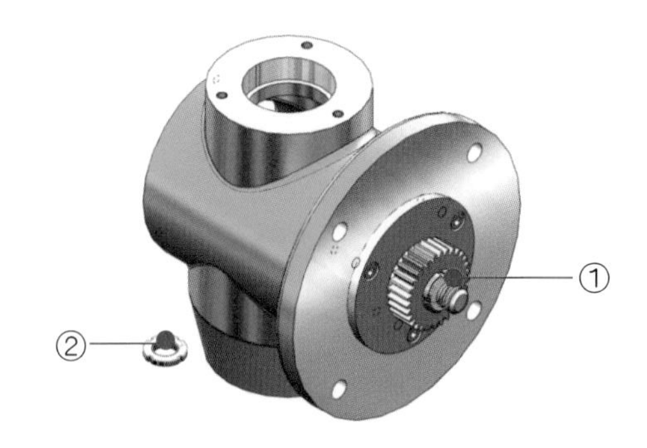

11. **結合** →**同軸心** →點選「主動齒輪軸」面①→點選「滾動軸承用螺帽（AN 09）」面②→確定。

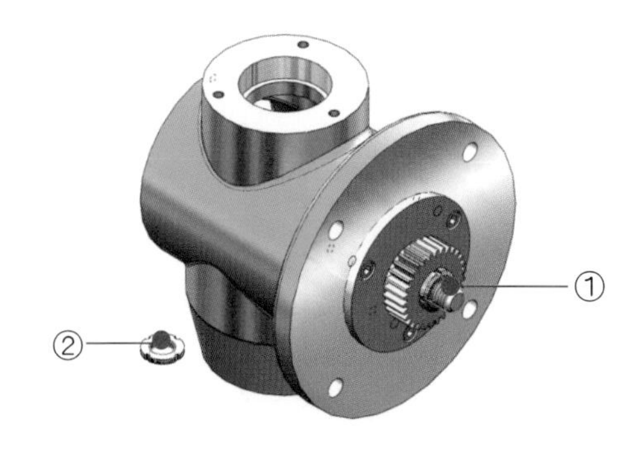

12. 完成傳動正齒輪的組裝。右圖為**剖面視角** 。

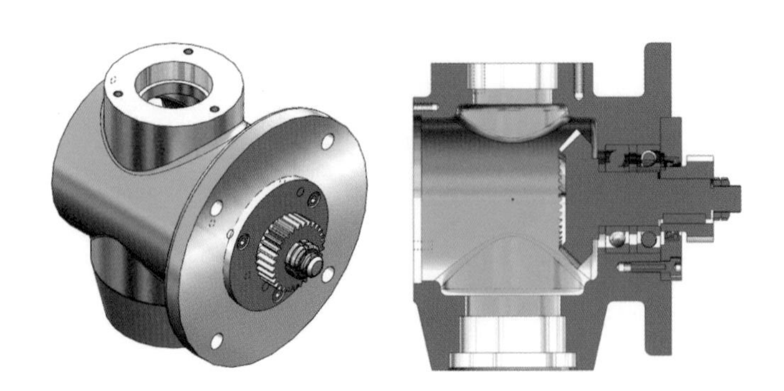

5.3.2 組裝主軸

一、預組裝主軸定位零件

1. **插入** 「主軸」與「主軸間隔環」零件→**結合** →**重合 / 共線 / 共點** →點選「主軸」面①→點選「主軸間隔環」面②→**反向對正** →確定。

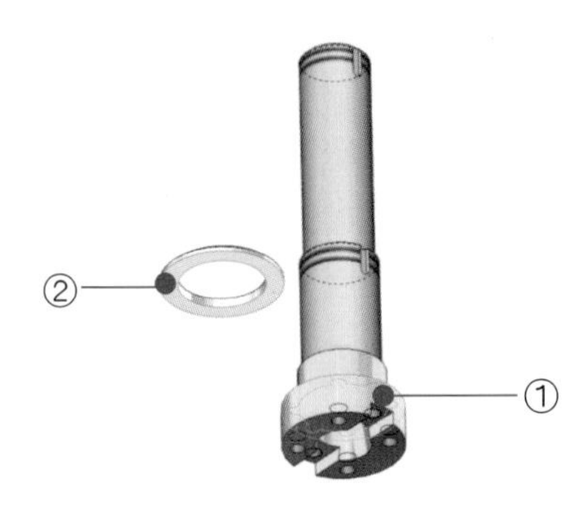

2. **結合** →**同軸心** →點選「主軸」面①→點選「主軸間隔環」面②→確定。

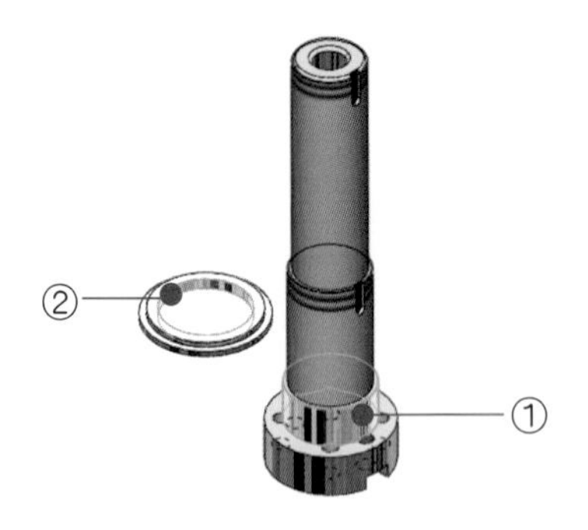

3. **Toolbox** → **Skf** →**滾子軸承**→拉出「錐形滾子軸承」→大小：**32010 X** →確定→ **Esc**。

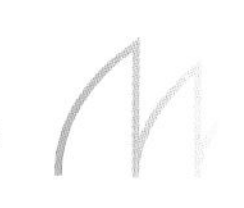

4. **結合** →**重合／共線／共點** →點選「主軸間隔環」面①→點選「錐形滾子軸承」面②→**反向對正** →確定。(因「錐形滾子軸承」有特定方向功能性特徵，組裝時必須注意)

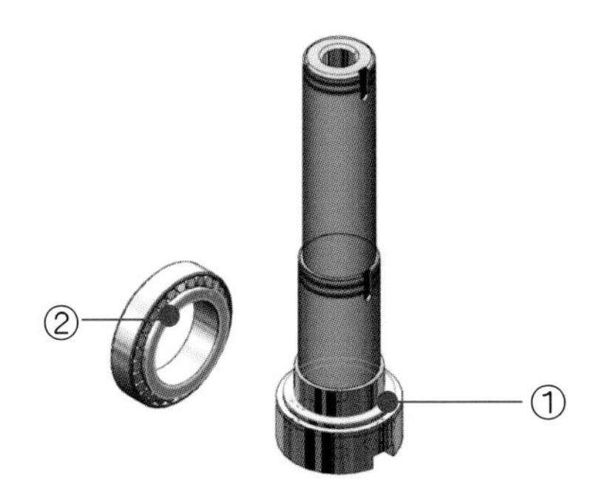

5. **結合** →**同軸心** →點選「主軸」面①→點選「錐形滾子軸承」面②→確定。

6. **插入** 「從動齒輪間隔環」零件→**結合** →**重合 / 共線 / 共點** →點選「錐形滾子軸承」面①→點選「從動齒輪間隔環」面②→**反向對正** →確定。

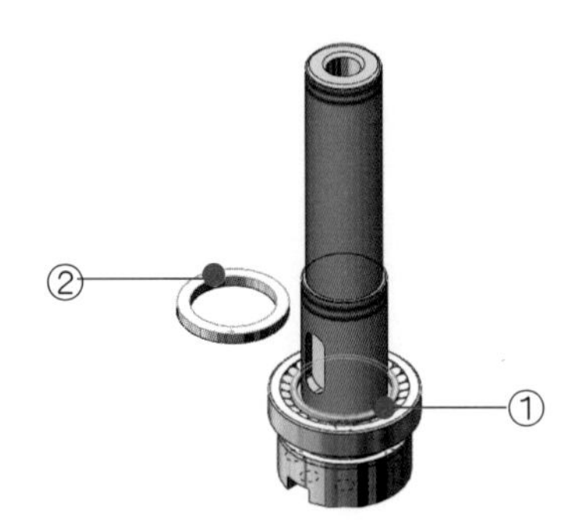

7. **結合** →**同軸心** →點選「主軸」面①→點選「從動齒輪間隔環」面②→確定。

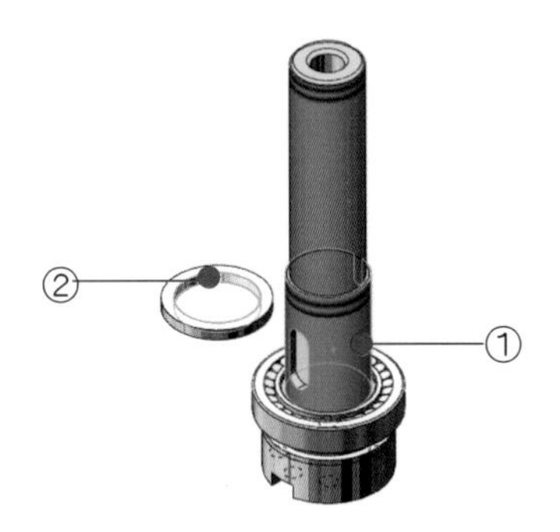

8. **Toolbox** → **Jis** →鍵→平鍵→拉出「平鍵 JIS 1301」→大小：**14×9** →長度：**36** →鍵端類型：**A** →確定→ **Esc**。

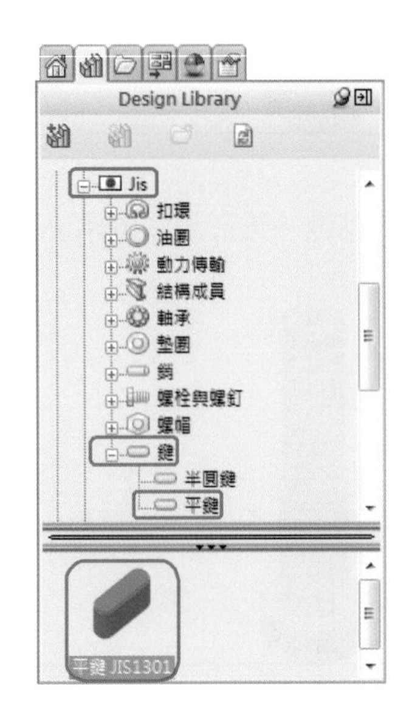

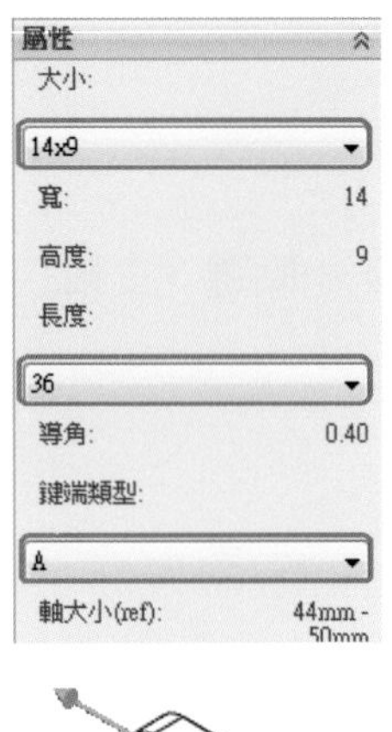

9. **結合** →**重合／共線／共點** →點選「主軸」面①→點選「平行鍵」面②→**反向對正** →確定。

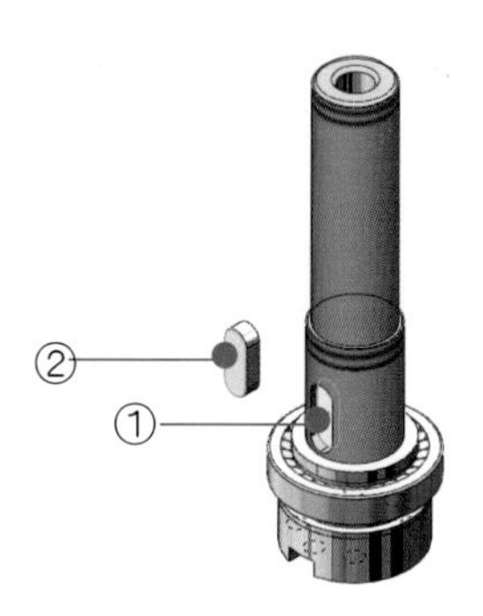

10. **結合** →**重合／共線／共點** →點選「主軸」面①→點選「平行鍵」面②→**反向對正** →確定。

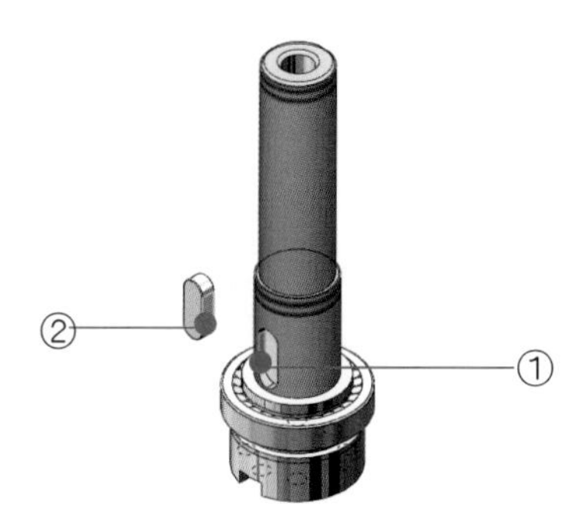

11. **結合** →**同軸心** →點選「主軸」面①→點選「平行」面②→確定。

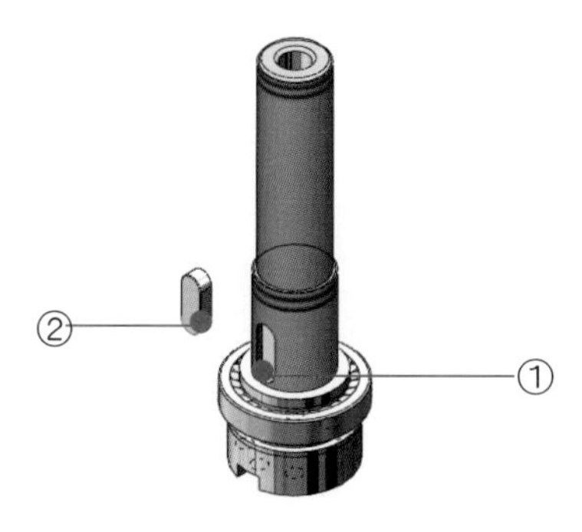

12. 完成主軸定位零件的預組裝。

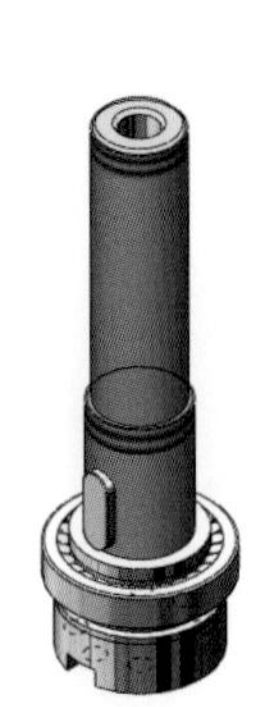

一、預裝入從動齒輪

依據實際的組裝流程，由於「主動齒輪軸」已完成組裝，以及「本體」的內部特徵的影響，因此「從動齒輪」必須先裝入「本體」內部。

1. **插入** 「從動齒輪」零件→**結合** →**同軸心** →點選「本體」面①→點選「從動齒輪」面②→確定。

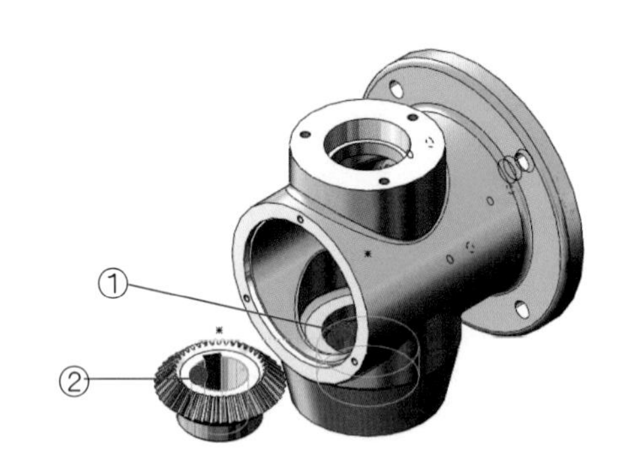

2. 完成預裝入從動齒輪。

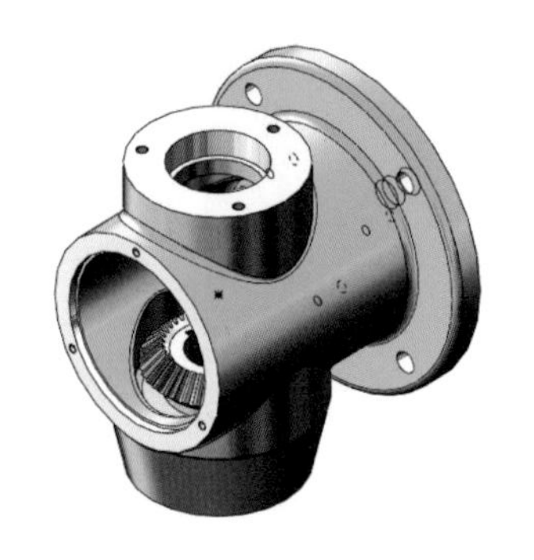

二、組裝主軸

1. **結合** →**同軸心** →點選「本體」面①→點選「主軸」面②→確定。(注意組裝方位)

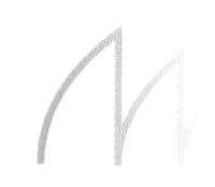

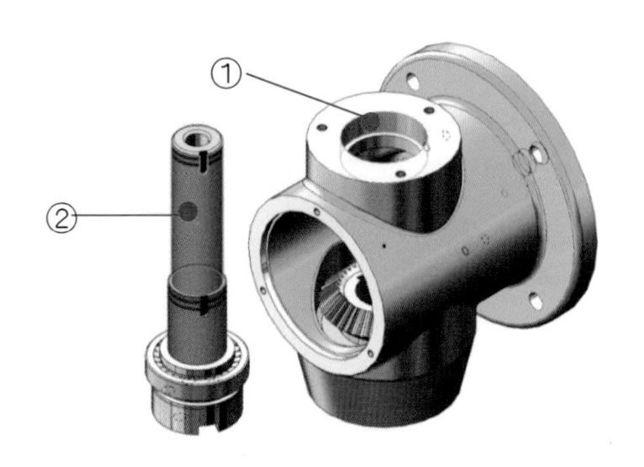

2. **插入** 「迫緊環」零件→**結合** →**同軸心** →點選「從動齒輪」面①→點選「迫緊環」面②→確定。

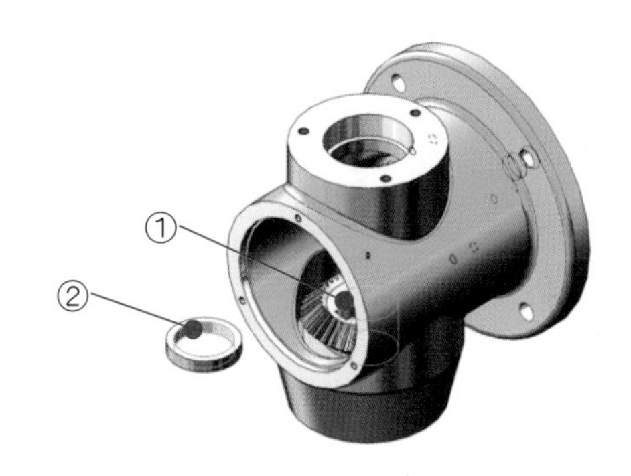

3. **插入** 「滾動軸承用墊圈（AW09）」零件→**結合** →**同軸心** →點選「從動齒輪」面①→點選「迫緊環」面②→確定。

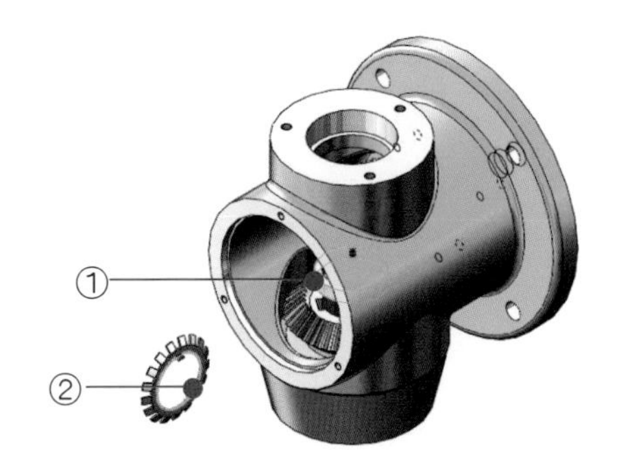

4. **插入** 「滾動軸承用螺帽（AN09）」零件→**結合** →**同軸心** →點選「本體」面①→點選「滾動軸承用螺帽」面②→確定。

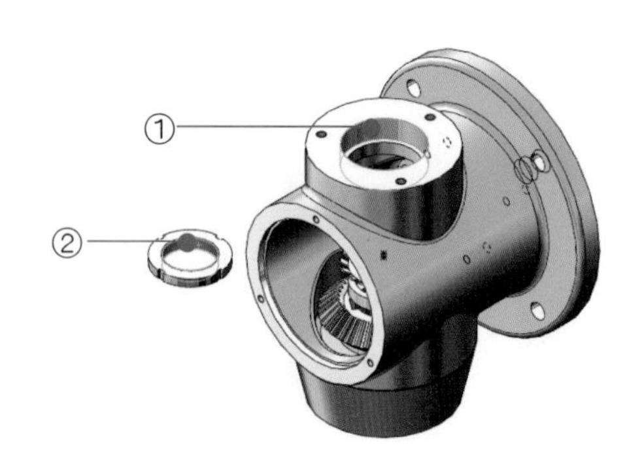

5. 注意「滾動軸承用螺帽」與「滾動軸承用墊圈」的方位。下右圖爲**剖面視角**。

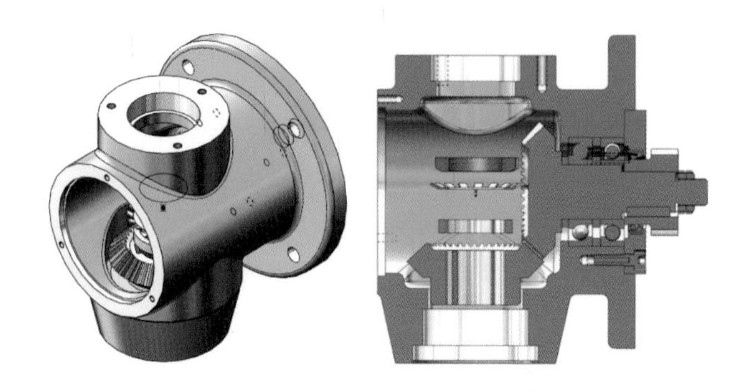

6. **結合** →**重合 / 共線 / 共點** →點選「平行鍵」面①→點選「從動齒輪」面②→**反向對正** →確定。(組裝時，可先把零件拉出)

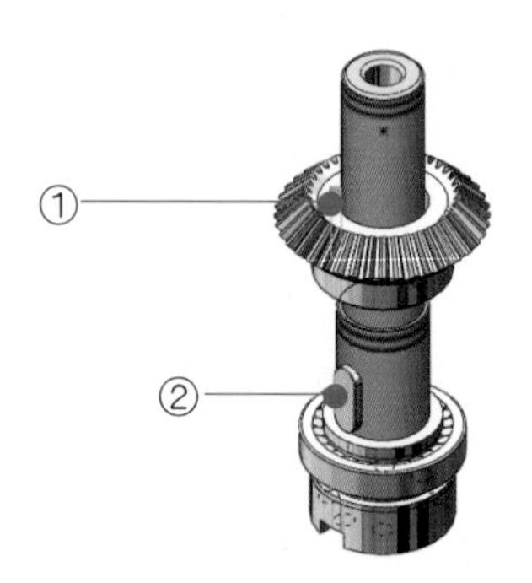

7. **結合** →**重合 / 共線 / 共點** →點選「從動齒輪間隔環」面①→點選「從動齒輪」面②→**反向對正** →確定。

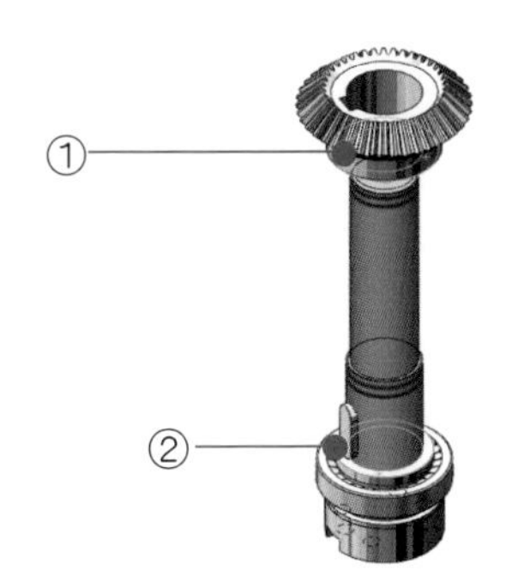

8. **結合** →**重合 / 共線 / 共點** →點選「從動齒輪」面①→點選「迫緊環」面②→**反向對正** →確定。

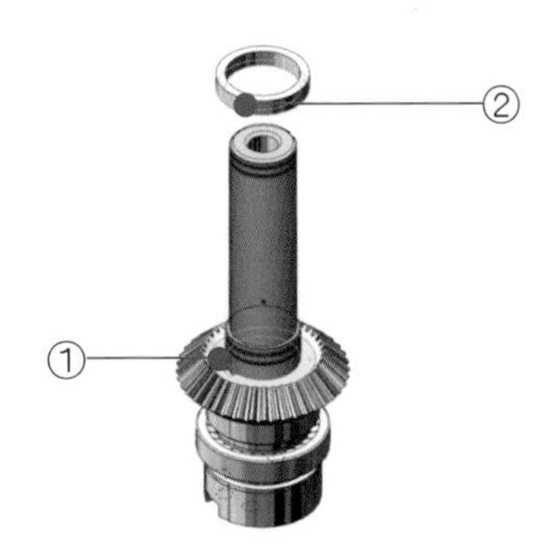

9. **結合** →**重合 / 共線 / 共點** →點選「主軸」面①→點選「滾動軸承用墊圈」面②→**反向對正** →確定。

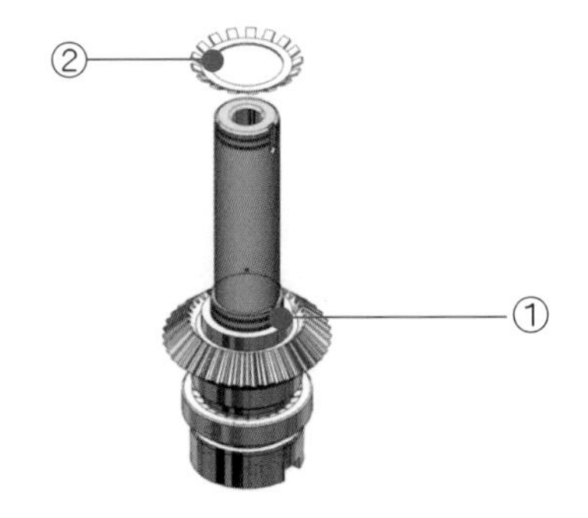

10. **結合** →**重合 / 共線 / 共點** →點選「迫緊環」面①→點選「滾動軸承用墊圈」面②→**反向對正** →確定。

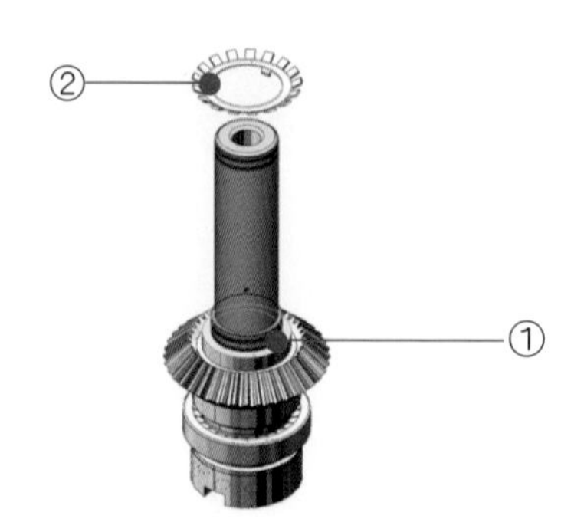

11. **結合** →**重合 / 共線 / 共點** →點選「滾動軸承用墊圈」面①→點選「滾動軸承用螺帽」面②→**反向對正** →確定。

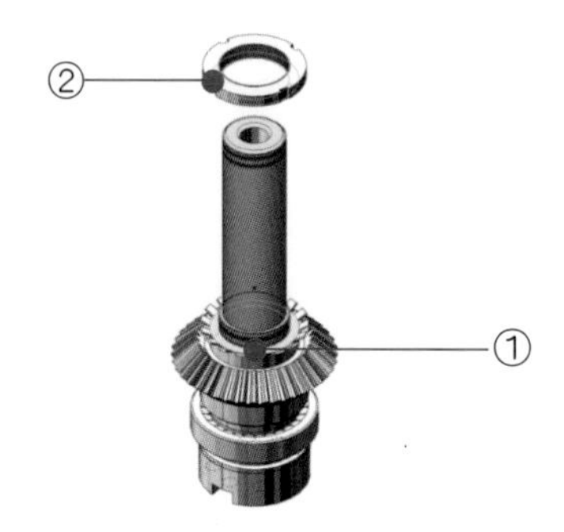

12. **結合** →**重合 / 共線 / 共點** →點選「本體」面①→點選「滾錐軸承」面②→**反向對正** →確定。

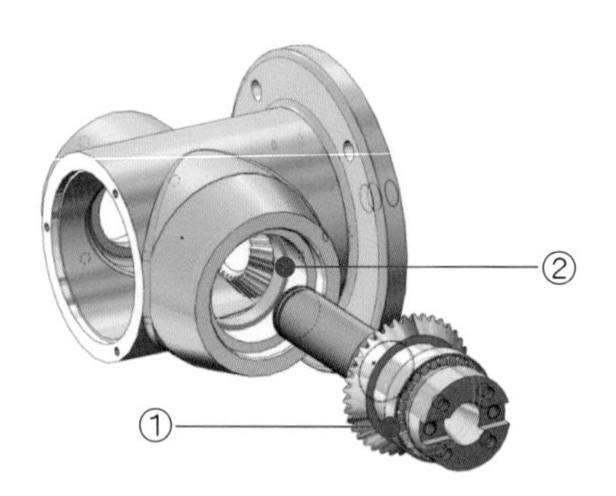

13. **結合** →**角度**→點選「組合件」中的「前基準面」①→點選「從動齒輪」中的「前基準面」②→**同向對正**→輸入角度：13.5°→確定。完成後如右圖（「本體」隱藏）。

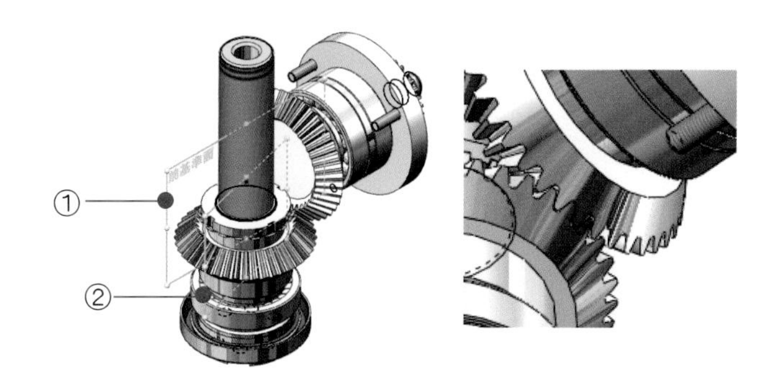

14. **插入** 「DM 型油封」零件→**結合** →**重合 / 共線 / 共點** →點選「本體」面①→點選「DM 型油封」面②→**反向對正** →確定。

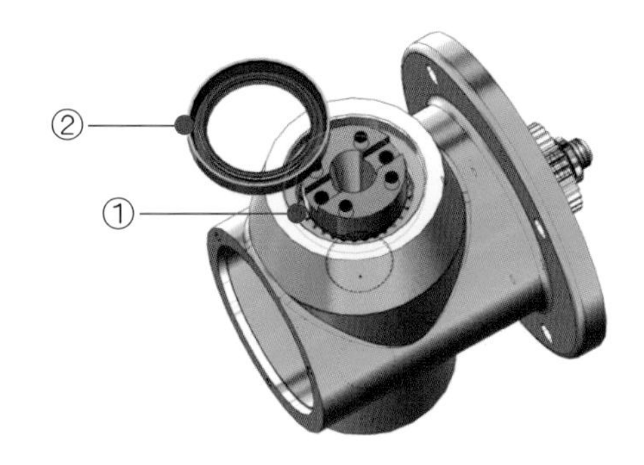

15. **結合** →**同軸心** →點選「本體」面①→點選「DM 型油封」面②→確定。

16. 完成主軸的組裝。右圖爲**剖面視角** 。

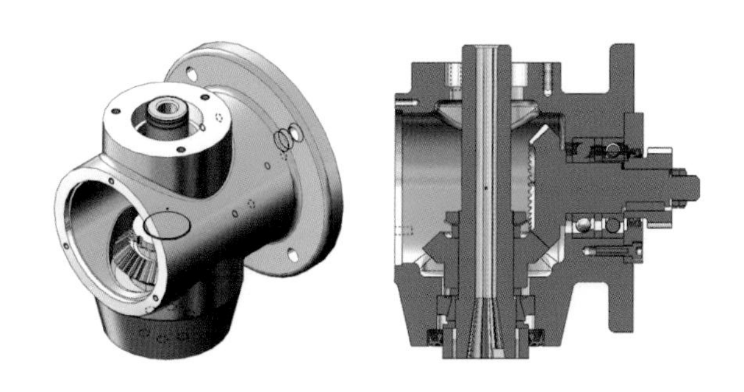

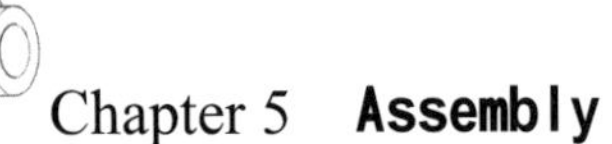
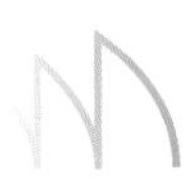

三、完成主軸的定位組裝

1. **Toolbox** → **Skf** →**滾子軸承**→拉出「錐形滾子軸承」→大小：**32008 X** →確定→ **Esc**。

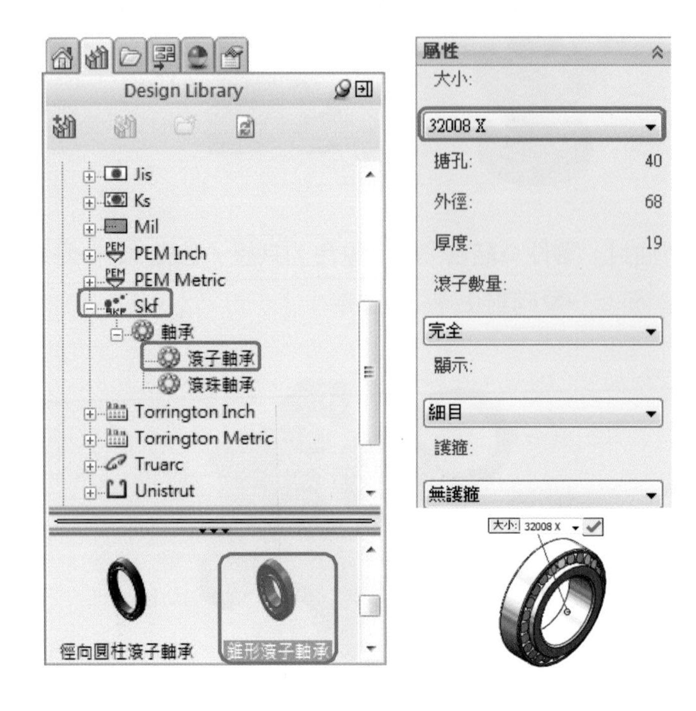

2. **結合** →**重合 / 共線 / 共點** →點選「本體」面①→點選「滾錐軸承」面②→**反向對正** →確定。

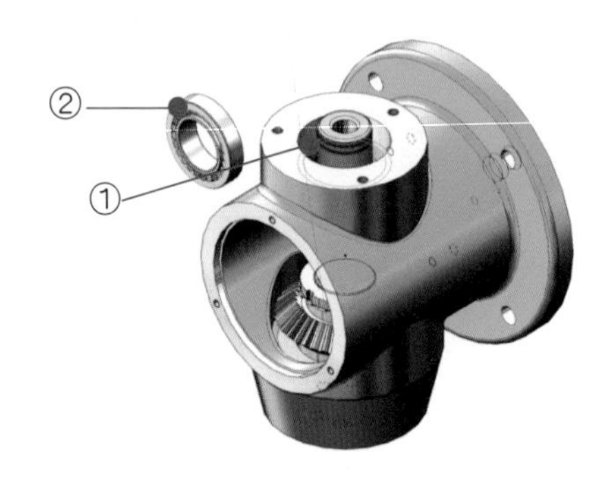

3. **結合** →**同軸心** →點選「本體」面①→點選「DM 型油封」面②→確定。

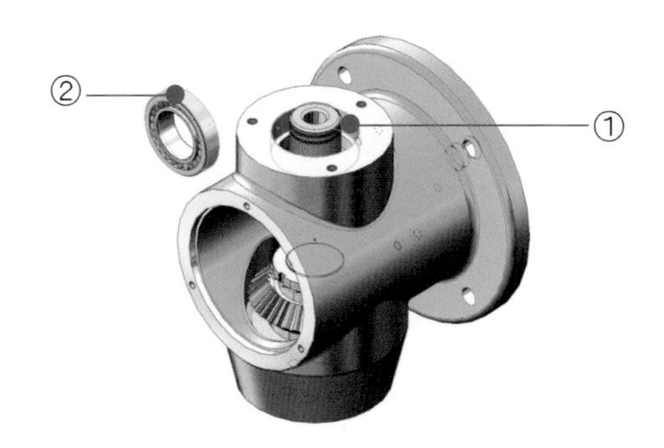

4. **插入** 「滾動軸承用墊圈（AW08）」零件→**結合** →**重合／共線／共點** →點選「主軸」面①→點選「滾動軸承用墊圈」面②→**反向對正** →確定。

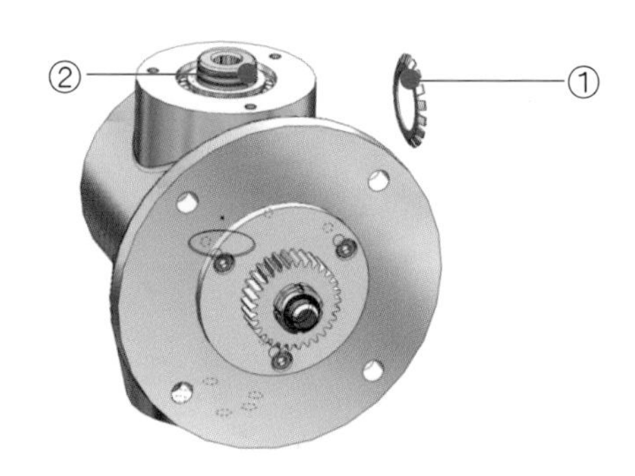

5. **結合** →**重合／共線／共點** →點選「滾錐軸承」面①→點選「滾動軸承用墊圈」面②→**反向對正** →確定。

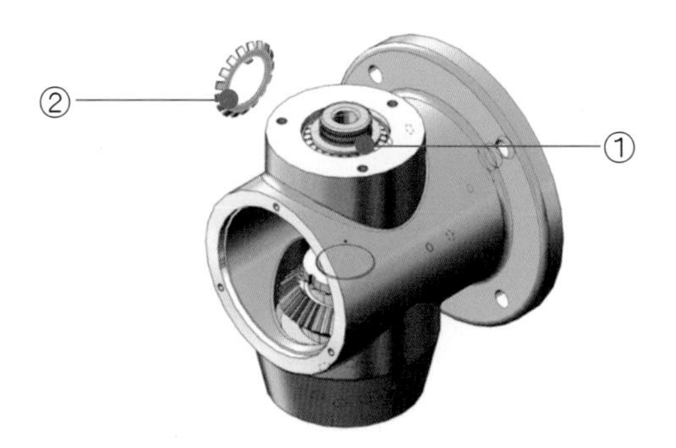

6. **結合** →**同軸心** →點選「主軸」面①→點選「滾動軸承用墊圈」面②→確定。

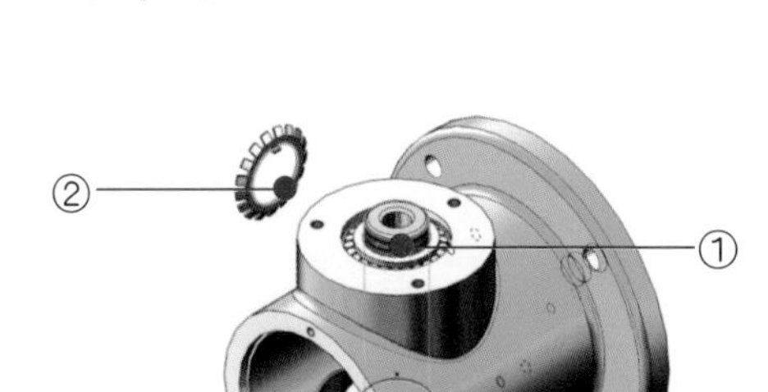

7. **插入** 「滾動軸承用螺帽（AN08）」零件→**結合** →**重合／共線／共點** →點選「本體」面①→點選「滾動軸承用螺帽」面②→**反向對正** →確定。

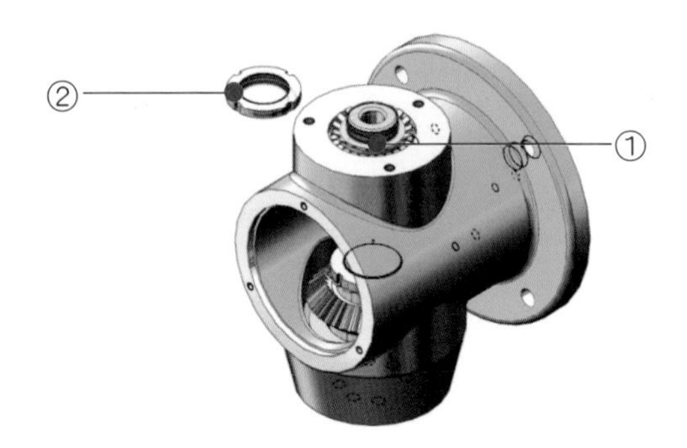

8. **結合** →**同軸心** →點選「本體」面①→點選「滾動軸承用螺帽」面②→確定。

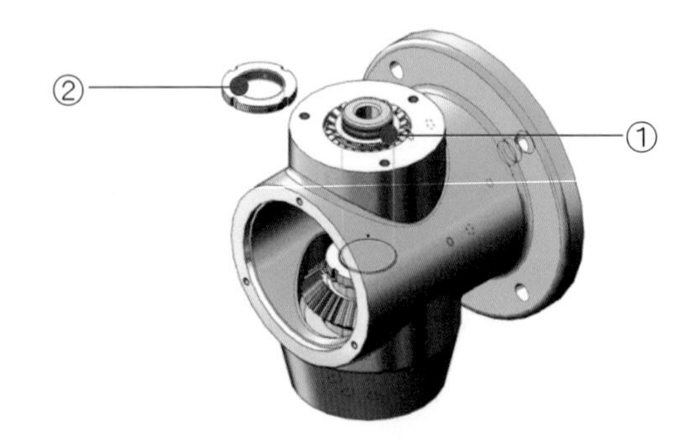

9. 完成主軸的組裝。

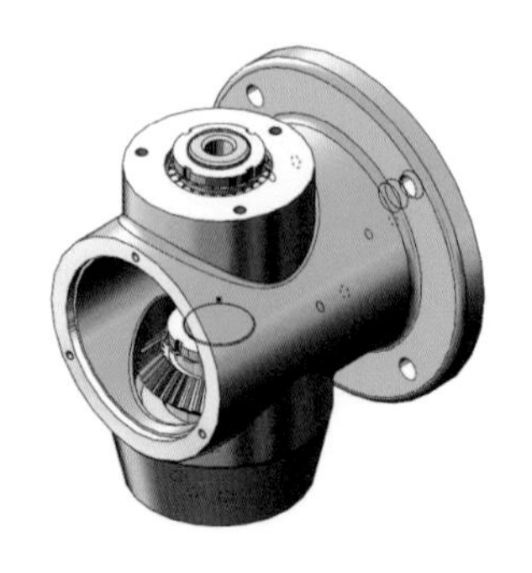

5.3.3 掩蓋內部零件

一、組裝防護蓋

1. **插入** 「防護蓋」零件→**結合** →**重合/共線/共點** →點選「本體」面①→點選「防護蓋」面②→**反向對正** →確定。

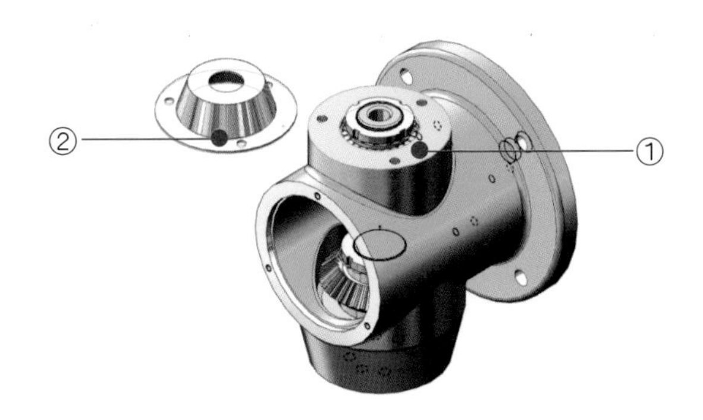

2. **結合** →**同軸心** →點選「本體」面①→點選「防護蓋」面②→確定。

3. **結合** →**同軸心** →點選「本體」面①→點選「防護蓋」面②→確定。

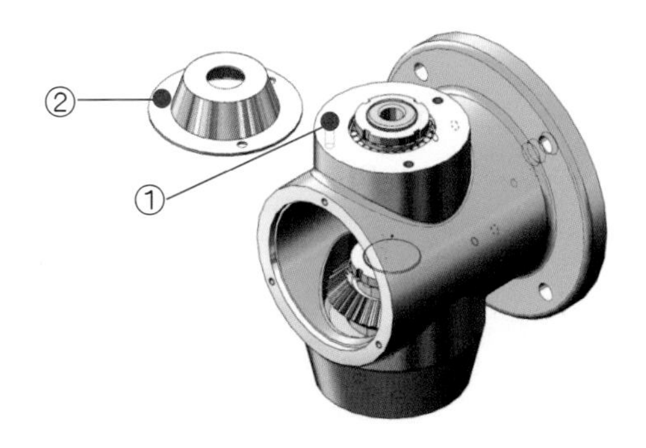

4. **Toolbox→Iso→螺栓與螺釘→六角承窩頭螺釘**→拉出「六角承窩頭ISO 4762」至「防護蓋」

螺釘定位孔→大小：**M8** →長度：**20** →確定→ **Esc**。

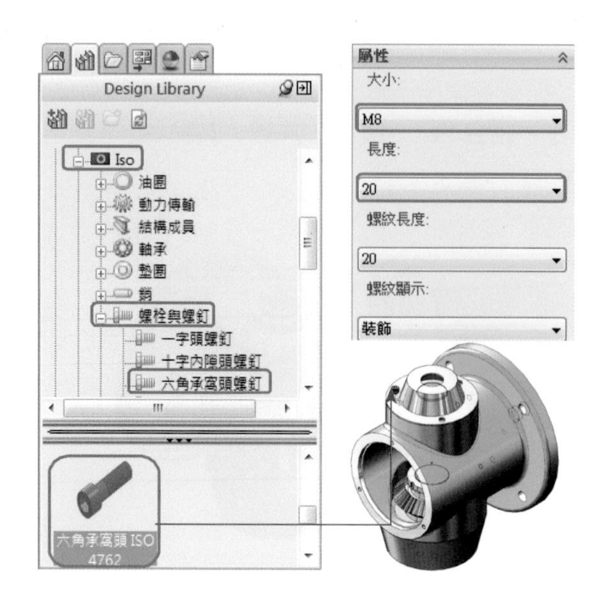

5. **特徵導出零組件複製排列** →選擇「六角承窩頭螺釘」爲複製之零組件→選擇未插入螺釘的「防護蓋」定位孔→確定。

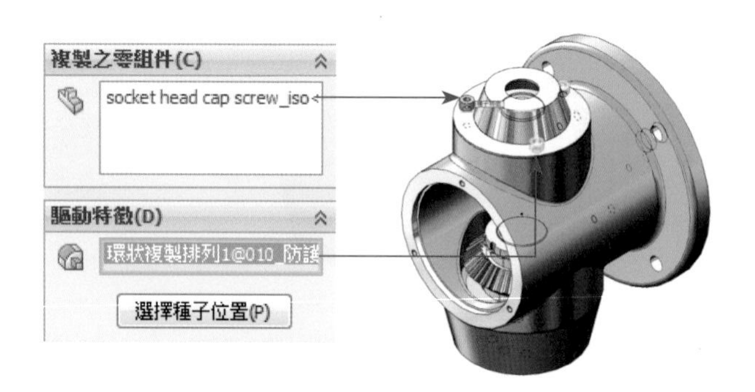

6. 完成防護蓋的組裝。

二、組裝前蓋

1. **插入** 「前蓋」零件→**結合** →**重合 / 共線 / 共點** →點選「本體」面①→點選「前蓋」面②→**反向對正** →確定。

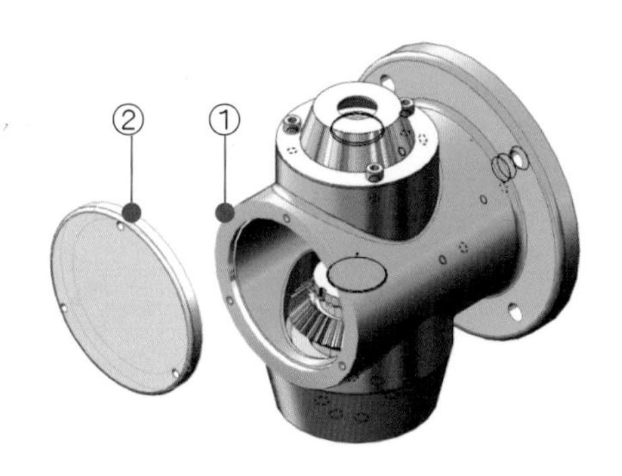

2. **結合** →**同軸心** →點選「本體」面①→點選「前蓋」面②→確定。

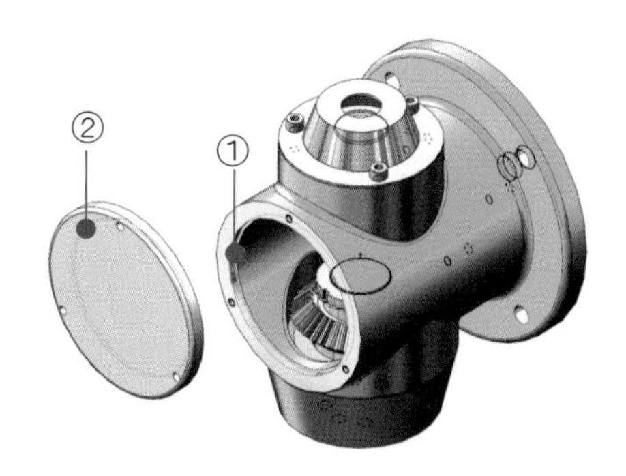

3. **結合** →**同軸心** →點選「本體」面①→點選「前蓋」面②→確定。

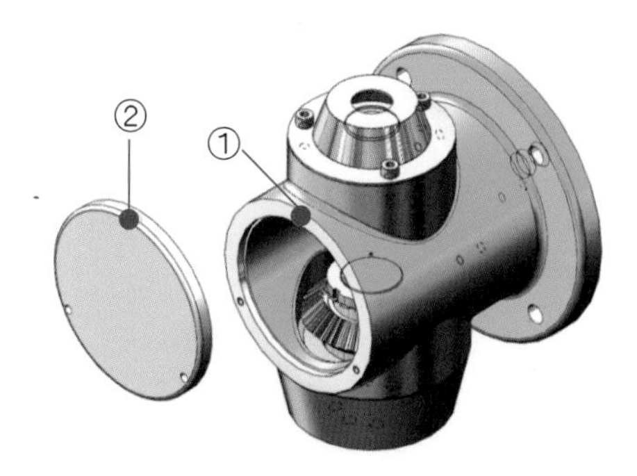

4. **Toolbox → Iso →螺栓與螺釘**→六角承窩頭螺釘→拉出「六角承窩頭 ISO 4762」至「前蓋」螺釘定位孔→大小：**M6** →長度：**25** →確定→ **Esc**。

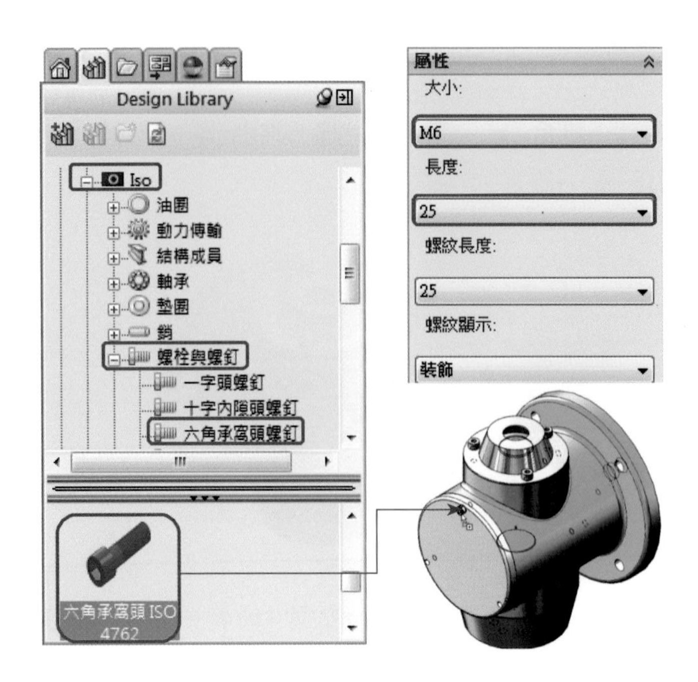

5. **特徵導出零組件複製排列** →選擇「六角承窩頭螺釘」爲複製之零組件→選擇未插入螺釘的「前蓋」定位孔→確定。

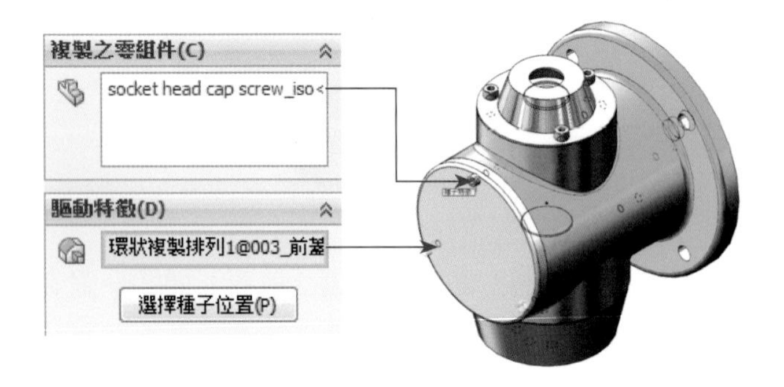

6. 完成防護蓋的組裝。

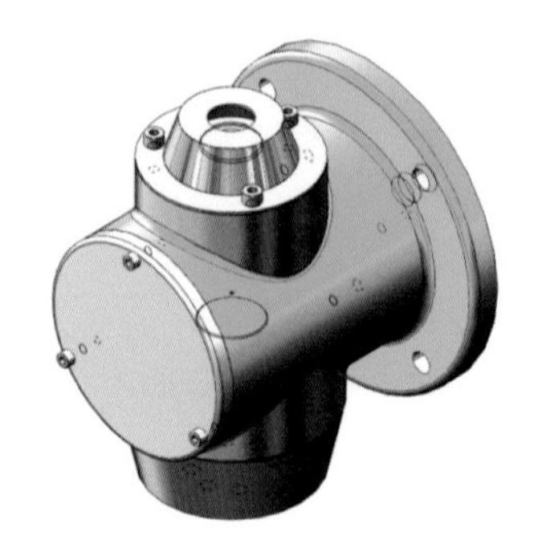

5.3.4 組裝旋轉座

一、T 型螺栓裝入旋轉座

1. **插入** 「旋轉座」與「T 型螺栓」零件→**結合** →**相互平行**→點選「旋轉座」面①→點選「T 型螺栓」面②→**反向對正** →確定。

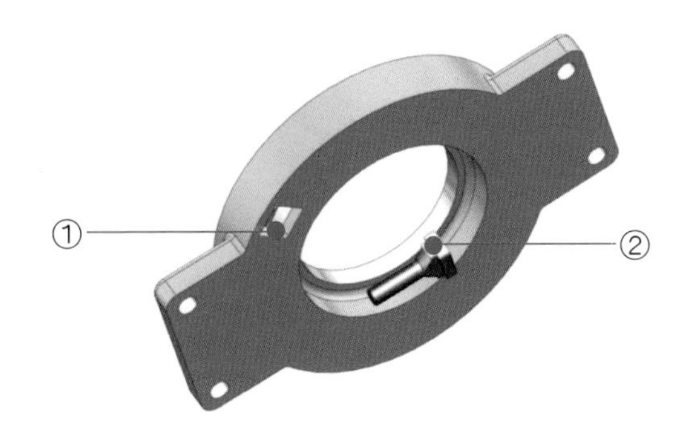

2. **結合** →**重合 / 共線 / 共點** →點選「旋轉座」面①→點選「T 型螺栓」面②→**反向對正** →確定。

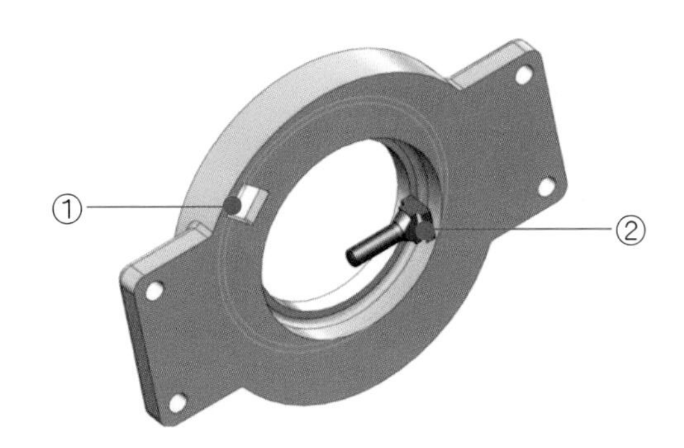

3. **結合** →**同軸心** →點選「旋轉座」面①→點選「T 型螺栓」面②→確定。

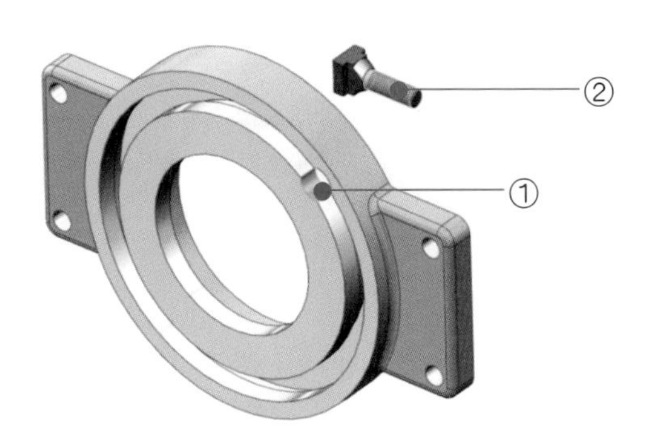

4. 完成將 T 型螺桿裝入旋轉座。

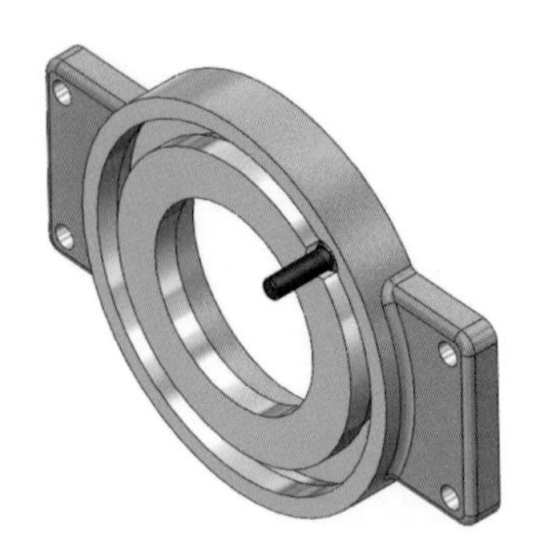

二、與主軸組件結合

1. **結合** → **同軸心** →點選「本體」面①→點選「T 型螺栓」面②→確定。

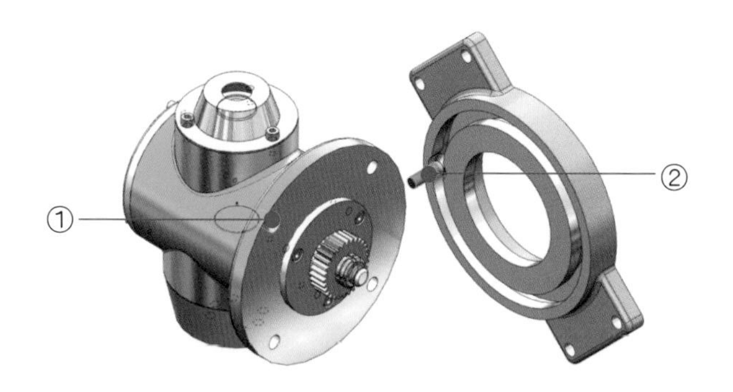

2. **結合** → **重合 / 共線 / 共點** →點選「本體」面①→點選「旋轉座」面②→**反向對正** →確定。

3. **結合** → **同軸心** →點選「本體」面①→點選「旋轉座」面②→確定。

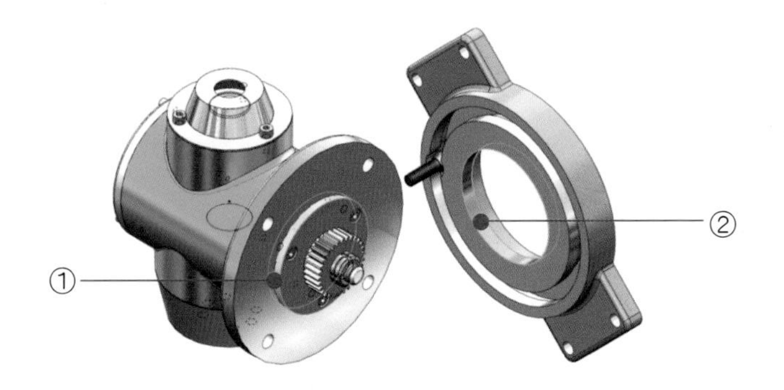

4. **Toolbox** → **Iso** →**墊圈**→**平墊圈**→拉出「墊圈 - ISO 7089 普通等級 A」至「本體」法蘭定位孔→大小：**M12** →確定→ **Esc**。

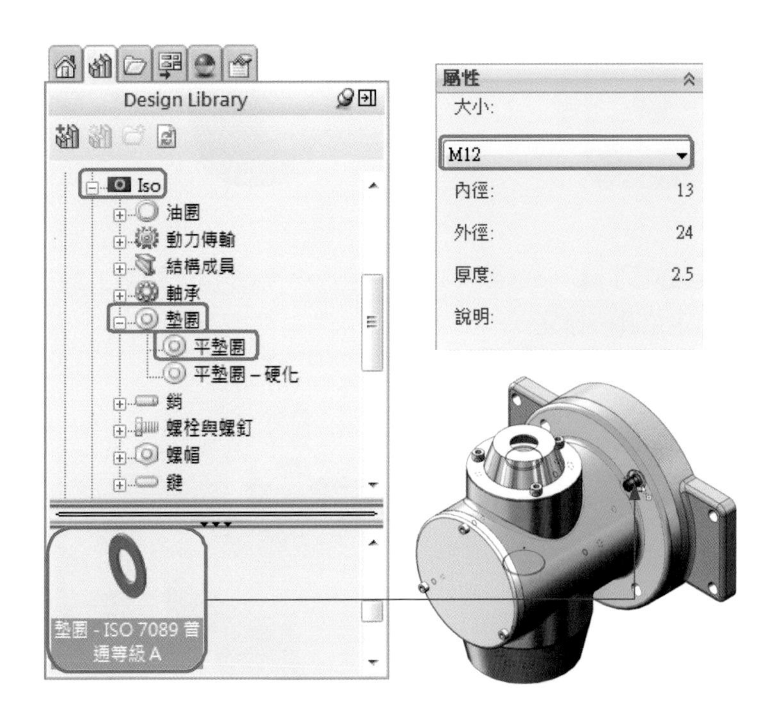

5. **Toolbox** → **Iso** →**螺帽**→**六角螺帽**→拉出「六角螺帽 Style 1 ISO - 4032」至「墊圈」上→大小：**M12** →確定→ **Esc**。

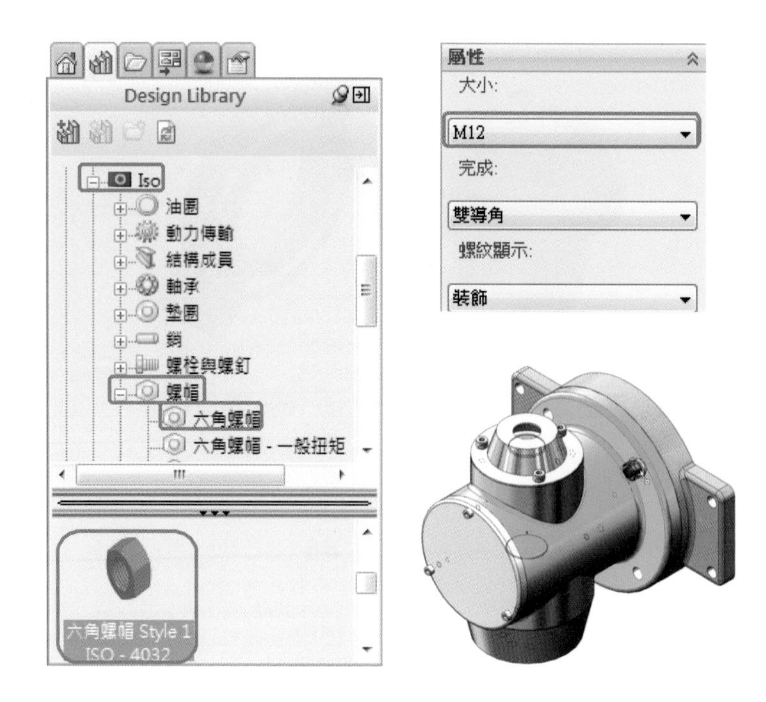

6. **特徵導出零組件複製排列** →選擇「T 型螺桿」、「墊圈」、「螺帽」爲複製之零組件→選擇「本體」的法蘭定位孔→確定。

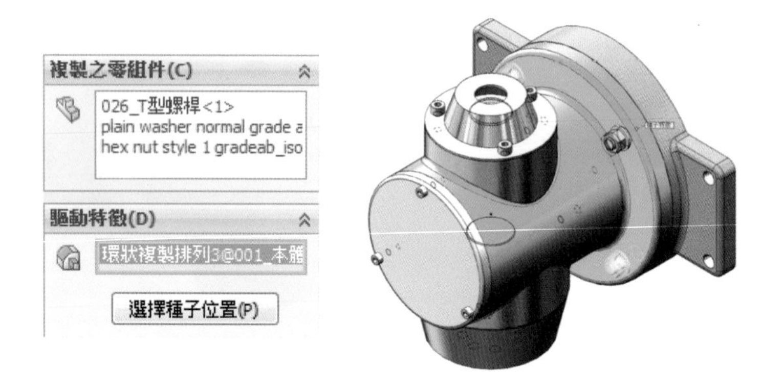

7. 完成銑床主軸組合件的全部零件模擬實際組裝過程。

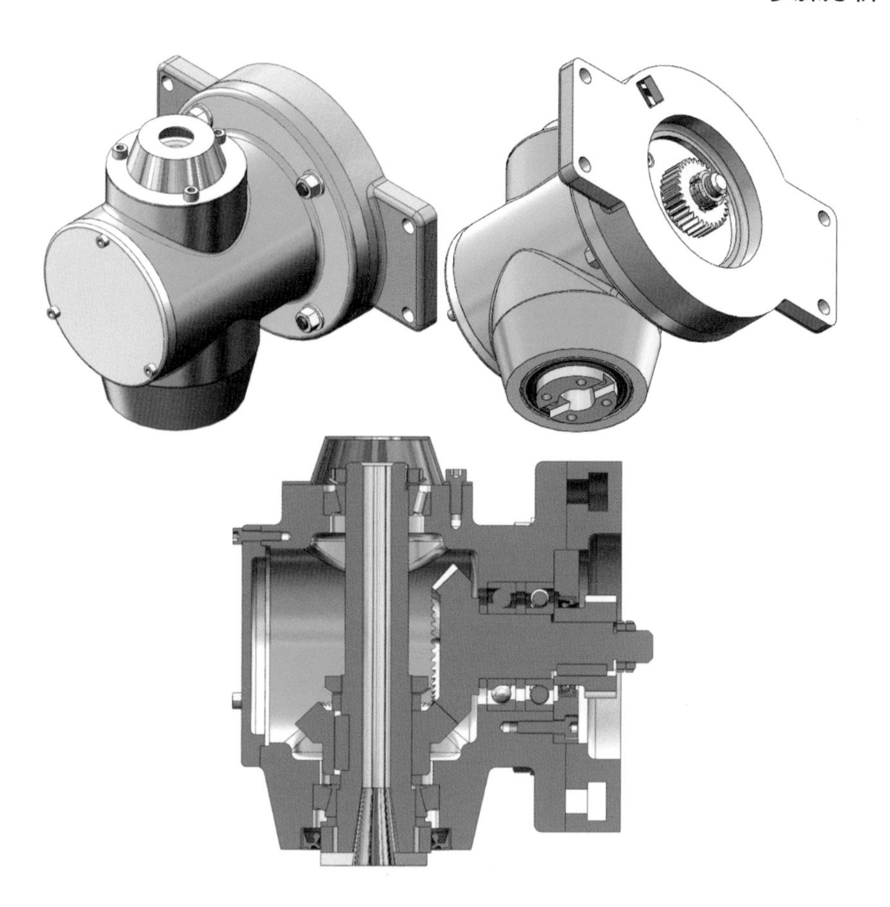

6

爆炸圖

學習重點

- 6.1　爆炸圖簡介
- 6.2　爆炸分解（傳動軸部分）
- 6.3　爆炸線草圖

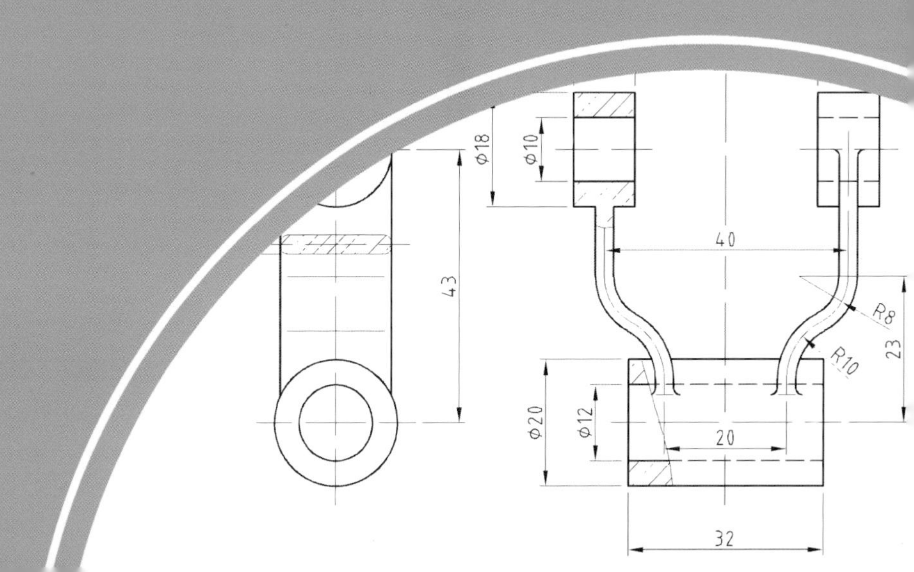

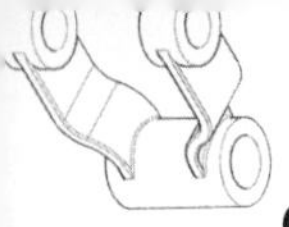

6.1 爆炸圖簡介

爆炸圖，即一般所稱的立體系統圖，係將組合件依拆解順序進行分解排列。由於一般人看立體圖就可明瞭零件的形狀，所以特別適用於組裝說明書；因此，各零件排列方式的表現就特別重要。

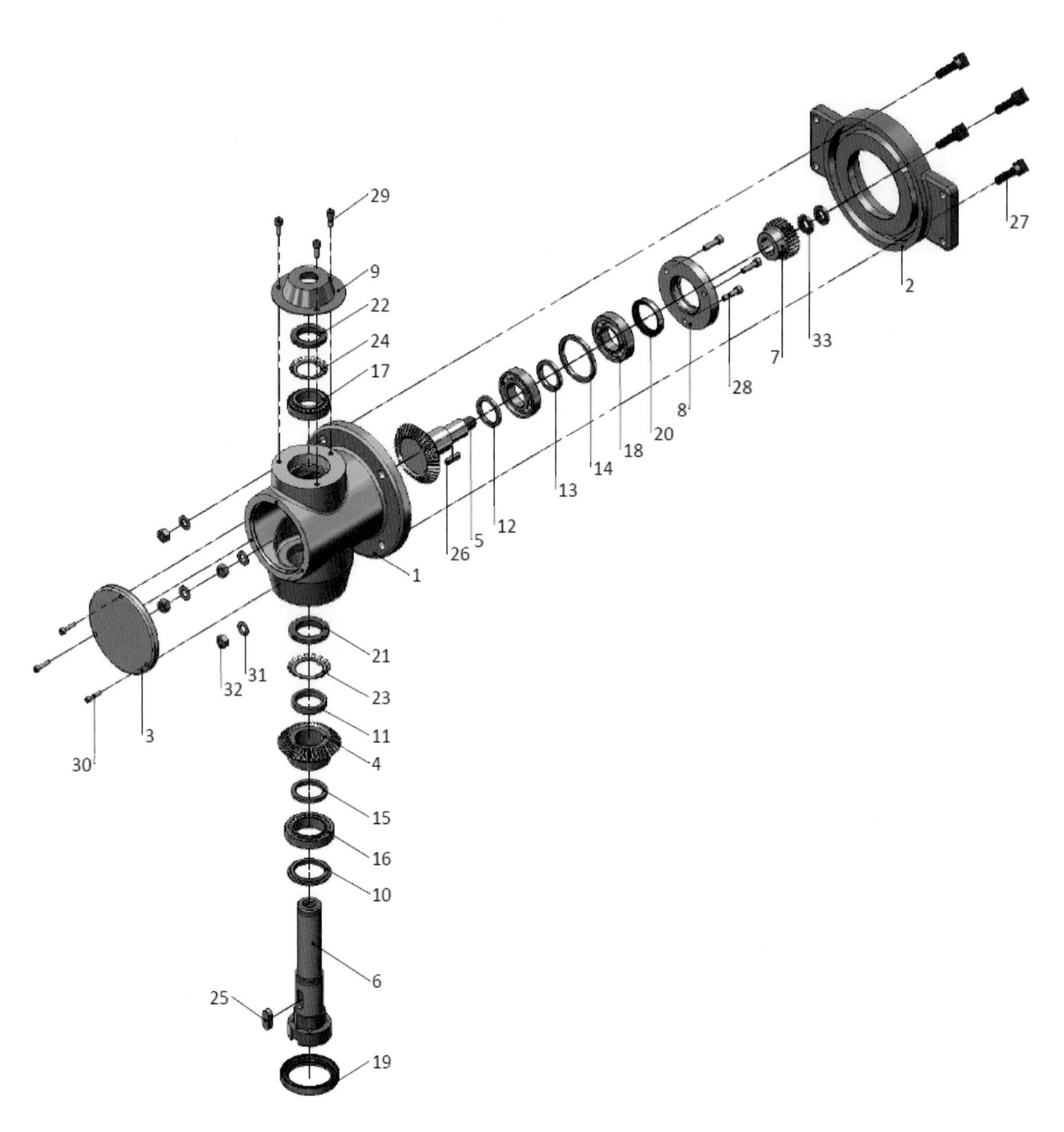

表 6-1　銑床主軸零件表

（括號爲市購品規格）

件號	名稱	材質	數量	件號	名稱	材質	數量
1	本體	FC250	1	18	斜角滾珠軸承	(7208)	2
2	旋轉座	FC250	1	19	DM 型油封	(DM70-95-13)	1
3	前蓋	FC200	1	20	SM 型油封	(SM40-62-11)	1
4	從動齒輪	SCM415	1	21	滾動軸承用螺帽	(AN09)	1
5	主動齒輪軸	SCM415	1	22	滾動軸承用螺帽	(AN08)	1
6	主軸	SCM440	1	23	滾動軸承用墊圈	(AW09)	1
7	傳動正齒輪	SCM440	1	24	滾動軸承用墊圈	(AW08)	1
8	軸承蓋	S20C	1	25	平行鍵	(14x9-36-A)	1
9	防護蓋	SS400	1	26	平行鍵	(8x7-32-A)	1
10	主軸間隔環	S20C	1	27	T 型螺桿	(M12-38)	4
11	迫緊環	S20C	1	28	內六角螺栓	(M8-30)	4
12	主動齒輪間隔環	S20C	1	29	內六角螺栓	(M8-20)	4
13	內軸承間隔環	S20C	1	30	內六角螺栓	(M6-25)	3
14	外軸承間隔環	S20C	1	31	平墊圈	(O12)	3
15	從動齒輪間隔環	S20C	1	32	六角螺帽	(M12-50)	3
16	滾錐軸承	(32010)	1	33	滾動軸承用螺帽	(AN04)	2
17	滾錐軸承	(32008)	1				

6.2　爆炸分解（傳動軸部分）

本範例僅介紹傳動軸部分組件的 **爆炸視圖**操作方式，其餘部分暫時隱藏。

※拆解各零件時可先忽視各零件間的距離，待零件拆解完成後再行調整。

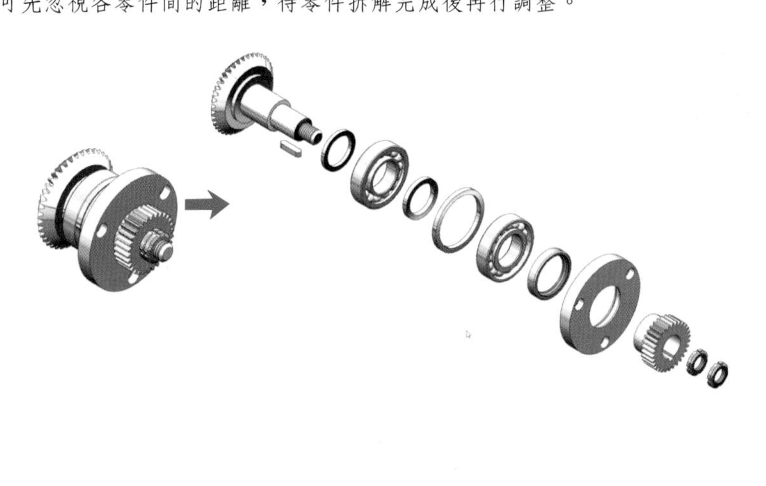

一、拆解「滾動軸承用螺帽（33）」

1. **爆炸視圖** →點選外側「滾動軸承用螺帽」→拖曳 X 軸（紅色）往**正**方向至適當距離。

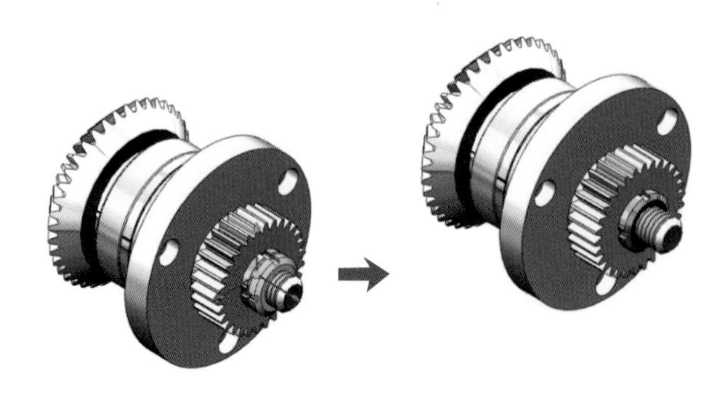

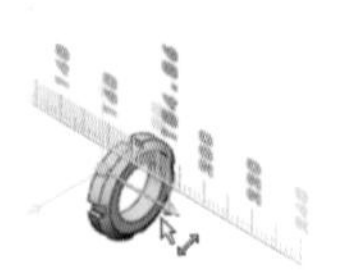

2. 點選內側「滾動軸承用螺帽」→拖曳 X 軸（紅色）往**正**方向至適當距離。

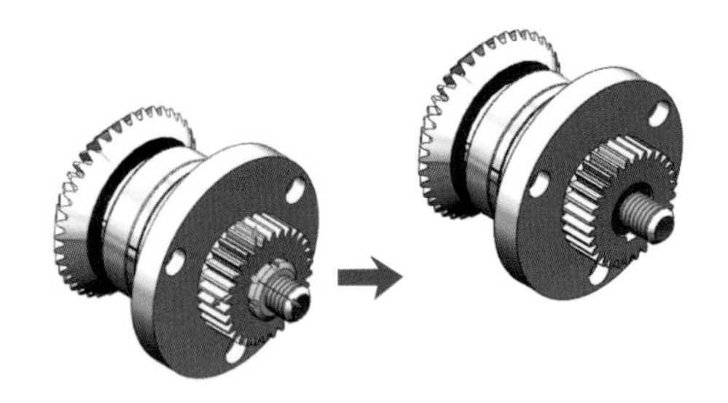

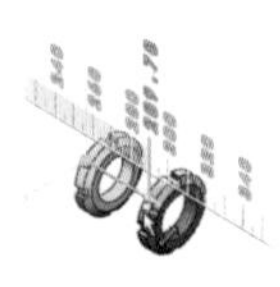

二、拆解「傳動正齒輪（7）」與「平行鍵（26）」

1. 點選「傳動正齒輪」→拖曳 X 軸（紅色）往**正**方向至適當距離。

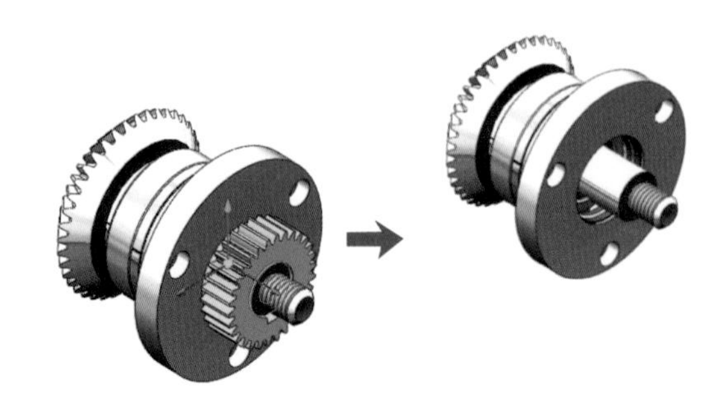

2. 點選「平行鍵」→拖曳 Y 軸（綠色）往**負**方向至適當距離。

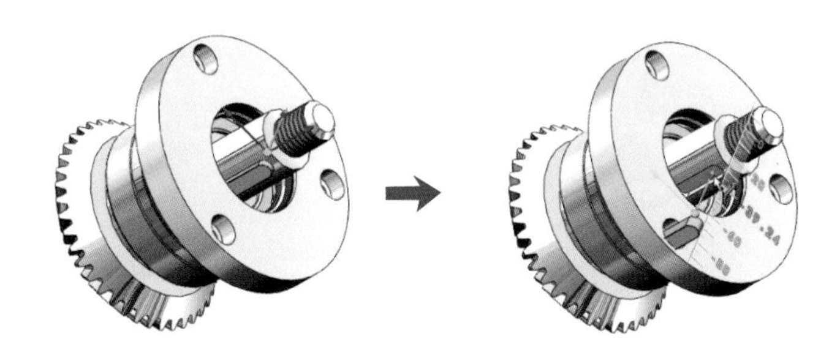

三、拆解「軸承蓋（8）」及「SM 型油封（20）」

1. 點選「軸承蓋」與「SM 型油封」→拖曳 X 軸（紅色）往**正**方向至適當距離。

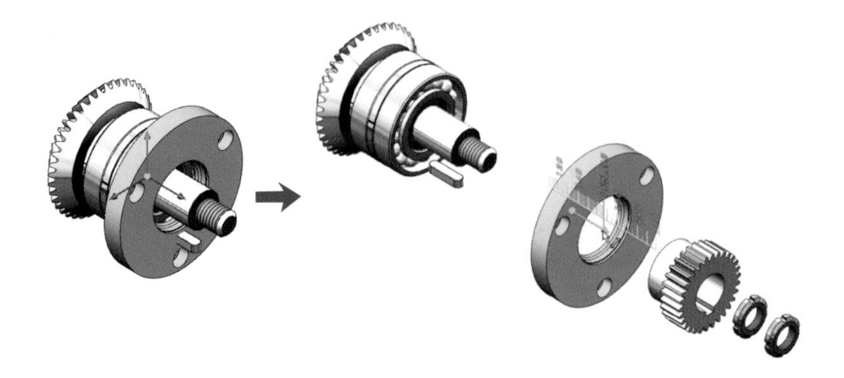

2. 點選「SM 型油封」→拖曳 X 軸（紅色）往**負**方向至適當距離。

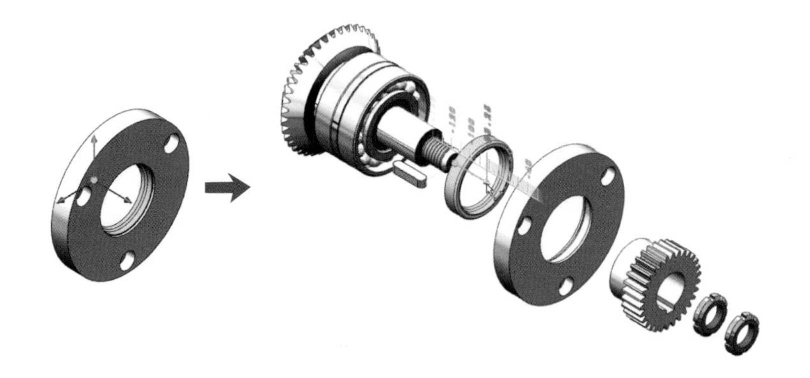

四、拆解外側的「斜角滾珠軸承（18）」

1. 點選外側的「斜角滾珠軸承」→拖曳 X 軸（紅色）往**正**方向至適當距離。

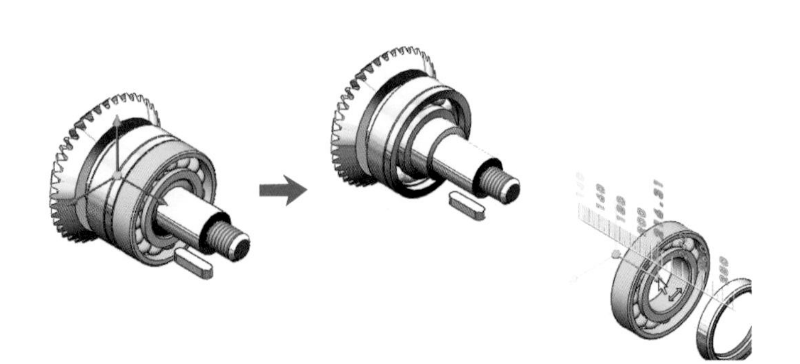

五、拆解「外軸承間隔環（14）」與「內軸承間隔環（13）」

1. 點選「外軸承間隔環」→拖曳 X 軸（紅色）往**正**方向至適當距離。

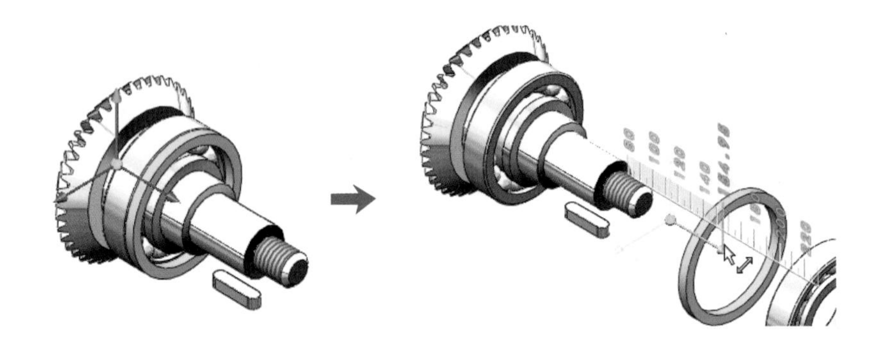

2. 點選「內軸承間隔環」→拖曳 X 軸（紅色）往**正**方向至適當距離。

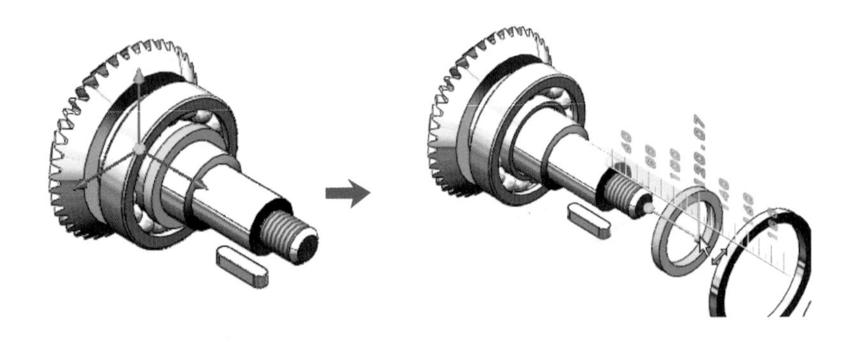

六、拆解內側的「斜角滾珠軸承（18）」

1. 點選內側的「斜角滾珠軸承」→拖曳 X 軸（紅色）往**正**方向至適當距離。

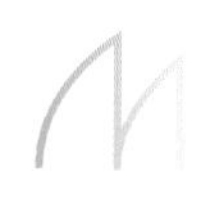

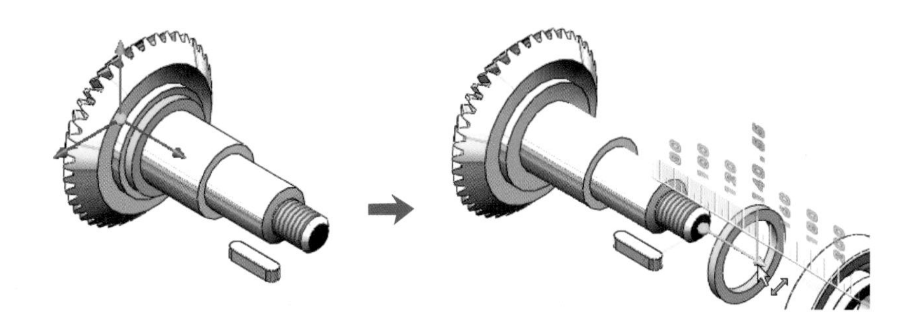

七、拆解「主動齒輪間隔環（12）」

1. 點選「主動齒輪間隔環」→拖曳 X 軸（紅色）往**正**方向至適當距離。

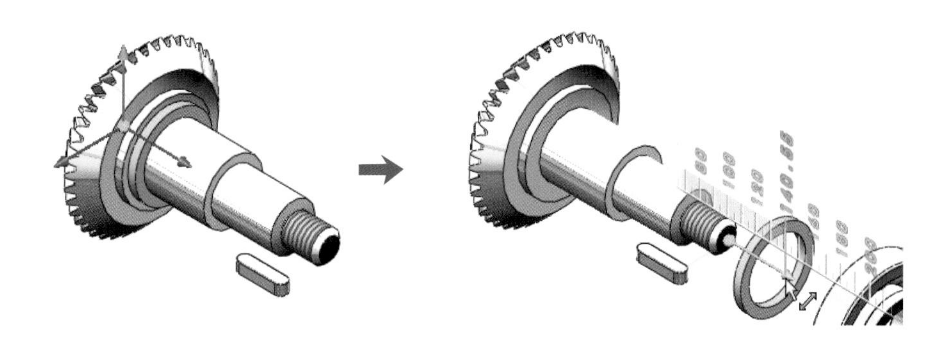

八、調整間隔距離

1. 從 PropertyManager 的爆炸步驟列表中，點選需要調整距離的步驟，而此步驟所參與的零件將出現爆炸方向箭頭。

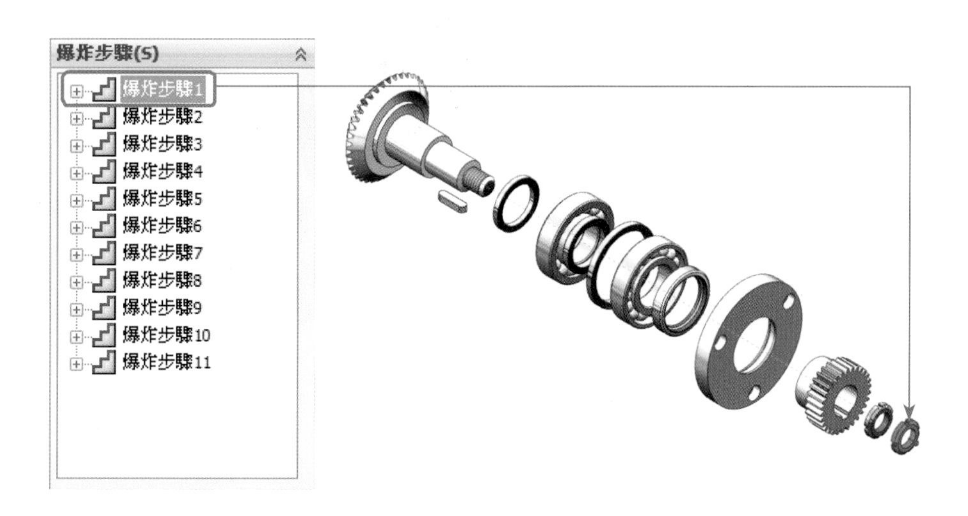

2. 拖曳此箭頭以調整爆炸長度。完成後按**確定**。

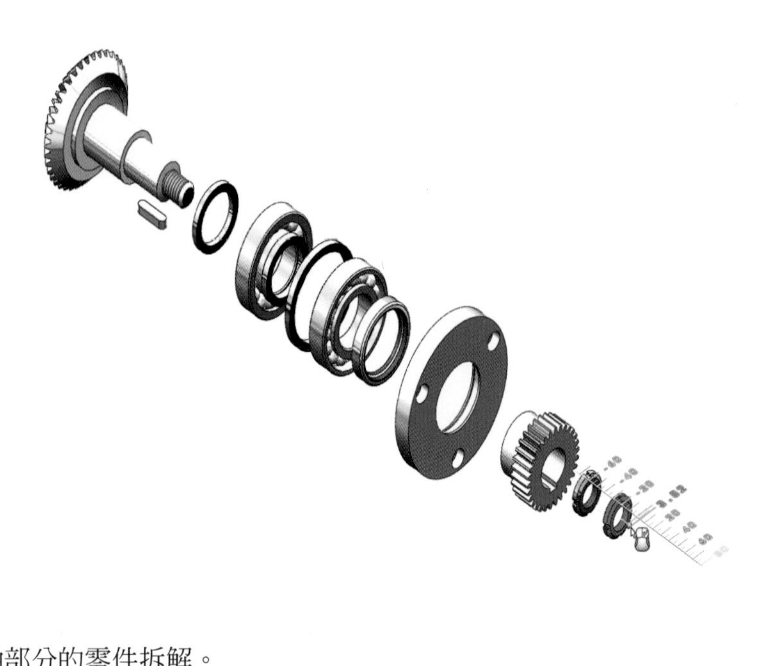

3. 完成傳動軸部分的零件拆解。

九、爆炸解除與喚回

1. **爆炸解除**。可依下列兩種方式解除爆炸。

   (a) 在圖面中按**滑鼠右鍵**→選擇**爆炸解除**。

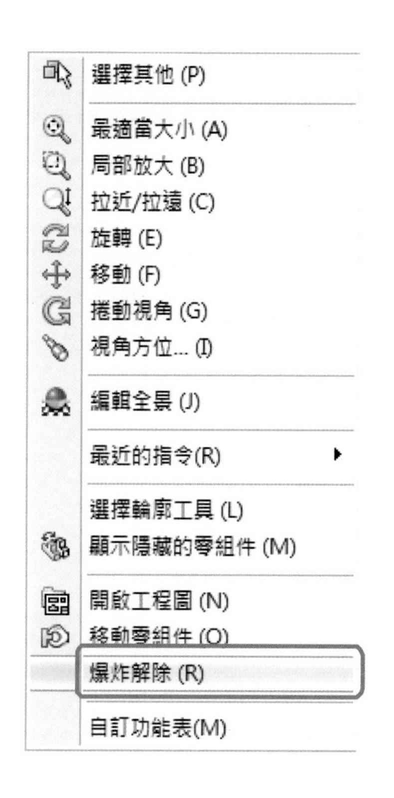

(b) 在 ConfigurationManager 中的「爆炸視圖」上按滑鼠右鍵→選擇**爆炸解除**或**動畫解除爆炸**。動畫解除爆炸可以動畫方式觀看零件組裝過程。

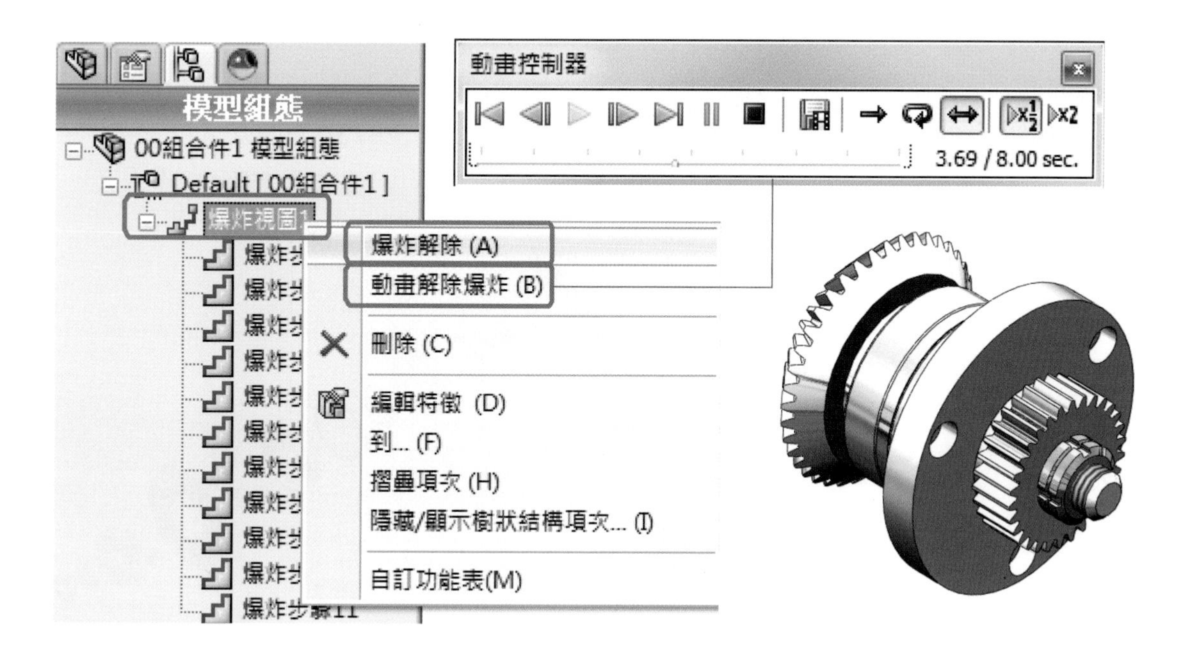

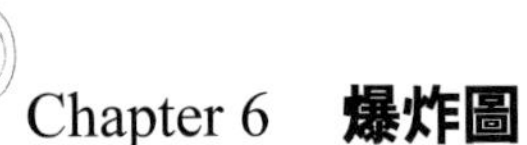

2. **喚回爆炸視圖**。可依以下方式喚回爆炸視圖。

(a) 在 ConfigurationManager 中的「爆炸視圖」上按**滑鼠右鍵**→選擇**爆炸分解**或**動畫爆炸**。動畫爆炸可以動畫方式觀看零件拆解過程。

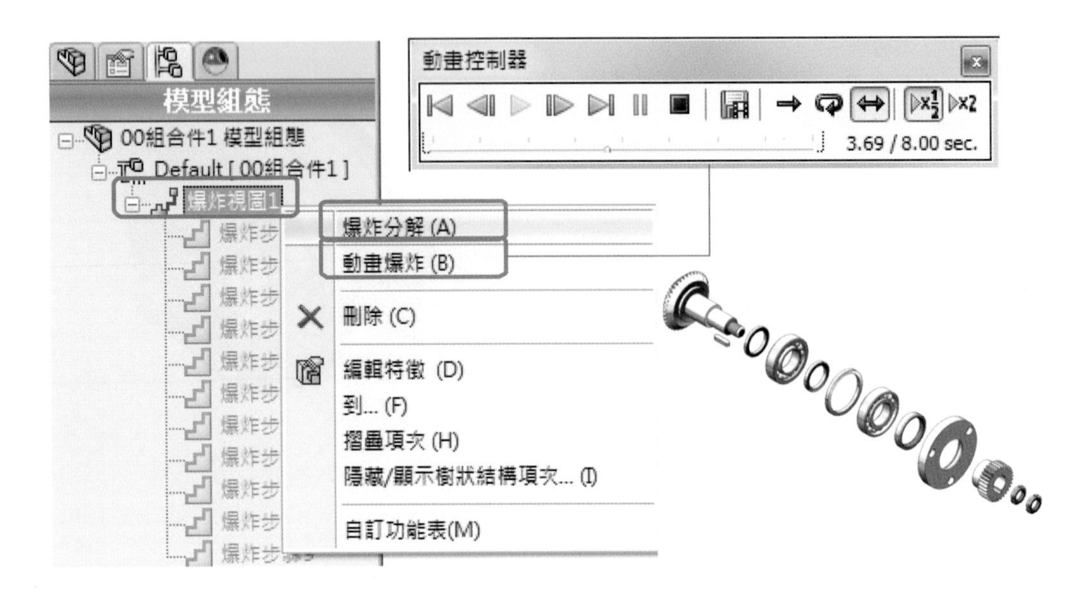

6.3 爆炸線草圖

爆炸線草圖即圖學所稱的「連絡線」，主要係顯示各零件的組裝連結關係，可使觀看者能更清楚各零件的裝配機制。在 SolidWorks 中，是一種快速產生的 3D 草圖直線。

本範例依照上節所介紹的傳動軸部分組件**爆炸視圖**，說明 **爆炸線草圖**的操作方式。

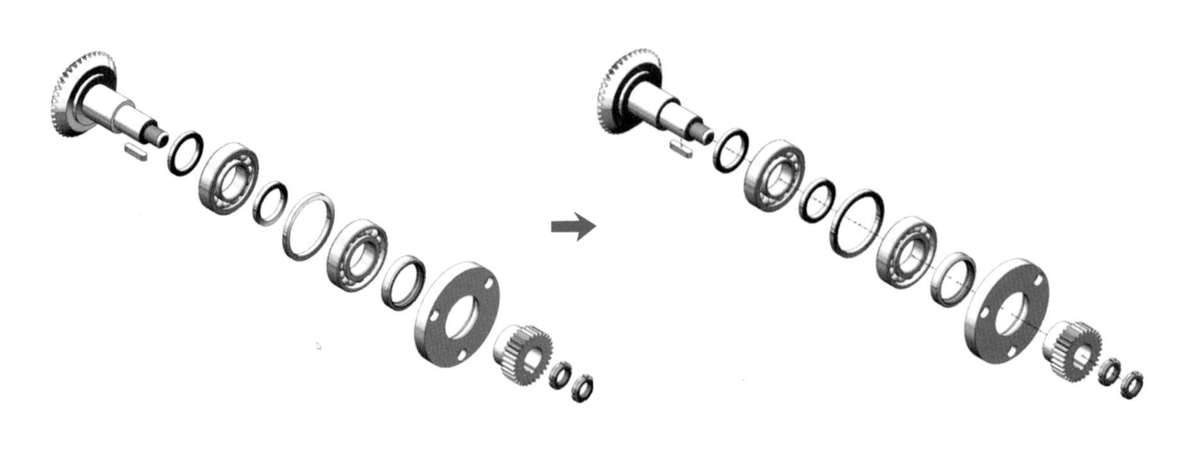

1. 連結「滾動軸承用螺帽（33）」與「滾動軸承用螺帽（33）」

點選 **爆炸線草圖**→點選外側「滾動軸承用螺帽」邊線①→點選內側「滾動軸承用螺帽」邊線②→**確定**。

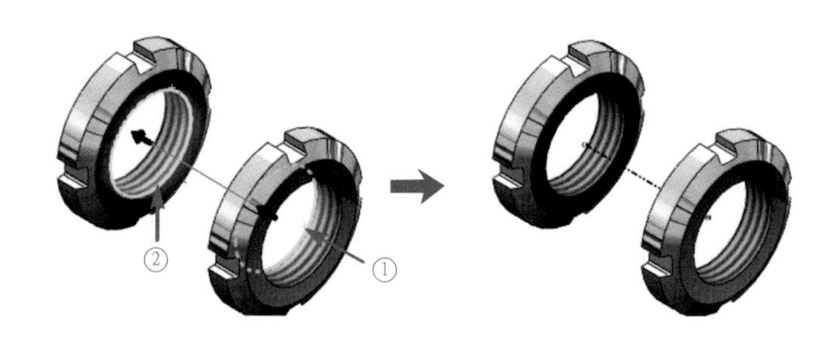

2. 連結「滾動軸承用螺帽（33）」與「主動齒輪軸（5）」

點選內側「滾動軸承用螺帽」邊線①→點選「主動齒輪軸」邊線②→**確定**。

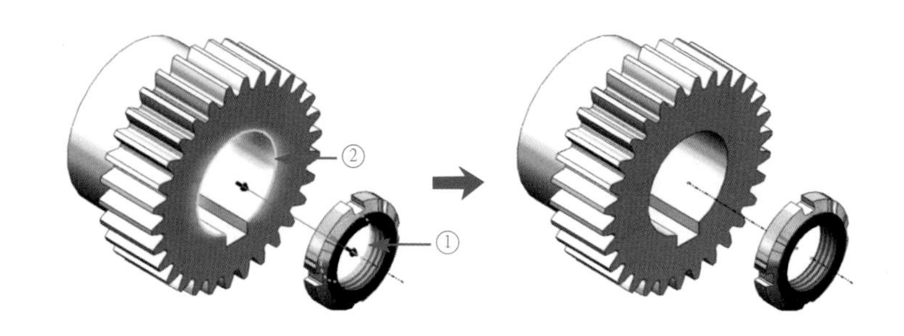

3. 連結「主動齒輪軸（5）」與「軸承蓋（8）」

點選「主動齒輪軸」邊線①→點選「軸承蓋」邊線②→點選「主動齒輪軸」側的方向箭頭，使之反向→**確定**。

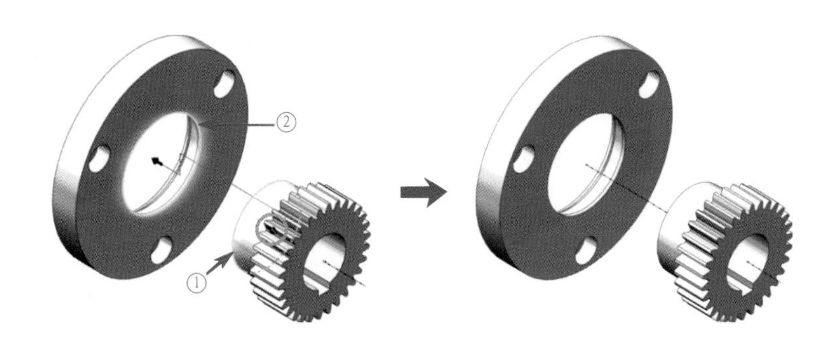

4. 連結「軸承蓋（8）」與「SM 型油封（20）」

點選「軸承蓋」邊線①→點選「SM 型油封」邊線②→**確定**。

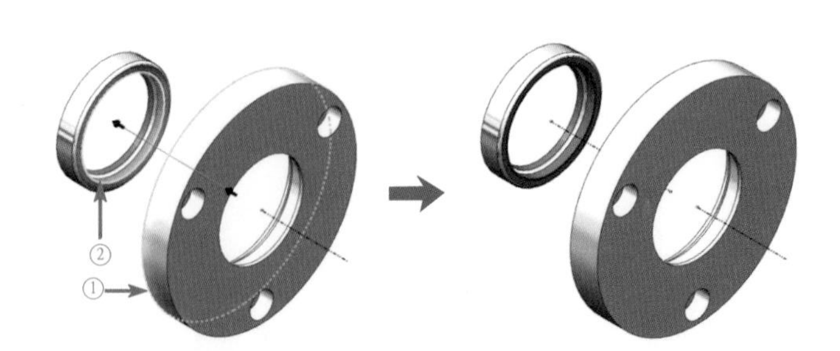

5. **連結「SM 型油封（20）」與外側「斜角滾珠軸承（18）」**

點選「SM 型油封」邊線①→點選外側「斜角滾珠軸承」邊線②→**確定**。

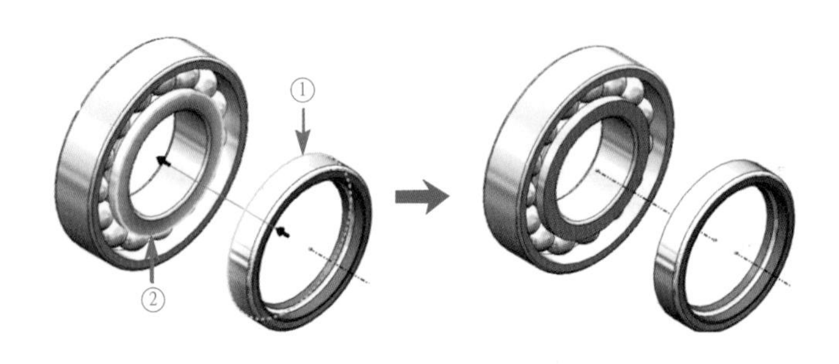

6. **連結外側「斜角滾珠軸承（18）」與「外軸承間隔環（14）」**

點選外側「斜角滾珠軸承」邊線①→點選「外軸承間隔環」邊線②→**確定**。

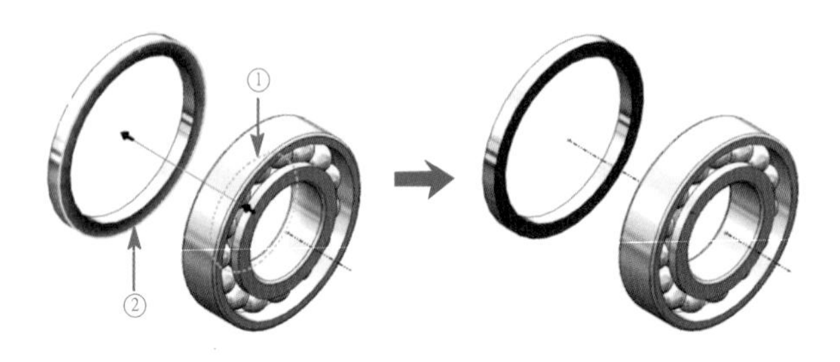

7. **連結「內軸承間隔環（13）」與「外軸承間隔環（14）」**

點選「內軸承間隔環」邊線①→點選「外軸承間隔環」邊線②→**確定**。

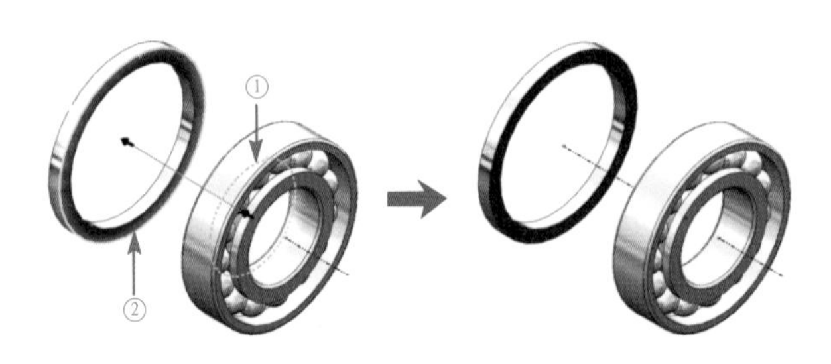

8. 連結內側「斜角滾珠軸承（18）」與「內軸承間隔環（13）」

點選內側「斜角滾珠軸承」邊線①→點選「內軸承間隔環」邊線②→**確定**。

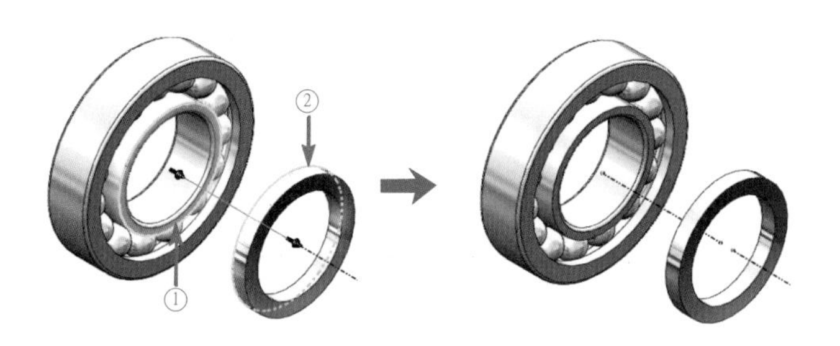

9. 連結「主動齒輪間隔環（12）」與內側「斜角滾珠軸承（18）」

點選「主動齒輪間隔環」邊線①→點選內側「斜角滾珠軸承」邊線②→**確定**。

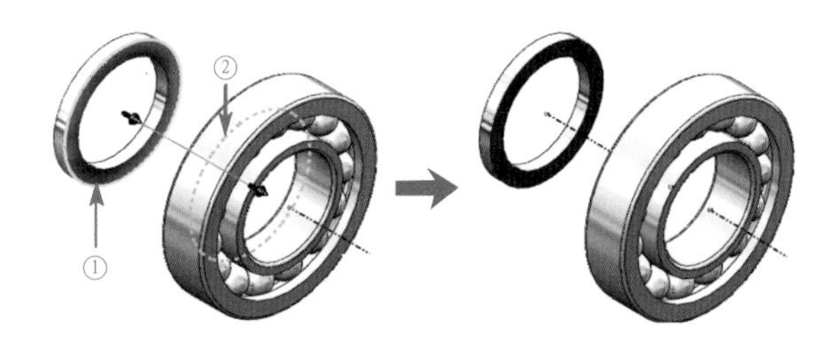

10. 連結「主動齒輪軸（5）」與「主動齒輪間隔環（12）」

點選「主動齒輪軸」邊線①→點選「主動齒輪間隔環」邊線②→**確定**。

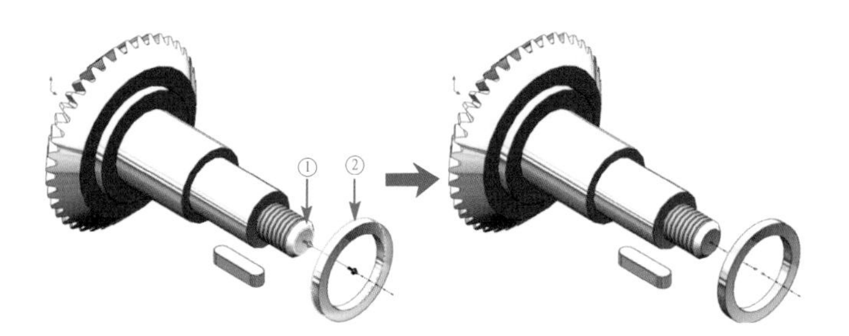

11. 連結「平行鍵（26）」與「主動齒輪軸（5）」

(1) 點選「平行鍵」面（接近面心）→點選「主動齒輪軸」面→**確定**。

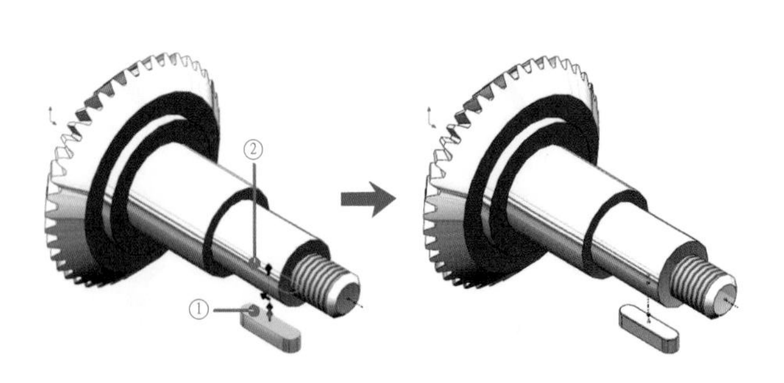

(2) 按 **Esc** 鍵退出爆炸線草圖編輯→僅留有連結「平行鍵」端的爆炸線草圖，其餘窗選後按 **Delete** 鍵刪除→按住 **Ctrl** 鍵選擇點與面→ **在平面上**→**確定**。

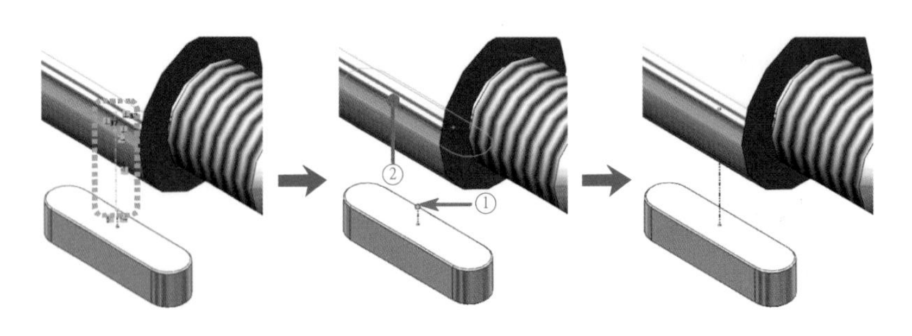

(3) 按 **重新計算**，結束爆炸線草圖的編輯。

7

Engineering Drawing

學習重點

7.1　工程圖面簡介
7.2　工程圖各項設定
7.3　零件圖 - 旋轉座 2
7.4　零件圖 - 主軸 6
7.5　工程圖面 - 組合圖

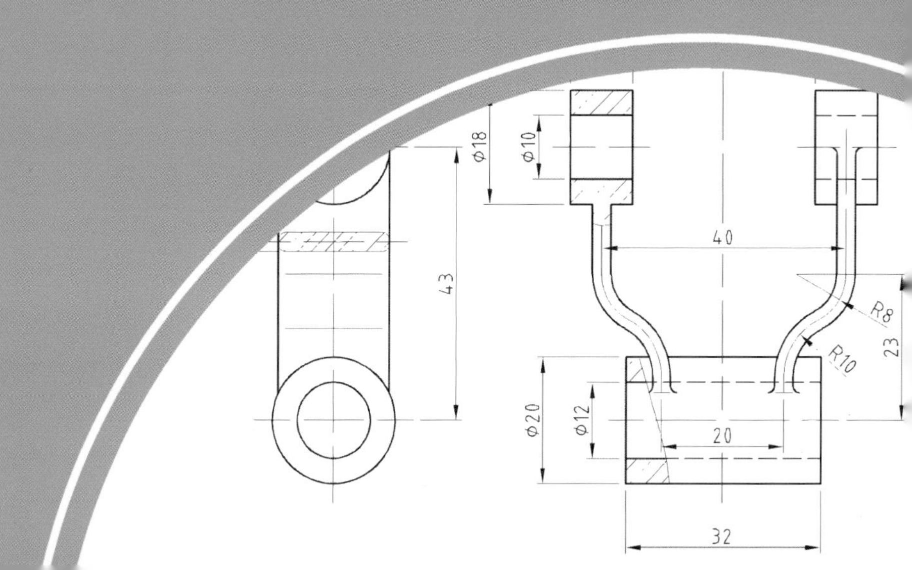

7.1 工程圖面簡介

將已完成的實體檔（零件或組合件），投影成 2D 的工程圖檔。能快速建立出零件的設計圖或展示參考用圖（說明書）等，已大幅減少交線投影的困擾，並增加視圖投影的正確性。

7.2 工程圖各項設定

1. 點選 開啓新檔，即出現開啓對話框，此時選擇**工程圖圖示**並點選確定，即可進入圖面環境。

2. 進入工程圖面前先選取域使用之圖頁格式。點選**自訂圖頁大小**→寬度 **420 mm**，高度 **297 mm** →確定→進入圖面環境。

圖頁格式/大小

標準圖頁大小(A)

僅顯示標準格式(F)

A1 (ISO)
A2 (ISO)
A3 (ISO)
A4 (ISO)

預覽:

a1 - iso.slddrt

瀏覽(B)...

顯示圖頁格式(D)

自訂圖頁大小(M)

寬度(W): 420 高度(H): 297 確定(O) 取消(C) 說明(H)

3. 進入圖面環境後，先進行圖框繪製，因此先點選取 ✖ 消模型視角功能。

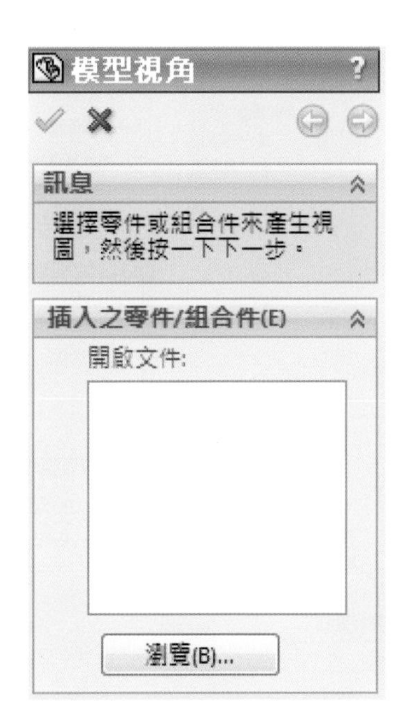

4. 圖框設定：在特徵管理員中的 圖頁 1 上按滑鼠右鍵→點選**編輯圖頁格式**。

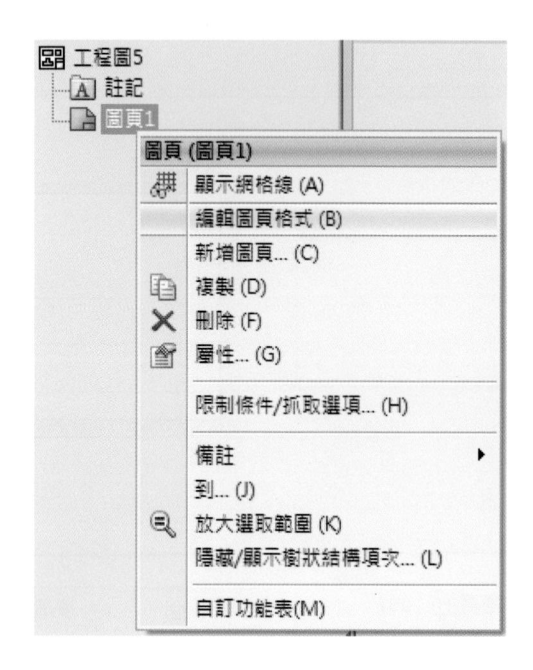

5. 圖框設定：在特徵管理員中的 圖頁 1 上按滑鼠右鍵→點選**屬性**，將投影類型改為**第三角法**。

6. 繪製圖框：利用草圖工具列之 矩形，於圖紙內適當處繪製一矩形，點選右下角**端點**，並將左側參數值設定為 X：25 mm，Y：15 mm，最後將此端點**加入限制條件固定**，使其轉變為黑色線段。

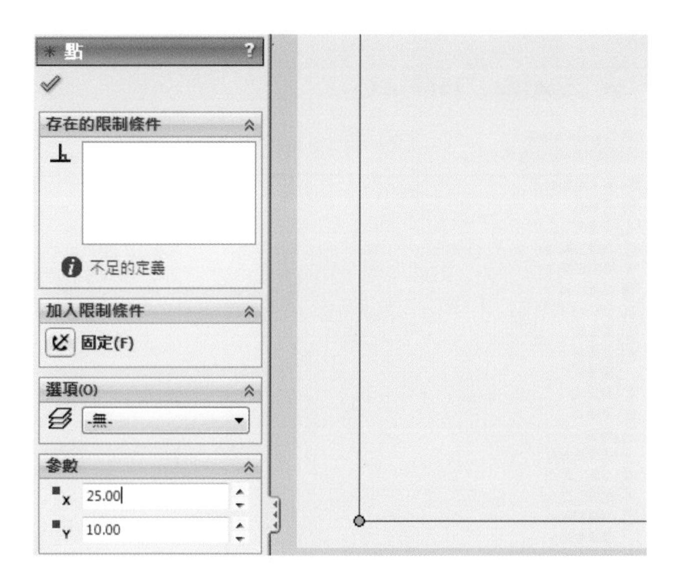

7. 點選 X 軸方向線段，將左側直線屬性**參數**距離改爲 380 mm，並加入限制條件固定；Y 軸方向線段，將左側直線屬性**參數**距離改爲 267 mm，並加入限制條件固定，最後點選 **線條粗細**，設定圖框線段改爲 0.5 mm。

X 軸方向

Y 軸方向

※線段粗細功能可由工具→自訂→將線條形式打勾。

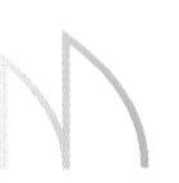

8. 使用**草圖工具列**，於圖框右下角繪製標題欄，並點選 **智慧型尺寸**進行標註，完成所有尺寸標註後，在各尺寸上點選滑鼠右鍵，將所有尺寸**隱藏**，接著點選 **線條粗細**，設定部分線段爲 0.35 mm，尺寸與線段粗細如下圖：

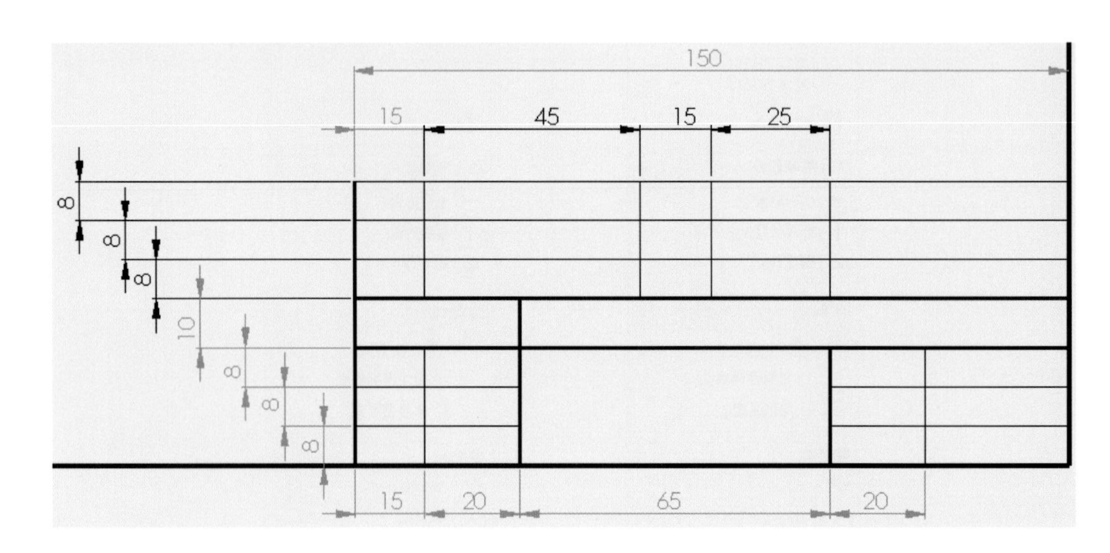

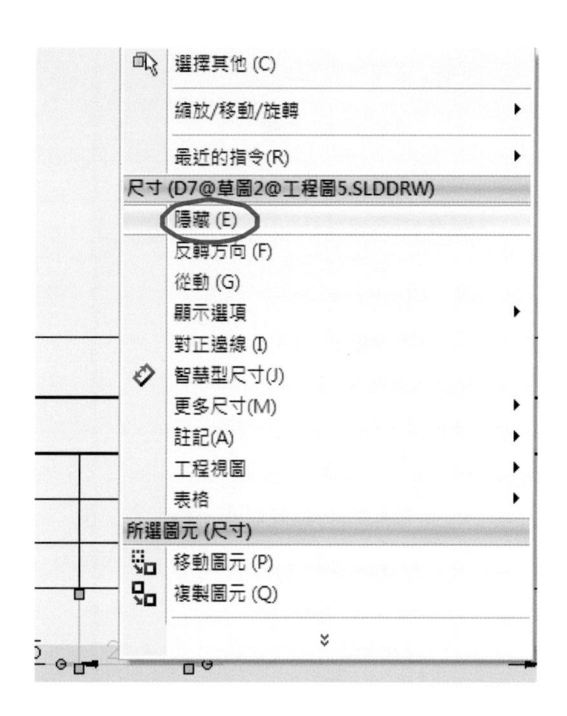

9. 點選註記工具列中的 A **註解**，並在標題欄上輸入文字，文字格式與輸入格式如下圖所示：

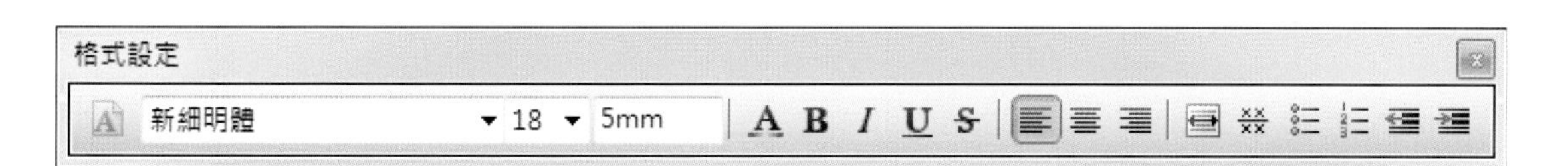

<table>
<tr><td>6</td><td>主 軸</td><td>1</td><td colspan="2">SCM440</td><td colspan="2"></td></tr>
<tr><td>2</td><td>旋 轉 座</td><td>1</td><td colspan="2">FC250</td><td colspan="2"></td></tr>
<tr><td>件號</td><td>名 稱</td><td>件數</td><td colspan="2">材 質</td><td colspan="2">備 註</td></tr>
<tr><td colspan="2">圖 名</td><td colspan="5">銑 床 主 軸</td></tr>
<tr><td>投影</td><td>第三角</td><td colspan="3" rowspan="3">崑山科技大學
台 南 高 工</td><td>圖號</td><td>工程圖</td></tr>
<tr><td>比例</td><td>1 : 2</td><td>日期</td><td>100/08/09</td></tr>
<tr><td>單位</td><td>mm</td><td>繪圖者</td><td></td></tr>
</table>

10. 結束編輯：於圖面空白任意位置點選滑鼠右鍵→**編輯圖頁**→完成圖框標題欄設定。

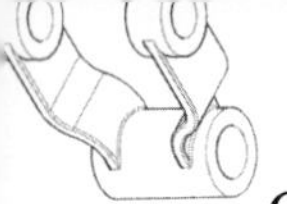

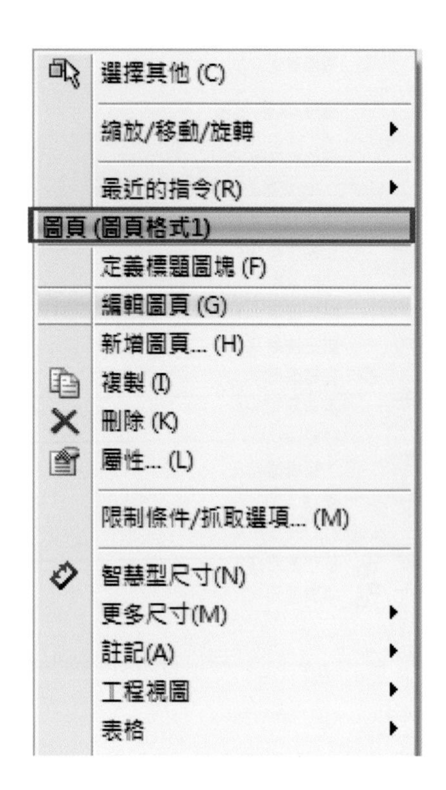

11. 文件設定：工具→選項→選擇文件屬性→註記→零件號球，將**單一零件號球樣式**改爲無。

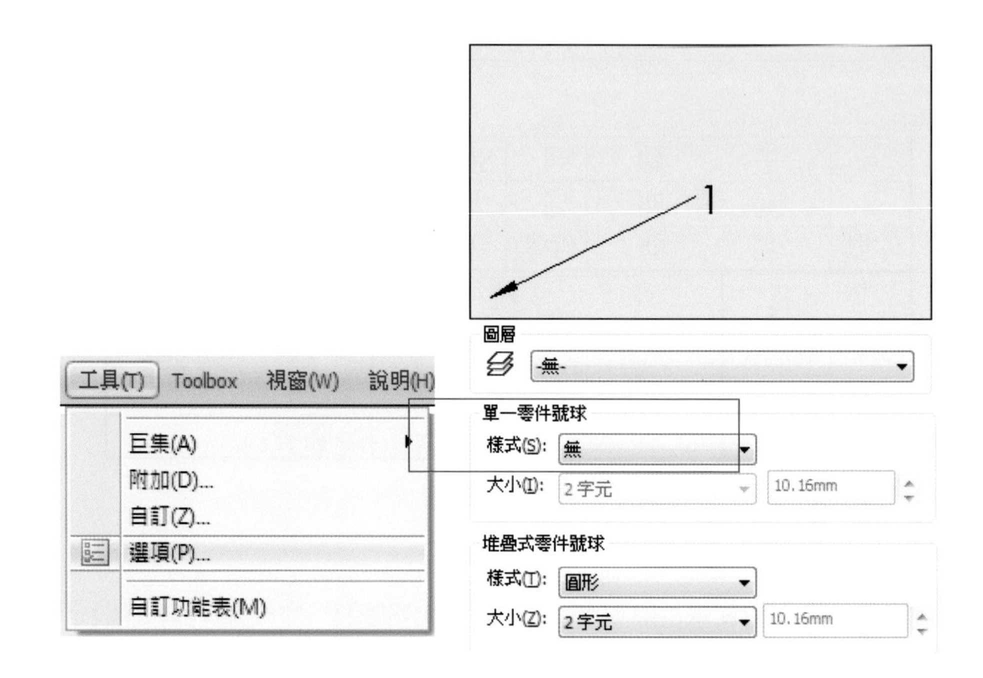

12. 文件屬性→註記→**註解**→點選**字型**，將**大小單位**修改為 5.5 mm。

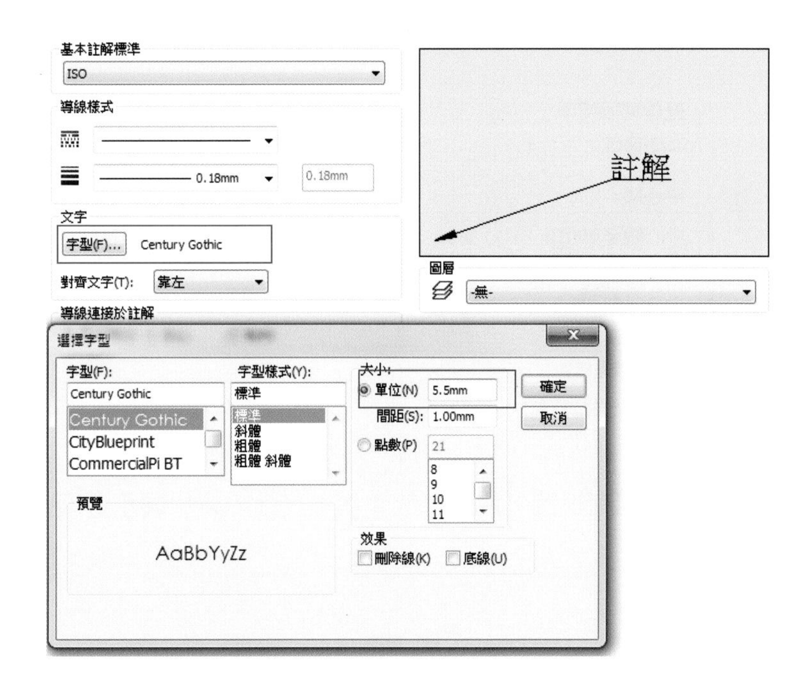

13. 文件屬性→尺寸，將**箭頭**與**偏移距離**改為如下尺寸：

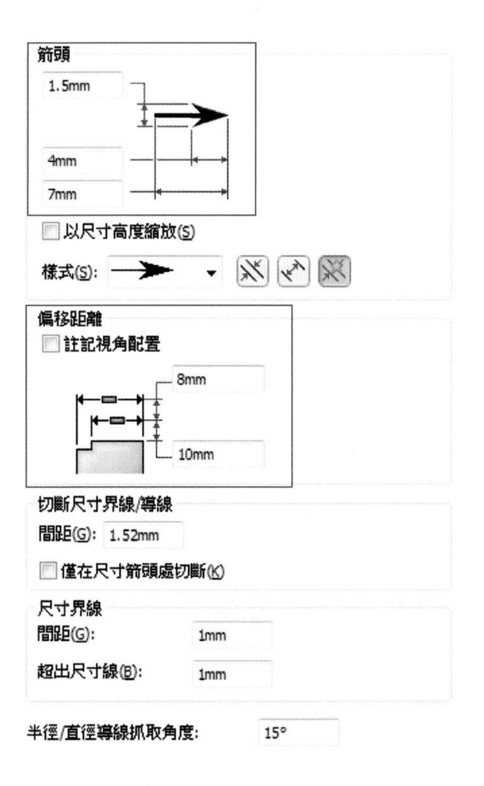

14. 文件屬性→中心線／中心符號線，將**中心線延伸**修改爲 3 mm，**中心符號線**大小改爲 5 mm。

整體草稿標準
ISO-修改
中心線
中心線延伸(C): 3mm
中心符號線
大小(Z): 5mm
☑ 延伸線(E)
☑ 中心線型式(R)

15. 文件屬性→視圖標示→**剖面視圖**，將箭頭改爲如下尺寸，並於**顯示選項**中，不選擇根據標準，並將名稱改爲無。

16. 文件屬性→**虛擬交角**，改爲無。

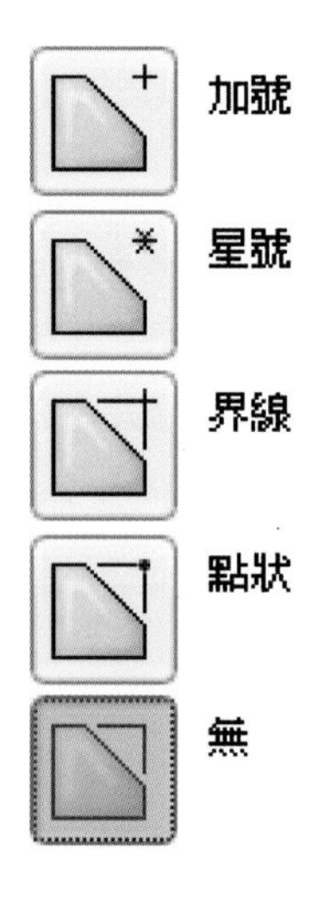

17. 文件屬性→**尺寸細目**，改爲如下數値：

視圖折斷線

縫隙(P):	5mm
延伸(S):	0.5mm

18. 文件屬性→線條型式，將**可見之邊線粗細**改爲 0.5 mm，**隱藏之邊線粗細**改爲 0.35 mm，其餘皆爲 0.18 mm 細線。

19. 系統選項→工程圖→顯示樣式，將**新視圖中的相切面交線**點選**移除**。

新視圖的顯示樣式
- ◯ 線架構(W)
- ◯ 顯示隱藏線(H)
- ◉ 移除隱藏線(D)
- ◯ 帶邊線塗彩(E)
- ◯ 塗彩(S)

新視圖中的相切面交線
- ◯ 顯示(V)
- ◯ 使用線條型式(U)
  - ☐ 隱藏尾端(E)
- ◉ 移除(M)

新視圖的顯示品質
- ◉ 高品質(L)
- ◯ 草稿品質(A)

7.3 零件圖 - 旋轉座 2

1. 點選 插入模型視角→瀏覽→選擇所要繪製之零件。

2. 將各項設定如下勾選，使視圖呈現如圖所示之：

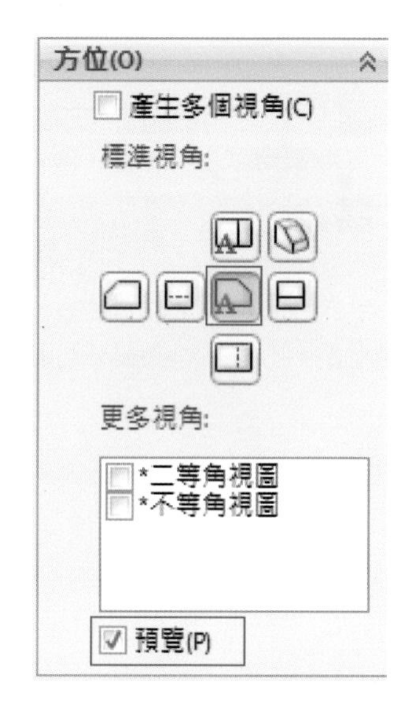

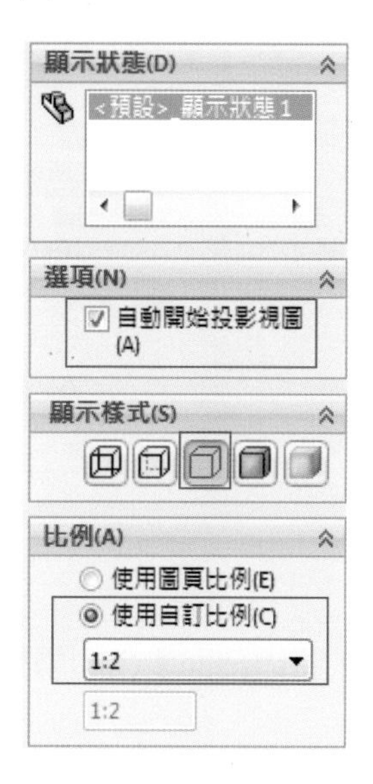

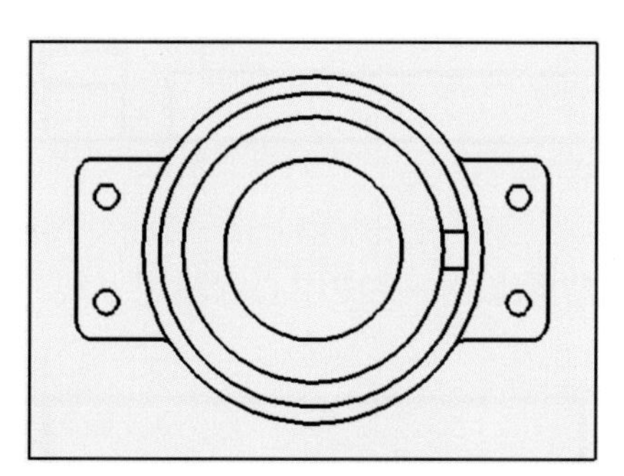

3. 點選 剖面視圖，**繪製直線**方向由右而左（如下所示），並將**剖面之視圖**往下擺放。

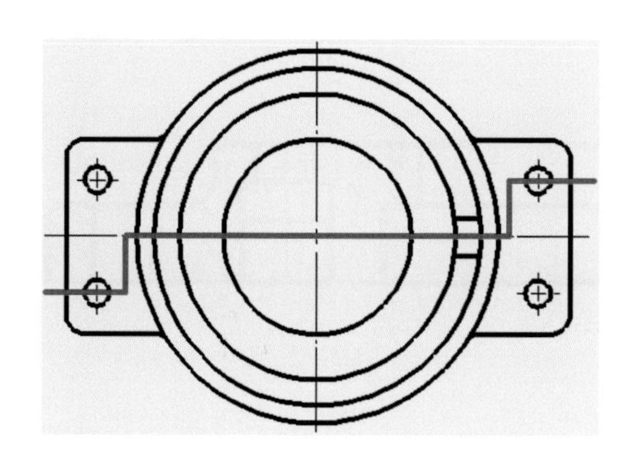

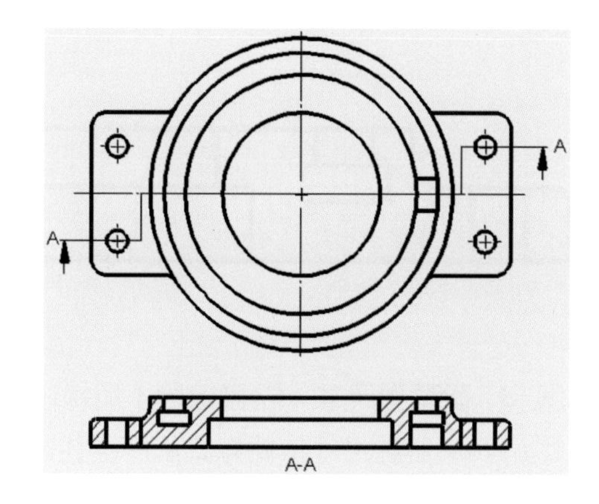

4. 點選**割面線**，可在左方修改其線段代號，並點選**字型**，修改字體大小為 5 mm，假使割面

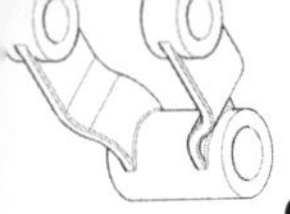

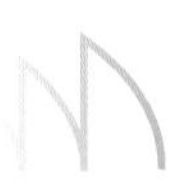

線方向與預切割之方向相反，可點選反轉方向修正。

5. 完成剖面圖擺放後，將因剖面多出的**兩線段**設定爲**隱藏**。

6. 點選 中心線→依照順序點選線段→完成中心線設定呈現如下圖：

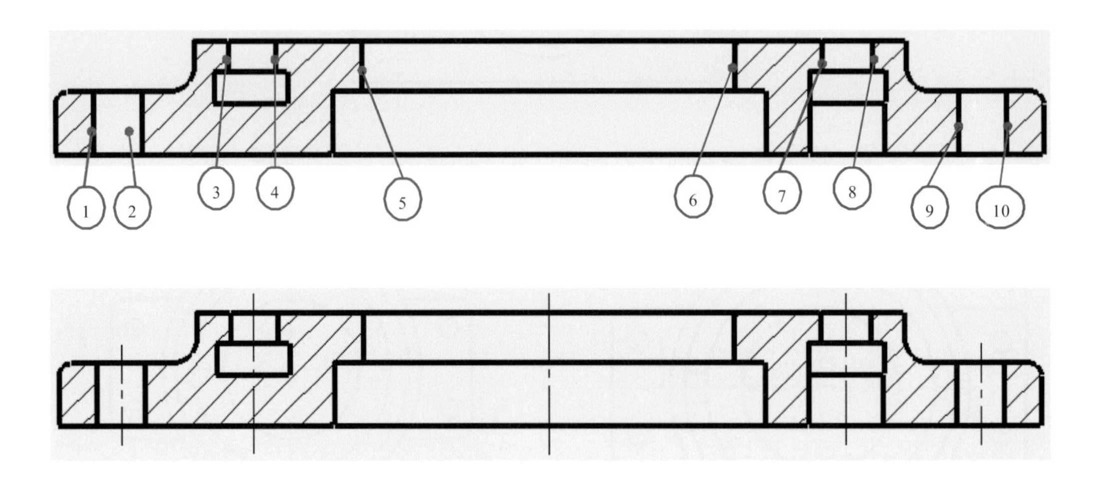

7. 點選 **智慧型尺寸**，點選線段 1 與線段 2，產生尺寸 φ120，點選線段 3 與線段 4，產生尺寸 φ140，其餘尺寸依此方式依序標註。

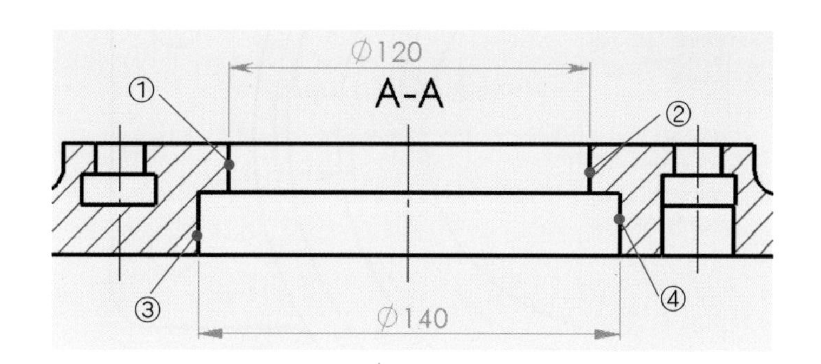

8. 公差配合：由組合圖可看出前視圖 φ120 尺寸與零件側蓋 9 相互配合，因此必須給定公差配合。點選尺寸 φ120，左側即出現**尺寸文字**欄，並於 <MOD-DIAM><DIM> 後方輸入公差 H7。

9. 將上視圖顯示樣式改為**顯示隱藏線**，主要為顯示圖中所框選之方型槽。

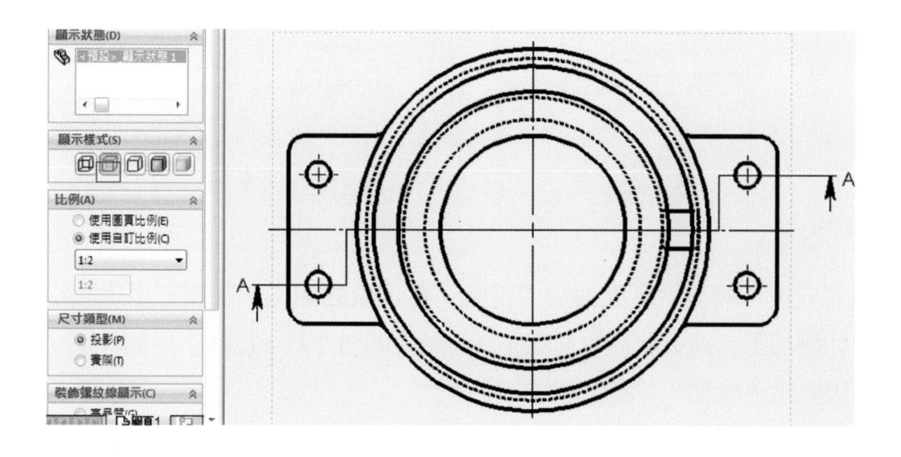

10. 方形槽標註，請注意在尺寸文字處將方形標註符號點選進入尺寸中，設定方式先點選尺寸，左側顯示**尺寸文字欄**，點選**方形**即可，上視圖其餘標示方法與前述相同，完成標註後進一步給定中心距容許公差。

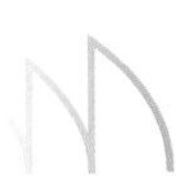

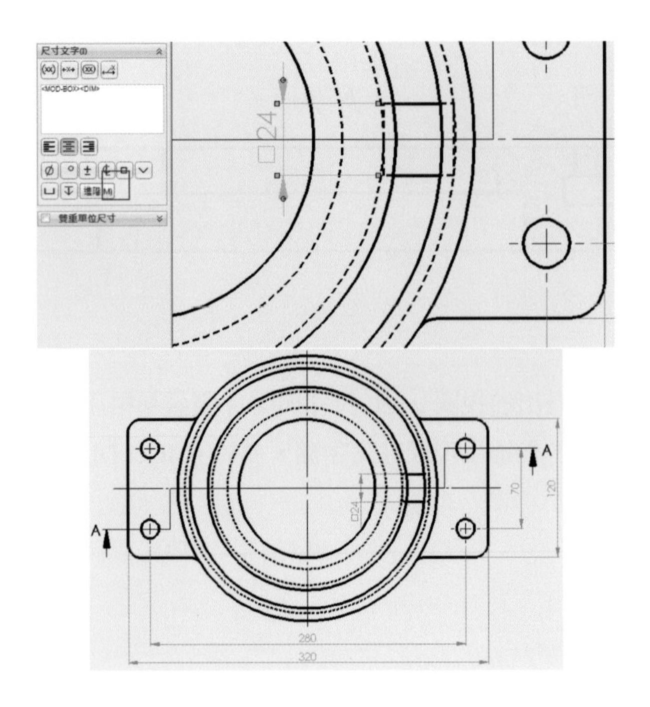

11. 中心距容許公差主要給定於兩孔間的中心距離，因此必須標註此公差的尺寸為 70 mm 與 280 mm，設定方式先點選尺寸，之後左側會出現**公差精度**，選擇**對稱公差**並於下方格中輸入公差數值，完成設定。

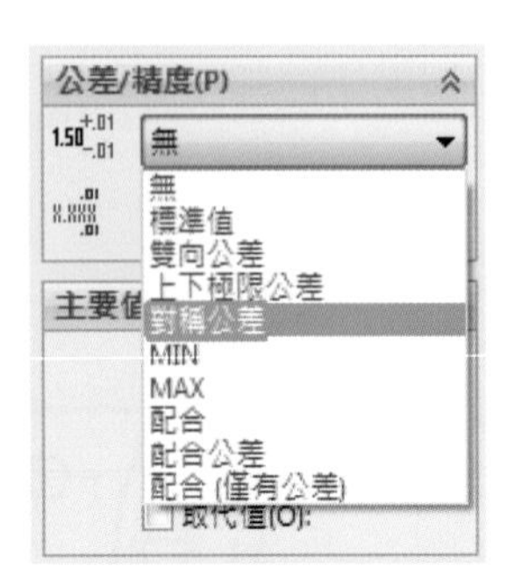

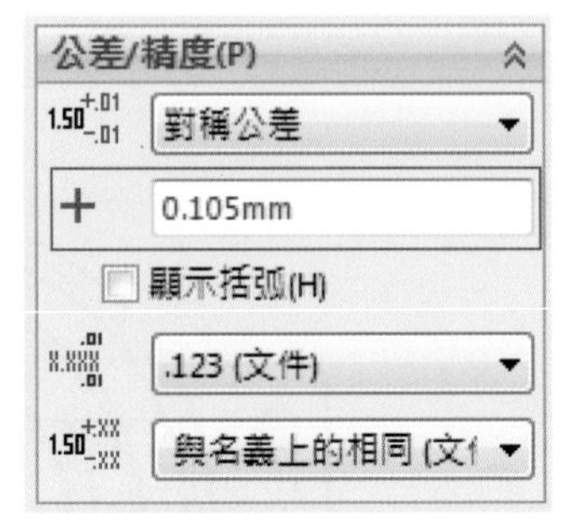

12. 公差定義完成後，接著給定表面加工符號，點選**表面加工**，左側即出現設定視窗，符號點選必須**切削加工**，符號配置數值如下，表面粗度 3.2 為 φ120H7 之圓柱面，為不干涉其餘尺寸，因此給予導線，其標示如下：

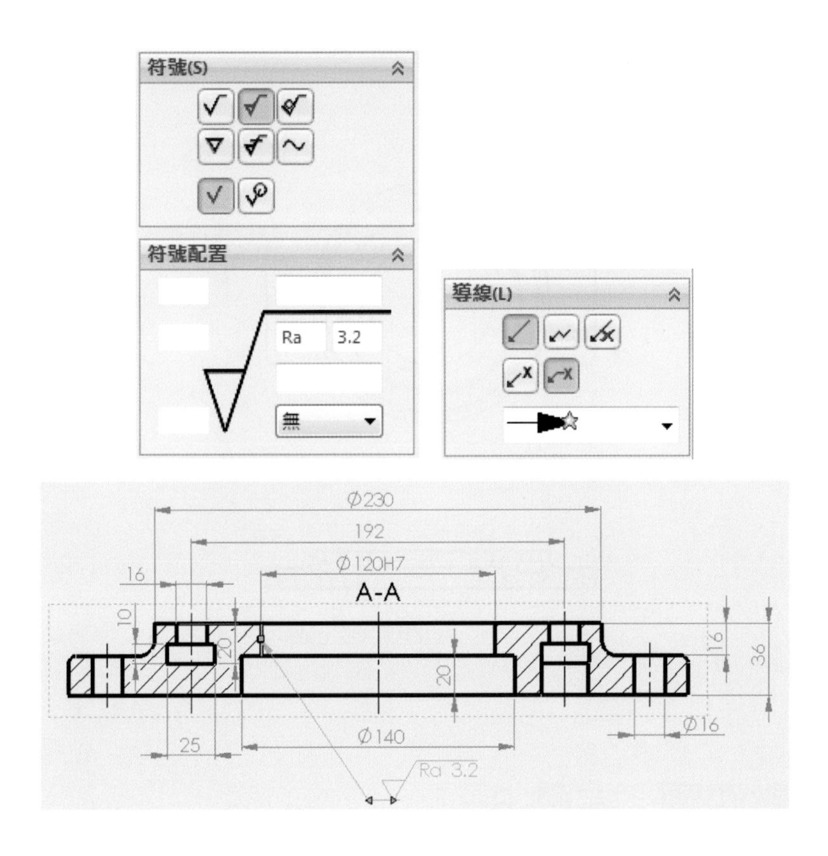

13. 各零件承面上之表面粗度為6.3，因此給在**上下兩承面標註**之，其設定方式與前步驟相同。

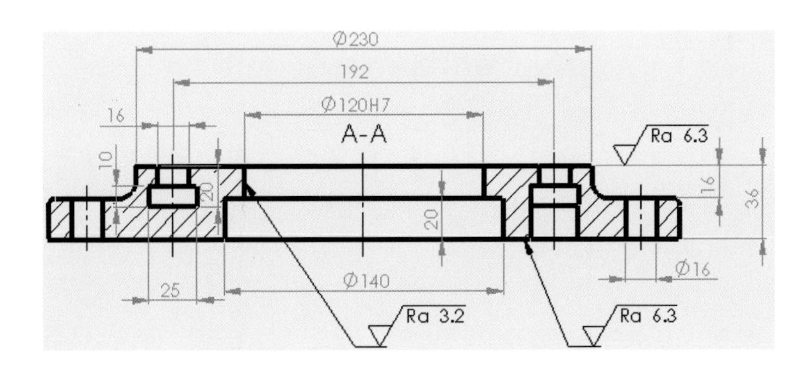

14. 最後使用 A 註解與 √ 表面加工，給定**件號**與**整體表面粗度標示**。

1 Ra 50 (√)

15. 完成旋轉座 2 工程圖。

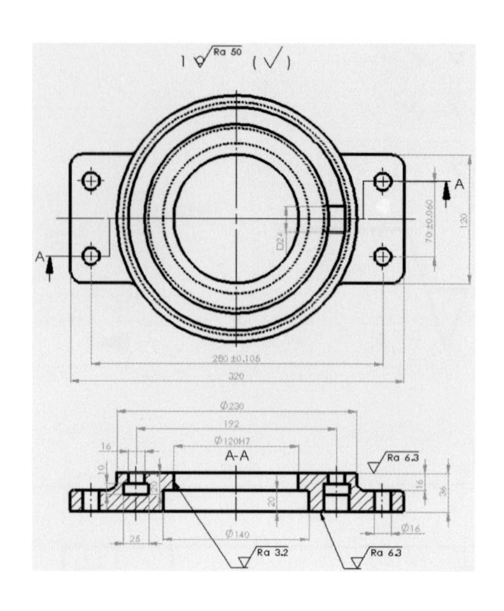

7.4 零件圖 - 主軸 6

1. 點選 插入模型視角→瀏覽→選擇所要繪製之零件

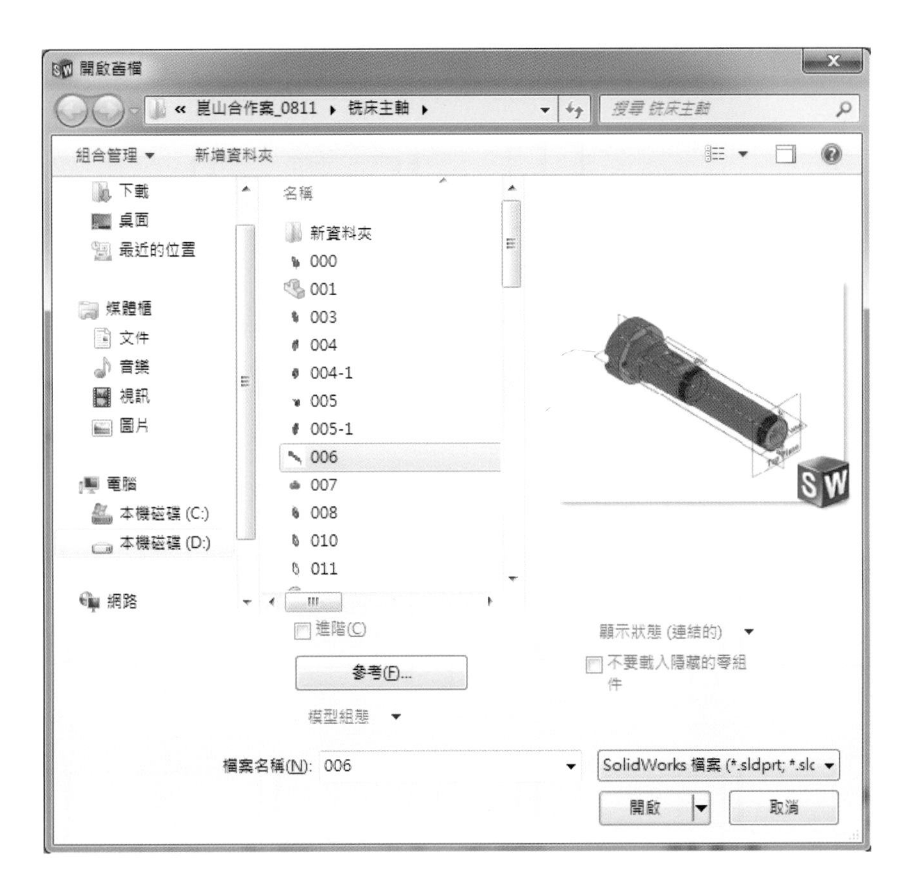

2. 將各項設定如下勾選，使視圖呈現如圖所示之：

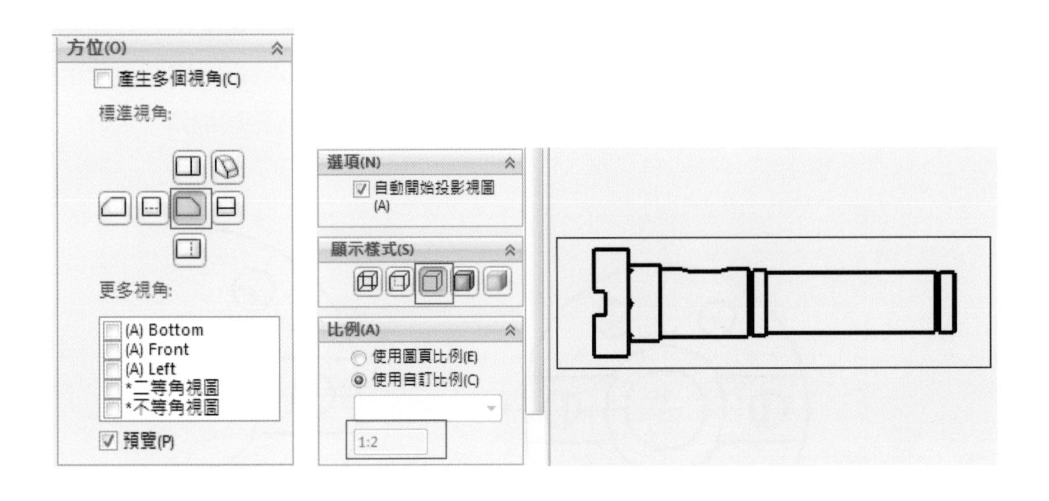

3. 點選 投影視圖，並投影出上視圖、與左視圖，如下圖所示：

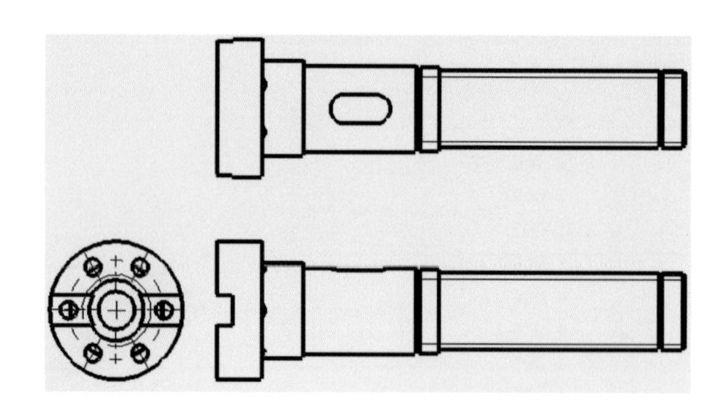

4. 將前視圖與上視圖中多餘線段隱藏。

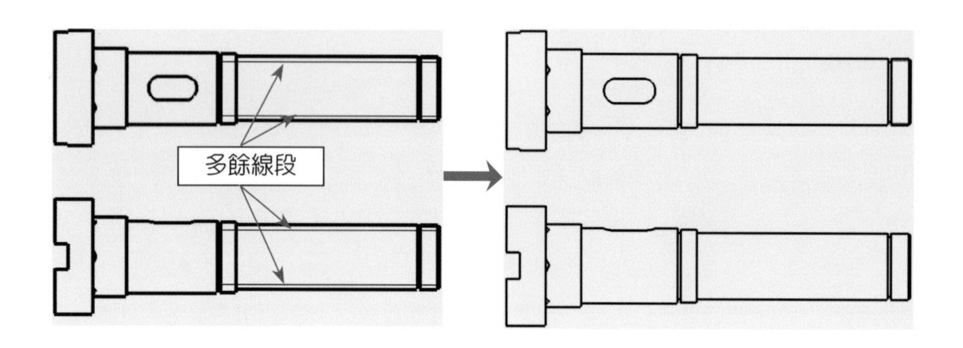

5. 點選 角落矩形繪製一矩形將左視圖左側框選起來，如圖所示，並按住 Ctrl 點選矩形四條邊線後點選 剪裁視圖即完成圖形剪裁，如下所示，由於剪裁視圖會使部分中心線被剪裁掉，因此點選草圖功能中的 中心線 中心線，將遺失之中心線段補齊。

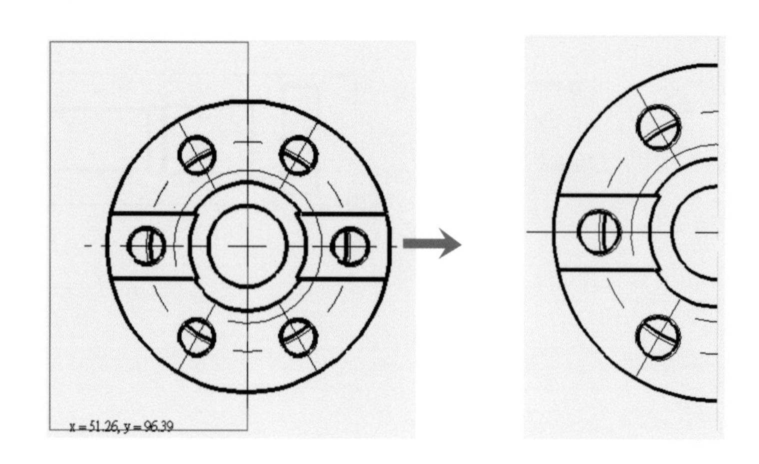

6. 點選 **區域深度剖面**，並依指令繪製一封閉曲線面積，如下所示，曲面繪製完成依指令步驟，輸入剖面深度 36mm，點選 確定。

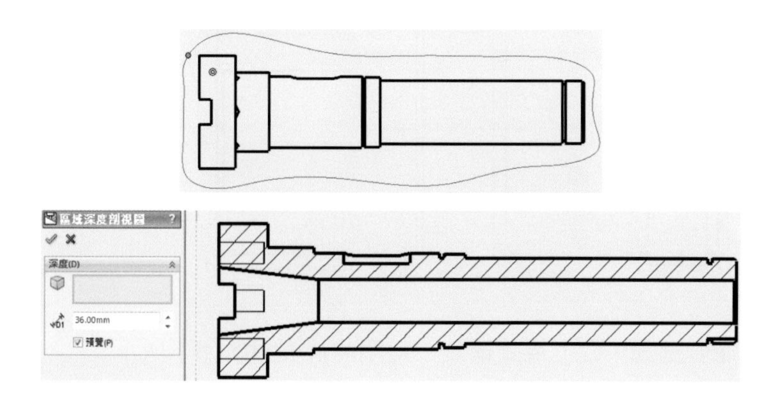

7. 點選 **中心線**→並直接點選前視圖與上視圖，軟體會自動繪製出中心線位置，如有缺少或是多餘再由使用者自行增減，其呈現如下圖：

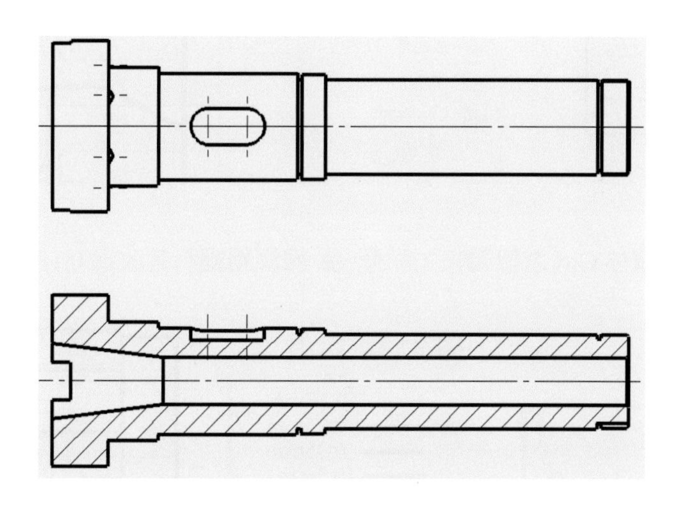

8. 點選 **中心符號線**，將上視圖鍵槽之圓弧補齊中心線，呈現如下：

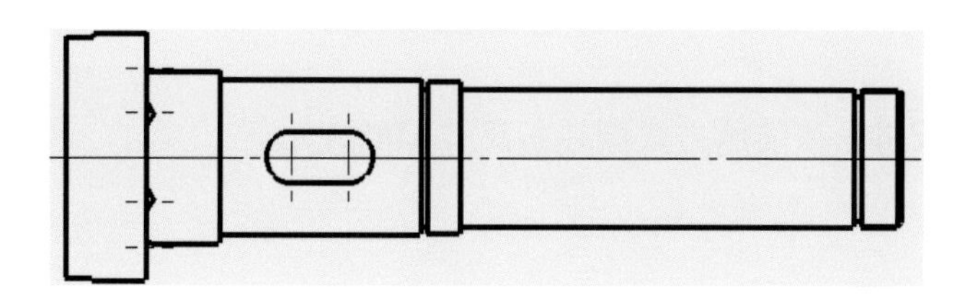

9. 使用**草圖功能**中的 **直線**，將缺少之螺紋表示線或因剖面而消失之線段補齊。

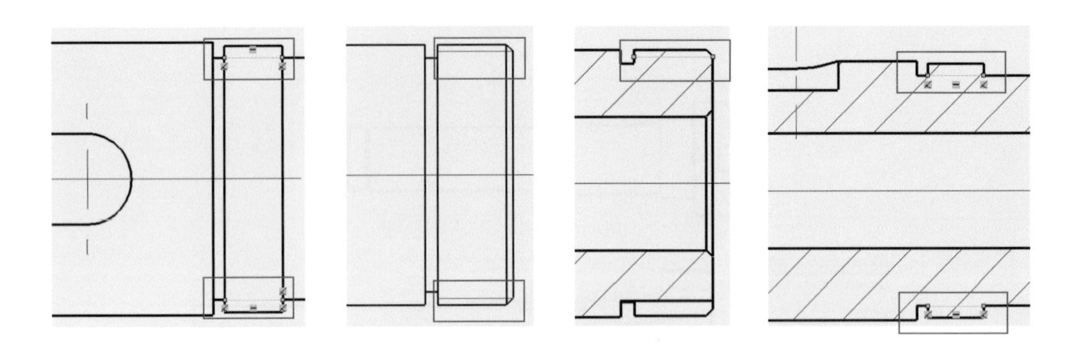

10. 點選 **區域深度剖面**，於上視圖繪製一封閉曲線面積，如下所示：

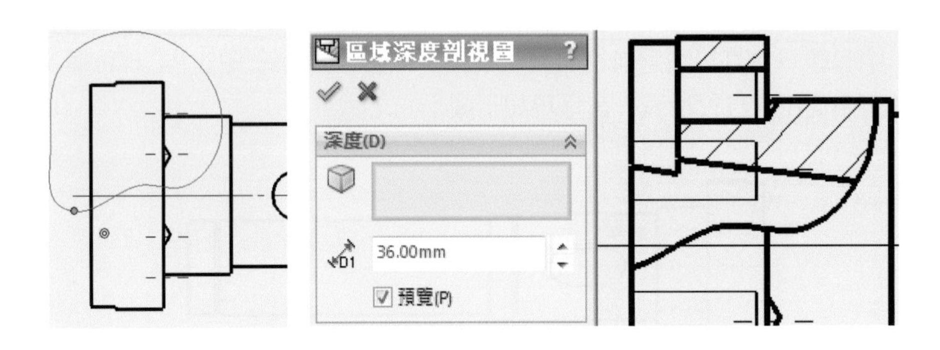

11. 將**局部剖面線段**按住 Ctrl 選取起來，點選 **線條粗細**將其改爲 0.18 mm。

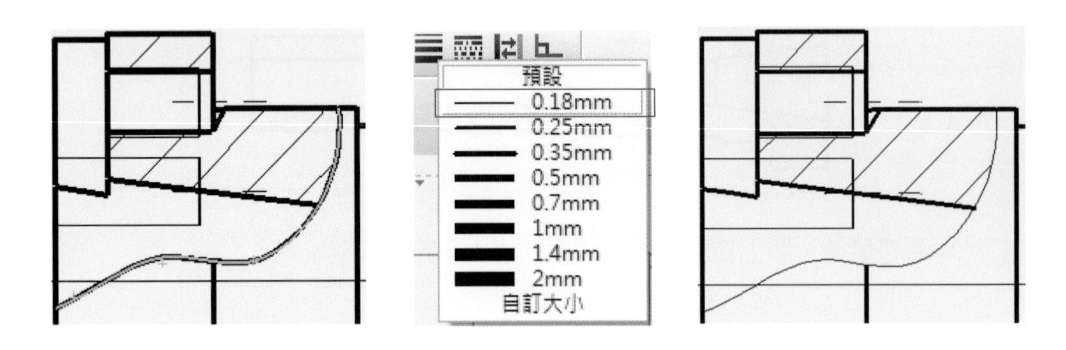

12. 點選 **智慧型尺寸**，依前述方式標註各尺寸，標註如下：

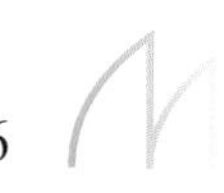

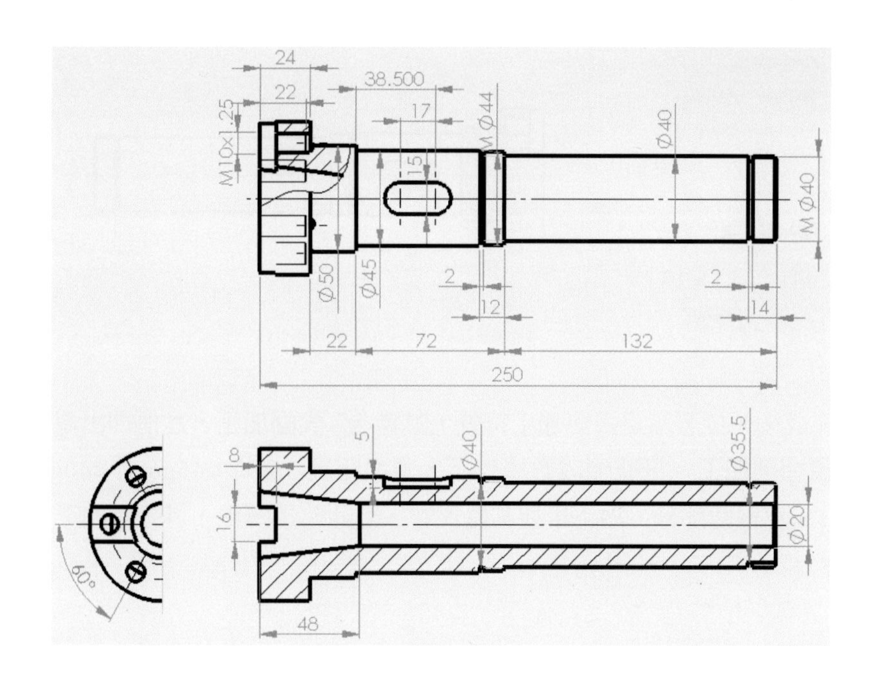

13. 點選插入→註記→ A 註解(N)... 註解，點選**錐度邊線**，錐度符號請使用草圖直線繪製，如下所示：

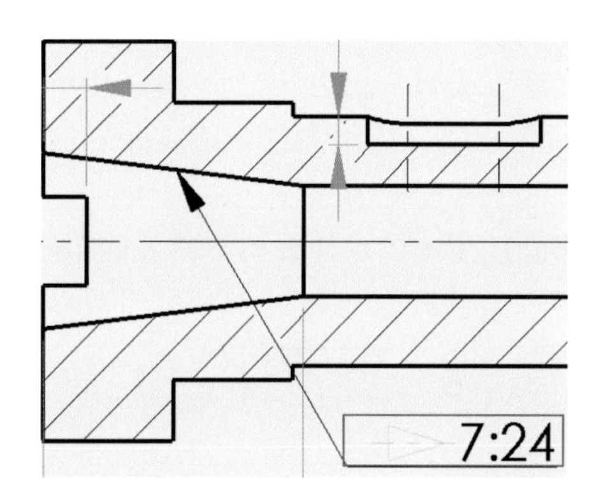

14. 公差配合：由組合圖可看出主軸 60 前視圖 φ45 尺寸與零件斜錐滾柱軸承 11 相互配合，而後方 φ40 尺寸與零件斜錐滾柱軸承 10 相互配合，因此必須給定公差配合。點選尺寸，左側即出現**尺寸文字欄**，並於 <MOD-DIAM><DIM> 後方輸入公差 g6。

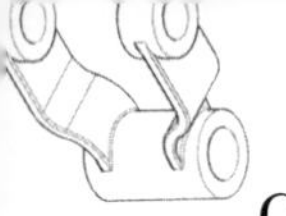

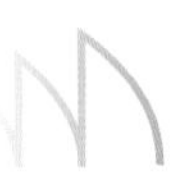

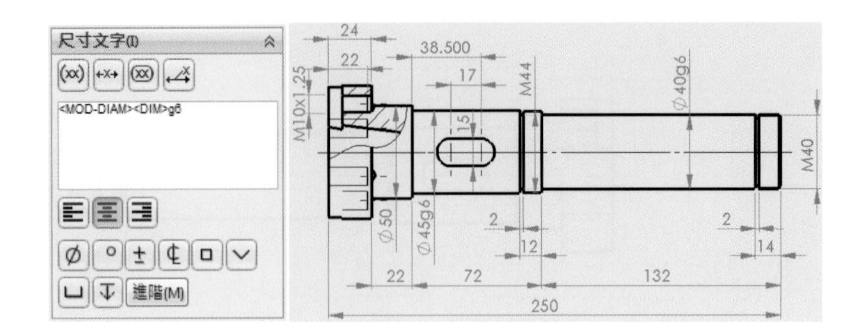

15. 公差定義完成後，接著給定表面加工符號，點選 **表面加工**，左側即出現設定視窗，符號點選**必須切削加工**，符號配置數值如下，表面粗度 3.2 爲 φ45g6 與 φ40g6 之圓柱面，表面粗度 1.6 爲錐度部分，爲不干涉其餘尺寸，因此給予導線，其標示如下：

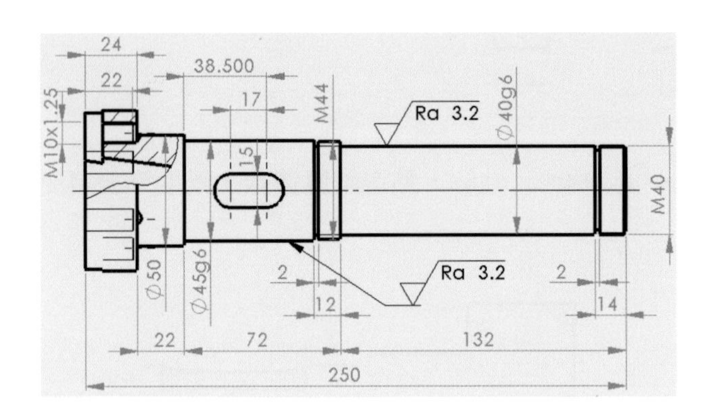

16. 最後使用 **註解**與 **表面加工**，給定件號與整體表面粗度標示。

6 Ra 12.5 (√)

17. 完成主軸 6 工程圖。

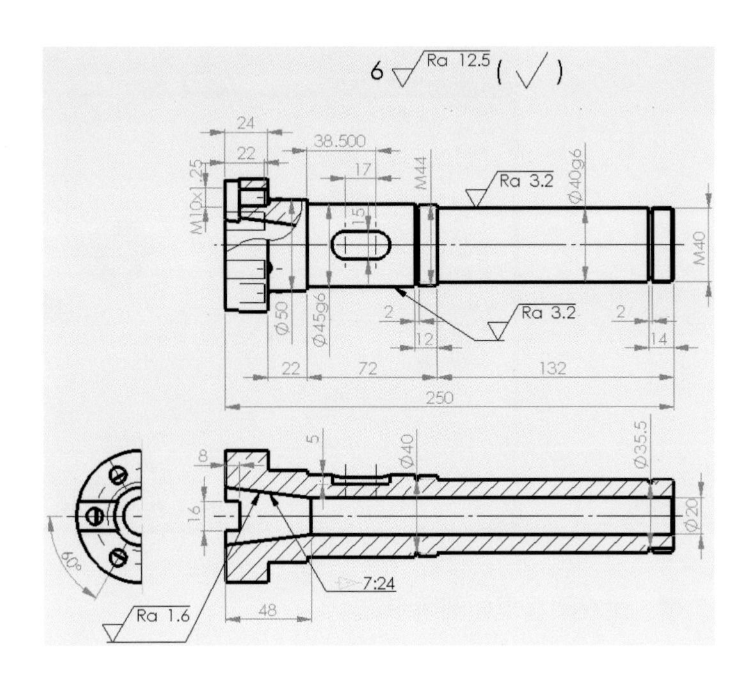

7.5 工程圖面 - 組合圖

1. 組合圖標題欄如下：

圖　名		銑　床　主　軸		
投影	第三角	崑山科技大學 台　南　高　工	圖號	工程圖
比例	1：2		日期	100/08/09
單位	mm		繪圖者	

2. 點選 插入模型視角→瀏覽→選擇所要繪製之組合件。

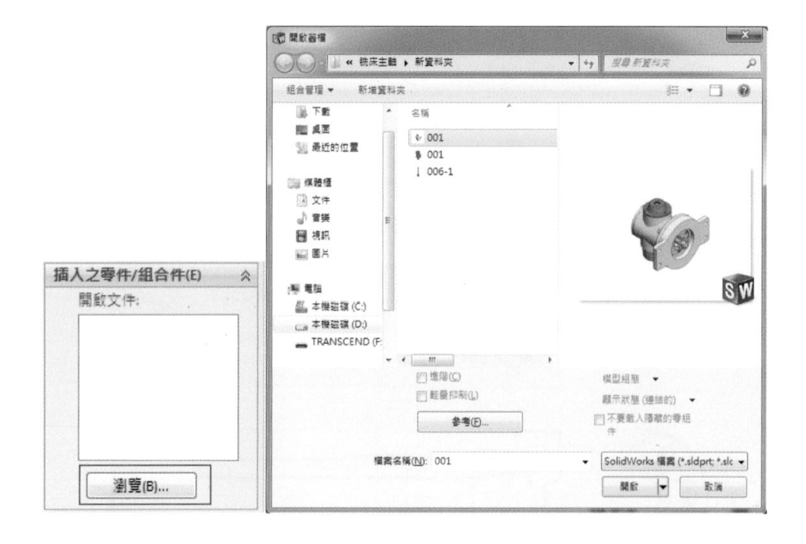

3. 將各項設定如下勾選，使視圖呈現如圖所示之：

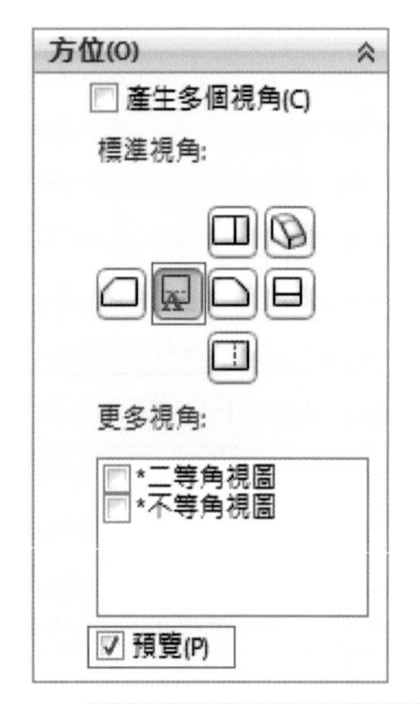

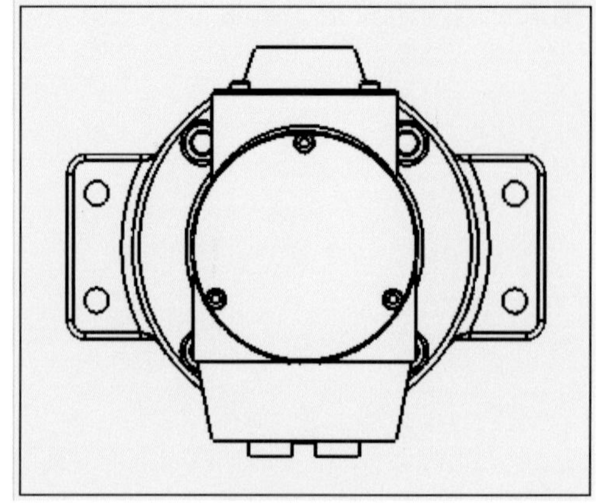

4. 點選 剖面視圖，**繪製直線方向**由上而下（如下所示），並將剖面之視圖往右擺放。

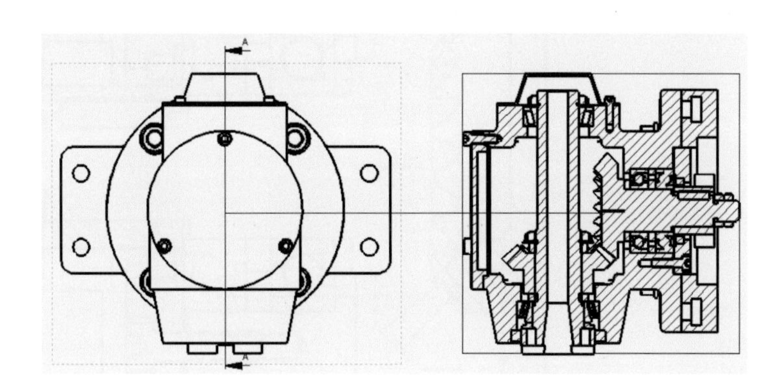

5. 由於剖面視圖剖切後會有許多多餘線段，選取多餘線段，點選滑鼠右鍵顯示 / 隱藏邊線，將**多餘線段隱藏**。
6. 剖面視圖剖切完之剖面線粗細皆相同，因此必須將各零件之剖面線大小進行修改，點選與**變更之剖面線**，其左側會出現視窗，將材料剖面線不勾選，即可**修改剖面線類型比例**，其比例越大，剖面線越密，比例越小則反之；剖面線角度改爲 90°，則與剖切完角度相反。

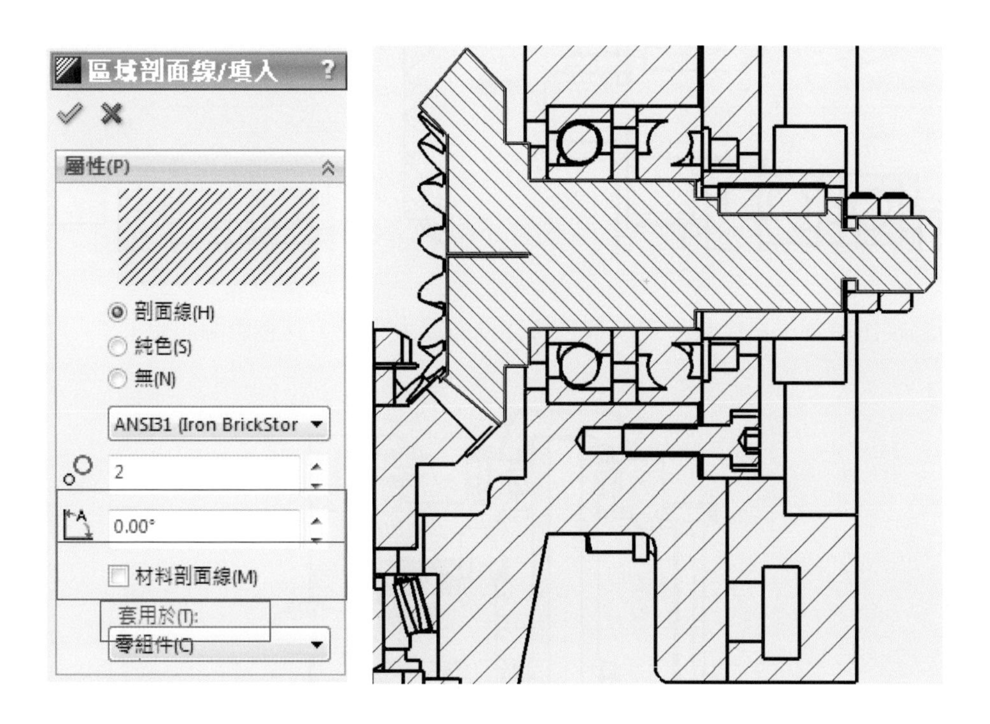

7. 部分零件於工程圖上不能完全剖面者，則將**屬性**點選爲無，在使用**草圖工具修改**。

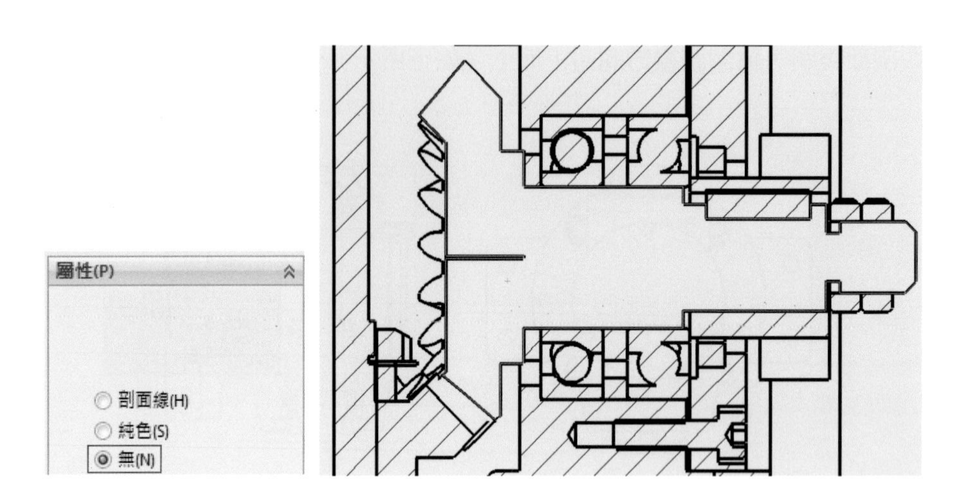

8. 使用草圖工具修改後，點選插入→註記→ 區域剖面線/填入(T) **區域剖面線填入**，左側出現視窗點選與填入剖面線之區域即可。

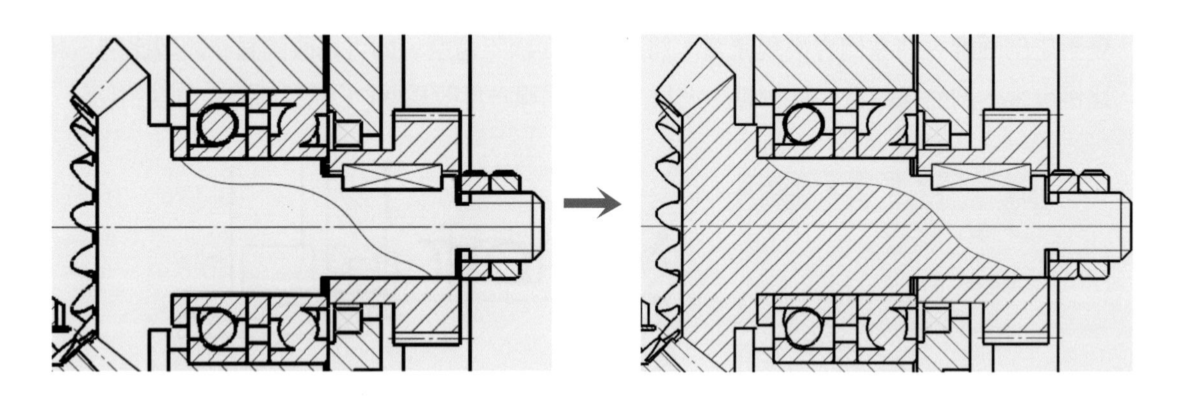

9. 全剖視圖經由草圖工具修改，並調整各零件剖面線大小後，其整體圖面如下：

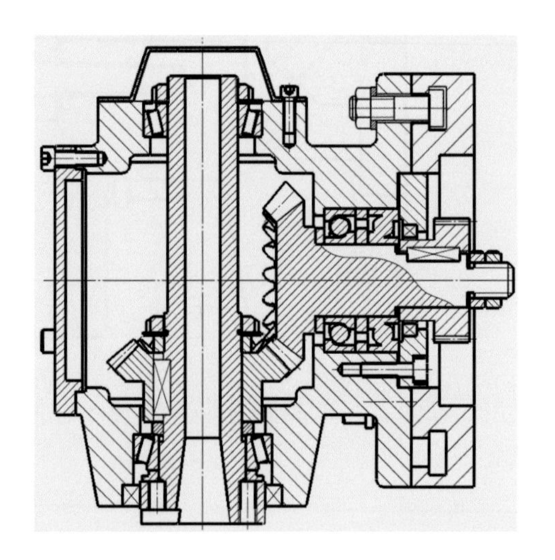

10. 完成整體圖形繪製後，開始進行件號標註，點選插入→註記→ 零件號球(A)... 零件號球→點選與標註件號之零件任意面上，但注意不要點選到邊線，完成各**零件件號標註**，其圖形如下：

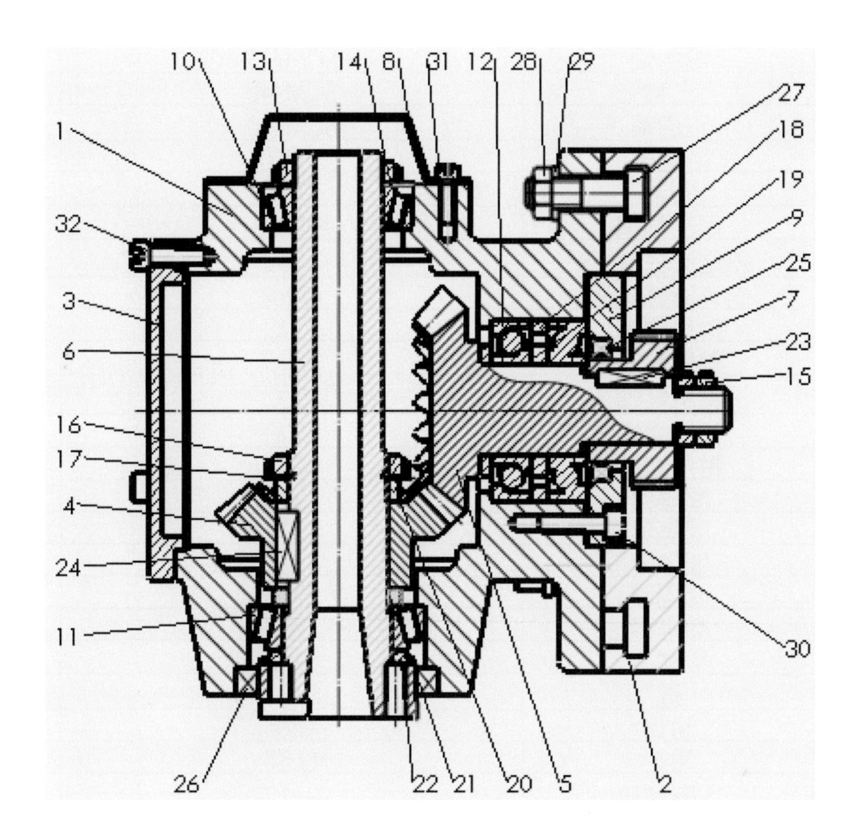

11. 進行零件表設定，點選插入→表格→零件表→點選**剖視圖**→確定，並將**零件表移動**至右上角。
12. 零件表為軟體自動零件存檔時之名稱，因此如果檔名或數量不符合時，可直接改變名稱，在與變更之名稱上點滑鼠左鍵兩下，即出現一彈跳視窗，點選斷開連結，即可修改零件名稱與數量，其正確零件表如下所示：

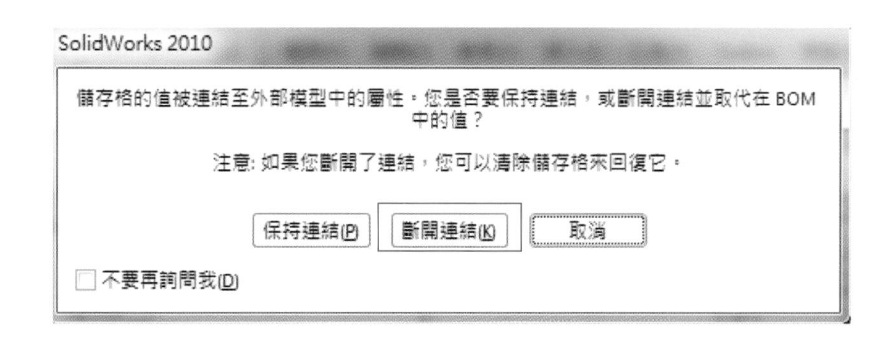

項次編號	零件名稱	材質	數量
1	本體	FC250	1
2	旋轉座	FC250	1
3	上蓋	FC200	1
4	傘齒輪	SCM415	1
5	傘齒輪	SCM415	1
6	主軸	SCM440	1
7	正齒輪	SCM440	1
8	防護蓋	SS400	1
9	側蓋	S20C	1
10	滾柱軸承	#32008	1
11	斜錐滾柱軸承	#32010	1
12	斜角滾珠軸承	#7208	2
13	軸用螺帽	S20C	1
14	軸用墊圈	S20C	1
15	軸用螺帽	S20C	2
16	軸用螺帽	S20C	1
17	軸用墊圈	S20C	1
18	間隔環	S20C	1
19	間隔環	S20C	2
20	間隔環	S20C	1
21	間隔環	S20C	1
22	間隔環	S20C	1
23	鍵	S45C	1
24	鍵	S45C	1
25	油封	橡膠	1
26	油封	橡膠	1
27	方頭螺栓	S45C	4
28	六角螺帽	S45C	4
29	彈簧墊圈	S45C	4
30	沉頭螺釘	SCM430	3
31	沉頭螺釘	SCM430	3
32	沉頭螺釘	SCM430	3

13. 完成工程圖面組合圖繪製。

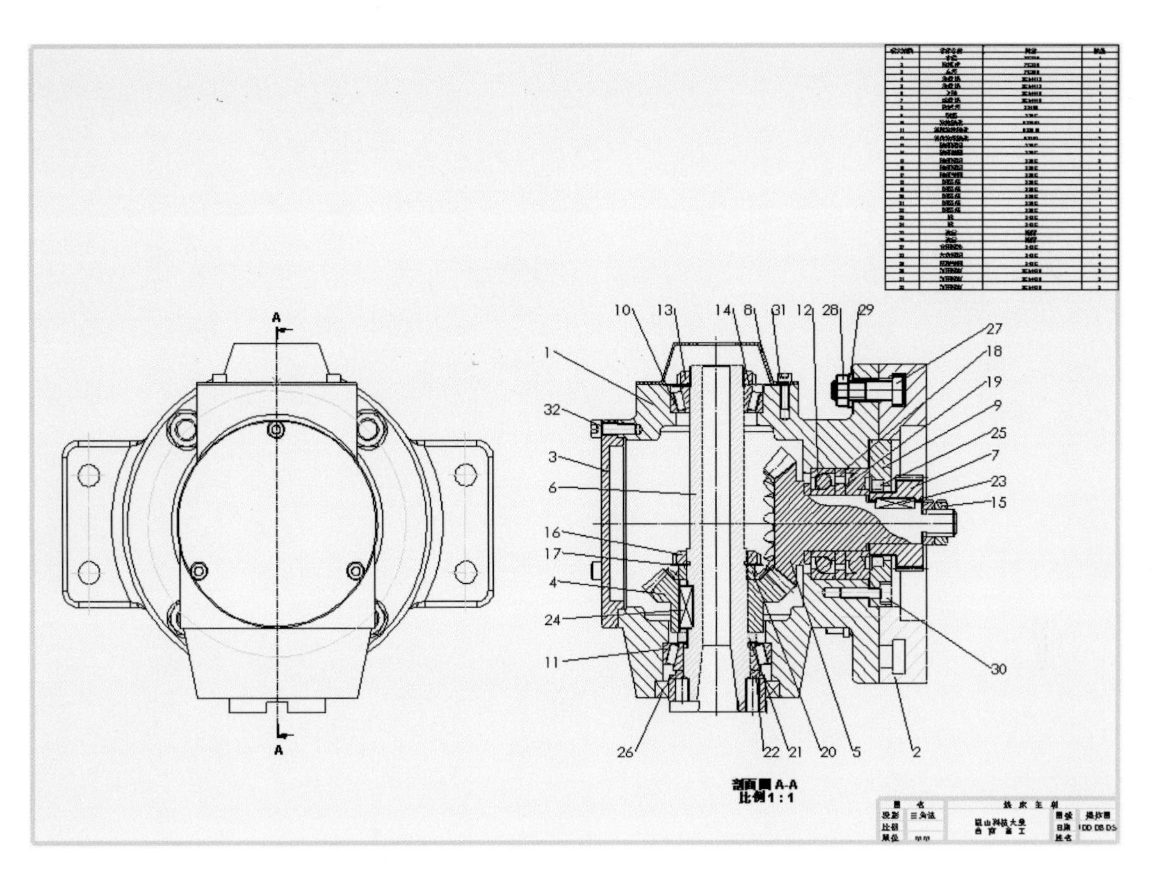
A
A
10 13 14 8 31 12 28 29
27
18
19
9
25
7
23
15
1
32
3
6
16
17
4
24
11
30
26 22 21 20 5 2
剖面圖 A-A
比例1:1
投影 三角法
比例
單位 mm
日期
姓名

8

Data Exchange

- 8.1 資料轉換檔案類型
- 8.2 資料名稱，格式和內涵

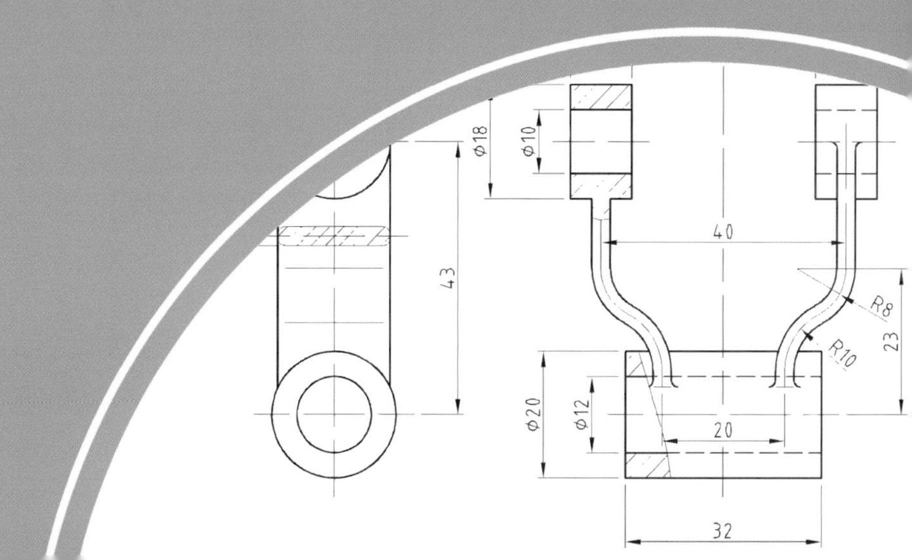

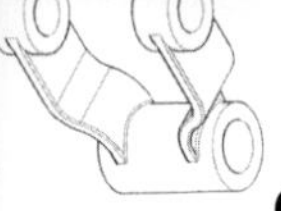

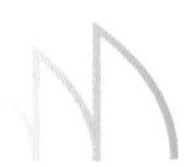

8.1 資料轉換檔案類型

若要開啓舊檔或不同 CAD 系統完成的檔案，可以使用**開啓舊檔**，開啓的畫面，如下圖所示：

SolidWorks 可以開啓的不同檔案類型如下：

- SolidWorks 檔案：包含零件檔（*.sldprt）、組立檔（*.sldasm）、工程圖檔（*.slddrw）。
- DXF：二進位檔。
- DWG：AutoCAD 圖檔。
- Lib Feat Part：連結庫檔，用於特徵調色盤。
- Template：系統提供零件、組合件、工程圖等三種基本範本檔。
- Parasolid：文字及二進位元檔。
- IGES：檔案轉換格式，是目前 CAD/CAM 最通用的轉檔格式。
- STEP：檔案轉換格式。
- ACIS：以 ACIS 為運算核心的圖檔，如 AutoCAD、MDT、3DS。
- VDAFS：德國汽車協會所制定的圖檔格式。
- VRML：虛擬實境圖檔，可透過網路傳送檔案給客戶瀏覽外型。
- STL：Standard Template Library，C++ 資源庫的資料結構。
- Catia Graphics：CATIA 的圖檔格式。

- ProE：包含 Pro/E 的零件檔與組立檔。
- UGII：UG 的圖檔格式。
- Inventor Part：Inventor 的零件檔。
- Solid Edge：Solid Edge 的零件檔與組立檔。
- CADKEY：CADKEY 的零件檔。
- Add-Ins：附加應用程式。
- IDF：Intermediate Data Format 電路板檔案。

8.2 資料名稱，格式和內涵

在任何 CAD 軟體中，選擇「儲存爲」（Save as），就會出現琳琅滿目的檔案格式。除了 CAD 軟體本身的資料格式以外，軟體之間較常用來交換的格式有：

(1) **Parasolid** —— * .x_t. ; * x_b。

(2) **IGES（Initial Graphics Exchange Specification）** —— * . igs。

(3) **STEP** —— *.STEP。

(4) **STL** —— *.stl。

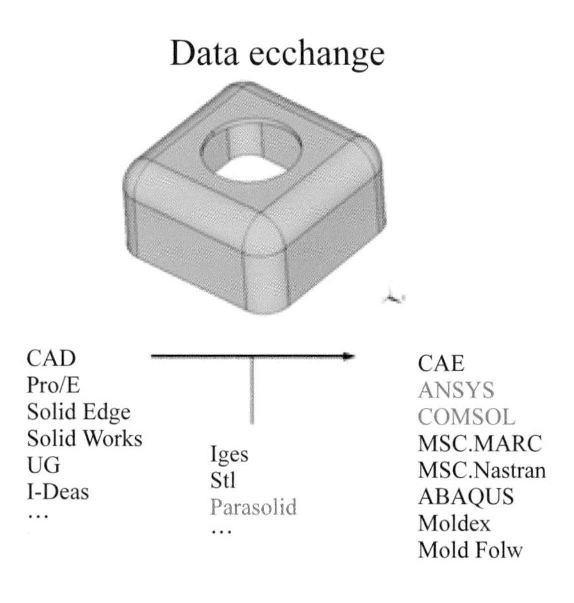

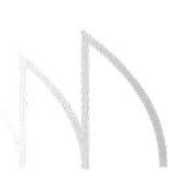

CAD 到 CAE 資料的轉換

【範例 1】：SolidWorks 輸出檔案的可能格式

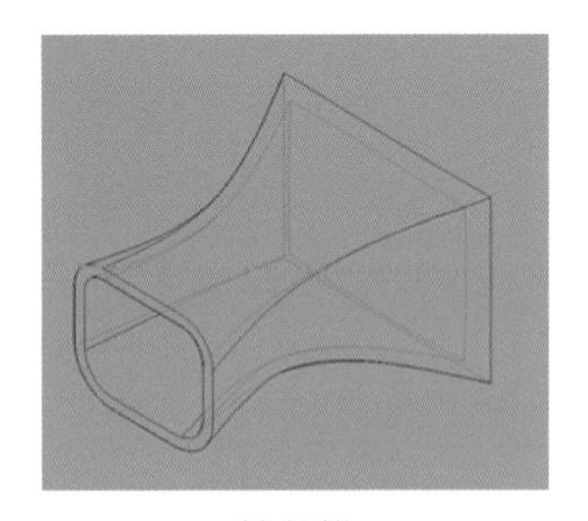

線架構

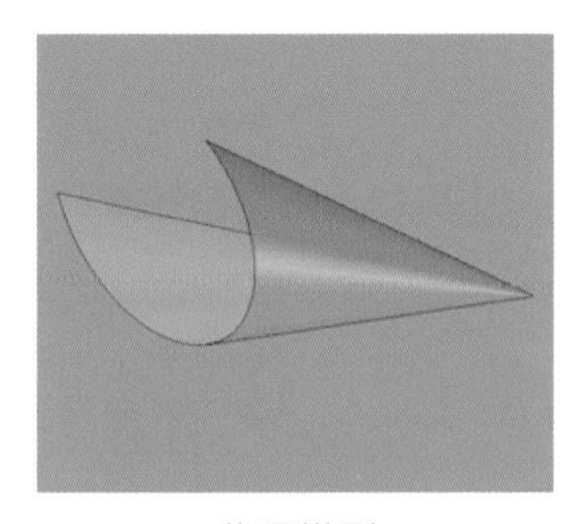

曲面模型

實體模型

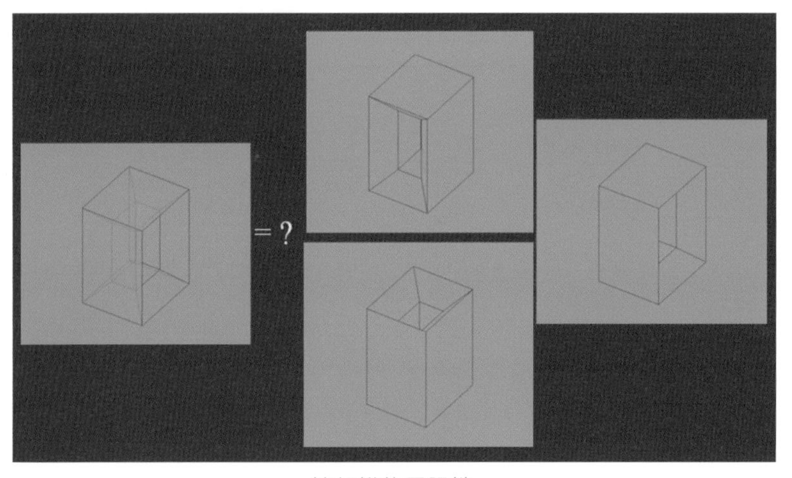

線架構的局限性

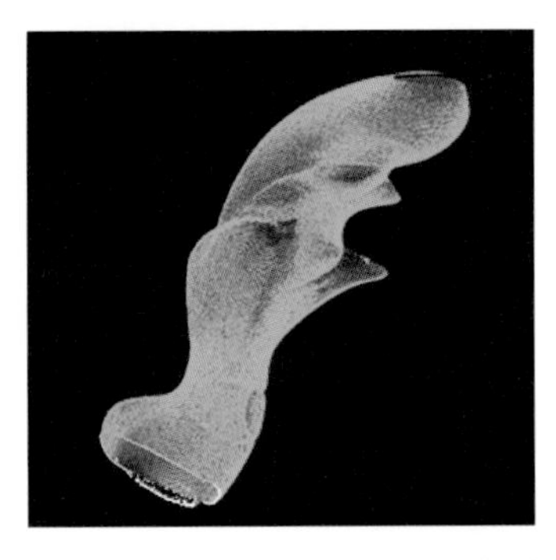

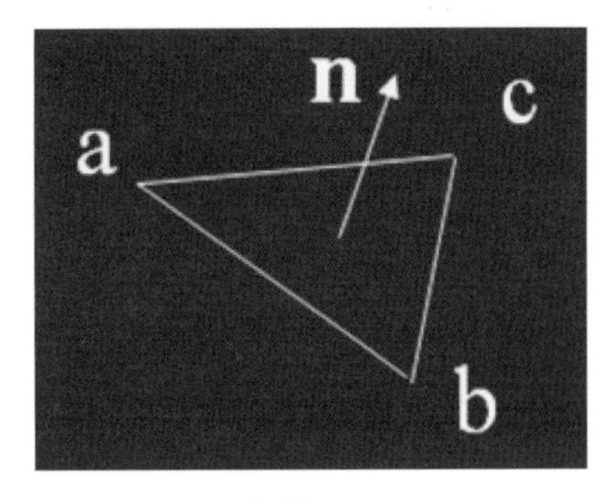

三角形實體模型以及單元三角形

```
solid delcam
 facet normal 7.936885e-002 -9.968114e-001 8.218313e-
  outer loop
   vertex  0.000000e+000 0.000000e+000 0.000000e+0
   vertex  -9.136000e-001 -7.255000e-002 2.345000e-0
   vertex  -9.160700e-001 -7.294000e-002 0.000000e+0
  endloop
 endfacet
 facet normal 7.975537e-002 -9.965213e-001 2.417434e-
  outer loop
   vertex  0.000000e+000 0.000000e+000 0.000000e+0
   vertex  -9.063800e-001 -7.138000e-002 4.786000e-0
   vertex  -9.136000e-001 -7.255000e-002 2.345000e-0
  endloop
 endfacet
```

三角化模型檔案 STL 檔的格式（ASCI 碼）

【範例 2】：用 3D CAD 軟體設計一個模型，輸出到 CAE 工程分析軟體（SolidWorks→ANSYS）

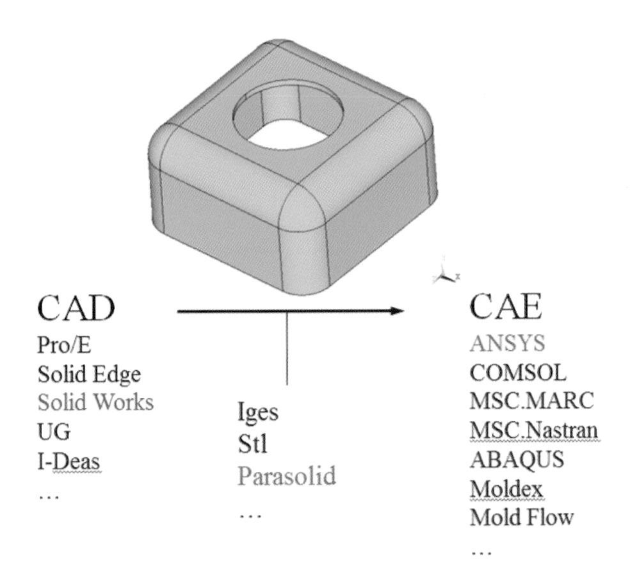

1. 設計一個實體模型，儲存爲 Parasolid 檔案，開啓 ANSYS 工程分析軟體

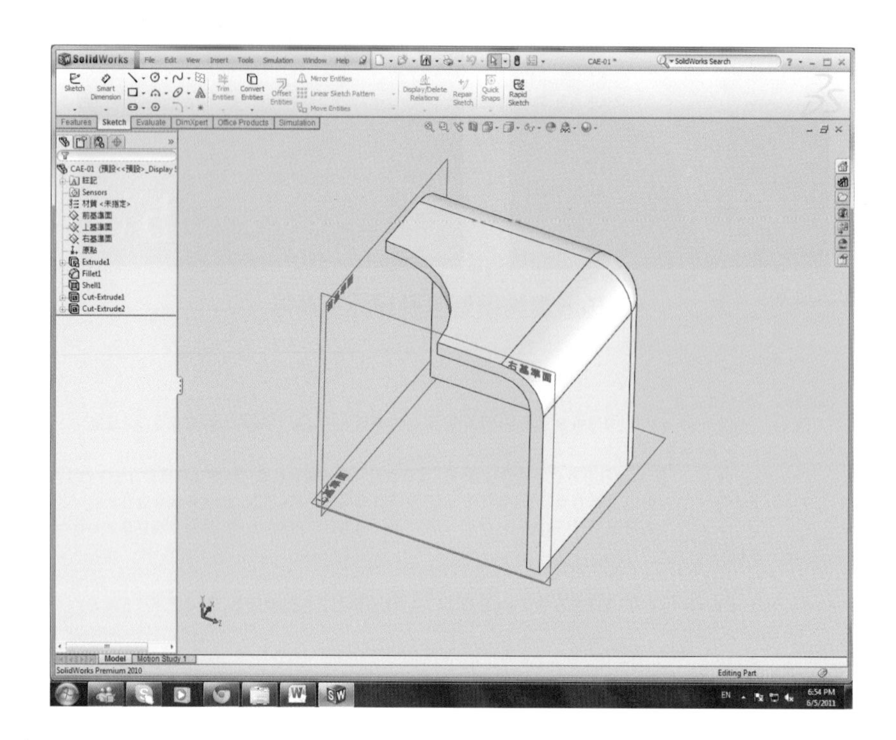

2. GUI: Utility Menu > File > Import > Para >
   找到 Para 檔案的目錄 *.x_b
   讀入 *.x_b
3. GUI: Utility Menu > PlotCtrls > Style > Solid Model Facets >
   選擇 "Normal Facing"

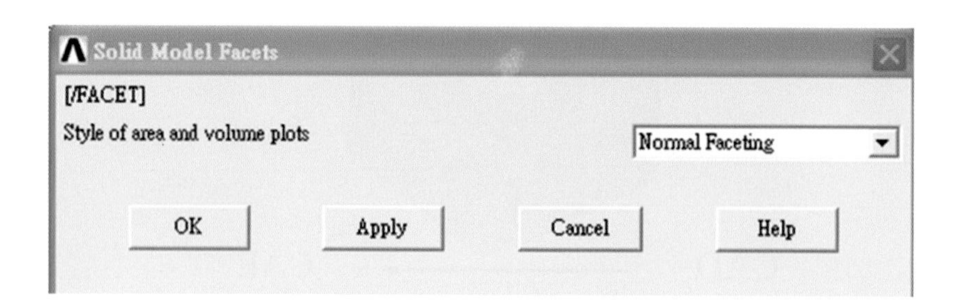

4. GUI: Utility Menu > List > Volumes
5. GUI: Utility Menu > Plot > Volumes

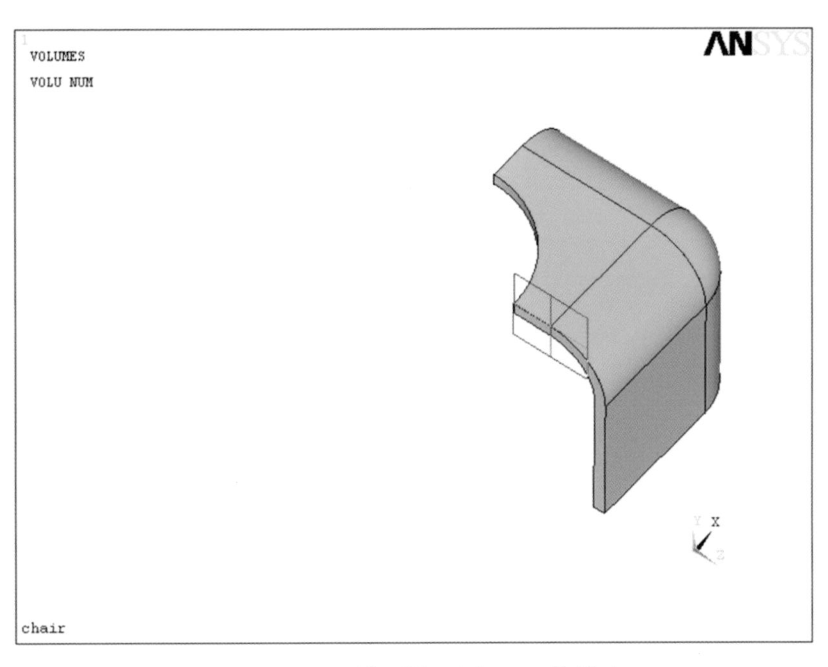

圖 8-1　CAD 模型進入了 CAE 軟體中

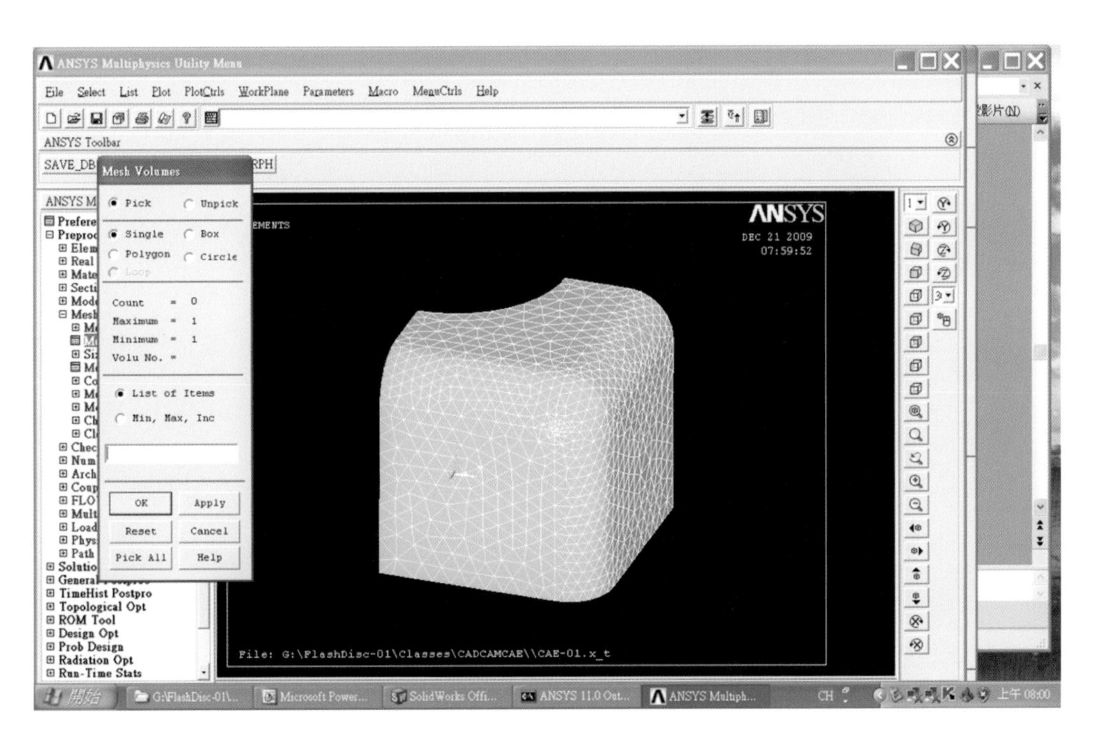

圖 8-2　確定元素形狀後進行網格化

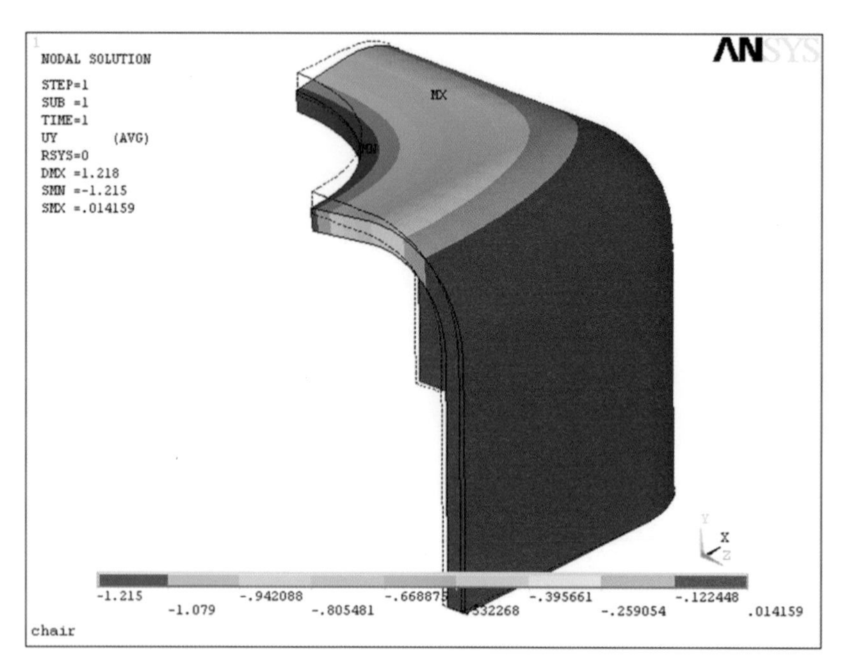

圖 8-3 輸入載荷以及約束條件所得變形結果

9

CAE Example

9.1 銑床主軸箱體的靜態受力分析
（Gear Box CAE Static Analysis）

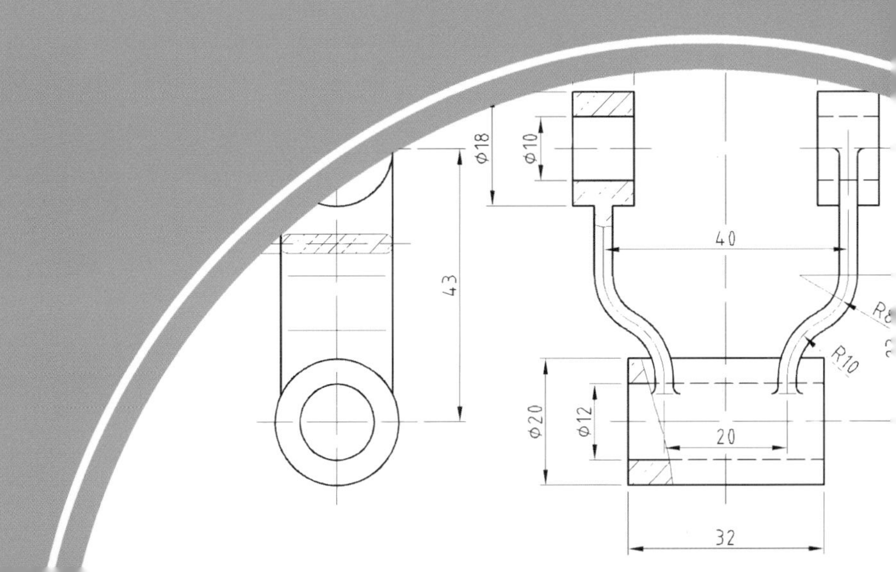

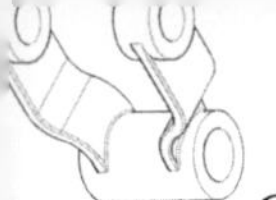

9.1 銑床主軸箱體的靜態受力分析（Gear Box CAE Static Analysis）

現今的 CAD 軟體一般都會提供比較基本的工程分析功能，不少軟體的分析功能已經可以分析組合體了。以下就是一個分析剛剛設計完成的銑床主軸殼体的應力和變形的範例。

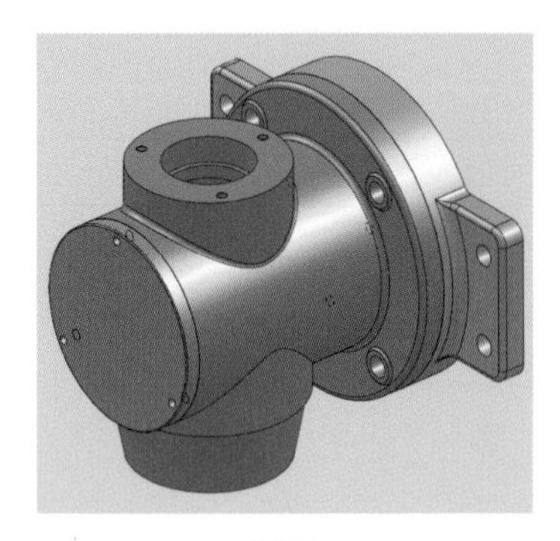

模型

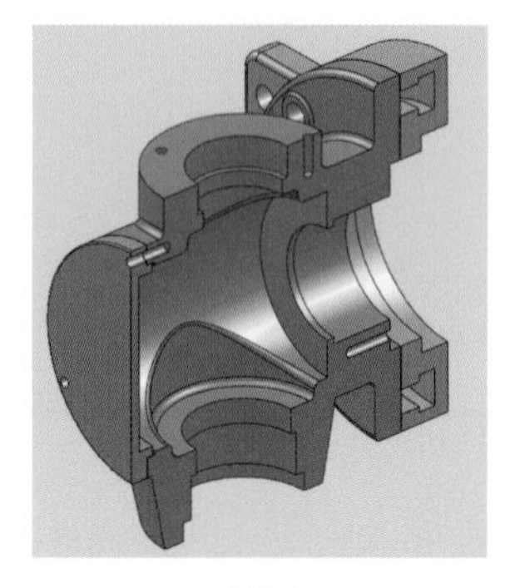

剖面

邊界固定

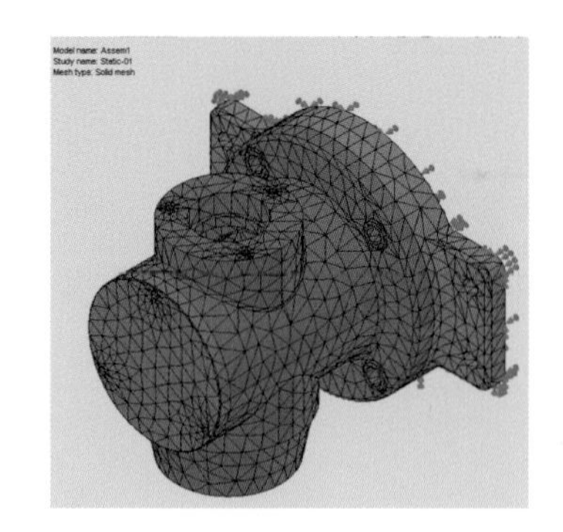

網格化

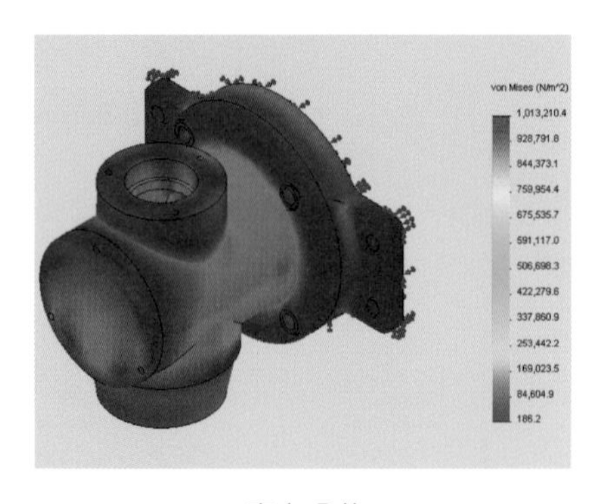

應力分佈

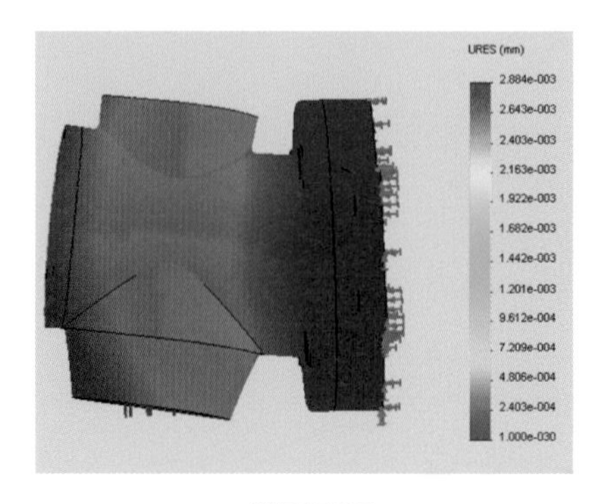

變形顯示

步驟分析

Step 1. 首先組裝三個主體零件成爲殼體

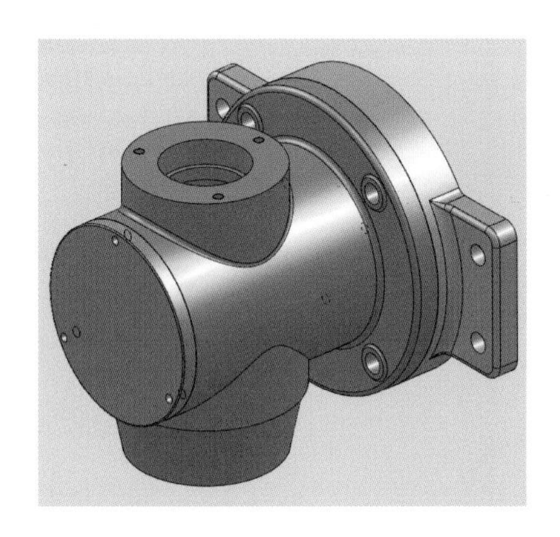
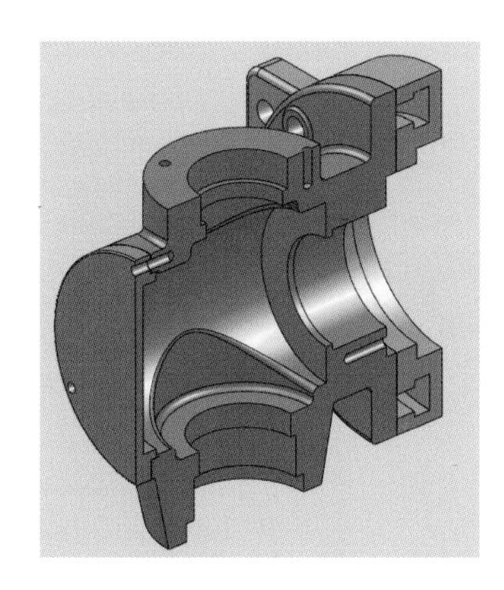

Step 2. 進入模擬狀態（Simulation）並進行前處理（Pre-Process）

1. 選擇**模擬狀態**（Simulation）→點選新模擬（New Study）

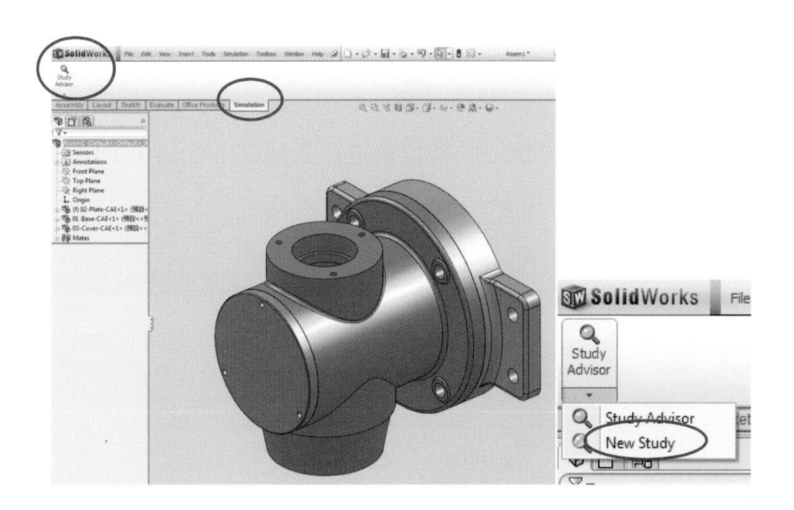

2. 選擇**靜態分析**（Static）→ 命名本次模擬的標題爲 Static-01 → 按 ✔ 後出現 CAE 的對話框 →展開零件 Parts。

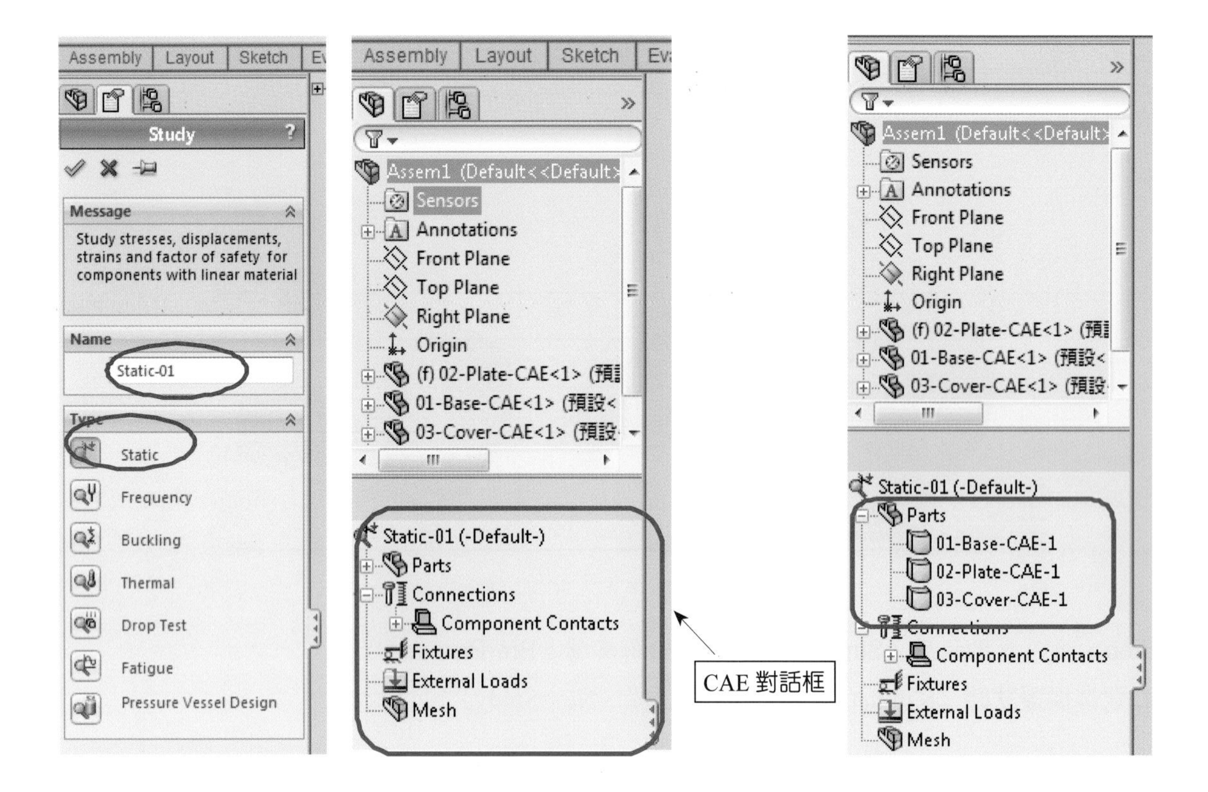

3. 定義零件的材料性質：點選第一個零件殼體（1-Base-CAE-1）→再按滑鼠右鍵→點選**定義材料**（Aplly/Material）→出現材料對話框以後選擇灰鑄鐵（Gray Cast Iron）→ 以同樣方式定義其他零件的材料爲 AISI-2010 鋼材。

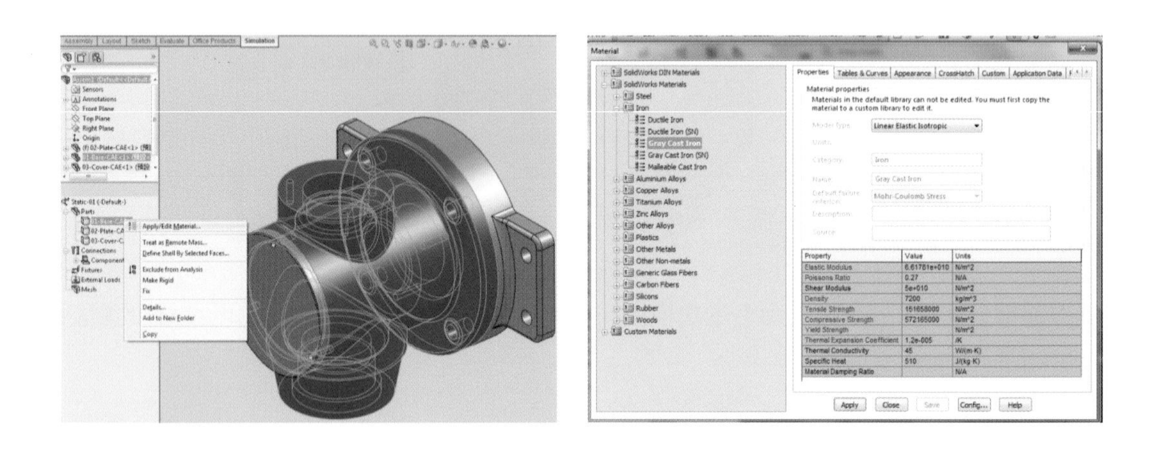

4. 定義約束條件：滑鼠右鍵點選**約束**（Fixtures）→選擇**固定**（Fixed Geometry）→點選**支撐面**爲固定面。

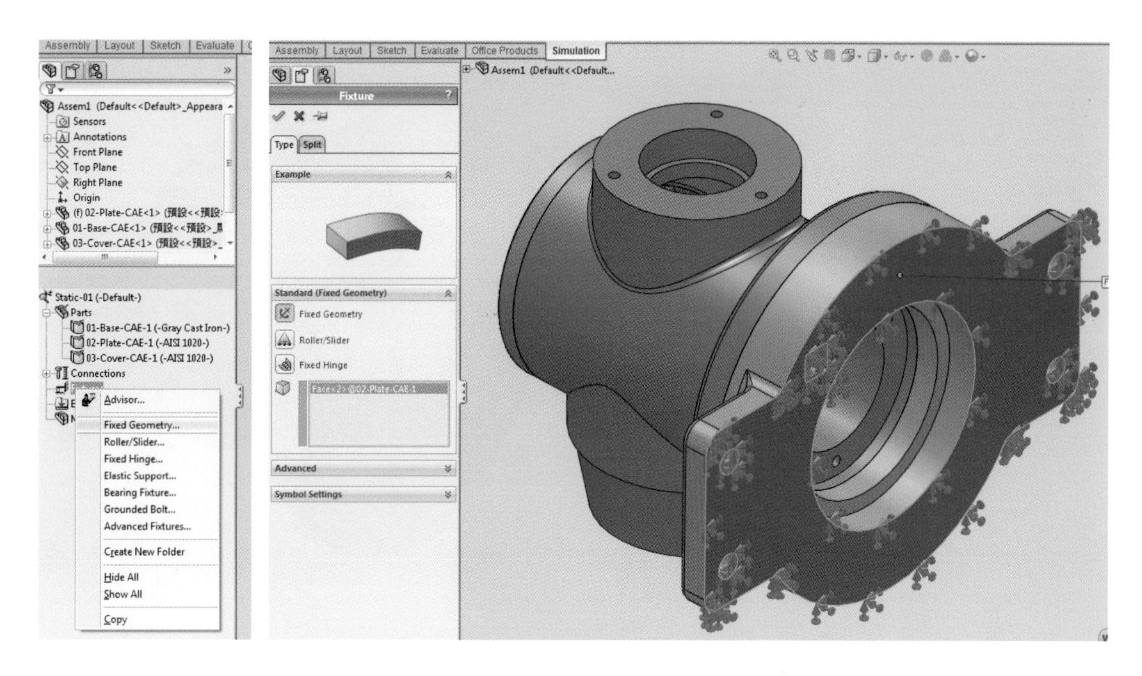

5. 定義載荷受力位置 / 方向 / 大小：滑鼠右鍵點選**外力**（External Force）→選擇力（Force）→選擇**軸承受力面**並輸入 1,000N，受力方向朝上。

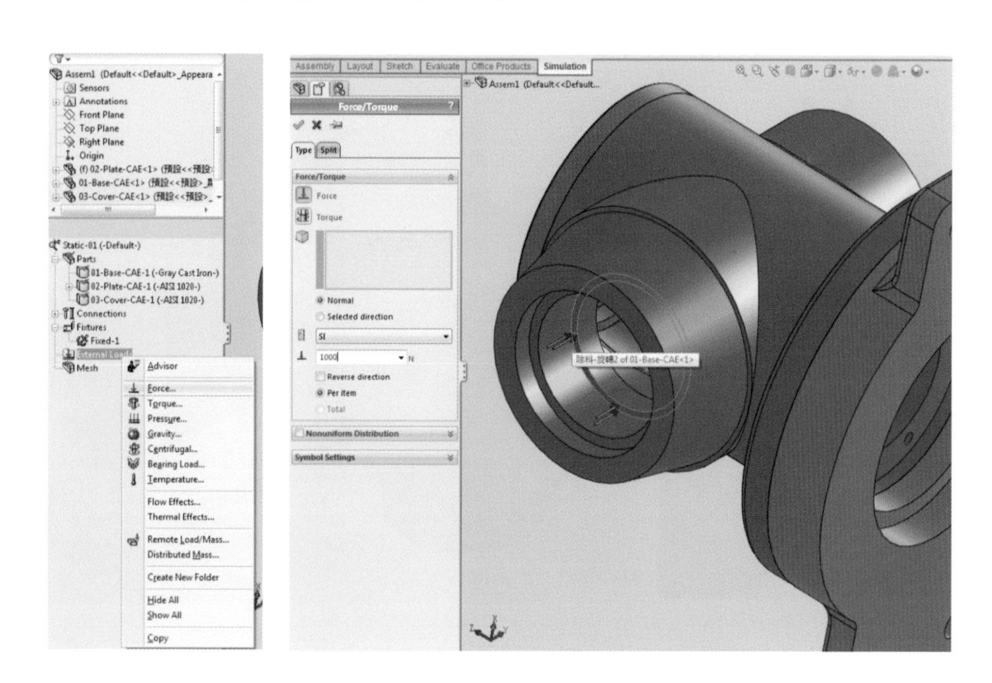

6. 模型網格化：滑鼠右鍵點選**網格化**（Mesh）→選擇**產生網格**（Create Mesh）→ 檢視是否需要變換網格大小 → 確定後按 ✔ 產生網格

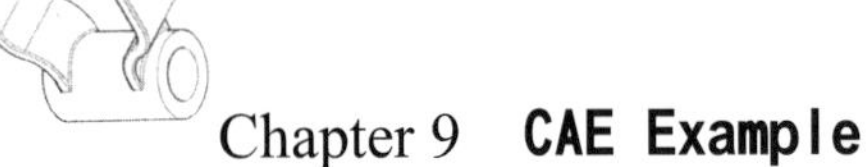
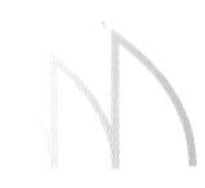

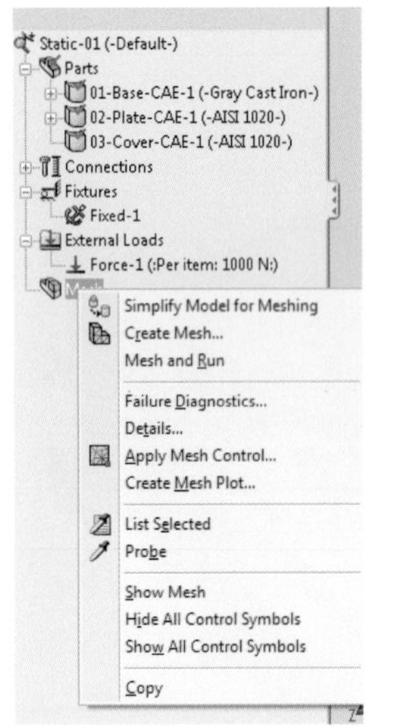

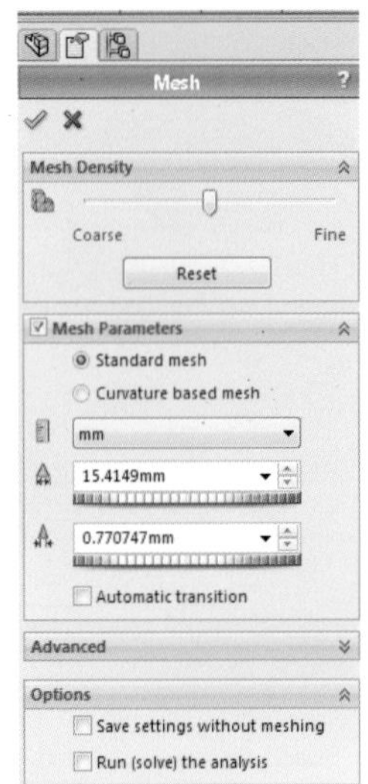

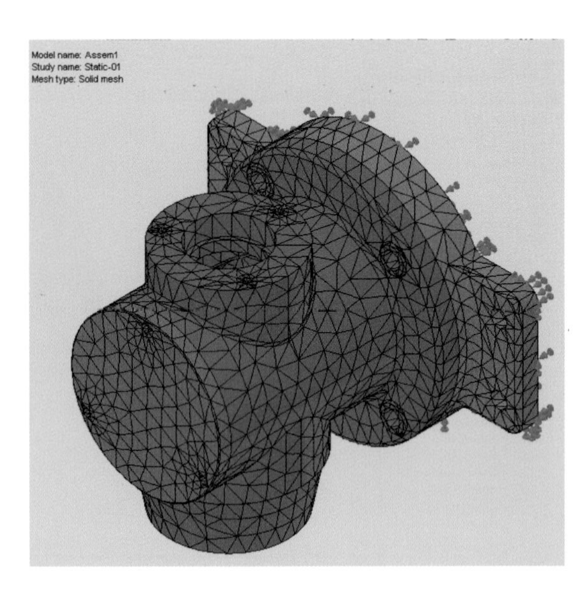

Step 3. 進行模擬分析（Run Simulation）並後處理檢查結果（Post-Process）

1. 點選**運行模擬（Run）**，等待一下便可得計算結果。由圖可見最大應力爲 1.013e^6 N/m^2，遠小於材料的允許應力，故認爲安全。

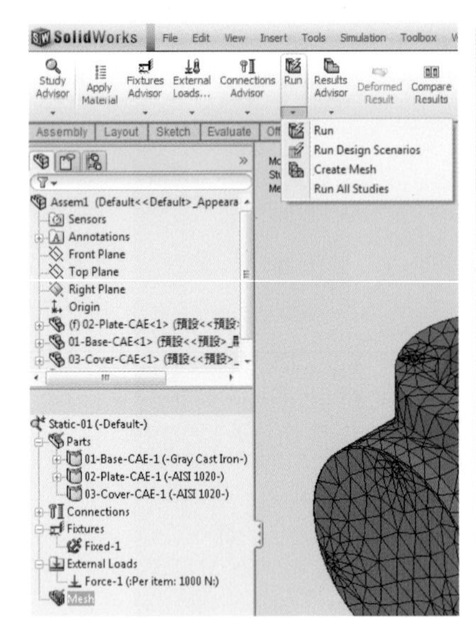

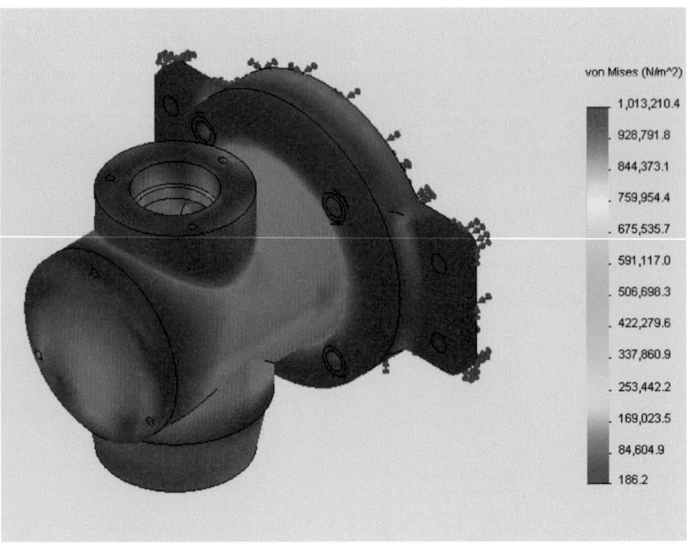

2. 最後檢查變形量：滑鼠右鍵點選**位移**（Displacement）→顯示（Show）並**調整顯示比例**，可見受力後變形方向及最大位移爲 0.0029 mm = 2.9 μm。

※此為空殼的情況，若裝上所有軸類零件，整體剛性應該更大，變形量將更小。

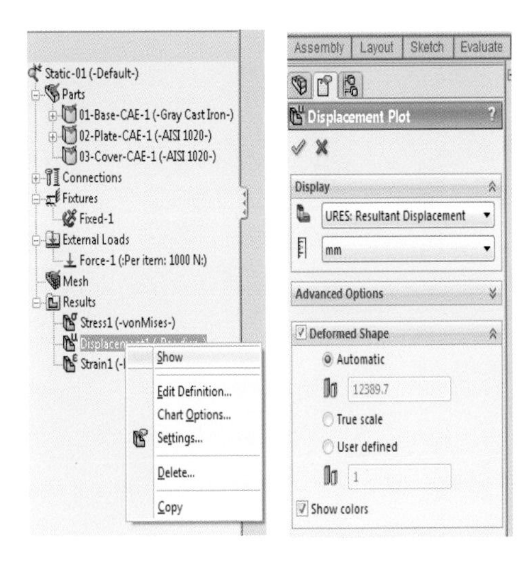
Static-01 (-Default-)
Parts
01-Base-CAE-1 (-Gray Cast Iron-)
02-Plate-CAE-1 (-AISI 1020-)
03-Cover-CAE-1 (-AISI 1020-)
Connections
Fixtures
Fixed-1
External Loads
Force-1 (:Per item: 1000 N:)
Mesh
Results
Stress1 (-vonMises-)
Strain1 (-
Show
Edit Definition...
Chart Options...
Settings...
Delete...
Copy
Assembly
Layout
Sketch
Evaluate
Displacement Plot
Display
URES: Resultant Displacement
mm
Advanced Options
Deformed Shape
Automatic
12389.7
True scale
User defined
1
Show colors

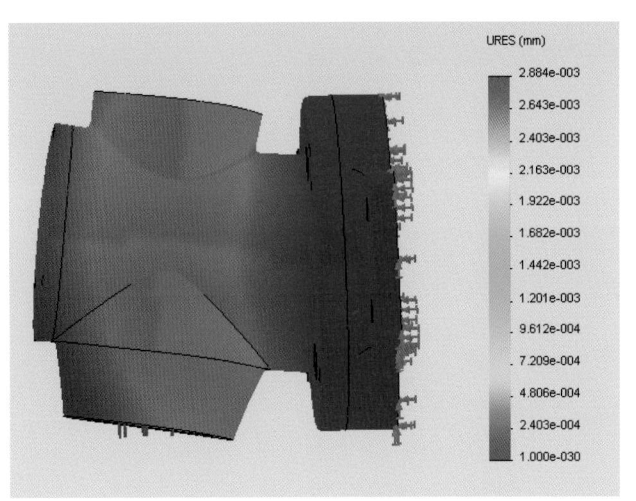
URES (mm)
2.884e-003
2.643e-003
2.403e-003
2.163e-003
1.922e-003
1.682e-003
1.442e-003
1.201e-003
9.612e-004
7.209e-004
4.806e-004
2.403e-004
1.000e-030

10

產品再設計及逆向工程簡介
（Redesign and Reverse Engineering）

學習重點

10.1 逆向工程的定義
（Definition of Reverse Engineering）

10.2 逆向工程在產品設計和工程上的應用
（Applications of RE in Product Design）

10.3 逆向工程的分類和方法
（Categories of Reverse Engineering）

10.4 產品造型和外部曲面的逆向工程方法
（Methods of RE on External Surfaces）

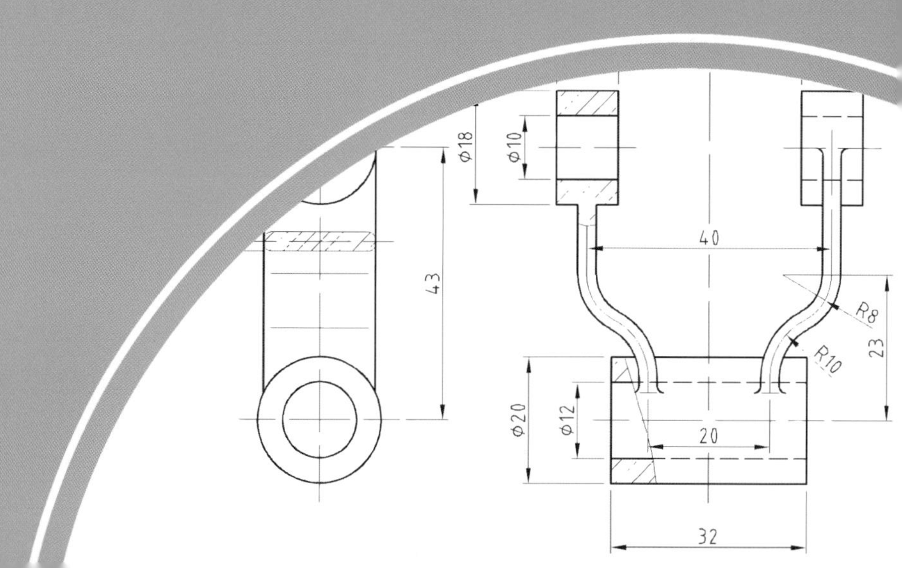

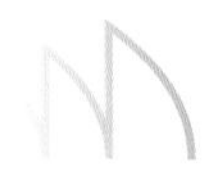

10.1 逆向工程的定義（Definition of Reverse Engineering）

在工程和產品設計意義上講，如果把傳統的從「構思 - 設計 - 產品」這個過程稱為「正向工程」，那麼，從「產品 - 數位模型 - 電腦輔助製造快速原型件」這個過程就是「逆向工程」。

但是逆向工程實際上非常廣義，在科技領域中幾乎無所不在。比如軟體的逆向工程 (Decoding)、積體電路和智慧卡的逆向工程、甚至在軍事上的應用，逆向工程都有非常驚人的例子。

比較嚴格和廣義的逆向工程定義為：透過對某種產品的結構、功能、運作進行分析、分解、研究後，製作出功能相近，但又不完全一樣的產品過程。 ——維基百科

圖 10-1 如果說我看得比別人更遠些，那是因為我站在巨人的肩膀上。
——艾薩克・牛頓
"If I have been able to see further, it was only because I stood on the shoulders of giants."
-- Newton

Reverse engineering is the process of discovering the technological principles of a device, object or system through analysis of its structure, function and operation. It often involves taking something (e.g., a mechanical device, electronic component, or software program) apart and analyzing its workings in detail to be used in maintenance, or to try to make a new device or program that does the same thing without using or simply duplicating (without understanding) any part of the original. ---Wikipedia

雖然逆向工程的日益發展和所謂「山寨，侵權，盜版」的質疑同時存在，但是這項技術對於科學技術的進步和普及的貢獻仍是無可爭議的。逆向工程可能會被誤認爲是對智慧財產權的嚴重侵害，但是在實際應用上，有時反而可能會保護智慧財產權所有者。例如在積體電路領域，如果懷疑某公司侵犯智慧財產權，可以用逆向工程技術來尋找證據。

10.2 逆向工程在產品設計和工程上的應用（Applications of RE in Product Design）

在機械工程或者在造型技術上，逆向工程顧名思義就是反其道而行、爲結合 CAD/CAM 系統與三次元量測系統、測出數據資料以逆向軟體進行點資料處理、經過分門別類族群區隔點線面與實體誤差比對後、重新建構曲面模型、產生 CAD 資料。因此，本書的「逆向工程」僅限於此類。

機械工程的學生都記得在基本量測課程中老師所教的「測繪」。老師拿來一個簡單的機械組合體，讓同學用量規取得長寬高以及直徑等，並且以製圖的形式還原機械組合體的設計圖。其實這就是逆向工程的一項基本訓練。可是，大多數的形狀都是不規則的，例如圖示的風扇葉片和公雞模型就不能以一些簡單的圓柱和平面等幾何元素成型的。因此十分需要所謂的逆向工程技術來進行 3D 立體還原或再造 / 再設計。

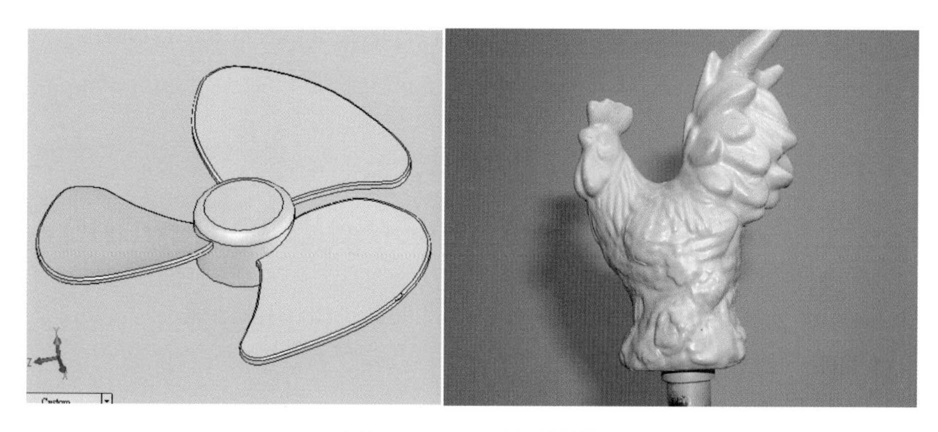

圖 10-2　3D 產品設計

因此多少年來，人們就一直致力於這項研究，甚至可以追述到 19 世紀。以下就分別是 1860 年的 3D 塑像過程和 1904 年美國專利中敘述用照相方法進行 3D 立體模型製造的圖示。

逆向工程技術眞正的突破和普及，是隨著電腦軟硬體的成熟發展才成爲可能，這一、二十年來更是突飛猛進，從事逆向工程的掃描硬體和編輯掃描資料的軟體層出不窮，不勝枚舉。

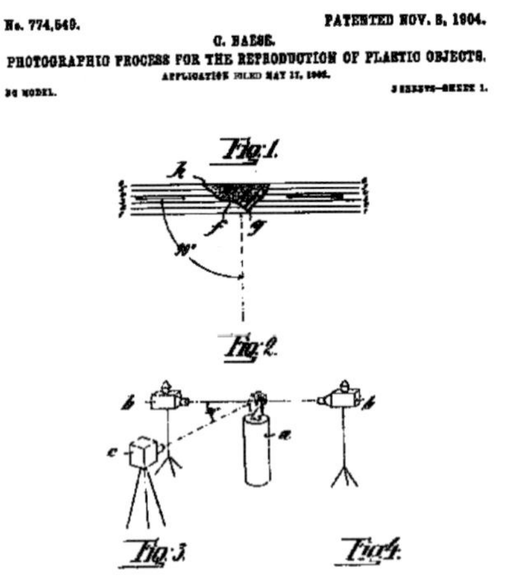
No. 774,549. PATENTED NOV. 8, 1904.
G. BAESE.
PHOTOGRAPHIC PROCESS FOR THE REPRODUCTION OF PLASTIC OBJECTS.

圖 10-3 **Admiral Farragut sits, late 1860s, for photo-sculpture (Bogart 1979; photo courtesy of George Eastman House). Photographic process for the development of plastic objects by Baese (1904)**

10.3 逆向工程的分類和方法（Categories of Reverse Engineering）

總的來說，逆向工程掃描分兩種類型：(a) 外部曲面；(b) 內部結構。

一、外部曲面（External Surfaces）

（一）接觸掃描（Contact Scan）：

1. 立體掃描器（3D Digitizer）；

2.CNC Probe, CMM。

（二）非接觸掃描（Non-Contact Scan）：

1. 鐳射掃描儀（Laser Scanner）；

2. 立體照相機（3D Camera）。

掃描得到的數據爲點雲（The format of scanned is Point cloud usually in text file）

X1, Y1, Z1

X2, Y2, Z2

...

Xn, Yn, Zn

圖 10-4 外部曲面模型和相應的點雲（External Surface Model and Corresponding Point Cloud）

二、內部結構（Internal structure）：

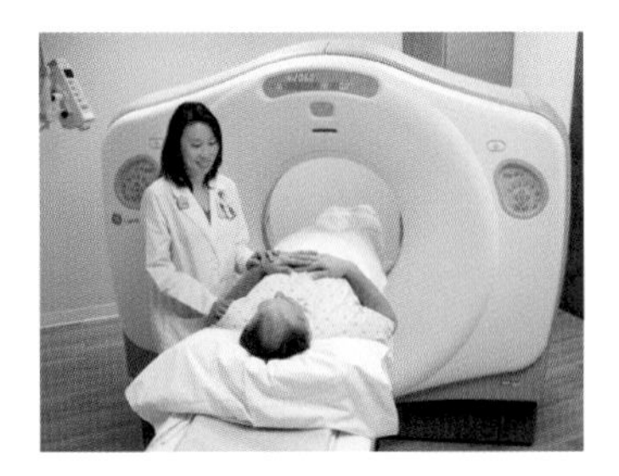

（一）核磁共振（MRI scan）。

（二）電腦斷層掃描（CT scan）。

（三）超音波（Ultrasonic scan）。

（四）顯微造型（Microscopy）。

（五）破壞性切層（Destructive slicing）。

掃描得到的數據為平面影像堆疊（Plane image stacks）；檔案格式一般為 file format：jpg; bmp; dicom; tiff...。

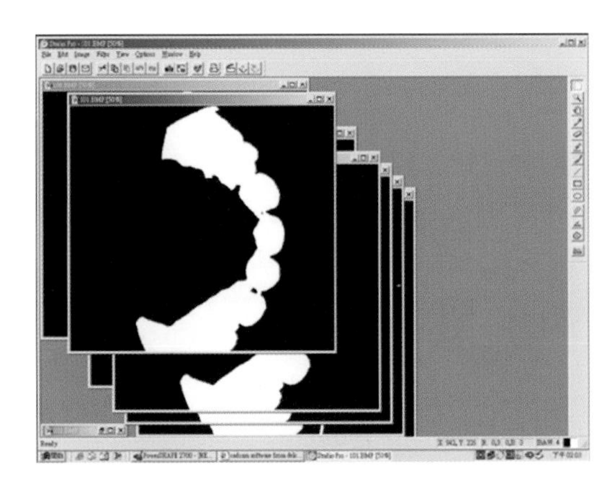
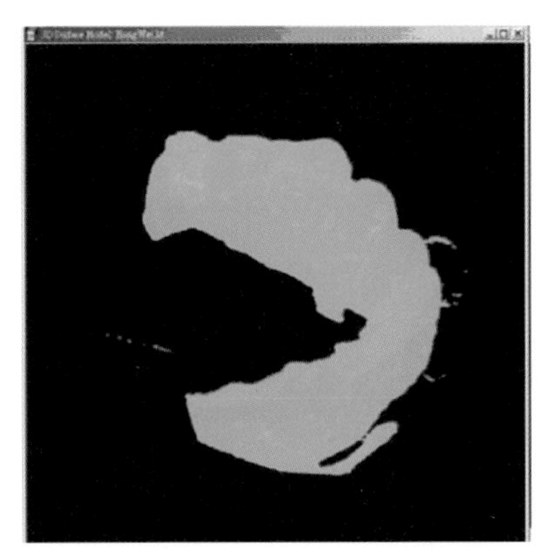

圖 10-5 牙齒掃描照片疊層後還原 3D 立體（3D Reproduction of Teeth with Slicing）

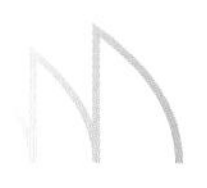

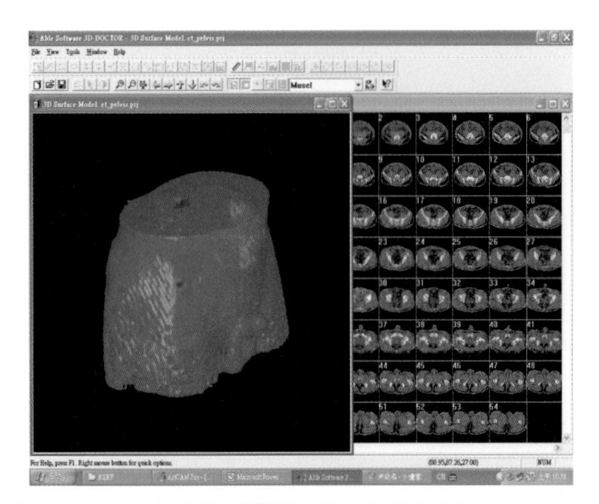

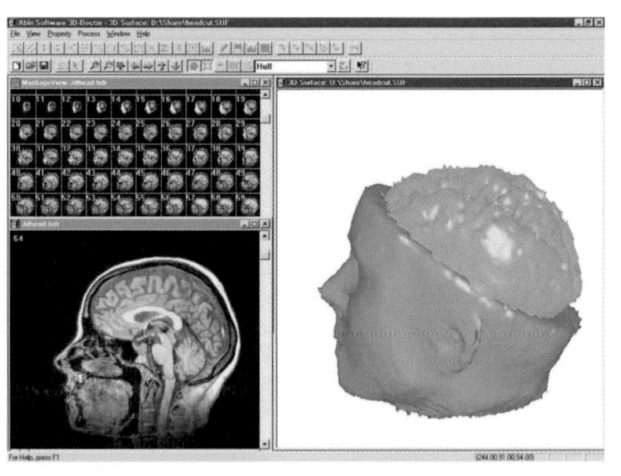

圖 10-6　內部結構和平面影像堆疊（Internal Structure and Plane Image Stacks）

10.4　產品造型和外部曲面的逆向工程方法（Methods of RE on External Surfaces）

一般來說，產品造型設計均與其外部曲面有關，故本書重點談論外形的掃描和 3D 成型。外部曲面掃描器的種類繁多，不勝枚舉，以下僅列出典型的類型：

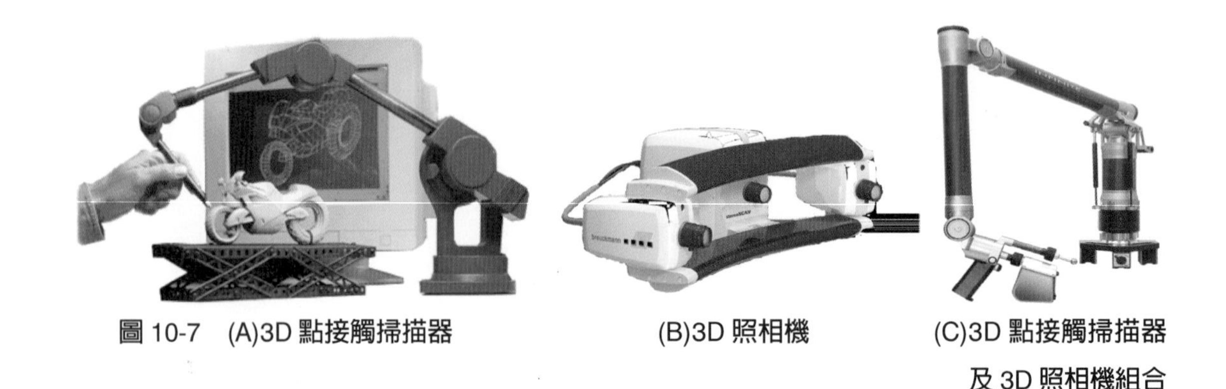

圖 10-7　(A)3D 點接觸掃描器　(B)3D 照相機　(C)3D 點接觸掃描器及 3D 照相機組合

一般而言，從掃描器得到的是點資料，如果被掃描的物件太大或過於複雜，則需要分幾個面進行掃描；然後利用逆向工程軟體中的對齊（Align command）指令，將各個方位的點資料進行從新排列；對齊動作完成以後，一般可以進行兩個動作：

利用三角化指令對模型進行實體化，這樣所得到的模型以 STL 格式輸出以後，可以直接進行 CAM 加工或 RP 快速成型。可是如果要對模型在 CAD 中進行進一步的編輯甚至再設計，

就需要鋪曲面的動作了。以下兩組圖分別是安全帽和制鞋楦頭的逆向工程過程。值得指出的是，逆向工程技術日新月異，以上所述僅是時至今日的發展狀況。

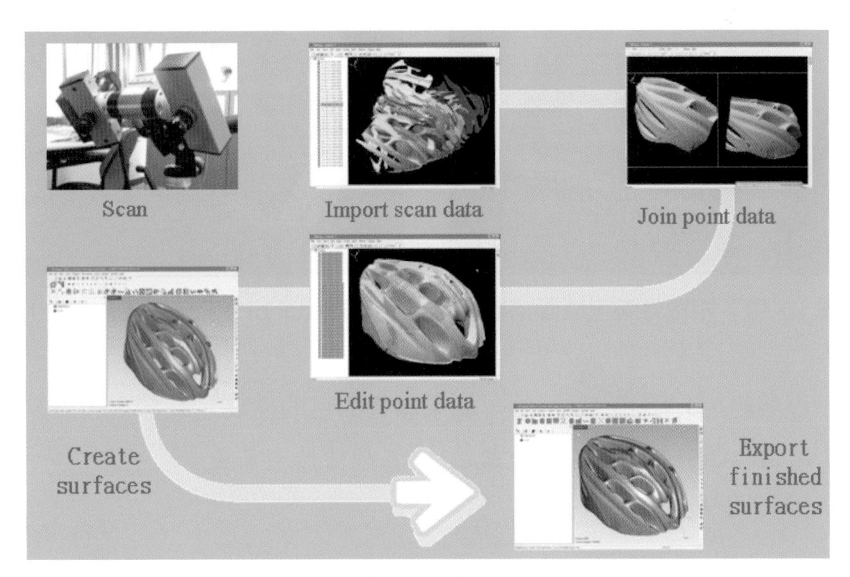

圖 10-8　安全帽逆向工程過程（RE Process for a Helmet）

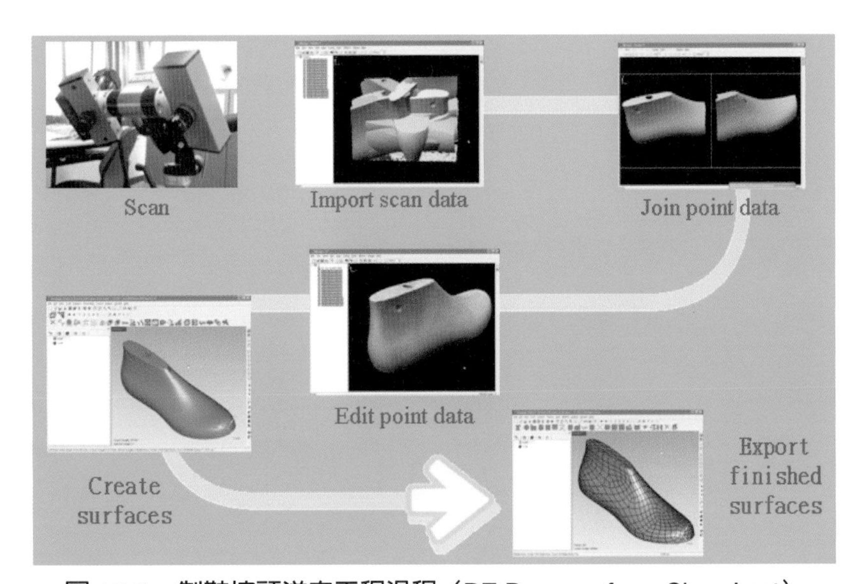

圖 10-9　制鞋楦頭逆向工程過程（RE Process for a Shoe Last）

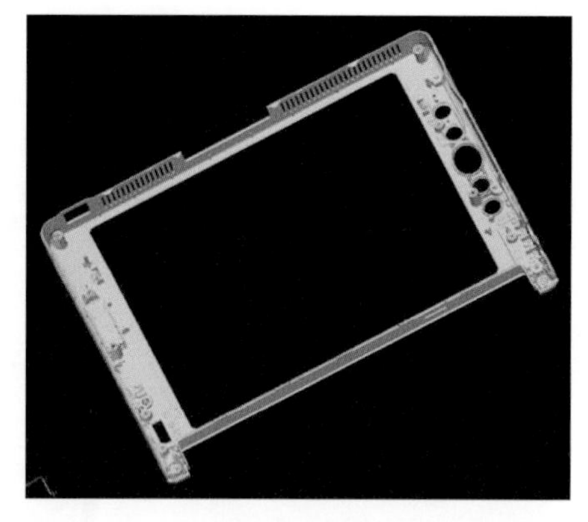

圖 10-10 相機外殼正反面掃描（RE Scan Result of A Camera Frame）

除了利用專業的 3D 掃描器器以外，如果讀者的目的主要是在於再設計。則逆向工程平面照相法不乏是一個很好的手段〔王松浩。「電腦輔助工業產品設計」，第一數位典藏，01/01/2011，ISBN-978-986-86347-8-7〕。

11

現代 3D 設計方法的一些探討

學習重點

11.1　參數化設計
（Parametric Dimension and Its Applications）

11.2　CAD 設計的發展趨勢

參考文獻

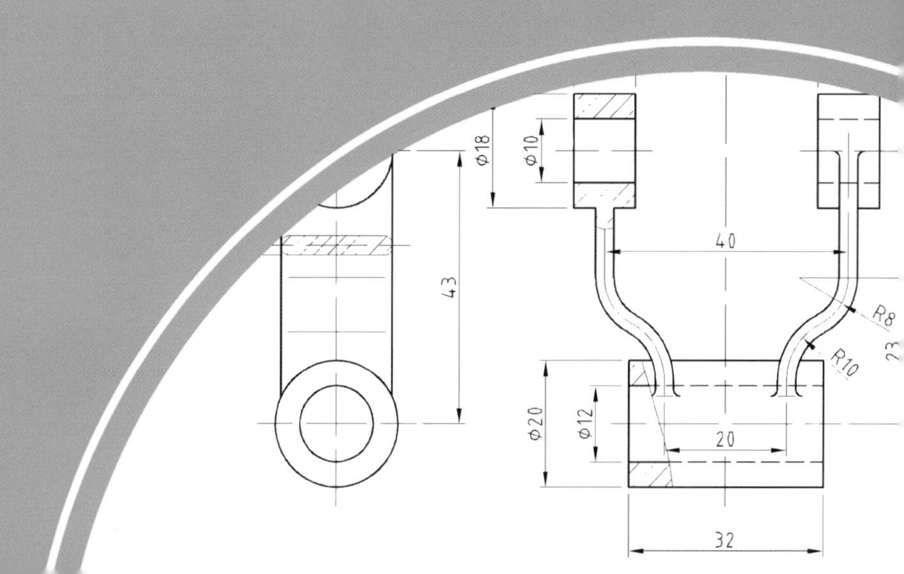

11.1　參數化設計（Parametric Dimension and Its Applications）

參數化（Parametric）設計〔也叫尺寸驅動（Dimension-Driven）〕是 CAD 技術在實際應用中提出的課題，它不僅可使 CAD 系統具有互動式繪圖功能，還具有自動繪圖的功能。目前它是 CAD 技術應用領域內的一個重要且待進一步研究的課題。利用參數化設計手段開發的專用產品設計系統，可使設計人員從大量繁重而瑣碎的繪圖工作中解脫出來，可以大大提高設計速度，並減少資訊的存儲量。

由於參數驅動是基於對圖形資料的操作，因此繪製一張圖的過程，就是在建立一個參數模型。繪圖系統將圖形映射到圖形資料庫中，設置出圖形實體的資料結構，參數驅動時將這些結構中填寫出不同內容，以生成所需要的圖形。

就像今天的數位相機造就了千千萬萬的攝影家一樣，電腦輔助設計參數化革命性的跨越，使得繪圖和設計自然地溶爲一體，使設計師和工程師很容易地成爲繪圖高手。比如說，在參數化設計產生以前，一位工程師或設計師頭腦中呈現出一個概念或想法，他就先在紙上勾畫出一個或數個草圖，稱爲「餐巾紙上的設計」（Design on a napkin），然後再回到辦公室將草圖交給繪圖員實現，很多情況下還得親自坐在繪圖員身旁一起探討和確定尺寸。如今在設計場合這類情況幾乎絕跡了。因爲電腦輔助設計的發展，特別是參數化設計技術的成熟，使得「餐巾紙上的設計」（Design on a napkin）和電腦上的 CAD 自然地融爲一體，這樣就大大提高了設計和研發的效率。

11.1.1　草圖中尺寸的參數化

目前絕大多數 3D 設計軟體都具有這個基本的功能。最明顯的優點就是草圖上圓的大小／位置、線段的長短／角度都可以隨著其相關參數的改變而改變（如下圖）。而在過去的繪圖軟體中就沒有這樣的方便，例如在 AutoCAD 繪圖介面，要改變圓的尺寸／位置就要運用 Scale/Move 等多項指令，而無法直接由修改尺寸之數字來重新定義物體大小與位置。

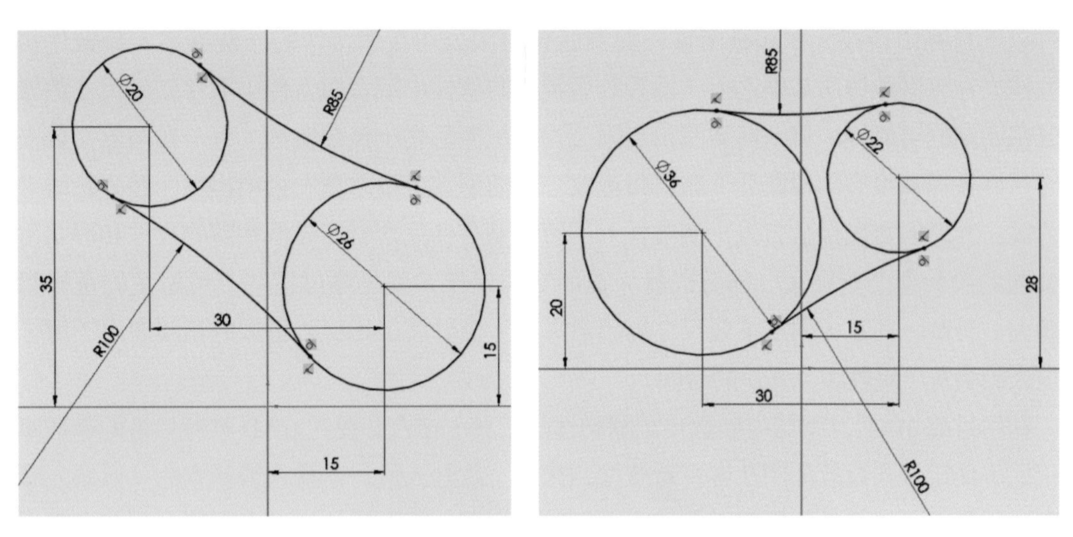

圖 11-1　3D 設計軟體 SolidWorks 參數化繪圖介面

11.1.2　零件中尺寸的參數化

此外，參數化技術還得以歸納同類型的幾何形體並大大縮減設計時間，減少資料庫空間。下圖是 SolidWorks 軟體中所附的一個有關案例。設計者只要定義關鍵尺寸的名稱，就可以在其參數的表單中建立不同的新零件。只要輸入各零件的相關尺寸，那個零件就自然會產生自己的形狀。

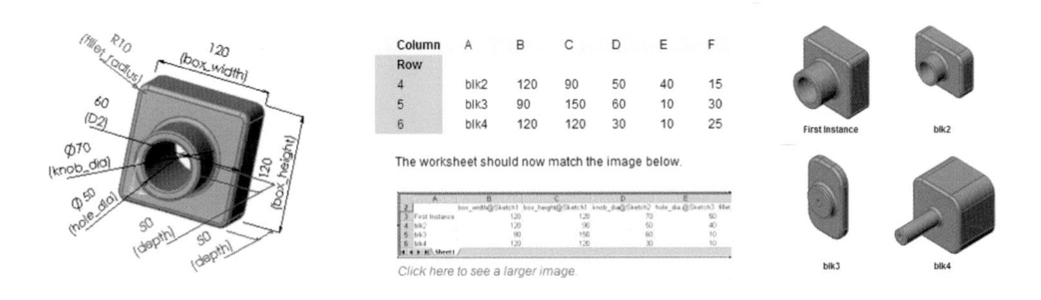

圖 11-2　利用參數化可以大大減少數據庫需求，減少設計時間

11.1.3　組立體中各零件的參數化──關聯性

參數化技術還可以延伸到「關聯性」（associability）技術，即它可以將組立圖中的所有零件的尺寸聯繫起來。如果改變某零件的尺寸，其他零件的配合尺寸也可以立即變化以符合設計者的意願。

以下是崑山科技大學和臺南貫一興業股份有限公司產學合作的一個專案。參數化和關聯性建立在電腦數據庫基礎之上，為設計者提供將零件中或者組合件中零件之間尺寸數據相互緊密聯結的可能性。貫一興業股份有限公司機械產品有十幾類機型，每一類機器又要去適合客戶好幾種甚至幾十種瓶型。客戶每更改一個瓶型就會要求貫一公司提供一整套新的零配件。每一套新的零配件含有幾十個零件，而每一個零件又含有好幾個相關的尺寸和形狀。目前公司的設計部門有很大一部分設計人員的日常工作，就是應付這些不可避免的重複腦力（體力）勞動。而且，由於主要尺寸均出於人工，由於疲勞和粗心造成的錯誤層出不窮，造成很大的浪費，更耽誤了客戶的時間。

利用目前 3D 設計軟體中參數化和關聯性的工具，結合必要的 CAD 軟體以外的數據庫電腦程式，使得公司設計部門在客戶新瓶型到來時，設計人員只需輸入最基本的（幾個）瓶型參數，電腦就可以自動地修改組合體內所有（幾十個）相關零件的（上百個）相關參數，輸出客戶新瓶型所需要的新零配件設計。此案的成功實施，貫一公司的設計將達到完全嶄新的水準。進而極大的提高公司設計部門的應變能力及設計效率，減少設計錯誤。公司得以將以前疲於應付新瓶型而一再重複動用的人力財力，轉用到公司產品的創新與創意上面，大大提高了企業競爭力。

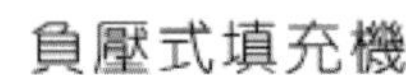

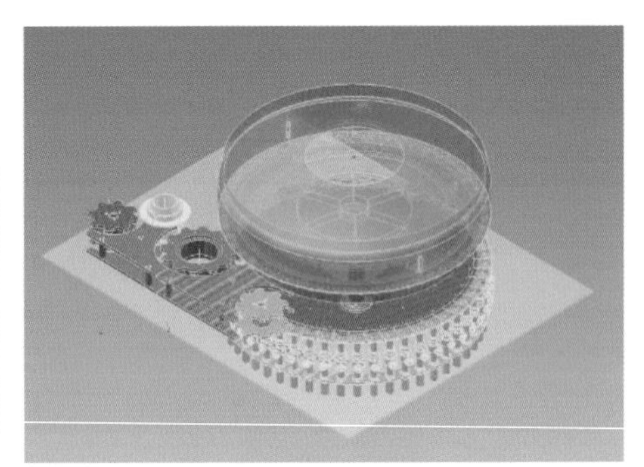

圖 11-3 位於臺南的貫一公司設計製造的飲料瓶填充機以及導瓶機構組立設計圖

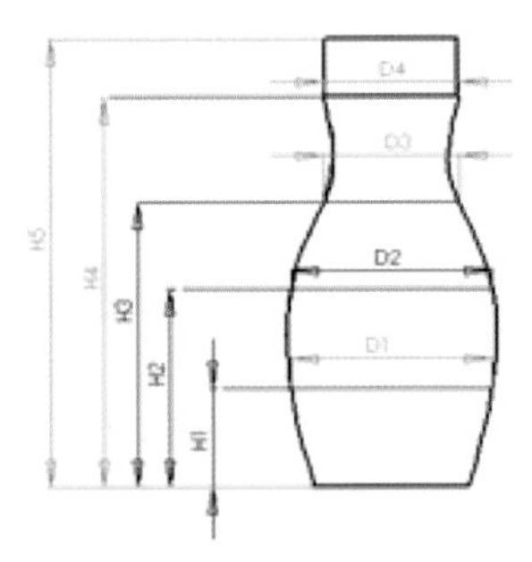

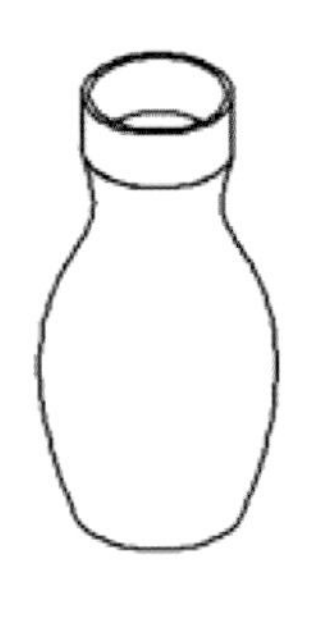

圖 11-4 各類瓶型以及可以確定瓶形的特徵參數

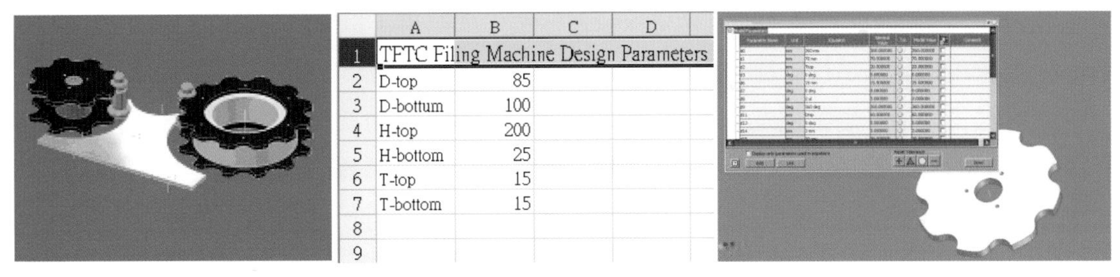

圖 11-5 導瓶板機構以及導瓶板的特徵參數

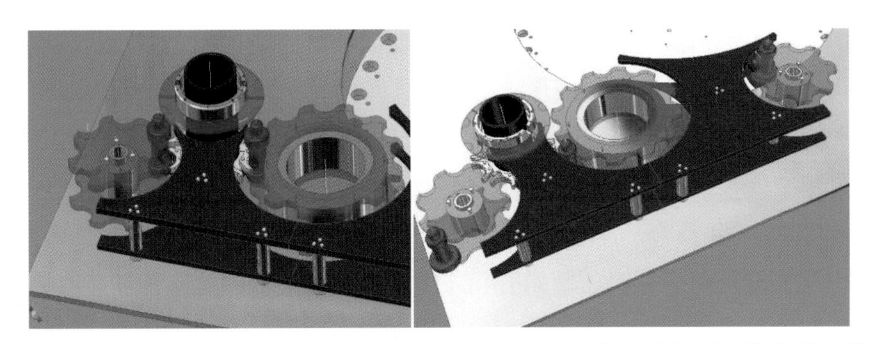

圖 11-6 參數化設計後只要改變瓶子形狀的參數相應的導瓶板形狀自動改變

11.2 CAD 設計的發展趨勢

事實上，電腦輔助設計參數化技術遠遠不止於此。更深入地，基於上述應用背景，國內外對參數化設計做了大量的研究，目前參數化技術大致可分爲如下三種方法：(1) 基於幾何約束的數學方法；(2) 基於幾何原理的人工智慧方法；(3) 基於特徵模型的造型方法。其中數學方法又分爲初等方法（Primary Approach）和代數方法（Algebraic Approach）。初等方法利用預先設定的演算法，求解一些特定的幾何約束。這種方法簡單、易於實現，但僅適用於只有水準和垂直方向約束的場合；代數法則將幾何約束轉換成代數方程，形成一個非線性方程組。該方程組求解較困難，因此實際應用受到限制；人工智慧方法是利用專家系統，對圖形中的幾何關係和約束進行理解，運用幾何原理推導出新的約束，這種方法的速度較慢，交互性不好；特徵造型方法是三維實體造型技術的發展，目前正在探討之中。

目前，一項被業界稱爲 21 世紀 CAD 領域具有革命性突破的新技術就是 VGX。它是變數化方法的代表。VGX 的全稱爲 Variational Geometry Extended，即超變數化幾何，它是由 SDRC 公司獨家推出的一種 CAD 軟體的核心技術。我們在進行機械設計和工藝設計時，總是希望零組件能夠讓我們隨心所欲地構建，可以隨意拆卸，能夠讓我們在平面的顯示器上，

構造出三維立體的設計作品，而且希望保留每一個中間結果，以備反覆設計和優化設計時使用。VGX 實現的就是這樣一種思想。

VGX 技術擴展了變數化產品結構，允許用戶對一個完整的三維數位產品從幾何造型、設計過程、特徵，到設計約束，都可以進行即時直接操作。對於設計人員而言，採用 VGX，就像拿捏一個眞實的零組件麵團一樣，可以隨意塑造其形狀，而且，隨著設計的深化，VGX 可以保留每一個中間設計過程的產品資訊。美國一家著名的專業諮詢評估公司 D.H.Brown 這樣評價 VGX：「自從 10 年前第一次運用參數化基於特徵的實體建模技術之後，VGX 可能是最引人注目的一次革命。」。VGX 爲用戶提出了一種交互操作模型的三維環境，設計人員在零組件上定義關係時，不再關心二維設計資訊如何變成三維，從而簡化了設計建模的過程。採用 VGX 的長處在於，原有的參數化基於特徵的實體模型，在可編輯性及易編輯性方面得到極大的改善和提高。當用戶準備作預期的模型修改時，不必深入理解和查詢設計過程。

此外，近年來同步建模（Synchronous Technology）設計方式開始融入主流，同步建模技術就是結合「直接建模」及「特徵建模」兩種設計方式的優勢，單純的以幾何爲考量，透過「同步約束解算程式」把幾何圖形與「邏輯」和「規則」結合在一起，不僅具有直接建模的速度和靈活性，同時還具有完整的參數化控制。應用上的突出優點爲：加速產品設計、縮短模型修編時間、重用外來模型、甚至縮短 3D 軟體的學習時間。

參考文獻

1. Wang, S. Melendez, C. Tsai, “Application of Parametric Sketching and Associability in 3D CAD”, Computer-Aided Design and Applications, 5(1-4), 2008.
2. Solid Edge 教育訓練手冊，凱德科技有限公司編，2010。

索 引

3D Camera 立體照相機 302
3D Digitizer 立體掃描器 302

A

Algebraic Approach 代數方法 311
Align command 對齊 304
Aplly/Material 定義材料 294
Assembly 組合件裝配 5, 7, 9, 199
associability 關聯性 309
AutoCAD-Parametric 同步建模 1

B

Brand 品牌 1
Buttons 16

C

CAD 電腦輔助設計 1, 2, 3, 4, 5, 6, 7, 10, 284, 285, 286, 287, 289, 292, 301, 304, 307, 308, 310, 311, 312
Command Manager 16, 30, 87, 100, 107, 114, 119, 125, 127, 139, 141, 151
Computer-aided Engineering（CAE） 電腦輔助工程分析 2
ConfigurationManager 245, 246
Contact Scan 接觸掃描 302
Create Mesh 產生網格 295
CT scan 電腦斷層掃描 303

D

Decoding 逆向工程 300
Design 設計 1, 2, 5, 9, 11, 12, 299, 301, 308, 312
Destructive slicing 破壞性切層 303
Digital Product Development, DPD 數位輔助產品開發過程 2
Dimension 尺寸 5, 70, 307, 308
Dimension-Driven 尺寸驅動 308
Displacement 位移 296
DIT（Design in Taiwan） 1

E

Engineering Drawings 工程圖 9
External Force 外力 295
External Surfaces 外部曲面 299, 302, 304

F

Fixed Geometry 固定 294
Fixtures 約束 5, 294
Force 選擇力 295

G

Gear Box CAE Static Analysis 銑床主軸箱體的靜態受力分析 291, 292
Gray Cast Iron 灰鑄鐵 294

I

Intermediate Data Format 電路板檔案 285
Internal structure 內部結構 303

K

Kinematics　動態分析　2

L

Laser Scanner　鐳射掃描儀　302

M

Manufacturing Network　11
MateReferences　193
Mesh　網格化　295
Microscopy　顯微造型　303
MRI scan　核磁共振　303

N

New Study　新模擬　293
Non-Contact Scan　非接觸掃描　302

O

OBM（Original Brand Manufacturer）　1
ODM（Original Design Manufacturer）　1
OEM（Original Equipment Manufacturer）　1

P

Parametric　參數化　307, 308, 312
Part Modeling　零件建構　9
Point Cloud　點雲　303
Post-Process　處理檢查結果　296
Pre-Process　前處理　293
Primary Approach　初等方法　311
Print3D　11

R

Run Simulation　進行模擬分析　296
Run　運行模擬　296

S

Save as　儲存為　285
Show　顯示　296
Simulation　模擬狀態　5, 293, 296
Sldasm　13
Slddrw　13
Sldprt　13
SmartMate　智慧型結合方式　7, 10
SolidWorks　1, 2, 5, 6, 7, 8, 9, 10, 11, 12, 13, 20, 28, 29, 60, 70, 84, 200, 246, 284, 286, 287, 309
Static　靜態分析　291, 292, 293
Synchronous Technology　同步建模　312

T

Toolbox　192, 193, 202, 209, 210, 214, 216, 224, 227, 229, 233
Toolbox→Iso　192, 209, 227, 229, 233
Top Down Design　由上而下的關聯式組件設計　9

U

Ultrasonic scan　超音波　303

國家圖書館出版品預行編目資料

電腦輔助設計與工具機實例／王松浩、陳維仁、劉風源著. ——初版. ——臺北市：五南, 2013.07

面； 公分.

ISBN 978-957-11-7068-8（平裝）

1.工具機 2.電腦輔助設計

446.841029 102005588

5F58

電腦輔助設計與工具機實例

作 者— 王松浩 陳維仁 劉風源

發 行 人— 楊榮川

總 編 輯— 王翠華

主 編— 穆文娟

責任編輯— 王者香

圖文編輯— 林秋芬

封面設計— 小小設計有限公司

出 版 者— 五南圖書出版股份有限公司

地 址：106台北市大安區和平東路二段339號4樓

電 話：(02)2705-5066 傳 真：(02)2706-6100

網 址：http://www.wunan.com.tw

電子郵件：wunan@wunan.com.tw

劃撥帳號：01068953

戶 名：五南圖書出版股份有限公司

台中市駐區辦公室/台中市中區中山路6號

電 話：(04)2223-0891 傳 真：(04)2223-3549

高雄市駐區辦公室/高雄市新興區中山一路290號

電 話：(07)2358-702 傳 真：(07)2350-236

法律顧問 林勝安律師事務所 林勝安律師

出版日期 2013年7月初版一刷

定 價 新臺幣480元